计算机基础与实训教材系列

中文版 Illustrator CS5平面设计实用教程

耿艺瑞 李静 编著

清华大学出版社

北京

内容简介

本书由浅入深、循序渐进地介绍了使用Adobe公司最新推出的Illustrator CS5进行图形绘制的基础知识和基本技巧。全书共分为11章，包括Illustrator CS5基础知识、文档管理与参数设置、基本绘图工具的使用、填充与描边的设置、画笔和符号的应用、对象组织、图形对象的编辑、艺术效果外观的设置、编辑文字效果、图表制作及综合实例等内容。

本书内容丰富，结构清晰，语言简练，图文并茂，具有很强的实用性和可操作性，是一本适合于大中专院校、职业学校及各类社会培训学校的优秀教材，也是广大初、中级电脑用户的自学参考书。

本书对应的电子教案、实例源文件和习题答案可以到http://www.tupwk.com.cn/edu网站下载。

图书在版编目(CIP)数据

中文版Illustrator CS5平面设计实用教程／耿艺瑞，李静 编著. —北京：清华大学出版社，2012.11
(计算机基础与实训教材系列)
ISBN 978-7-302-30301-5

Ⅰ. ①中…　Ⅱ. ①耿…　②李…　Ⅲ. ①平面设计—图形软件—教材　Ⅳ. ①TP391.41

中国版本图书馆CIP数据核字(2012)第237812号

责任编辑：胡辰浩　袁建华
装帧设计：牛艳敏
责任校对：成凤进
责任印制：宋　林

出版发行：清华大学出版社
　　网　　址：http://www.tup.com.cn，http://www.wqbook.com
　　地　　址：北京清华大学学研大厦A座　　邮　　编：100084
　　社 总 机：010-62770175　　邮　　购：010-62786544
　　投稿与读者服务：010-62776969，c-service@tup.tsinghua.edu.cn
　　质 量 反 馈：010-62772015，zhiliang@tup.tsinghua.edu.cn
　　课 件 下 载：http://www.tup.com.cn,010-62796045
印 刷 者：北京密云胶印厂
装 订 者：北京市密云县京文制本装订厂
经　　销：全国新华书店
开　　本：190mm×260mm　　印　张：19　　字　　数：499千字
版　　次：2012年11月第1版　　印　　次：2012年11月第1次印刷
印　　数：1～5000
定　　价：33.00元

产品编号：038771-01

编审委员会

计算机基础与实训教材系列

丛书序

计算机已经广泛应用于现代社会的各个领域，熟练使用计算机已经成为人们必备的技能之一。因此，如何快速地掌握计算机知识和使用技术，并应用于现实生活和实际工作中，已成为新世纪人才迫切需要解决的问题。

为适应这种需求，各类高等院校、高职高专、中职中专、培训学校都开设了计算机专业的课程，同时也将非计算机专业学生的计算机知识和技能教育纳入教学计划，并陆续出台了相应的教学大纲。基于以上因素，清华大学出版社组织一线教学精英编写了这套“计算机基础与实训教材系列”丛书，以满足大中专院校、职业院校及各类社会培训学校的教学需要。

一、丛书书目

本套教材涵盖了计算机各个应用领域，包括计算机硬件知识、操作系统、数据库、编程语言、文字录入和排版、办公软件、计算机网络、图形图像、三维动画、网页制作以及多媒体制作等。众多的图书品种可以满足各类院校相关课程设置的需要。

⊙ 已出版的图书书目

《计算机基础实用教程》	《中文版 Excel 2003 电子表格实用教程》
《计算机组装与维护实用教程》	《中文版 Access 2003 数据库应用实用教程》
《五笔打字与文档处理实用教程》	《中文版 Project 2003 实用教程》
《电脑办公自动化实用教程》	《中文版 Office 2003 实用教程》
《中文版 Photoshop CS3 图像处理实用教程》	《JSP 动态网站开发实用教程》
《Authorware 7 多媒体制作实用教程》	《Mastercam X3 实用教程》
《中文版 AutoCAD 2009 实用教程》	《Director 11 多媒体开发实用教程》
《AutoCAD 机械制图实用教程(2009 版)》	《中文版 Indesign CS3 实用教程》
《中文版 Flash CS3 动画制作实用教程》	《中文版 CorelDRAW X3 平面设计实用教程》
《中文版 Dreamweaver CS3 网页制作实用教程》	《中文版 Windows Vista 实用教程》
《中文版 3ds Max 9 三维动画创作实用教程》	《电脑入门实用教程》
《中文版 SQL Server 2005 数据库应用实用教程》	《中文版 3ds Max 2009 三维动画创作实用教程》
《中文版 Word 2003 文档处理实用教程》	《Excel 财务会计实战应用》
《中文版 PowerPoint 2003 幻灯片制作实用教程》	《中文版 AutoCAD 2010 实用教程》
《中文版 Premiere Pro CS3 多媒体制作实用教程》	《AutoCAD 机械制图实用教程(2010 版)》
《Visual C#程序设计实用教程》	《Java 程序设计实用教程》

(续表)

《Mastercam X4 实用教程》	《SQL Server 2008 数据库应用实用教程》
《网络组建与管理实用教程》	《中文版 3ds Max 2010 三维动画创作实用教程》
《中文版 Flash CS3 动画制作实训教程》	《Mastercam X5 实用教程》
《ASP.NET 3.5 动态网站开发实用教程》	《中文版 Office 2007 实用教程》
《AutoCAD 建筑制图实用教程（2009 版）》	《中文版 Word 2007 文档处理实用教程》
《中文版 Photoshop CS4 图像处理实用教程》	《中文版 Excel 2007 电子表格实用教程》
《中文版 Illustrator CS4 平面设计实用教程》	《中文版 PowerPoint 2007 幻灯片制作实用教程》
《中文版 Flash CS4 动画制作实用教程》	《中文版 Access 2007 数据库应用实例教程》
《中文版 Dreamweaver CS4 网页制作实用教程》	《中文版 Project 2007 实用教程》
《中文版 InDesign CS4 实用教程》	《中文版 CorelDRAW X4 平面设计实用教程》
《中文版 Premiere Pro CS4 多媒体制作实用教程》	《中文版 After Effects CS4 视频特效实用教程》
《电脑办公自动化实用教程（第二版）》	《中文版 3ds Max 2012 三维动画创作实用教程》
《Visual C# 2010 程序设计实用教程》	《Office 2010 基础与实战》
《计算机组装与维护实用教程（第二版）》	《计算机基础实用教程（Windows 7+Office 2010 版）》
《中文版 AutoCAD 2012 实用教程》	《ASP.NET 4.0(C#)实用教程》
《Windows 7 实用教程》	《中文版 Flash CS5 动画制作实用教程》
《AutoCAD 机械制图实用教程（2012 版）》	《中文版 Illustrator CS5 平面设计实用教程》
《中文版 Dreamweaver CS5 网页制作实用教程》	《中文版 Photoshop CS5 图像处理实用教程》

二、丛书特色

1、选题新颖，策划周全——为计算机教学量身打造

本套丛书注重理论知识与实践操作的紧密结合，同时突出上机操作环节。丛书作者均为各大院校的教学专家和业界精英，他们熟悉教学内容的编排，深谙学生的需求和接受能力，并将这种教学理念充分融入本套教材的编写中。

本套丛书全面贯彻“理论→实例→上机→习题”4 阶段教学模式，在内容选择、结构安排上更加符合读者的认知习惯，从而达到老师易教、学生易学的目的。

2、教学结构科学合理，循序渐进——完全掌握“教学”与“自学”两种模式

本套丛书完全以大中专院校、职业院校及各类社会培训学校的教学需要为出发点，紧密结合学科的教学特点，由浅入深地安排章节内容，循序渐进地完成各种复杂知识的讲解，使学生

能够一学就会、即学即用。

对教师而言，本套丛书根据实际教学情况安排好课时，提前组织好课前备课内容，使课堂教学过程更加条理化，同时方便学生学习，让学生在学习完后有例可学、有题可练；对自学者而言，可以按照本书的章节安排逐步学习。

3、内容丰富、学习目标明确——全面提升“知识”与“能力”

本套丛书内容丰富，信息量大，章节结构完全按照教学大纲的要求来安排，并细化了每一章内容，符合教学需要和计算机用户的学习习惯。在每章的开始，列出了学习目标和本章重点，便于教师和学生提纲挈领地掌握本章知识点，每章的最后还附带有上机练习和习题两部分内容，教师可以参照上机练习，实时指导学生进行上机操作，使学生及时巩固所学的知识。自学者也可以按照上机练习内容进行自我训练，快速掌握相关知识。

4、实例精彩实用，讲解细致透彻——全方位解决实际遇到的问题

本套丛书精心安排了大量实例讲解，每个实例解决一个问题或是介绍一项技巧，以便读者在最短的时间内掌握计算机应用的操作方法，从而能够顺利解决实践工作中的问题。

范例讲解语言通俗易懂，通过添加大量的“提示”和“知识点”的方式突出重要知识点，以便加深读者对关键技术和理论知识的印象，使读者轻松领悟每一个范例的精髓所在，提高读者的思考能力和分析能力，同时也加强了读者的综合应用能力。

5、版式简洁大方，排版紧凑，标注清晰明确——打造一个轻松阅读的环境

本套丛书的版式简洁、大方，合理安排图与文字的占用空间，对于标题、正文、提示和知识点等都设计了醒目的字体符号，读者阅读起来会感到轻松愉快。

三、读者定位

本丛书为所有从事计算机教学的老师和自学人员而编写，是一套适合于大中专院校、职业院校及各类社会培训学校的优秀教材，也可作为计算机初、中级用户和计算机爱好者学习计算机知识的自学参考书。

四、周到体贴的售后服务

为了方便教学，本套丛书提供精心制作的 PowerPoint 教学课件(即电子教案)、素材、源文件、习题答案等相关内容，可在网站上免费下载，也可发送电子邮件至 wkservice@vip.163.com 索取。

此外，如果读者在使用本系列图书的过程中遇到疑惑或困难，可以在丛书支持网站(http://www.tupwk.com.cn/edu)的互动论坛上留言，本丛书的作者或技术编辑会及时提供相应的技术支持。咨询电话：010-62796045。

前　言

中文版 Illustrator CS5 是由 Adobe 公司推出的一款专业的矢量绘图软件，其强大的图像绘制与图文编辑功能，在平面设计、商业插画设计、印刷品排版设计、网页制作等领域应用非常广泛。而最新的 Illustrator CS5 版本进一步增强了图形绘制功能，可以使设计师更加轻松快捷地完成设计。

本书从教学实际需求出发，合理安排知识结构，从零开始、由浅入深、循序渐进地讲解 Illustrator CS5 的基本知识和使用方法。全书共分 11 章，主要内容如下。

第 1 章介绍了 Illustrator CS5 简述、矢量图与位图基础知识、Illustrator CS5 工作区的设置管理、视图查看与显示等内容。

第 2 章介绍了图形文档的基本操作，画板、首选项的设置和辅助工具的使用方法。

第 3 章介绍了各种图形的绘制方法，以及编辑路径和描摹位图图像的操作方法。

第 4 章介绍了在 Illustrator CS5 中设置填充和描边颜色的操作方法，以及其他填充效果的操作方法与技巧。

第 5 章介绍了 Illustrator CS5 中各种画笔的创建方法，以及符号工具的操作方法与技巧。

第 6 章介绍了 Illustrator CS5 中图形对象、图层的编辑操作，以及剪切蒙版的创建与编辑操作等内容。

第 7 章介绍了编辑、组织，以及变换、变形图形对象的操作方法及技巧。

第 8 章介绍了 Illustrator CS5 中效果、外观与图形样式的操作方法及技巧。

第 9 章介绍了在 Illustrator CS5 中创建、编辑文字与段落格式的操作方法和技巧。

第 10 章介绍了 Illustrator CS5 中图表对象的建立、编辑操作方法与技巧。

第 11 章通过两个综合实例讲解 Illustrator CS5 在实际设计中的应用。

本书图文并茂，条理清晰，通俗易懂，内容丰富，在讲解每个知识点时都配有相应的实例，方便读者上机实践。同时在难于理解和掌握的部分内容上给出相关提示，让读者能够快速地提高操作技能。此外，本书配有大量综合实例和练习，让读者在不断的实际操作中更加牢固地掌握书中讲解的内容。

除封面署名的作者外，参加本书编写和制作的人员还有洪妍、方峻、何亚军、王通、高娟妮、杜思明、张立浩、孔祥亮、陈笑、陈晓霞、王维、牛静敏、牛艳敏、何俊杰、葛剑雄等人。由于作者水平所限，本书难免有不足之处，欢迎广大读者批评指正。我们的邮箱是 huchenhao@263.net，电话是 010-62796045。

作　者

2012 年 6 月

推荐课时安排

章名	重点掌握内容	教学课时
第 1 章　走进 Illustrator CS5	1. 认识矢量图与位图 2. 工作区的介绍 3. 图像的显示比例 4. 图像的显示效果 5. 排列文档	2 学时
第 2 章　文档管理与参数设置	1. 文档基本操作 2. 画板设置 3. 使用页面辅助工具 4. 首选项设置	3 学时
第 3 章　基本绘图工具	1. 关于路径 2. 基本图形的绘制 3. 基本绘图工具的使用 4. 【路径查找器】面板 5. 实时描摹	4 学时
第 4 章　填充与描边	1. 填充颜色 2. 描边 3. 实时上色 4. 填充图案 5. 渐变色及网格的应用 6. 透明度和混合模式	3 学时
第 5 章　画笔和符号	1. 画笔的应用 2. 斑点画笔 3. 符号	4 学时
第 6 章　对象组织	1. 图形的选择 2. 图形的排列与对齐 3. 图层 4. 剪切蒙版 5. 使用【链接】面板	3 学时

(续表)

章　名	重点掌握内容	教学课时
第7章　图形编辑	1. 显示和隐藏对象 2. 锁定和解锁对象 3. 创建、取消编组 4. 变换形状工具 5. 封套扭曲 6. 混合模式	5学时
第8章　艺术效果外观	1. 外观属性 2. 使用效果 3. 图形样式	3学时
第9章　编辑文字效果	1. 置入、输入文字 2. 选择文字 3. 格式化文字 4. 格式化段落 5. 区域文字 6. 字符样式和段落样式 7. 将文本转换为轮廓	4学时
第10章　图表制作	1. 创建图表 2. 图表类型 3. 改变图表的表现形式 4. 自定义图表	3学时
第11章　综合实例	1. 立体包装 2. 网页设计	3学时

注：1. 教学课时安排仅供参考，授课教师可根据情况作调整。

2. 建议每章安排与教学课时相同时间的上机练习。

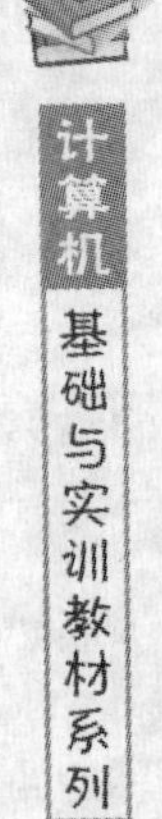

目 

计算机
基础与实训教材系列

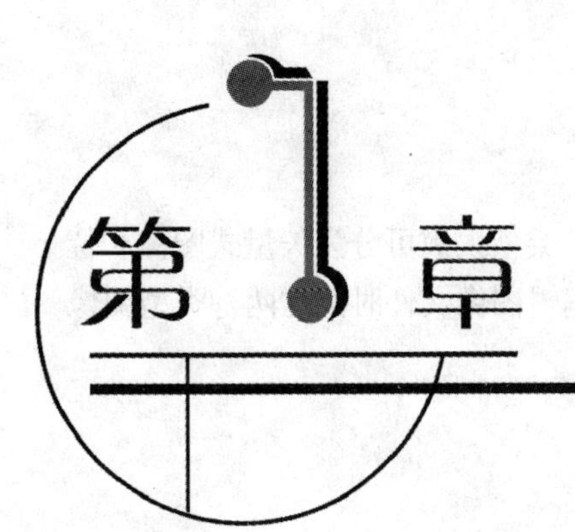

第1章 走进 Illustrator CS5

学习目标

Illustrator 是由 Adobe 公司开发的一款主要用于绘制矢量图形的设计软件。它被广泛应用于平面广告设计、网页图形设计、电子出版物设计等诸多领域。通过使用它，用户不但可以方便地制作出各种形状复杂、色彩丰富的图形和文字效果，还可以在同一版面中实现图文混排，甚至可以制作出极具视觉效果的图表。

本章重点

- 认识矢量图与位图
- 颜色模式
- 工作区的介绍
- 图形的显示比例

1.1 Illustrator CS5 简述

Illustrator 是 Adobe 公司开发的一款基于矢量绘图的平面设计软件。Illustrator 具有强大的绘图功能，其提供的多种绘图工具，可以使用户根据需要自由使用。例如，使用相应的几何图形工具可以绘制简单几何图形；使用铅笔工具可以徒手绘画；使用画笔工具可以模拟毛笔的效果，也可以绘制复杂的图案，还可以自定义笔刷等。用户使用绘图工具绘制出基本图形后，利用 Illustrator 完善的编辑功能还可以对图形进行编辑、组织、排列以及填充等操作绘制出复杂的图形对象。

除此之外，Illustrator 还提供了丰富的滤镜和效果命令，以及强大的文字与图表处理功能。通过这些命令或功能可以为图形对象添加一些特殊效果，进行文本、图表设计，使绘制的图形更加生动，从而增强作品的表现力。

1.2 认识矢量图与位图

在计算机中，图像都是以数字的方式进行记录和存储的，类型大致可分为矢量式图像和位图式图像两种。这两种图像类型有着各自的优缺点。在处理编辑图像文件时，这两种类型图像经常会交叉使用。

1.2.1 矢量图

矢量图像也可以叫做向量式图像。顾名思义，它是以数学式的方法记录图像的内容。其记录的内容以线条和色块为主，由于记录的内容比较少，不需要记录图像中每一个点的颜色和位置等，所以它的文件容量比较小，这类图像很容易进行放大、旋转等操作，且不易失真，精确度较高，所以在一些专业的图形软件中应用得较多。如图 1-1 所示为原图像在不同显示比例下的显示状态。

同时，正是由于上述原因，矢量图不适于制作一些色彩变化较大的图像，而且由于不同软件的存储方法不同，其在不同软件之间的转换也有一定的困难。

图 1-1　矢量图像

1.2.2 位图

位图图像是由许多点组成的，其中每一个点即为一个像素，而每一像素都有明确的颜色。Photoshop 和其他绘画及图像编辑软件产生的图像基本上都是位图图像。

位图图像与分辨率有着密切的关系，如果在屏幕上以较大的倍数放大显示，或以过低的分辨率进行打印，图像会出现锯齿状的边缘，丢失画面细节。如图 1-2 所示为位图图像在不同比例下的显示状态。但是，位图图像弥补了矢量图像的某些缺陷，它能够制作出颜色和色调变化

更为丰富的图像，同时可以很容易地在不同软件之间进行交换，但位图文件容量较大，对内存和硬盘的要求较高。

图 1-2　位图图像

1.2.3　图像的分辨率

分辨率是用于描述图像文件信息量的术语。使用的计算机屏幕的分辨率数值越大，显示内容看起来就越清晰；数值越小，则越粗糙，也就越失真。它的描述单位一般是像素/毫米或者像素/英寸。一般它的数值越大，图像的数据也就越大，印刷出来的图像也越大。为了使印刷品获得较好的质量，需要保证图像有足够的高分辨率。但不是说分辨率越高，印刷出的质量就越好。例如，在进行网印时，分辨率为印刷网版目数的两倍是最合适的了。

1.2.4　常用文件格式

图形图像处理软件大致可以分为两类：一类是针对矢量图形的处理软件，这类软件处理图形对象的基本单位是连续的矢量线条，操作简单、占用的存储空间比较小；另一类是针对位图图像的处理软件，这类软件处理图像对象的基本单位是一个个离散的像素点，图像占用的存储空间很大。

所谓图形文件格式，指的是图形文件中的数据信息的不同存储方式。文件格式通常以其扩展名表示，如 AI、JPEG、BMP、TIF、GIF、PDF 等。

随着图形图像应用软件的增多，图形文件的格式和种类也相应地增多。目前广泛应用的图形文件格式多达十几种。为了减少不必要的浪费和重复操作，用户在制作图形时应尽可能地采用通用的图形文件格式。在 Illustrator 中，用户不仅可以使用软件本身的*.AI 图形文件格式，还可以置入和导出其他的图形文件格式，如 BMP、TIF、GIF、PDF 等。下面将介绍几种比较常用的文件格式。

1. AI 文件格式

AI(*.AI)格式即 Adobe Illustrator 文件，是由 Adobe systems 所开发的矢量图形文件格式。Windows 平台以及大量基于 Windows 平台的图形应用软件都支持该文件格式。它能够保存 Illustrator 的图层、蒙版、滤镜效果、混合和透明度等数据信息。AI 格式是在 CorelDRAW 和 Illustrator 等图形软件之间进行数据交换的理想格式，因为这类图形软件都支持这种文件格式，它们可以直接打开、导入或导出该格式文件，也可以对该格式文件进行一定的参数设置。

2. EPS 文件格式

EPS 是 Encapsulated PostScript 的缩写，它是跨平台的标准格式，在 Windows 平台上其扩展名是*.EPS，在 Macintosh 平台上是*.EPSF，主要用于存储矢量图形和位图图像。EPS 格式采用 PostScript 语言进行描述，并且可以保存其他类型的信息，如 Alpha 通道、分色、剪辑路径、挂网信息和色调曲线等，因此，EPS 格式常用于印刷或打印输出图形的制作。在某些情况下，使用 EPS 格式存储图形图像优于使用 TIFF 格式存储的图形图像。

EPS 格式是文件内带有 PICT 预览的 PostScript 格式。因此，基于像素存储的 EPS 格式的图像文件比以 TIFF 格式存储的同样图像文件所占用的空间大，而基于矢量图形的 EPS 格式图形文件比基于像素的 EPS 格式文件所占用的空间小。

3. JPEG 文件格式

JPEG(*.JPG)格式是 Joint Photographic Experts Group(联合图像专家组)的缩写，它是目前最常用的数字化摄影图像的存储格式。JPEG 格式是由 ISO 和 CCITT 两大标准化组织共同推出的，它定义了摄影图像的通用压缩编码。JPEG 格式使用有损压缩方案存储图像，以牺牲图像的质量为代价节省图像文件所占的磁盘空间。

4. SVG 文件格式

SVG(*.SVG)原意为可缩放的矢量图形。它是一种用来描述图像的形状、路径文本和滤镜效果的矢量格式，可以任意放大显示，而不会丢失细节。该图形格式的优点是非常紧凑，并能提供可以在网上发布或打印的高质量图形。

5. WMF 格式

WMF 格式是 Microsoft Windows 中常见的一种图元文件格式。它具有文件短小、图案造型化的特点，整个图形常由各个独立组成部分拼接而成，但其图形往往较粗糙。

6. PSD 格式

PSD 格式是 Photoshop 软件的专用图像文件格式，它能够支持全部图像颜色模式的格式，并且它能保存图像中各个图层的效果和相互关系，各图层之间相互独立，以便于对单独的图层进行修改和制作各种特效。但是，以 PSD 格式保存的图像通常包含较多的数据信息，因此，比其他格式的图像文件占用更多的磁盘空间。

7. TIFF 格式

TIFF 格式是一种比较通用的图像格式，几乎所有的扫描仪和大多数图像软件都支持这一格式。这种格式支持 RGB、CMYK、Lab、索引、灰度等颜色模式，并且在 RGB、CMYK 及灰度模式中支持 Alpha 通道的使用。而且，同 EPS 和 BMP 等文件格式相比，其图像信息最紧凑，因此 TIFF 文件格式在各软件平台上得到了广泛支持。

1.3 颜色模式

颜色模式是使用数字描述颜色的方式。在 Illustrator CS5 中常用的颜色模式有 RGB 模式、CMYK 模式、HSB 模式、灰度模式和 Web 安全 RGB 模式。

- RGB 模式是利用红、绿、蓝 3 种基本颜色来表示色彩的。通过调整 3 种颜色的比例可以获得不同的颜色。由于每种基本颜色都有 256 种不同的亮度值，因此，RGB 颜色模式约有 256×256×256 的 1670 余种不同颜色。当用户绘制的图形只要用于屏幕显示时，可采用此种颜色模式。
- CMYK 模式即常说的四色印刷模式，CMYK 分别代表青、品红、黄、黑 4 种颜色。CMYK 颜色模式的取值范围是用百分数来表示的，百分比较低的油墨接近白色，百分比较高的油墨接近黑色。
- HSB 模式是利用色彩的色相、饱和度和亮度来表现色彩的。H 代表色相，指物体固有的颜色。S 代表饱和度，指的是色彩的饱和度，它的取值范围为 0%(灰色)~100%(纯色)。B 代表亮度，指色彩的明暗程度，它的取值范围是 0%(黑色)~100%(白色)。
- 灰度模式具有从黑色到白色的 256 种灰度色域的单色图像，只存在颜色的灰度，没有色彩信息。其中，0 级为黑色，255 级为白色。每个灰度级都可以使用 0%(白)~100%(黑)百分比来测量。灰度模式可以与 HSB 模式、RGB 模式、CMYK 模式互相转换。但是，将色彩转换为灰度模式后，再要将其转换回彩色模式，将不能恢复原有图像的色彩信息，画面将转为单色。
- Web 安全 RGB 模式是网页浏览器所支持的 216 种颜色，与显示平台无关。当所绘图像只用于网页浏览时，可以使用该颜色模式。

1.4 工作区的介绍

Illustrator 的工作区是创建、编辑、处理图形和图像的操作平台，它由菜单栏、工具箱、控制面板、文档窗口、状态栏等部分组成的。启动 Illustrator CS5 软件后，屏幕上将会出现标准的工作区界面，如图 1-3 所示。

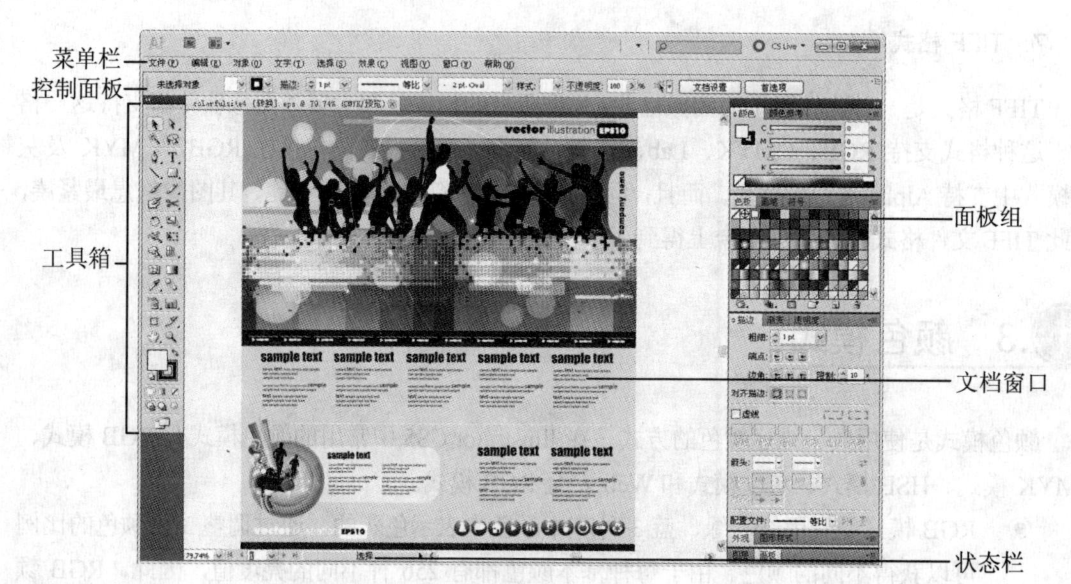

图 1-3 Illustrator CS5 工作区

1.4.1 工具箱

默认情况下，启动 Illustrator CS5 软件后工具箱会自动显示在工作区的左侧，单排显示。如果用户比较习惯以往的双排显示，可以单击工具箱上方的小三角按钮将工具箱的显示方式更改为传统的双排显示。

在 Illustrator CS5 中，工具箱是非常重要的功能组件，它包含了 Illustrator 中常用的绘制、编辑、处理的操作工具，如【钢笔】工具、【选择】工具、【旋转】工具、【网格】工具等。用户需要使用某个工具时，只需单击该工具即可。

由于工具箱大小的限制，许多工具并未直接显示在工具箱中，因此许多工具都隐藏在工具组中。在工具箱中，如果某一工具的右下角有黑色三角形，则表明该工具属于某一工具组，工具组中的其他工具处于隐藏状态。将鼠标移至工具图标上单击即可打开隐藏工具组；单击隐藏工具组后的小三角按钮即可将隐藏工具组分离出来，如图 1-4 所示。

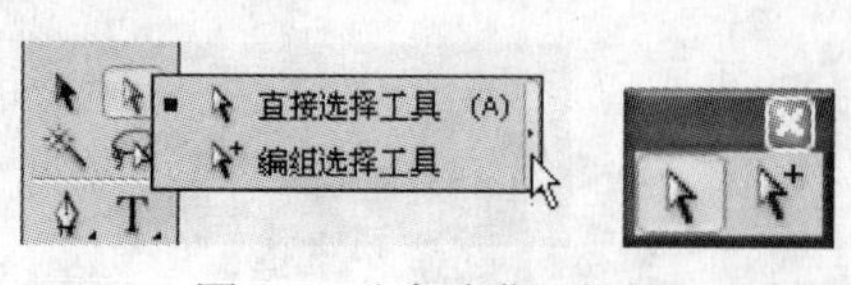

图 1-4 分离隐藏工具组

提示

如果觉得通过将工具组分离出来选取工具太过麻烦，那么只要按住 Alt 键，在工具箱中单击工具图标就可以进行隐藏工具的切换。

在 Illustrator CS5 中，共有 16 个隐藏工具组，如图 1-5 所示。其中，包括了常用的选择工具组、绘图工具组、变形工具组、符号与图表工具组、变换填充工具组以及修剪工具组等。

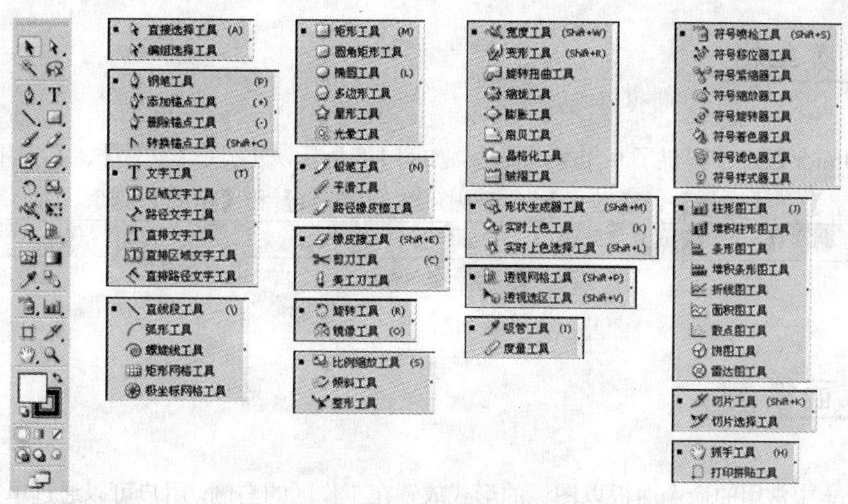

图 1-5　工具箱及工具组

1.4.2　控制面板

Illustrator 中的控制面板用来辅助工具箱中工具或菜单命令的使用，对图形或图像的修改起着重要的作用，灵活掌握控制面板的基本使用方法有助于帮助用户快速地进行图形编辑。

通过控制面板可以快速访问、修改与所选对象相关的选项。默认情况下，控制面板停放在菜单栏的下方，如图 1-6 所示。用户也可以通过选择面板菜单中的【停放到底部】命令，将控制面板放置在工作区的底端。

图 1-6　控制面板

当控制面板中的文本为蓝色且带下划线时，用户可以单击文本以显示相关的面板或对话框，如图 1-7 所示。例如，单击描边链接，可显示【描边】面板。单击控制面板或对话框以外的任何位置可将其关闭。

图 1-7　链接相关面板

1.4.3 菜单栏

在 Illustrator CS5 中提供了 9 组菜单命令，如图 1-8 所示，分别是【文件】、【编辑】、【对象】、【文字】、【选择】、【效果】、【视图】、【窗口】和【帮助】命令。

文件(F)　编辑(E)　对象(O)　文字(T)　选择(S)　效果(C)　视图(V)　窗口(W)　帮助(H)

图 1-8　菜单命令

1.4.4 面板

Illustrator 中常用的命令面板以图标的形式放置在工作区的右侧，用户可以通过单击右上角的【扩展停放】按钮来显示面板，如图 1-9 所示，这些面板可以帮助用户控制和修改图形。要完成图形制作，面板的应用是不可或缺的。在 Illustrator 中，提供了数量众多的面板，其中常用的面板有图层、画笔、颜色、轮廓、渐变、透明度等面板。

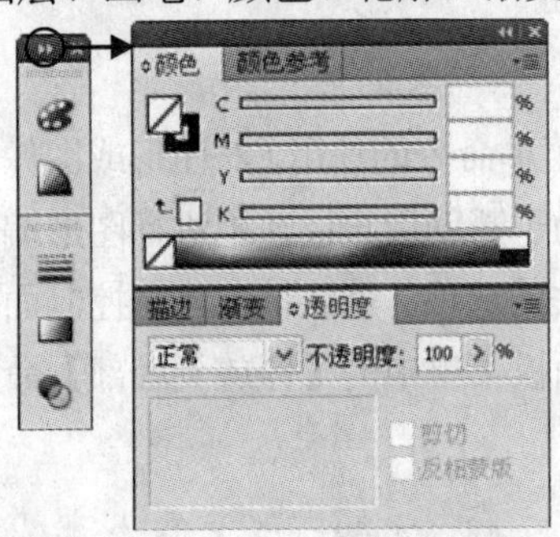

知识点

按键盘上的 Tab 键可以隐藏或显示工具箱、控制面板和常用命令面板。按 Shift+Tab 键可以隐藏或显示常用命令面板。

图 1-9　扩展停放的面板

在面板的应用过程中，用户可以根据个人需要对面板进行自由的移动、拆分、组合、折叠等操作。将鼠标移动到面板标签上单击并按住向后拖动，即可将选中的面板放置到面板组的后方，如图 1-10 所示。将鼠标放置在需要拆分的面板标签上单击并按住拖动，当出现蓝色突出显示的放置区域时，则表示拆分的面板将放置在此区域，如图 1-11 所示。

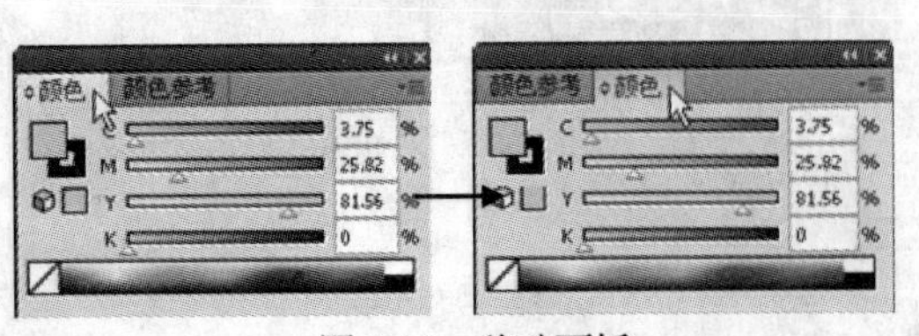

图 1-10　移动面板

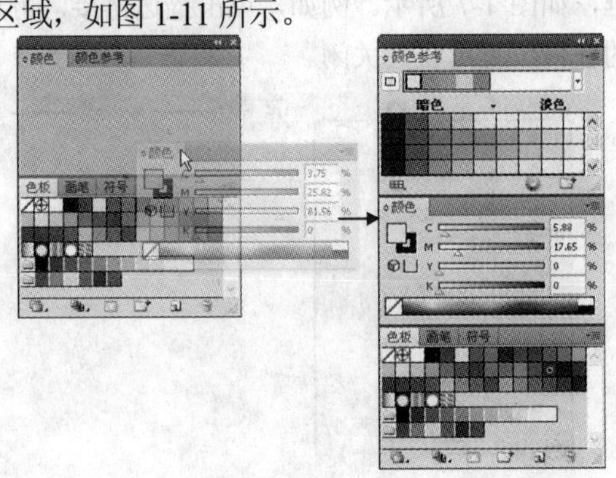

图 1-11　拆分面板

例如，通过将一个面板拖移到另一个面板上面或下面的窄蓝色放置区域中，可以在停放中向上或向下移动该面板。如果拖移到的区域不是放置区域，该面板将在工作区中自由浮动。

如果要组合面板，可以将鼠标放置在面板标签上单击并按住拖动至需要组合的面板组中释放即可，如图 1-12 所示。同时，用户也可以根据需要改变面板的大小，单击面板标签旁的按钮，或双击面板标签，可显示或隐藏面板选项，如图 1-13 所示。

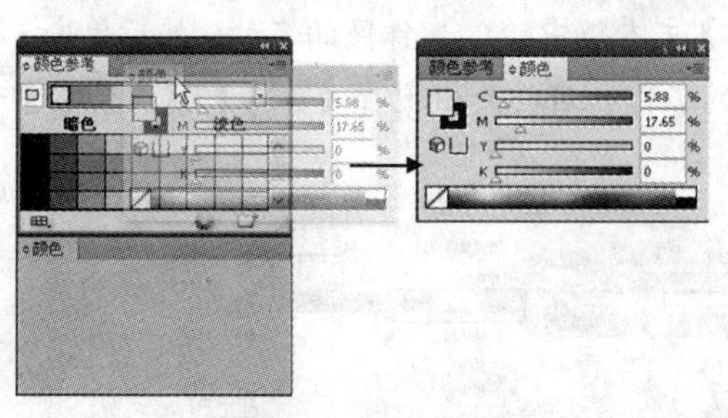

图 1-12　组合面板

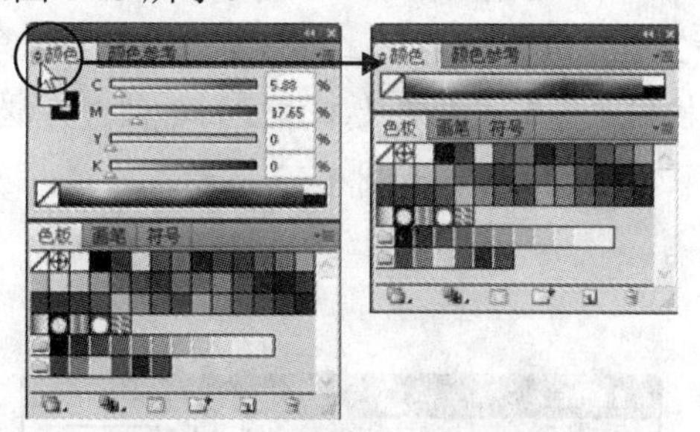

图 1-13　显示隐藏面板选项

1.4.5　状态栏

状态栏显示在所有文档页面的下部，如图 1-14 所示。状态栏分为 3 部分。左边是百分比栏，其中的百分比数值表示页面当前的显示比例。在数值框中，用户可以输入任意页面的显示比例，输入完成后按键盘上的 Enter 键确认，这时页面可按照所设置的比例相应地放大或缩小。

图 1-14　状态栏

中间一栏显示当前文档的画板数量，同时可以通过【上一项】、【下一项】、【首项】、【末项】按钮来切换画板，或直接单击数值框右侧的按钮，直接选择画板，如图 1-15 所示。

右边一栏为状态栏，单击状态栏会弹出如图 1-16 所示的菜单，选择【显示】选项，会弹出子菜单以供用户选择在状态栏中所显示的内容。

图 1-15　选择画板　　　　图 1-16　【显示】选项

1.4.6　存储工作区

可以将面板的当前大小和位置存储为命名的工作区，之后即使移动或关闭了面板，用户也可以随时恢复该工作区状态。已存储的工作区名称将出现在应用程序栏上的工作区切换器中，用户可以直接选取。

【例 1-1】在 Illustrator 中存储工作区。

(1) 在 Illustrator 中，根据个人操作需要调整工作区后，选择菜单栏中的【窗口】|【工作区】|【存储工作区】命令。

(2) 在打开的【存储工作区】对话框的【名称】文本框中输入工作区的名称，然后单击【确定】按钮即可完成自定义工作区的存储。存储后的工作区名称会出现在【窗口】|【工作区】命令子菜单的最上方，如图 1-17 所示。

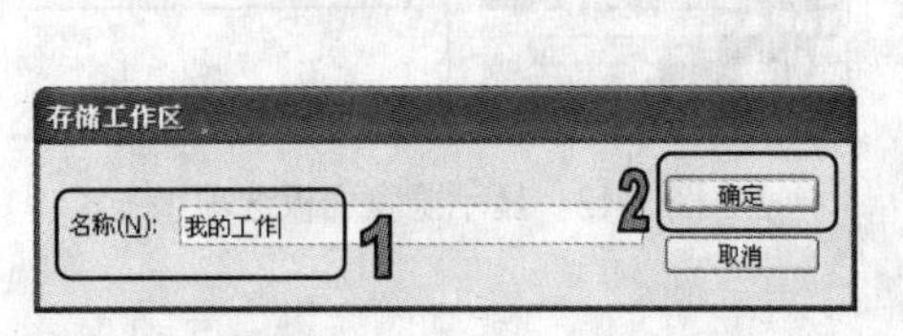

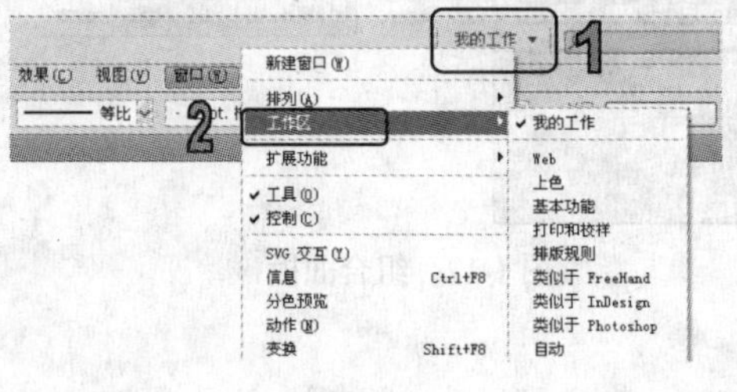

图 1-17　存储工作区

1.4.7　管理工作区

在 Illustrator CS5 中，用户可以选择菜单栏中的【窗口】|【工作区】|【管理工作区】命令，或单击应用程序栏中的工作区切换按钮，在弹出的下拉列表中选择【管理工作区】命令，打开【管理工作区】对话框新建、删除工作区，如图 1-18 所示。

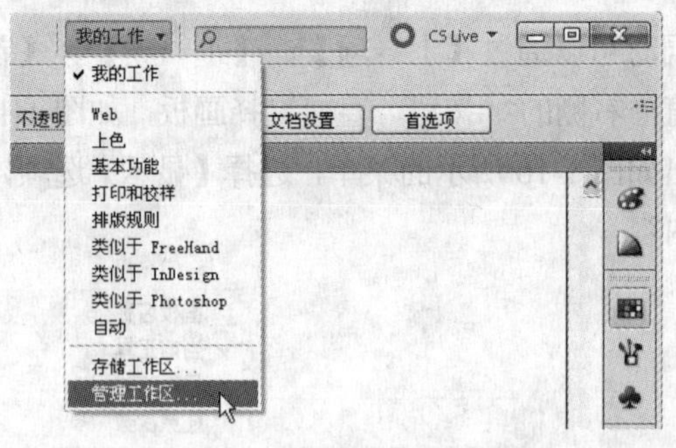

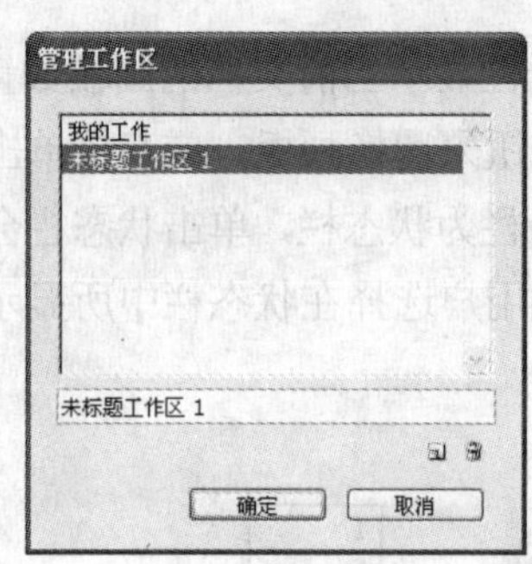

图 1-18　管理工作区

在【管理工作区】对话框中，单击【新建工作区】按钮，可以直接新建工作区。在对话框中，选中已存储的工作区名称后，单击【删除工作区】按钮可以删除不再需要的工作区。

1.5　图像的显示比例

在 Illustrator CS5 中，用户可以根据需要改变窗口中图形对象的显示形式、显示比例，或是

显示区域来适应操作要求。

1. 【缩放】工具

在 Illustrator CS5 中，用户可以通过【视图】菜单中的【放大】、【缩小】、【画板适合窗口大小】、【全部适合窗口大小】和【实际大小】命令调整所需视图的显示比例，也可以选择工具箱中的【缩放】工具来实现视图显示比例的调整。

使用【缩放】工具在工作区中单击，即可放大图像，按住 Alt 键再使用【缩放】工具单击，可以缩小图像。用户也可以选择【缩放】工具后，在需要放大的区域拖动出一个矩形框，然后释放鼠标即可放大选中的区域，如图 1-19 所示。

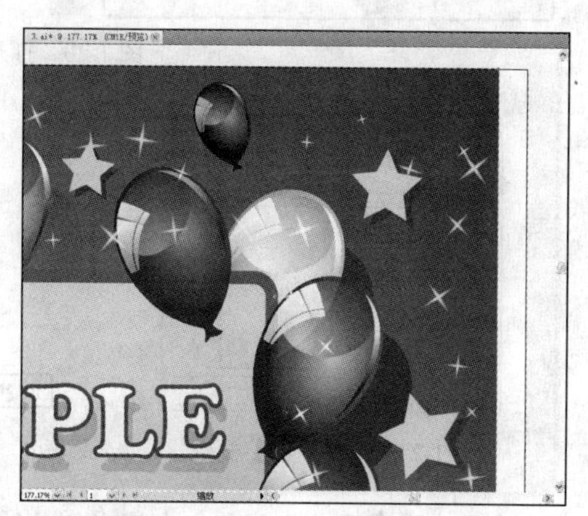

图 1-19　使用【缩放】工具放大视图

知识点

使用键盘快捷键也可以快速放大或缩小窗口中的图形。按 Ctrl++键可以放大图形，按 Ctrl+-键可以缩小图形。按 Ctrl+0 键可以使画板适合窗口显示。

2. 【导航器】面板

在 Illustrator CS5 中，通过【导航器】面板，用户不仅可以很方便地对工作区中所显示的图形对象进行移动观察，还可以对视图显示的比例进行缩放调节。通过选择菜单栏中的【窗口】|【导航器】命令即可显示或隐藏【导航器】面板。

【例 1-2】在 Illustrator 中，使用【导航器】面板改变图形文档显示比例和区域。

(1) 选择【文件】|【打开】命令，在【打开】对话框中，选择文件夹中的图形文档，单击【打开】按钮将其打开，如图 1-20 所示。

(2) 选择菜单栏中的【窗口】|【导航器】命令，可以在工作界面中显示【导航器】面板，如图 1-21 所示。

(3) 在【导航器】面板底部【显示比例】文本框中直接输入数值 200%，按 Enter 键应用设置，改变图像文件窗口的显示比例，如图 1-22 所示。

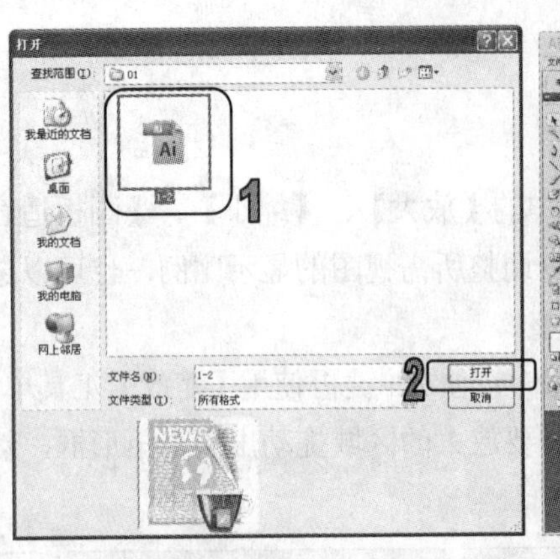

图 1-20　打开图形文档

图 1-21　【导航器】面板

图 1-22　使用【显示比例】文本框

(4) 单击选中【显示比例】文本框右侧的缩放比例滑块，并按住鼠标左键进行拖动至适合位置释放左键，以调整图像文件窗口的显示比例。向左移动缩放比例滑块时，可以缩小画面的显示比例；向右移动缩放比例滑块，可以放大画面的显示比例。在调整画面显示时，【导航器】面板中的红色矩形框也会同时进行相应的缩放，如图 1-23 所示。

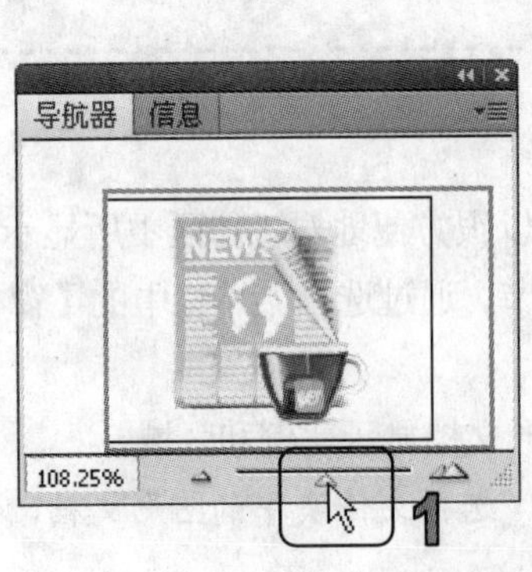

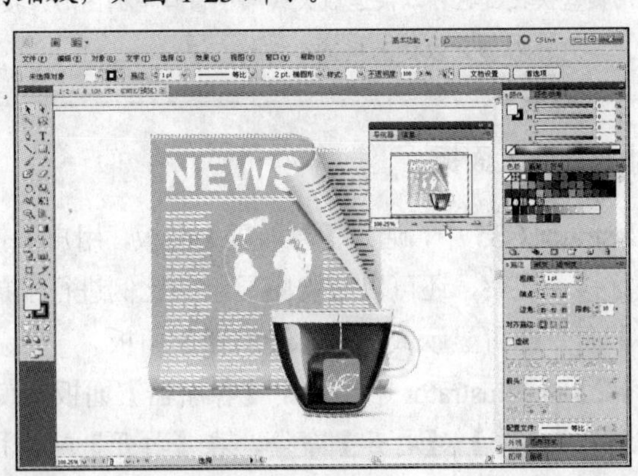

图 1-23　拖动滑块改变视图显示比例

(5) 【导航器】面板中的红色矩形框表示当前窗口显示的画面范围。当把光标移动至【导航器】面板预览窗口中的红色矩形框内时，光标会变为手形标记，按住并拖动手形标记，即可通过移动红色矩形框来改变放大的图像文件窗口中显示的画面区域，如图 1-24 所示。

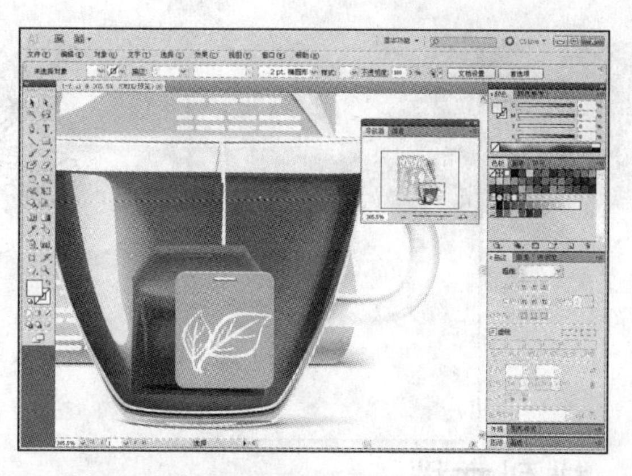

图 1-24　在【导航器】面板中移动画面显示区域

3. 【抓手】工具

在放大显示的工作区域中观察图形时，经常还需要观察文档窗口以外的视图区域。因此，需要通过移动视图显示区域来进行观察。如果需要实现该操作，用户可以选择工具箱中的【手形】工具，然后在工作区中按下并拖动鼠标，即可移动视图显示画面，如图 1-25 所示。

图 1-25　移动显示区域

1.6　图像的显示效果

在 Illustrator CS5 中，图形对象有两种显示的状态，一种是预览显示，另一种是轮廓显示。在预览显示的状态下，图形会显示出全部的色彩、描边、文本、置入图像等构成信息。而选择菜单栏中的【视图】|【轮廓】命令，或按快捷键 Ctrl+Y 键可将当前所显示的图形以无填充、无颜色、无画笔效果的原线条状态显示，如图 1-26 所示。利用此种显示模式，可以加快显示速度。如果想返回预览显示状态，选择【视图】|【预览】命令即可。

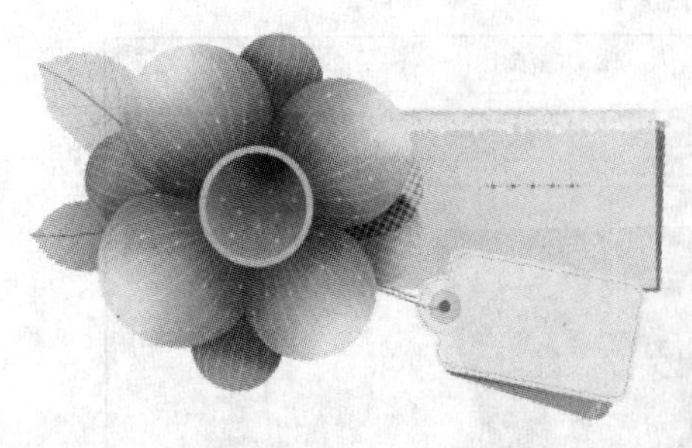

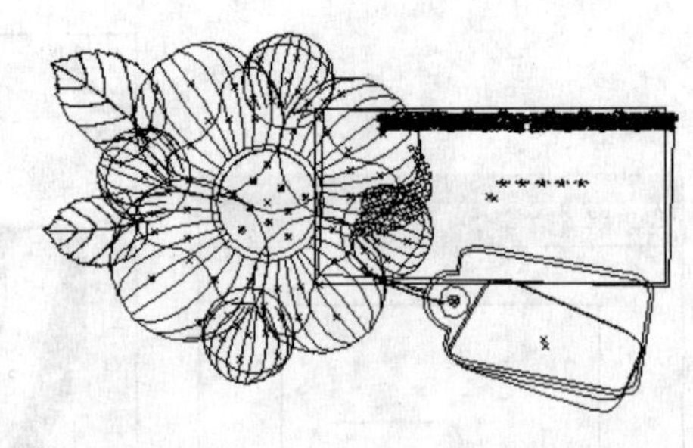

图 1-26　设置图像显示效果

1.7　排列文档

在 Illustrator 中，用户可以使用【窗口】|【排列】命令子菜单中的选项来排列多个打开的文档窗口。【层叠】命令以堆叠的方式显示窗口，从屏幕左上方向下排列到右下方；【平铺】命令以边对边的方式显示窗口，如图 1-27 所示。

图 1-27　排列文档

提示

单击应用程序栏中的【排列文档】按钮，在弹出的如图 1-28 所示的下拉面板中通过单击相应按钮，即可排列图形文档。

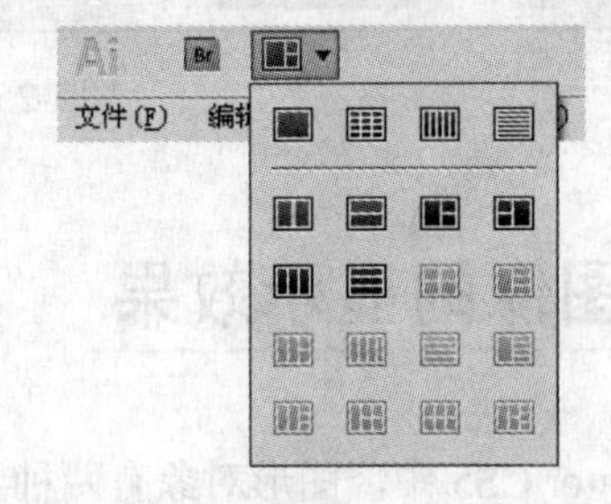

图 1-28　【排列文档】下拉面板

1.8　上机练习

本章上机练习通过自定义工作区，使用户掌握预设工作区的使用、面板的应用以及存储工作区的操作方法。

(1) 在 Illustrator CS5 中，单击应用程序栏上的切换工作区按钮，在弹出的下拉列表中选择【上色】选项，切换预设的工作区，如图 1-29 所示。

(2) 在面板组中，单击【颜色参考】面板标签，并按住鼠标左键将其拖动出面板组，释放鼠标即可分离面板，如图 1-30 所示。

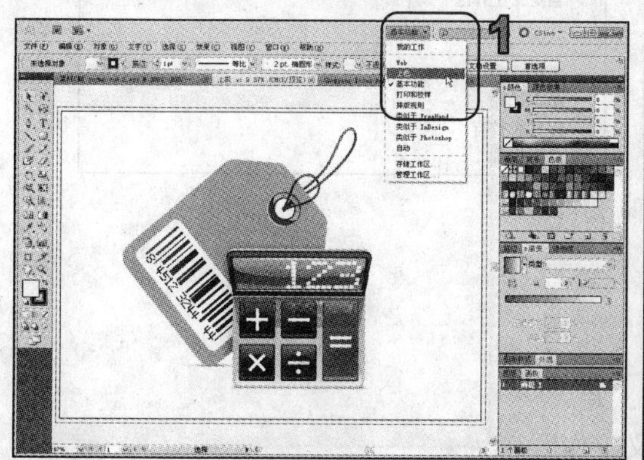

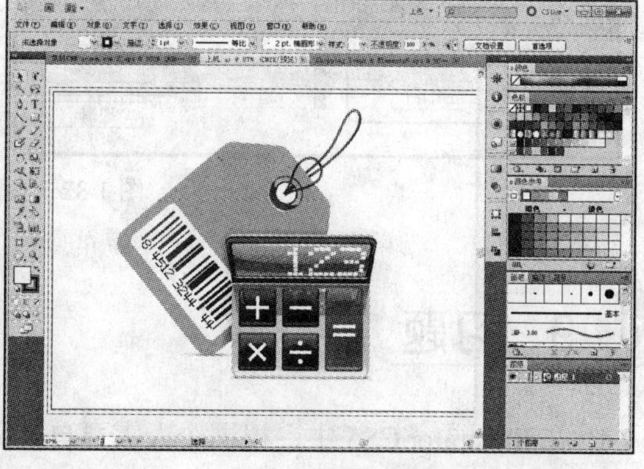

图 1-29　切换工作区

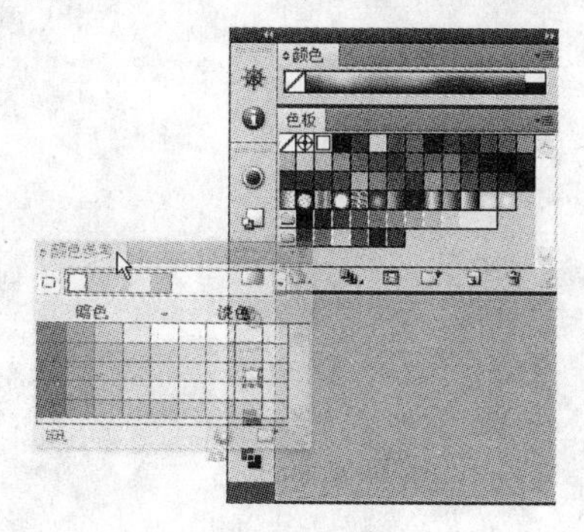

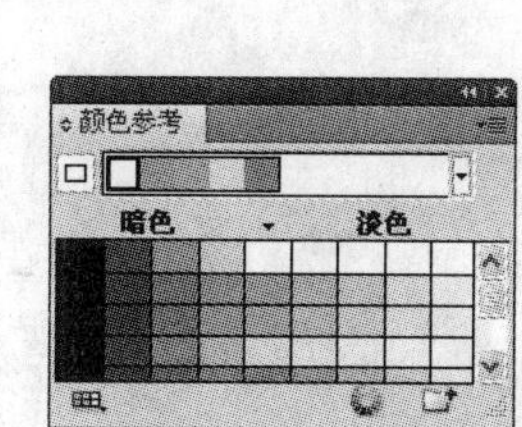

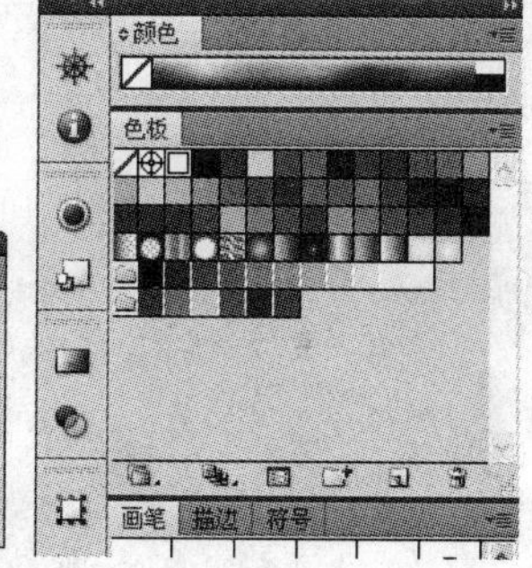

图 1-30　拆分面板

(3) 单击【颜色参考】面板右上角的⊠按钮，关闭【颜色参考】面板。单击折叠面板组右上角的【展开面板】按钮◀◀，打开折叠面板组，如图 1-31 所示。

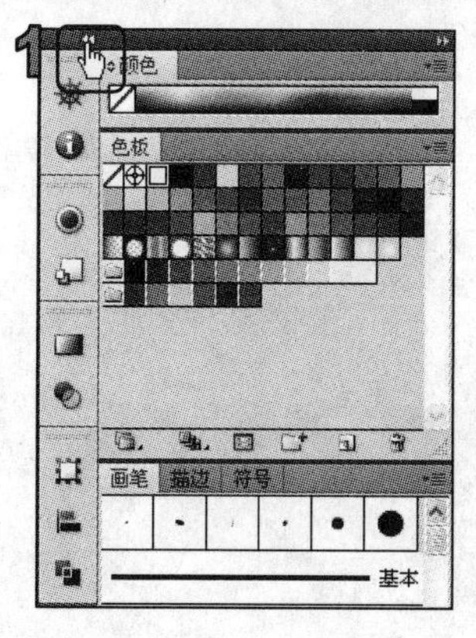

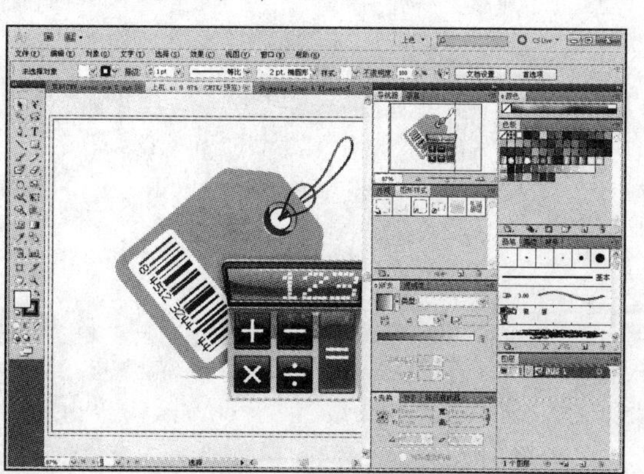

图 1-31　展开面板

(4) 选择【窗口】|【工作区】|【存储工作区】命令，打开【存储工作区】对话框。在对话

框的【名称】文本框中，输入“自定义工作区”，然后单击【确定】按钮存储工作区，如图 1-32 所示。存储后的工作区名称将出现在预设工作区列表中。

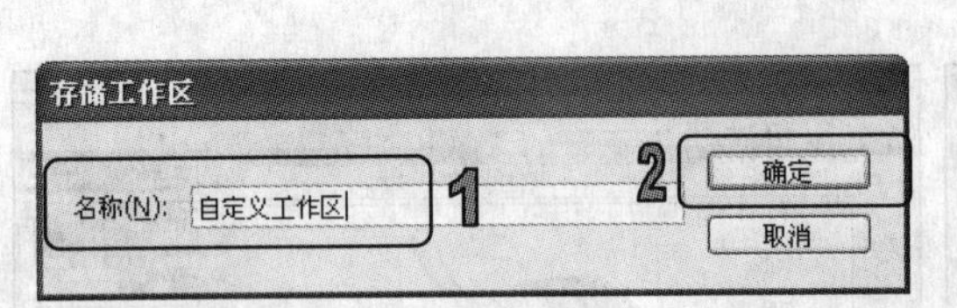

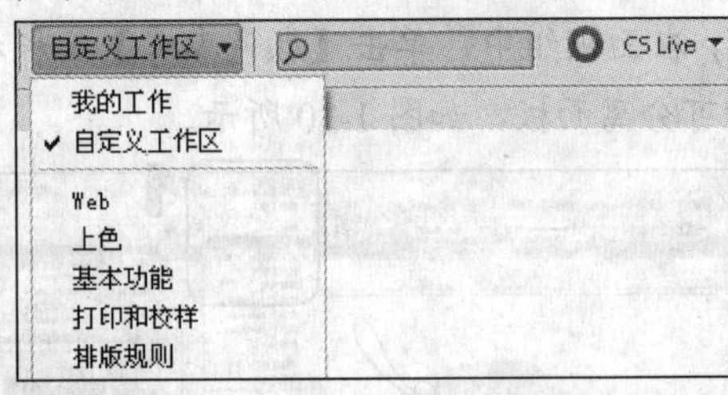

图 1-32　存储工作区

1.9　习题

1. 在 Illustrator CS5 中，根据个人需要自定义工作区。
2. 在 Illustrator 中打开图形文件，然后使用【导航器】面板设置图形显示效果。

第2章 文档管理与参数设置

学习目标

用户在学习使用 Illustrator 绘制图形之前，应该需要了解关于 Illustrator 文件基本操作，如文件的新建、打开、保存、关闭、置入、导出、以及页面的设置等操作。熟悉掌握了这些基本操作后，可以帮助用户更好地进行设计与制作。

本章重点

- 文档基本操作
- 画板设置
- 使用页面辅助工具
- 首选项设置

2.1 文档基本操作

在使用 Illustrator 开始设计工作之前需要了解一些基本的文件操作，如创建新的文件、打开一个已经保存过的文件、保存文件及导出文件等。

2.1.1 新建文档

用户可以在启动 Illustrator 后，选择【文件】|【新建】命令，在打开的【新建文档】对话框中进行参数设置，即可创建新文档。

【例 2-1】在 Illustrator CS5 中，创建空白文档。

(1) 启动 Illustrator CS5，选择【文件】|【新建】命令(或按 Ctrl+N 键)，打开【新建文档】对话框，如图 2-1 所示。

(2) 在【新建文档】对话框的【名称】文本框中输入“三折页”。在【画板数量】数值框中输入 3，然后单击【按行排列】按钮，如图 2-2 所示。【间距】数值指定画板之间的默认间距。该设置同时应用于水平间距和垂直间距。

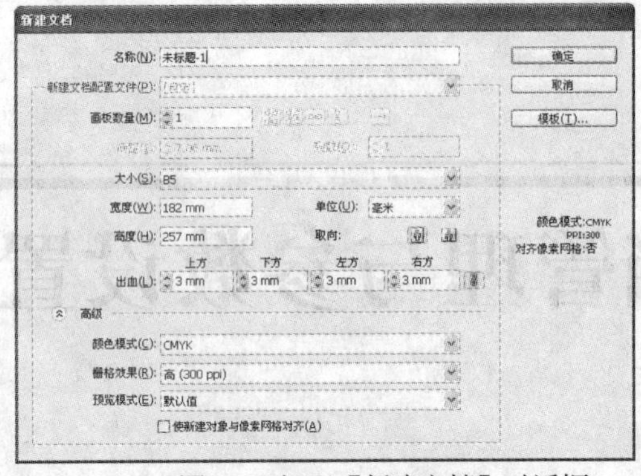

图 2-1　打开【新建文档】对话框

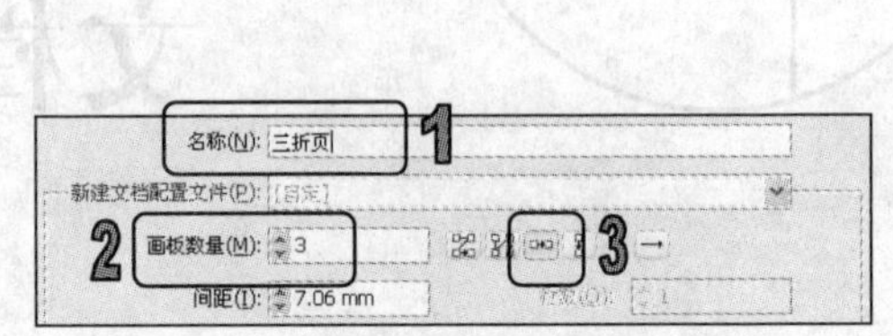

图 2-2　设置画板

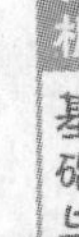

知识点

【画板数量】右侧的按钮用来指定文档画板在工作区中的排列顺序。单击【按行设置网格】按钮在指定数目的行中排列多个画板。从【行】菜单中选择行数。如果采用默认值，则会使用指定数目的画板创建尽可能方正的外观。单击【按列设置网格】按钮在指定数目的列中排列多个画板。从【列】菜单中选择列数。如果采用默认值，则会使用指定数目的画板创建尽可能方正的外观。单击【按行排列】按钮将画板排列成一个直行。单击【按列排列】按钮将画板排列成一个直列。单击【更改为从右到左布局】按钮按指定的行或列格式排列多个画板，但按从右到左的顺序显示它们。

(3) 在【大小】下拉列表中选择 B5 选项，为所有画板指定默认大小、度量单位。单击【纵向】按钮设置文档布局，在【出血】数值框中指定画板每一侧的出血位置为 3 mm，如图 2-3 所示。要对画板每边使用不同的出血数值，可单击按钮断开链接。

(4) 在【颜色模式】下拉列表中选择 CMYK 颜色模式，在【栅格效果】下拉列表中选择【高(300 ppi)】选项，如图 2-4 所示。

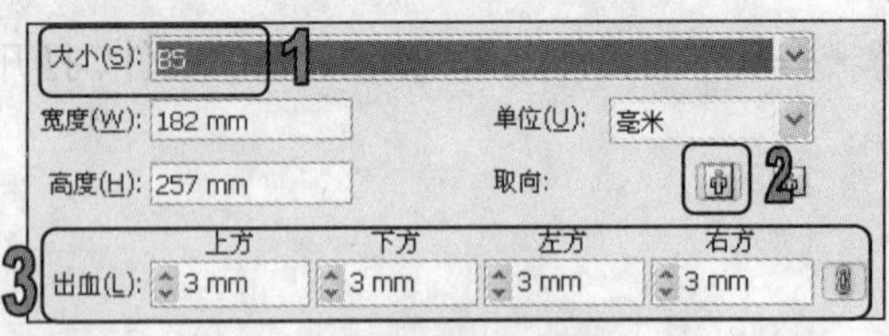

图 2-3　设置布局

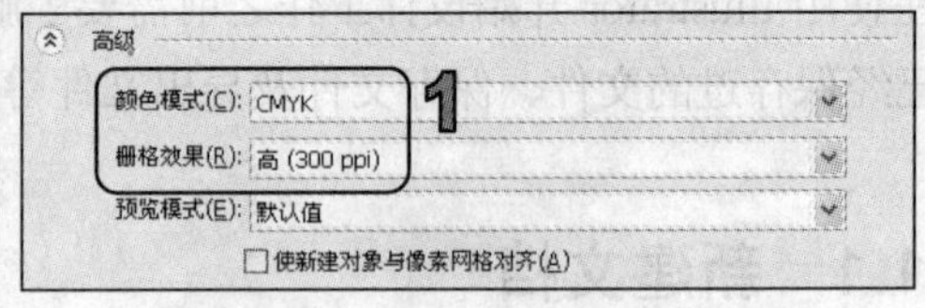

图 2-4　设置颜色模式

(5) 在对话框中，单击【确定】按钮，即可按照设置在工作区中创建文档，如图 2-5 所示。

提示

在对话框中，用户还可以通过单击【模板】按钮，打开【从模板新建】对话框，选择预置的模板样式新建文档。

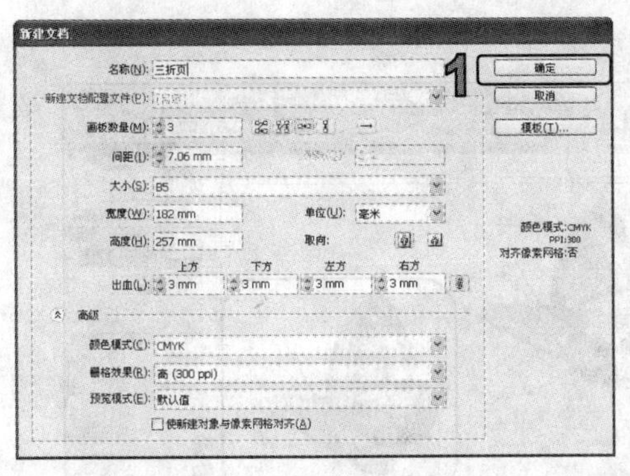

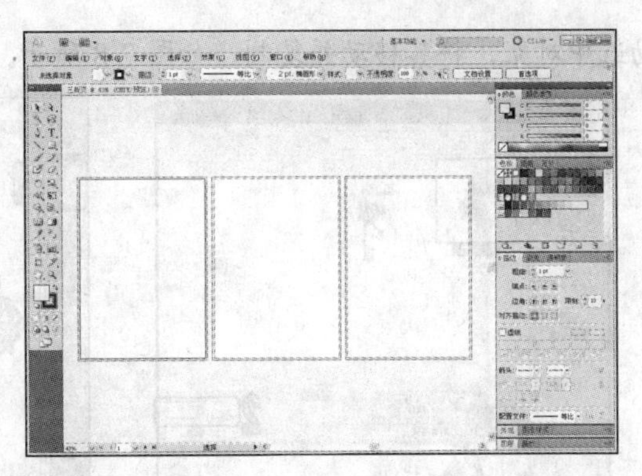

图 2-5　新建文档

2.1.2　打开文档

在 Illustrator CS5 中要打开文档，选择菜单栏【文件】|【打开】命令，或按快捷键 Ctrl+O 键，在弹出的【打开】对话框中双击选择需要打开的文件名，即可将其打开，如图 2-6 所示。

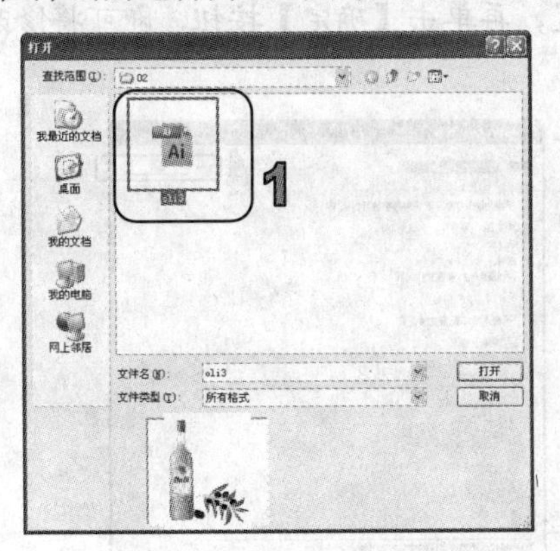

图 2-6　打开文档

2.1.3　存储文档

要存储图形文档可以选择【文件】菜单中的【存储】、【存储为】、【存储副本】或【存储为模板】命令。【存储】命令用于保存操作结束前未进行过保存的文档。如果打开的文档进行了编辑修改后，而保存时不想覆盖原文档，此时可以选择【存储为】命令对文档进行另存。

【例 2-2】在 Illustrator CS5 中，使用【存储为】命令将修改过的图形文件进行另存。

(1) 选择【文件】|【打开】命令，在【打开】对话框中选择图形文档，并双击打开，如图 2-7 所示。

(2) 选择工具箱中的【选择】工具，在打开的文档中框选全部对象，并按住 Ctrl+Alt 键

拖动选中对象，将其移动并复制，如图 2-8 所示。

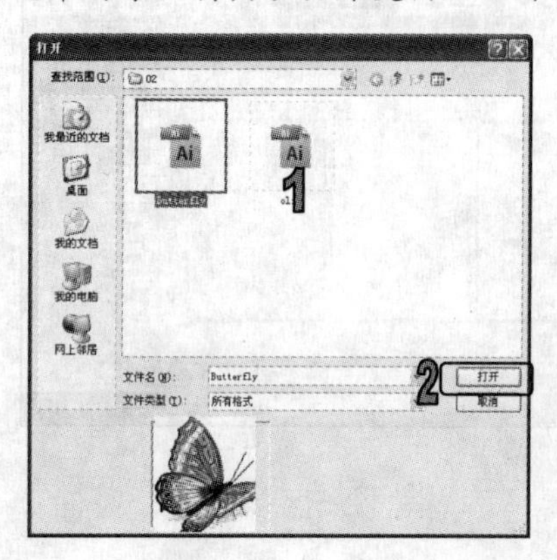

图 2-7　打开文档

图 2-8　复制对象

(3) 选择菜单栏中的【文件】|【存储为】命令，打开【存储为】对话框。在【保存在】下拉列表框中选择文件夹保存。在【文件名】文本框中，将文件名称更改为“Butterfly 副本”，保存类型选择 Adobe Illustrator (*.AI)选项，如图 2-9 左图所示。设置完成后，单击【保存】按钮，打开【Illustrator 选项】对话框，这里使用默认设置，再单击【确定】按钮，即可将修改后的文档另存。

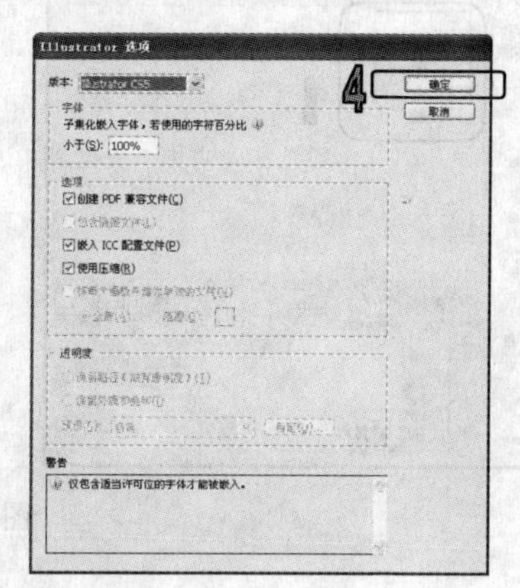

图 2-9　另存文档

2.1.4　置入、导出文档

Illustrator CS5 具有良好的兼容性，利用 Illustrator 的【置入】与【导出】功能，可以置入多种格式的图形图像文件为 Illustrator 所用，也可以将 Illustrator 的文件以其他的图像格式导出为其他软件所用。

1. 置入文档

置入文件是为了把其他应用程序中的文件输入到 Illustrator 当前编辑的文件中。置入的文件

可以嵌入到 Illustrator 文件中，成为当前文件的构成部分；也可以与 Illustrator 文件建立链接。在 Illustrator 中，选择【文件】|【置入】命令打开【置入】对话框，选择所需的文件，然后单击【置入】按钮即可把选择的文件置入到 Illustrator 文件中。

【例 2-3】在 Illustrator 中置入 EPS 格式文件。

(1) 选择【文件】|【置入】命令，打开【置入】对话框。在该对话框中，选择 hawayi 图形文件，然后单击【置入】按钮，即可将选取的文件置入到页面中，如图 2-10 所示。

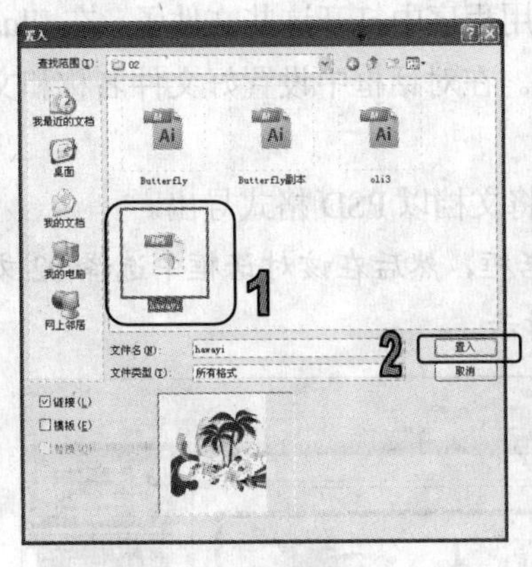

图 2-10 置入文档

- 【链接】复选框：选中该复选框，被置入的图形或图像文件与 Illustrator 文档保持独立，最终形成的文档不会太大，当链接的原文件被修改或编辑时，置入的链接文件也会自动修改更新。若不选择此项，置入的文件会嵌入到 Illustrator 文档中，该文件的信息将完全包含在 Illustrator 文档中，形成一个较大的文件，并且当链接的文件被编辑或修改时，置入的文件不会自动更新。默认状态下，此选项处于被选择状态。
- 【模板】复选框：选中该复选框，将置入的图形或图像创建为一个新的模板图层，并用图形或图像的文件名称为该模板命名。
- 【替换】复选框：如果在置入图形或图像文件之前，页面中有被选取的图形或图像，选中该复选框时，可以用新置入的图形或图像替换被选取的原图形或图像。页面中如没有被选取的对象，该复选框不可用。

图 2-11 放大图像

(2) 将光标移动放置在置入图像边框上，当光标变为双向箭头时，可以按住鼠标并拖动放大或缩小图像，如图 2-11 所示。设置完成后，单击控制面板上的【嵌入】按钮，即可将图像嵌入到文档中。

2. 导出文档

有些应用程序中不能打开 Illustrator 文件，在这种情况下，可以在 Illustrator 中把文件导出为其他应用程序可以支持的格式，这样就可以在其他应用程序中打开这些文件了。在 Illustrator 中，选择【文件】|【导出】命令，打开【导出】对话框。在对话框中设置好文件名称和文件格式后，单击【保存】按钮即可导出文件。

【例 2-4】在 Illustrator 中，选择打开图形文档，并将文档以 PSD 格式导出。

(1) 选择【文件】|【打开】命令，打开【打开】对话框，然后在该对话框中选择 02 文件夹下的文档，并单击【打开】按钮将其打开，如图 2-12 所示。

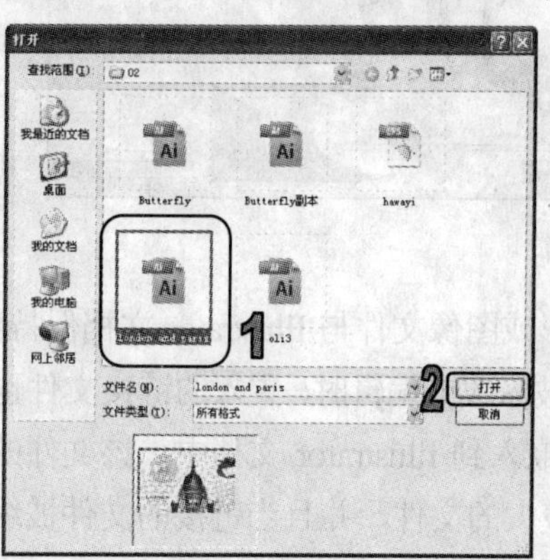

图 2-12　打开图像文档

(2) 选择【文件】|【导出】命令，在打开的【导出】对话框中的【保存在】下拉列表中选择导出文件的位置；在【文件名】文本框中重新输入文件名称；在【保存类型】下拉列表框中选择【*.PSD 格式】选项，如图 2-13 所示，然后单击【保存】按钮。

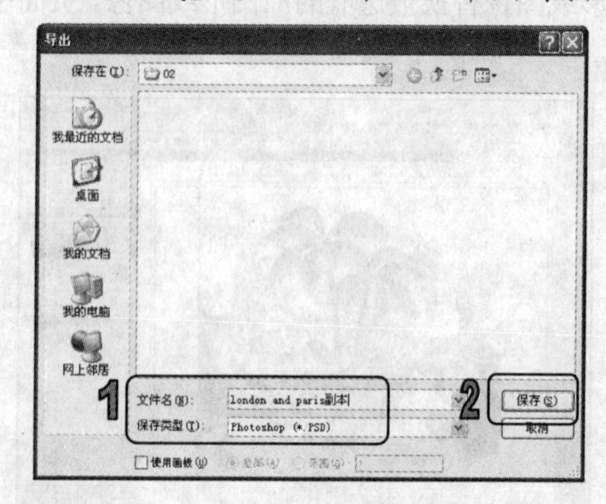

图 2-13　设置【导出】对话框

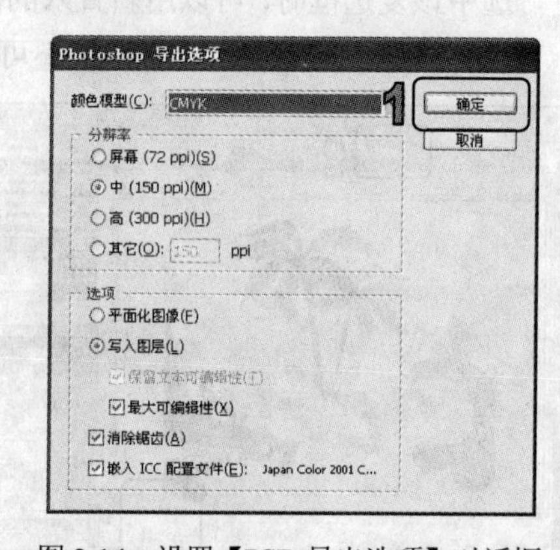

图 2-14　设置【PSD 导出选项】对话框

(3) 打开如图 2-14 所示的【Photoshop 导出选项】对话框，选项设置完成后，单击【确定】

按钮，即完成图形的输出操作。启动 Photoshop 软件，按照导出的文件路径就可以打开导出的图形文档了。

- 【颜色模型】选项：在此下拉列表中可以设置输出文件的颜色模式，其中包括 RGB、CMYK 和灰度 3 种。
- 【分辨率】选项：在此选项组中可以设置输出文件的分辨率，来决定输出后图形文件的清晰度。
- 【写入图层】选项：设置此选项，输出的文件将保留图形在 Illustrator 软件中原有的图层。
- 【消除锯齿】复选框：选择此选项，输出的图形边缘较为清晰，不会出现粗糙的锯齿效果。

2.1.5　关闭文档

在 Illustrator CS5 中要关闭文档有 3 种方法，一是选择菜单栏中的【文件】|【关闭】命令，二是按快捷键 Ctrl+W，三是可以直接单击文档窗口右上角的【关闭】按钮关闭文档。

2.2　画板设置

画板表示可以包含可打印图稿的区域，可以将画板作为裁剪区域以满足打印或置入的需要。每个文档可以有 1~100 个画板。用户可以在新建文档时指定文档的画板数，也可以在处理文档的过程中随时添加和删除画板。

2.2.1　画板选项

在 Illustrator 中，用户可以随时编辑修改画板设置和画板数量。双击工具箱中的【画板】工具，或单击【画板】工具，然后单击控制面板中的【画板选项】按钮，打开【画板选项】对话框，如图 2-15 所示。

- 【预设】：用于指定画板尺寸。这些预设为指定输出设置了相应的标尺像素长宽比。
- 【宽度】和【高度】：用于指定画板大小。
- 【方向】：用于指定横向和纵向的页面方向。
- 【约束比例】：如果手动调整画板大小，应保持画板长宽比不变。
- X 和 Y：用于根据 Illustrator 工作区标尺来指定画板位置。
- 【显示中心标记】：用于在画板中显示中心点位置。
- 【显示十字线】：用于显示通过画板每条边中心的十字线。

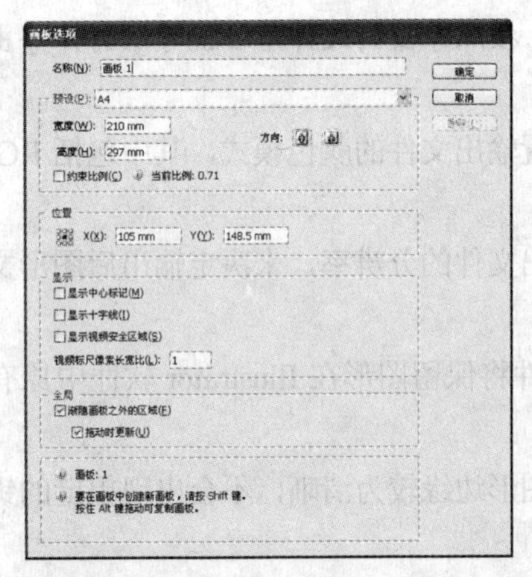

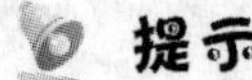
提示

要复制现有画板，可选择【画板】工具单击以选择要复制的画板，并单击选项栏中的【新建面板】按钮，然后单击放置复制面板的位置。要创建多个复制面板，可按住 Alt 键的同时单击多次直到获得所需的数量(或选择【画板】工具，按住 Alt 键拖动要复制的画板)。

图 2-15　【画板选项】对话框

- 【显示视频安全区域】：用于显示参考线，这些参考线表示位于可查看的视频区域内的区域。用户需要将必须能够查看的所有文本和图稿都放在视频安全区域内。
- 【视频标尺像素长宽比】：用于指定画板标尺的像素长宽比。
- 【渐隐画板之外的区域】：当【画板】工具处于现用状态时，显示的画板之外区域比画板内的区域暗。
- 【拖动时更新】：用于在拖动画板以调整其大小时，使画板之外的区域变暗。

2.2.2　创建画板

在 Illustrator 中，要创建自定义画板，可以选择【画板】工具并在工作区内拖动以定义形状、大小和位置。要使用预设画板，可双击【画板】工具，在打开的【画板选项】对话框中选择一个预设，然后单击【确定】按钮。

【例 2-5】在 Illustrator 中，创建新画板。

(1) 选择菜单栏中的【文件】|【打开】命令，打开【打开】对话框。在【打开】对话框中选择 02 文件夹中的文档，单击【打开】按钮打开，如图 2-16 所示。

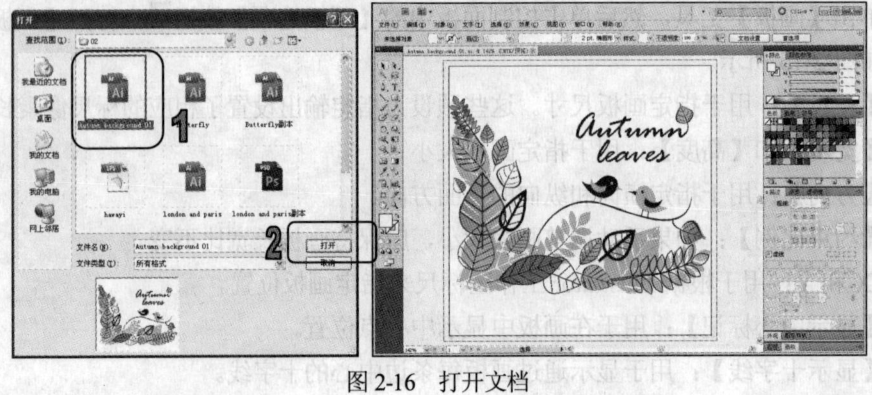

图 2-16　打开文档

(2) 单击【画板】工具，然后在控制面板上单击【新建画板】按钮，然后在页面中需要创建画板的位置单击，即可创建新画板，如图 2-17 所示。

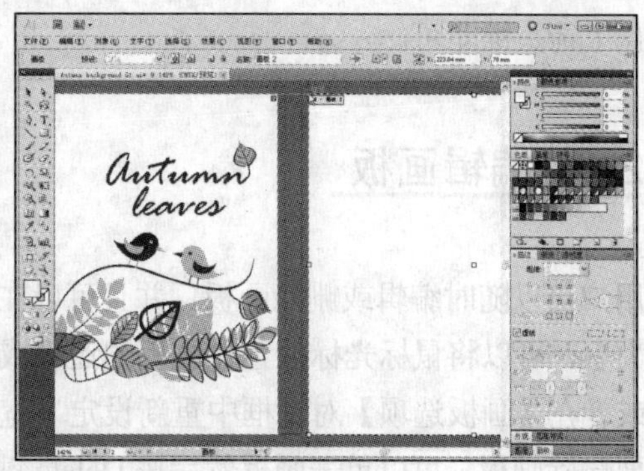

图 2-17　创建新画板

(3) 创建成功后要确认该画板并退出画板编辑模式，可单击工具箱中的其他工具或按 Esc 键即可，如图 2-18 所示。

图 2-18　退出画板编辑模式

提示

要在现用画板中创建画板，可以按住 Shift 键并使用【画板】工具拖动。要复制带内容的画板，可选择【画板】工具，单击选项栏上的【移动/复制带画板的图稿】按钮，按住 Alt 键然后拖动。

2.2.3　选择并查看画板

在 Illustrator 中，可以为文档创建多个画板，但每次只能有一个画板处于使用状态。

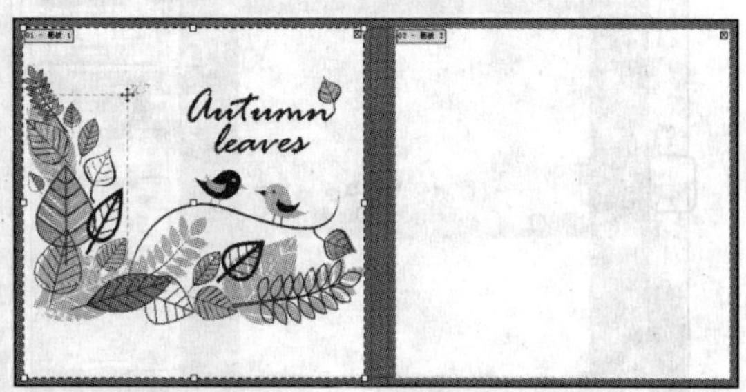

图 2-19　选择画板

当定义了多个画板时，可以通过【画板】工具来查看所有这些画板，每个画板都进行了编号以便引用。选择【画板】工具单击画板，即可使其变为活动状态，如图 2-19 所示。如果画板重叠，则左边缘最靠近单击位置的画板将成为现用画板。如果要在画板间导航，按住 Alt 键单击键盘上箭头键即可。

2.2.4 编辑画板

用户可以随时编辑或删除画板，并且可以在每次打印或导出时指定不同的面板。要调整画板的大小，可以将鼠标光标放置在画板的边缘或角上，当其变为双向箭头时，通过拖动进行调整，或者在【画板选项】对话框中重新设定【宽度】和【高度】值。

要删除画板，可以单击画板然后按 Delete 键；或单击画板右上角的【删除】图标⊠，单击选项栏中的【删除画板】按钮🗑；或者单击【画板】面板右下角的【删除画板】按钮🗑即可。

【例 2-6】在 Illustrator 中，编辑打开文档的画板。

(1) 选择【文件】|【打开】命令，在打开的【打开】对话框中选择 02 文件夹下的文档，单击【打开】按钮打开，如图 2-20 所示。

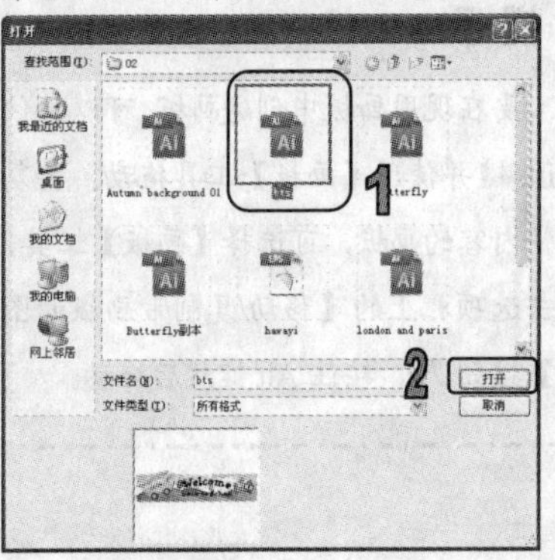

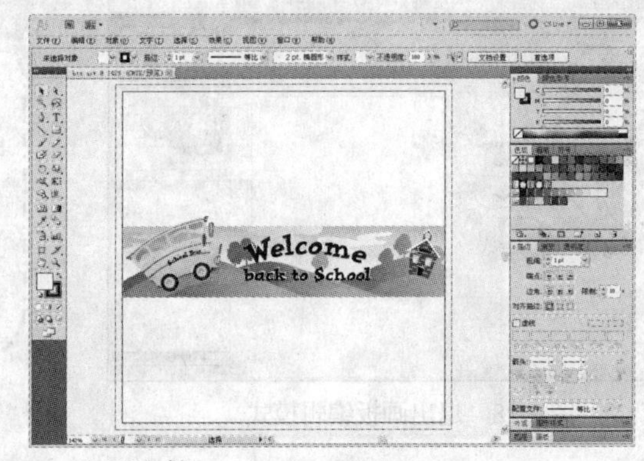

图 2-20　打开文档

(2) 单击【画板】工具进入画板编辑状态，将鼠标光标放置在画板的边缘上，当其变为双向箭头时，通过拖动进行调整，如图 2-21 所示。

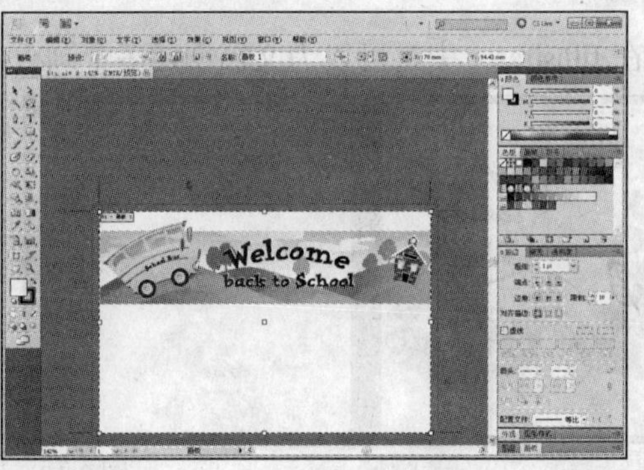

图 2-21　调整画板

(3) 在控制面板中，单击【画板选项】按钮，打开【画板选项】对话框。在对话框的【位

置】选项组中单击定位图标，并设置 Y 为 48.87 mm，设置【高度】数值为 45 mm，然后单击【确定】按钮，如图 2-22 所示。

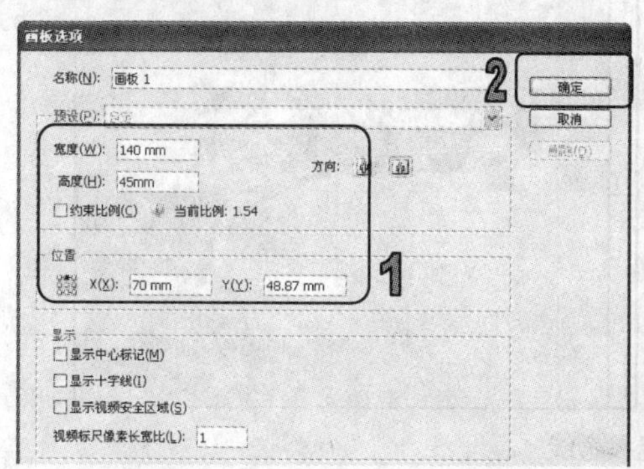

图 2-22　设置画板选项

(4) 编辑画板选项结束后，单击工具箱中的其他工具或按 Esc 键退出画板编辑模式。

2.3　使用页面辅助工具

通过使用标尺和参考线，用户可以更精确地放置对象，也可以通过自定义标尺和参考线为绘图带来便利。

2.3.1　建立标尺、参考线

在工作区中，标尺由水平标尺和垂直标尺两部分组成。通过使用标尺，用户不仅可以很方便地测量出对象的大小与位置，还可以结合从标尺中拖动出的参考线准确地创建和编辑对象。选择【视图】|【标尺】|【显示标尺】命令，可以在工作区中显示标尺，如图 2-23 所示。

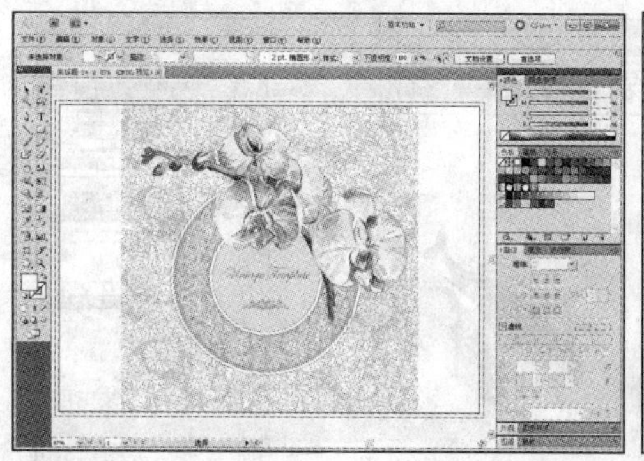

图 2-23　显示标尺

要创建参考线，只需将光标放置在水平或垂直标尺上，按下鼠标，并从标尺上拖动出参考线到图像上，如图 2-24 所示。用户可以在【首选项】|【参考线和网格】选项中，设置参考线

的颜色和样式。

图 2-24　创建参考线

知识点

如果要改变标尺的原点位置，可将鼠标放置在垂直和水平标尺的交汇点，拖动出十字线至合适的位置，释放鼠标，拖至的位置就是标尺的原点。

2.3.2　建立自定义参考线

在 Illustrator CS5 中，参考线指的是放置在工作区中用于辅助用户创建和编辑对象的垂直和水平直线。在默认情况下，用户自由创建的各种参考线可以直接显示在工作区中，并且为锁定状态，但是用户也可以根据需要将其隐藏或解锁。另外，在默认情况下，用户将对象移至参考线附近时，该对象将自动与参考线对齐。

【例 2-7】在 Illustrator 中，设置参考线，并创建、应用参考线进行相关操作。

(1) 选择【文件】|【打开】命令，在【打开】对话框中选择图形文档，然后单击【打开】按钮打开文档，如图 2-25 所示。

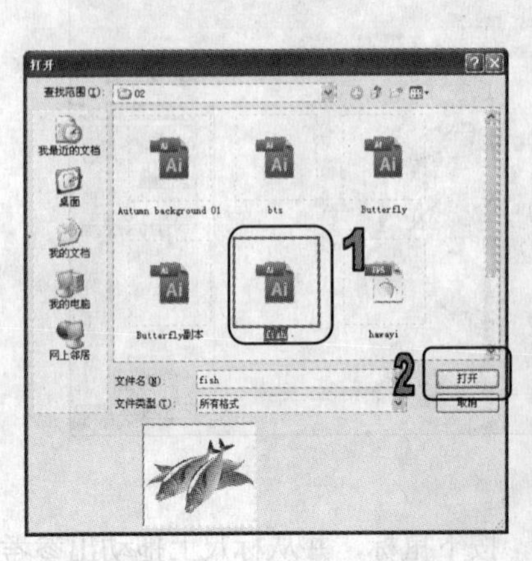
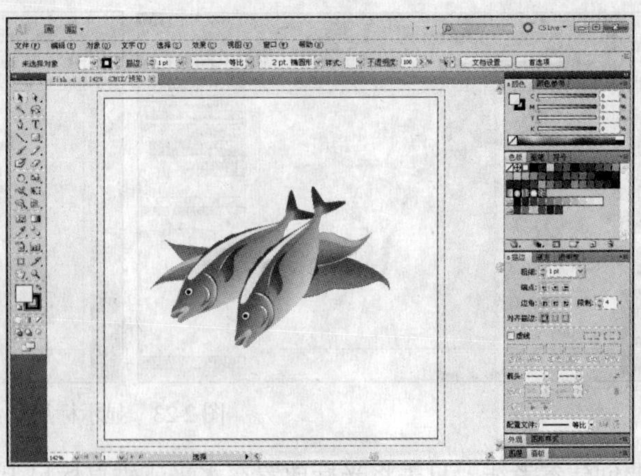

图 2-25　打开图形文档

(2) 选择【编辑】|【首选项】|【参考线和网格】命令，在打开对话框的“参考线”选项组中，单击【颜色】下拉列表，选择【淡红色】为参考线颜色，单击【确定】按钮关闭对话框应用设置，然后选择【视图】|【显示网格】命令，如图 2-26 所示。

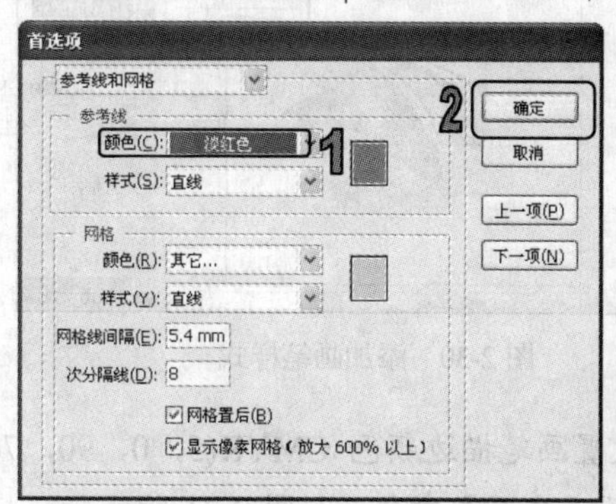

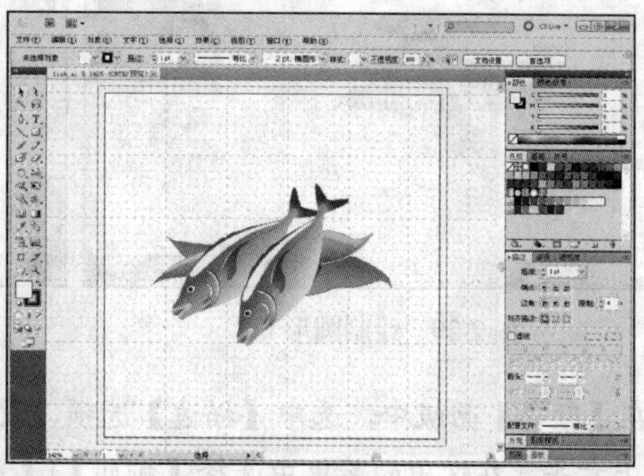

图 2-26　设置参考线颜色

提示

【颜色】下拉列表：在该下拉列表中，用户可以选择预设的参考线颜色，也可以通过双击其选项右侧的色块，在打开的【颜色】对话框中设置参考线的颜色。【样式】下拉列表：在该下拉列表中，用户可以将参考线设置为线或点。

(3) 选择工具箱中的【矩形】工具，并设置填充色为无，根据网格按住鼠标左键在文档中拖动绘制一个矩形，如图 2-27 所示。

(4) 选择【视图】|【参考线】|【建立参考线】命令，即可将选中的路径对象转换为参考线；也可以在选中的路径对象上单击鼠标右键，在弹出的快捷菜单中选择【建立参考线】命令即可，如图 2-28 所示。

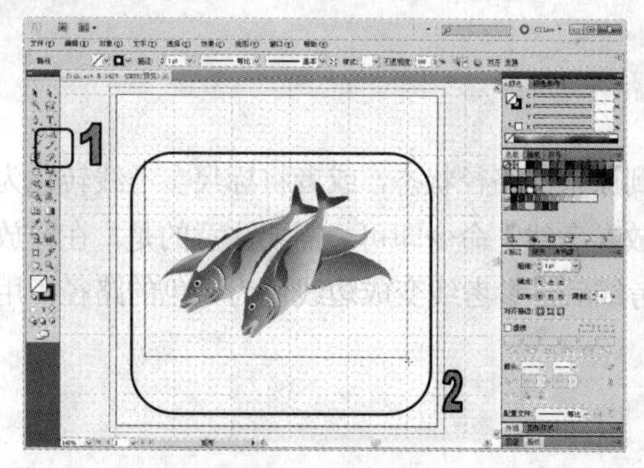

图 2-27　绘制矩形

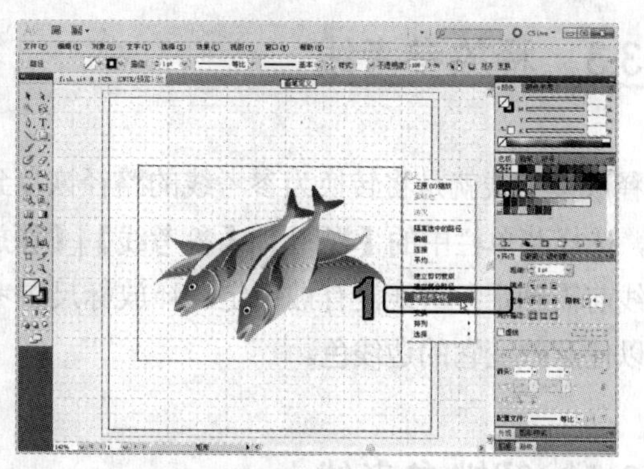

图 2-28　将路径转换为参考线

(5) 选择【椭圆】工具，在图形中心位置单击，并按住 Alt+Shift 键拖动绘制圆形，如图 2-29 所示。

(6) 选择【窗口】|【画笔库】|【艺术效果】|【艺术效果_水彩】命令，打开【艺术效果_水彩】面板，单击选择【水彩-厚重】画笔，即可为绘制的圆形添加画笔样式，如图 2-30 所示。

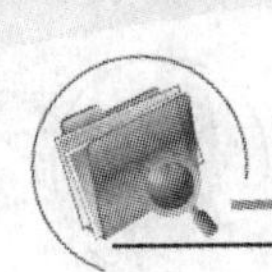

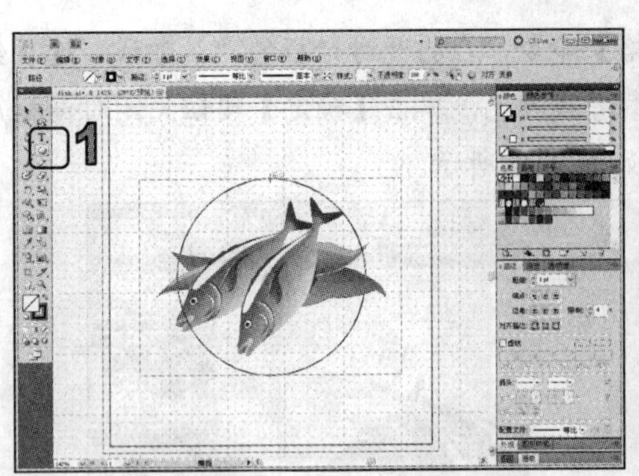

图 2-29　绘制圆形

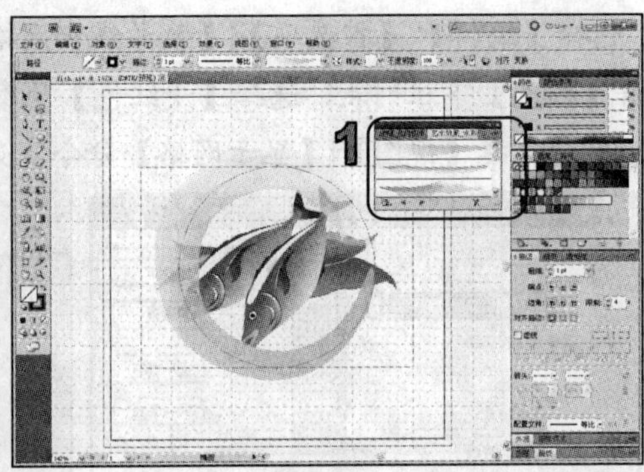

图 2-30　添加画笔样式

(7) 在【颜色】面板中，选中【描边】选项，设置画笔描边颜色 CMYK(5，0，90，70)然后在描边上右击，在弹出的菜单中选择【排列】|【置于底层】命令，如图 2-31 所示。

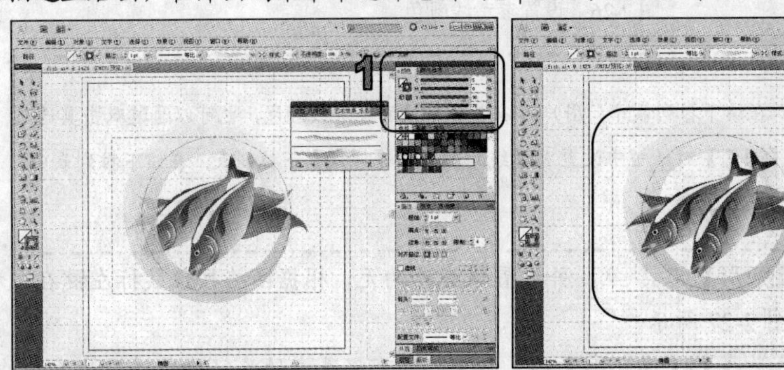

图 2-31　设置描边

2.3.3　释放参考线

释放参考线就是将转换为参考线的路径恢复到原来的路径状态，或者将标尺参考线转化为路径，选择菜单栏中的【视图】|【参考线】|【释放参考线】命令即可。需要注意的是，在释放参考线前需确定参考线没有被锁定。释放标尺参考线后，参考线变成边线色为无色的路径，用户可以任意改变它的边线色。

2.3.4　解锁参考线

在默认状态下，文件中的所有参考线都是被锁定的，锁定的参考线不能够被移动。选择【视图】|【参考线】|【锁定参考线】命令，取消命令前的“√”，即可解除参考线的锁定。重新选择此命令可将参考线重新锁定。

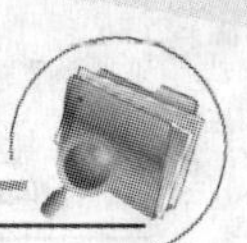

2.3.5　使用网格

网格对于图像的放置和排版非常有用。在创建和编辑对象时，用户还可以通过选择【视图】|【显示网格】命令，或按【Ctrl+ “】键在文档中显示网格，或选择【视图】|【隐藏网格】命令隐藏网格。网格的颜色和间距可通过【首选项】|【参考线和网格】命令进行设置。

【例 2-8】在 Illustrator CS5 中，显示并设置网格。

(1) 选择【文件】|【打开】命令，在【打开】对话框中选择图形文档，然后单击【打开】按钮打开文档，如图 2-32 所示。

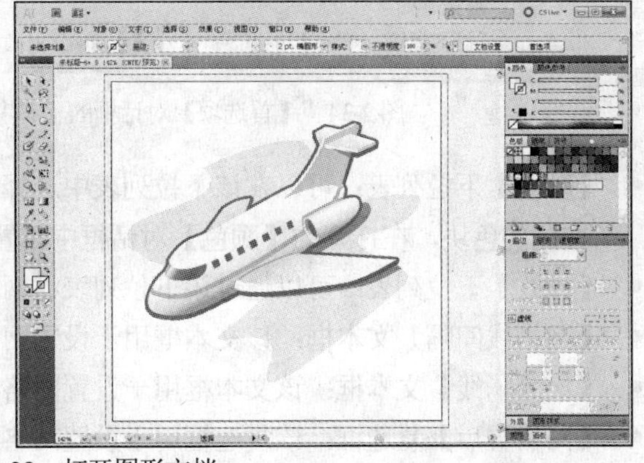

图 2-32　打开图形文档

(2) 选择【视图】|【显示网格】命令，或者按下【Ctrl+ “】键，即可在工作区中显示网格，如图 2-33 所示。

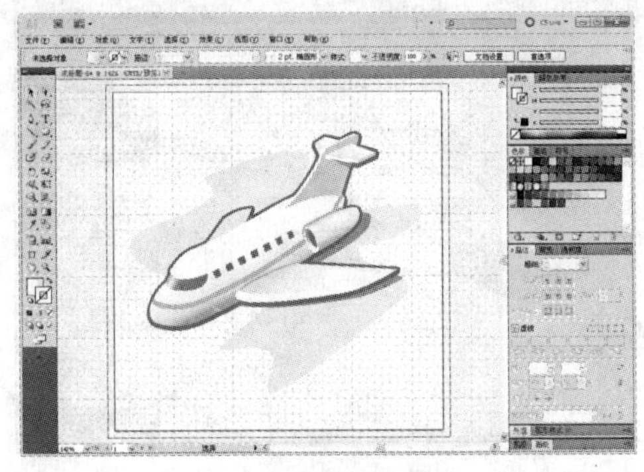

图 2-33　在工作区显示网格

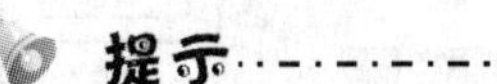

提示

在显示网格后，用户通过选择【视图】|【隐藏网格】命令或者按下【Ctrl+ “】键，可以将工作界面中所显示的网格隐藏起来。

提示

选择【视图】|【对齐网格】命令后，当在创建和编辑对象时，对象能够自动对齐网格，以实现操作的准确性。想要取消对齐网格的效果，只需再次选择【视图】|【对齐网格】命令即可。

(3) 选择【编辑】|【首选项】|【参考线和网格】命令，在打开的【首选项】对话框的【参考线和网格】选项中，设置与调整网格参数。双击网格颜色块，打开【颜色】对话框，在【基

本颜色】选项组中选择淡紫色，如图 2-34 所示，单击【确定】按钮关闭【颜色】对话框，将网格颜色更改为淡紫色。

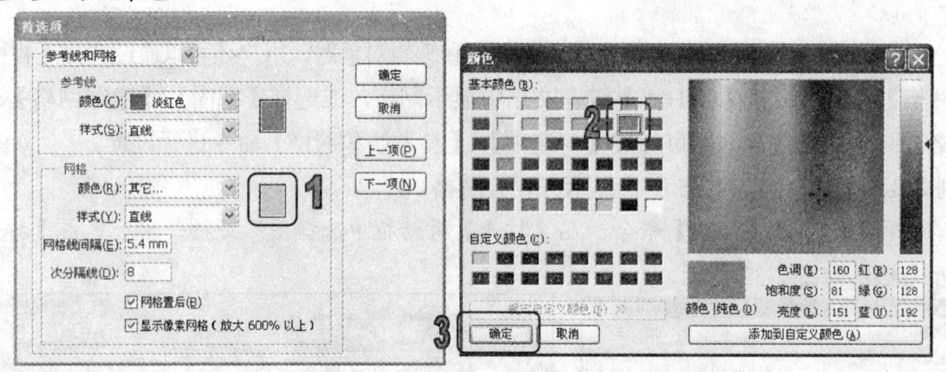

图 2-34 【首选项】对话框的【参考线和网格】选项

- 【颜色】下拉列表：可以在该下拉列表中选择预设的网格线颜色，也可以通过双击其右侧的色块，在打开的【颜色】对话框中设置颜色参数。
- 【样式】下拉列表：可以通过该下拉列表将网格线设置为线或点。
- 【网格线间隔】文本框：该文本框用于设置网格线之间的间隔距离。
- 【次分隔线】文本框：该文本框用于设置网格线内再分割网格的数量。
- 【网格置后】复选框：该复选框用于设置网络线是否显示于页面的最底层。

(4) 在【首选项】对话框中设置【网格线间隔】数值为 30mm，【次分隔线】数值为 5，然后单击【确定】按钮即可将所设置的参数应用到文件中，如图 2-35 所示。

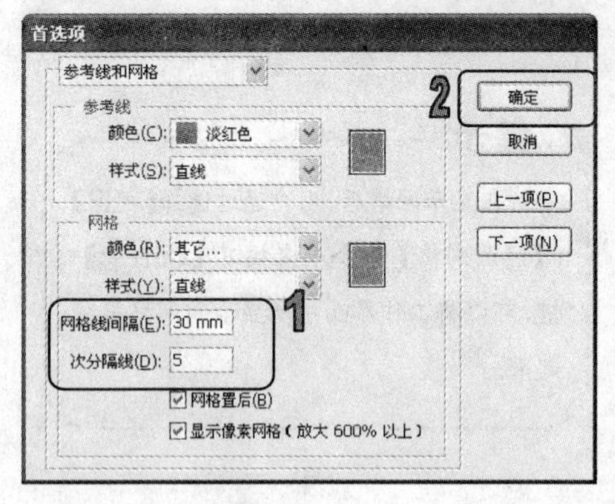

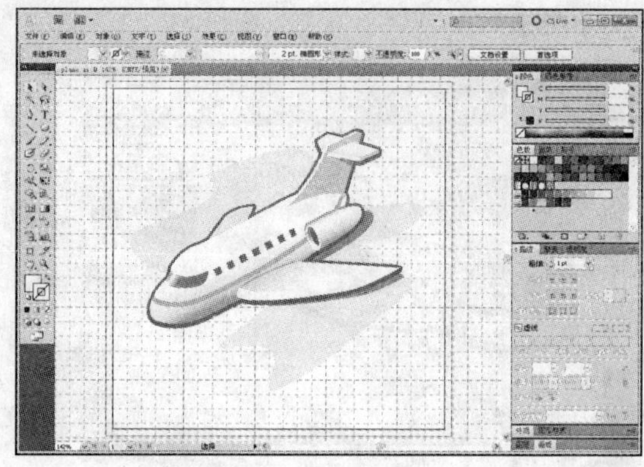

图 2-35 设置网格

2.3.6 智能参考线

智能参考线是创建或操作对象、画板时显示的临时对齐参考线。通过对齐和显示 X、Y 位置和偏移值，这些参考线可帮助用户参照其他对象或画板来对齐、编辑和变换对象或画板。

选择【视图】|【智能参考线】命令，或按快捷键 Ctrl+U 键，即可启用智能参考线功能。

用户可以通过设置【智能参考线】首选项来指定显示的智能参考线和反馈的信息，如图 2-36 所示。选择【编辑】|【首选项】|【智能参考线】命令，即可打开【首选项】对话框中的【智能参考线】选项，如图 2-37 所示。

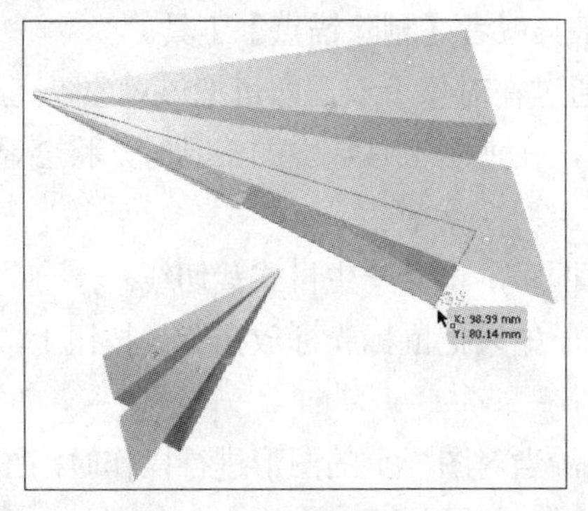

图 2-36　智能参考线

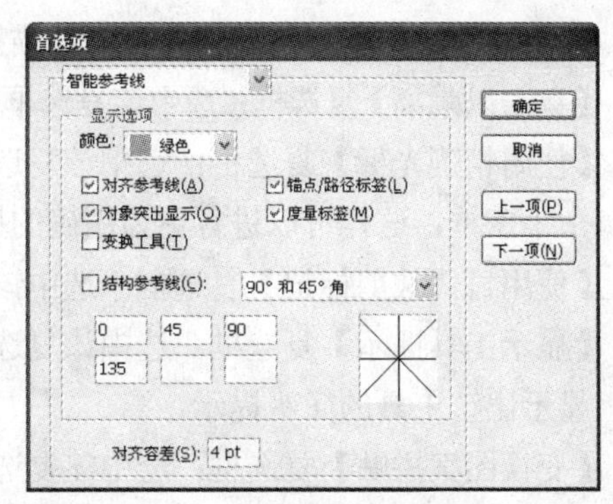

图 2-37 【智能参考线】选项

- 【对齐参考线】选项：选中该项后，系统将会使参考线和对象对齐。
- 【对象突出显示】选项：选中该项后，在编辑对象时，鼠标光标滑过的对象将会高亮突出显示。
- 【变换工具】选项：选中该选项后，在执行旋转、移动对象等操作时，显示其基准点的参考信息。
- 【锚点/路径标签】选项：选中该选项后，将显示锚点和路径标签。
- 【度量标签】选项：选中该选项后，将显示度量标签。

2.4　首选项设置

在 Illustrator 中，用户可以通过【首选项】命令，对软件各种参数进行设置，从而更加方便快速地应用绘制。选择【编辑】|【首选项】命令，可以打开【首选项】的子菜单。在该子菜单中，用户选择需要设置参数的命令来打开【首选项】对话框中的相应选项。在打开的【首选项】对话框中，设置相应的工作环境参数。

2.4.1 【常规】设置

选择【编辑】|【首选项】|【常规】命令(或按 Ctrl+K 键)，打开【首选项】对话框中的【常规】选项，如图 2-38 所示。

在该对话框的【常规】选项中，【键盘增量】文本框用于设置使用键盘方向键移动对象时的距离大小，如该文本框中默认的数值为 0.3528 mm，该数值表示选择对象后按下键盘上的任意方向键一次，当前对象在工作区中将移动 0.3528 mm 的距离。【约束角度】文本框用于设置页面工作区中所创建图形的角度，如输入 30°，那么所绘制的任何图形均按照倾斜 30° 进行创建。【圆角半径】文本框用于设置工具箱中的【圆角矩形】工具绘制图形的圆角半径。【常规】选项中各主要复选框的作用分别如下。

- 【停用自动添加/删除】复选框：选中该复选框后，若将光标放在所绘制路径上，【钢笔】工具将不能自动变换为【添加锚点】工具或者【删除锚点】工具。
- 【双击以隔离】复选框：选中该复选框后，通过在对象上双击即可把该对象隔离起来。
- 【使用精确光标】复选框：选中该复选框后，在使用工具箱中的工具时，将会显示一个十字框，这样可以进行更为精确的操作。
- 【使用日式裁剪标记】复选框：选中该复选框后，将会产生日式裁切线。
- 【显示工具提示】复选框：选中该复选框后，如果把鼠标光标放在工具按钮上，将会显示出该工具的简明提示。
- 【变换图案拼贴】复选框：选中该复选框后，当对图样上的图形进行操作时，图样也会被执行相同的操作。
- 【消除锯齿图稿】复选框：选中该复选框后，将会消除图稿中的锯齿。
- 【缩放描边和效果】复选框：选中该复选框后，当调整图形时，边线也会被进行同样的调整。
- 【选择相同色调百分比】复选框：选中该复选框后，在选择时，可选择线稿图中色调百分比相同的对象。
- 【使用预览边界】复选框：选中该复选框后，当选择对象时，选框将包括线的宽度。
- 【打开旧版文件时追加[转换]】选项：选中该项后，如果打开以前版本的文件，则会启用转换为新格式的功能。

2.4.2 【选择和锚点显示】设置

【选择和锚点显示】选项用于设置选择的容差和锚点的显示效果，选择【编辑】|【首选项】|【选择和锚点显示预置】命令，即可在【首选项】对话框中显示【选择和锚点显示】选项，如图 2-39 所示。选中【鼠标移过时突出显示锚点】复选框，当移动鼠标经过锚点时，锚点就会突出显示。选中【选择多个锚点时显示手柄】复选框，在选择多个锚点后就会显示出手柄。

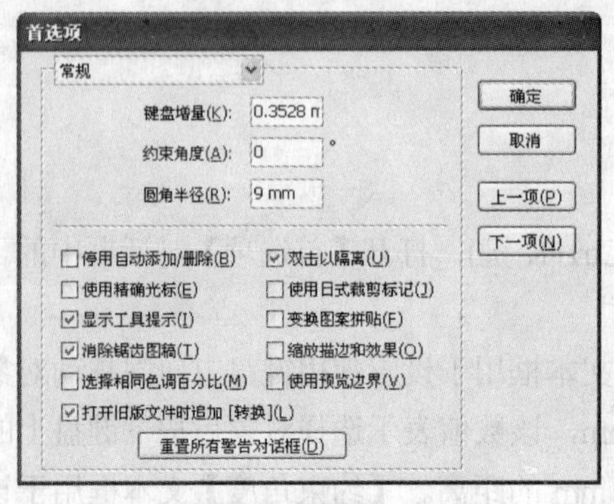

图 2-38 【常规】选项

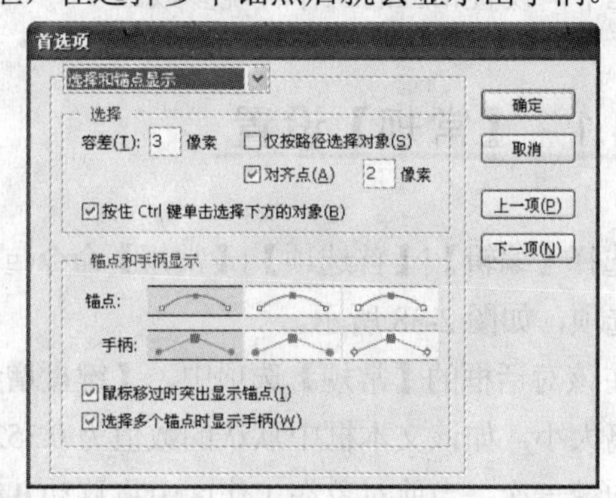

图 2-39 【选择和锚点显示】选项

2.4.3　【文字】设置

选择【编辑】|【首选项】|【文字】命令，系统将打开【首选项】对话框的【文字】选项，如图 2-40 所示。在该对话框的【文字】选项中，【大小/行距】文本框用于调整文字之间的行距；【字距调整】文本框用于设置文字之间的间隔距离；【基线偏移】文本框用于设置文字基线的位置。选中【仅按路径选择文字对象】复选框，可以通过直接单击文字路径的任何位置来选择该路径上的文字；选中【以英文显示字体名称】复选框，【字符】面板中的【字体类型】下拉列表框中的字体名称将以英文方式进行显示。

2.4.4　【单位】设置

选择【编辑】|【首选项】|【单位】命令，即可打开【首选项】对话框中的【单位】选项，如图 2-41 所示。【单位】选项用于设置图形的显示单位和性能。

- 【常规】：用于设置标尺的度量单位。在 Illustrator 中共有 7 种度量单位，分别是 pt、毫米、厘米、派卡、英寸、Ha 和像素。
- 【描边】：用于设置边线的度量单位。
- 【文字】：用于设置文字的度量单位。
- 【亚洲文字】：用于设置亚洲文字的度量单位。

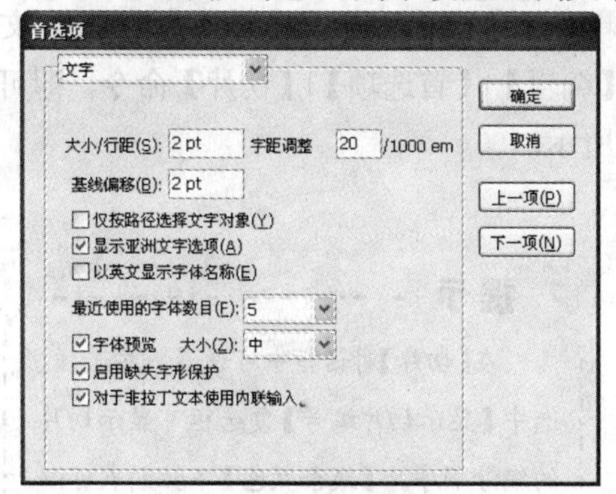

图 2-40 【文字】选项

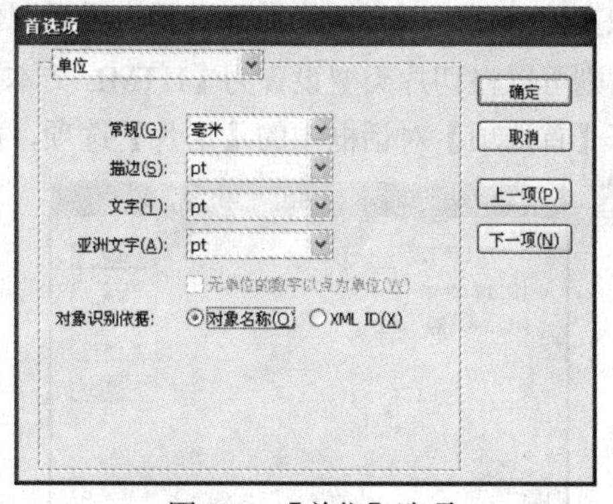

图 2-41 【单位】选项

2.4.5　【参考线和网格】设置

选择【编辑】|【首选项】|【参考线和网格】命令，即可在【首选项】对话框中显示【参考线和网格】选项，如图 2-42 所示。【参考线和网格】选项用于设置参考线和网格的颜色和样式。

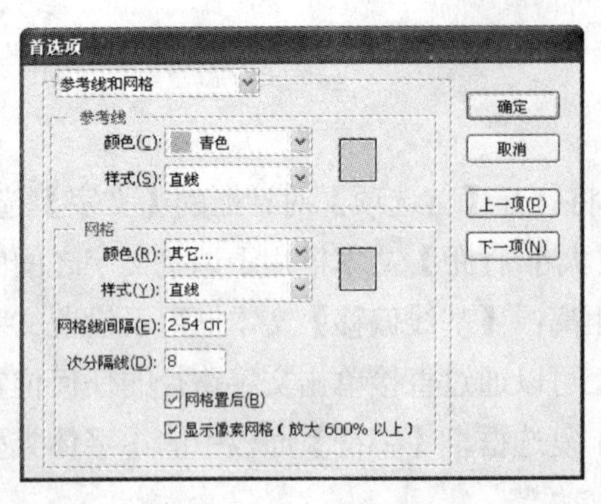

图 2-42 【参考线和网格】选项

提示

【参考线】选项区域下，【颜色】下拉列表用于设置参考线的颜色，也可以单击后面的颜色框来设置颜色；【样式】下拉列表用于设置参考线的类型，有直线和虚线两种。

【网格】选项区域下，【颜色】下拉列表用于设置参考线的颜色，也可以单击后面的颜色框来设置颜色；【样式】下拉列表用于设置参考线的类型，有直线和虚线两种；【网格线间隔】文本框用于设置网格线的间隔距离；【次分隔线】文本框用于设置网格线的数量；选中【网格置后】复选框，则网格线位于对象的后面；【显示像素网格】复选框用于设置显示像素网格。

2.4.6 【切片】设置

Illustrator 文档中的切片与生成的网页中的表格单元格相对应。默认情况下，切片区域可导出为包含于表格单元格中的图像文件。如果希望表格单元格包含 HTML 文本和背景颜色而不是图像文件，则可以将切片类型设置为【无图像】。如果希望将 Illustrator 文本转换为 HTML 文本，则可以将切片类型设置为【HTML 文本】。选择【编辑】|【首选项】|【切片】命令，即可打开【首选项】对话框中的【切片】选项，如图 2-43 所示。

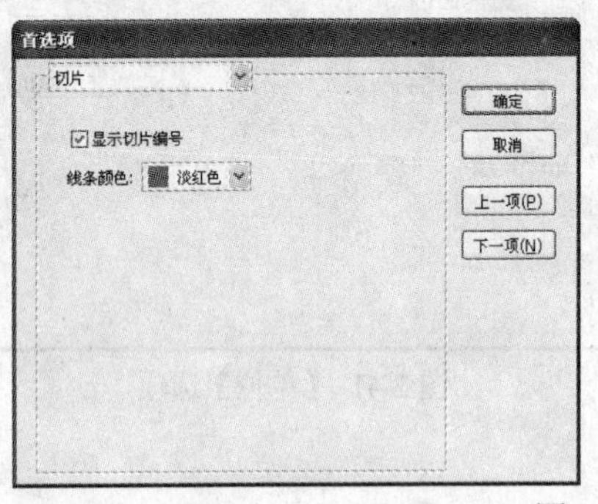

图 2-43 【切片】选项

提示

在【切片】对话框中可设置一些选项。选中【显示切片编号】复选框可显示切片的编号顺序。【线条颜色】下拉列表可以设置切片线条的颜色。

2.4.7 【连字】设置

在使用字母时经常会用到连字符。因为有些单词过长，在一行的末尾放置不下，若将整个单词放置到下一行，则可能造成一段文字右边参差不齐且很不美观。如果使用连字符，则可以

改善这一情况。选择【编辑】|【首选项】|【连字】命令，即可打开【首选项】对话框中的【连字】选项，如图 2-44 所示。

在【默认语言】下拉列表中选择使用的语言，然后在【新建项】文本框中输入要添加连字符或不添加连字符的单词，然后单击【添加】按钮，在其上面的列表框中就会出现所输入的单词。在整篇文章中，当遇到此单词时，就会按照在此设定的情况来添加或不添加连字符。若想取消某单词的设定，选中此单词后单击【删除】按钮即可。

2.4.8　【增效工具和暂存盘】设置

选择【编辑】|【首选项】|【增效工具和暂存盘】命令，即可打开【首选项】对话框中的【增效工具和暂存盘】选项，如图 2-45 所示。【增效工具和暂存盘】选项用于设置如何使系统更有效率，以及文件的暂存盘设置。

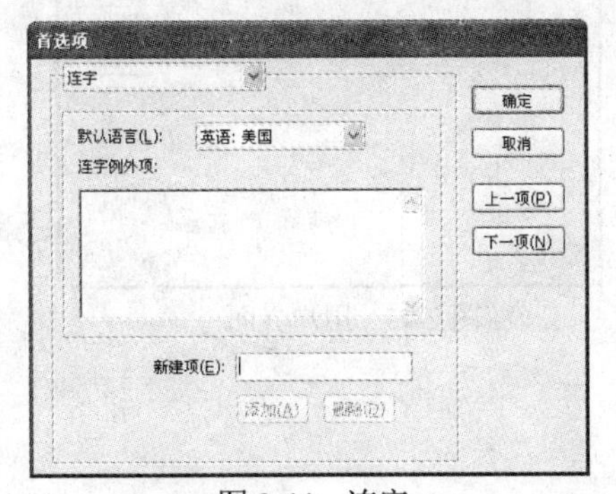

图 2-44　连字

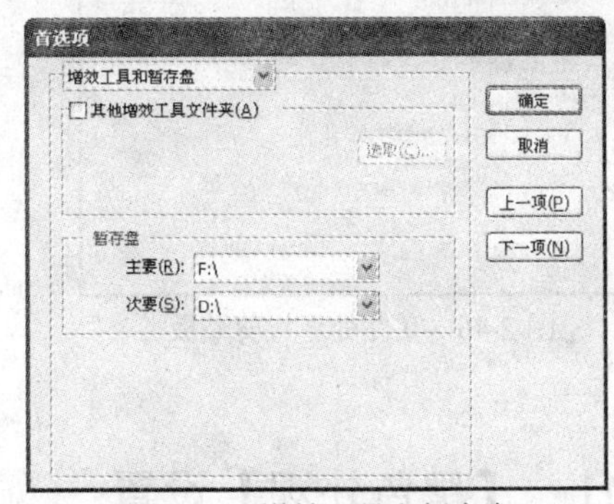

图 2-45　增效工具和暂存盘

在【首选项】对话框的【增效工具和暂存盘】选项中，用户可以在选中【其他增效工具文件夹】复选框后，单击【选取】按钮，在打开的【新建的其他增效工具文件夹】对话框中设置增效工具文件夹的名称与位置。在【暂存盘】选项区域中，用户可以设置系统的主要和次要暂存盘存放位置。不过，需要注意的是，最好不要将系统盘作为第一启动盘，这样可以避免因频繁读写硬盘数据而影响操作系统的运行效率。暂存盘的作用是当 Illustrator CS5 处理较大的图形文件时，将暂存盘设置的磁盘空间作为缓存，以存放数据信息。

2.4.9　【文件处理与剪贴板】设置

选择【编辑】|【首选项】|【文件处理与剪贴板】命令，即可打开【首选项】对话框中的【文件处理与剪贴板】选项，如图 2-46 所示。【文件处理与剪贴板】选项用于设置文件和剪贴板的处理方式。

- 【链接的 EPS 文件用低分辨率显示】复选框：选中该复选框后，可允许在链接 EPS 时使用低分辨率显示。

- 【更新链接】下拉列表：用于设置在链接文件改变时是否更新文件。
- PDF 复选框：选中该复选框后，允许在剪贴板中使用 PDF 格式的文件。
- AICB 复选框：选中该复选框后，允许在剪贴板中使用 AICB 格式的文件。

2.4.10 【用户界面】设置

选择【编辑】|【首选项】|【用户界面】命令，即可打开【首选项】对话框中的【用户界面】选项，如图 2-47 所示。【用户界面】选项用于设置用户界面的颜色深浅，用户可以根据自己的喜好进行设置。用户可以通过拖动【亮度】右侧的滑块来调整用户界面的颜色深浅。

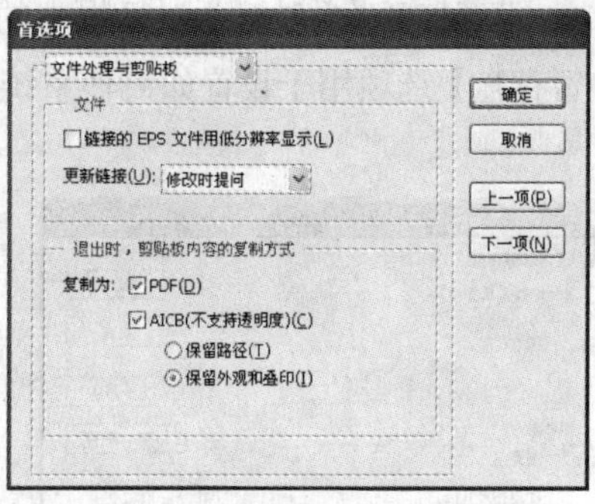

图 2-46　文件处理与剪贴板

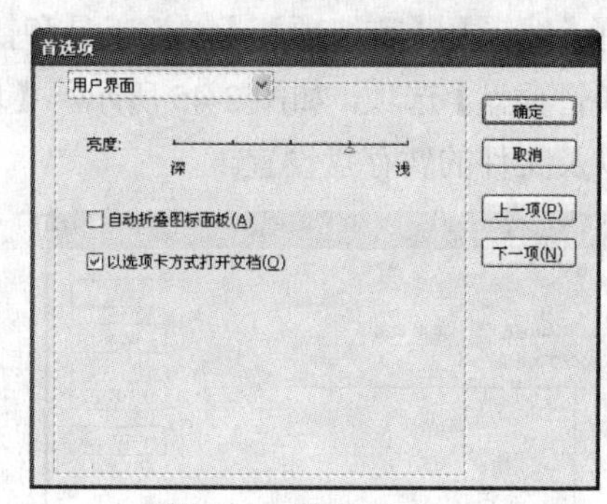

图 2-47　用户界面

2.4.11 【黑色外观】设置

选择【编辑】|【首选项】|【黑色外观】命令，即可打开【首选项】对话框中的【黑色外观】选项。使用【黑色外观】选项用于把工作界面中的所有黑色显示为复色黑，复色黑是一种比一般黑色更黑、更暗的颜色。

2.5 上机练习

本章上机练习主要练习打开文档，置入图像文件，并存储文档的操作方法。使用户掌握文档基本操作。本上机练习通过自定义首选项，可以使用户掌握网格、标尺的应用，以及首选项的设置操作方法。

(1) 在 Illustrator CS5 中，选择【文件】|【打开】命令，打开【打开】对话框。在对话框中选中需要打开的图形文档，然后单击【打开】按钮，如图 2-48 所示。

(2) 选择菜单栏中的【文件】|【置入】命令，打开【置入】对话框。在对话框中，选择位图文件，设置完成后，单击【置入】按钮，即可将选取的文件置入到页面中，如图 2-49 所示。

(3) 选择菜单栏中的【对象】|【排列】|【置于底层】命令，将置入图像放置到最底层；或

在图像上单击右键，在弹出的快捷菜单中选择【排列】|【置于底层】命令，即可将置入图像放置到最底层，如图 2-50 所示。

(4) 选择【视图】|【显示网格】命令，在页面中显示网格，如图 2-51 所示。

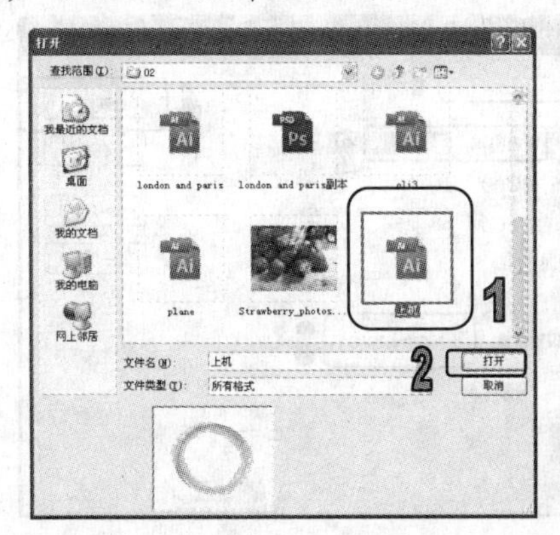

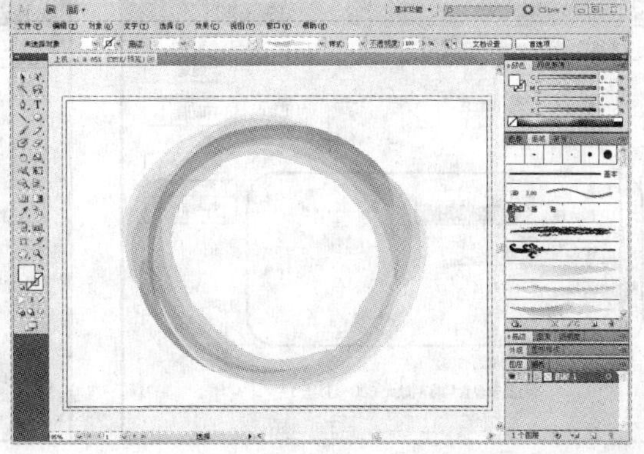

图 2-48　打开文档

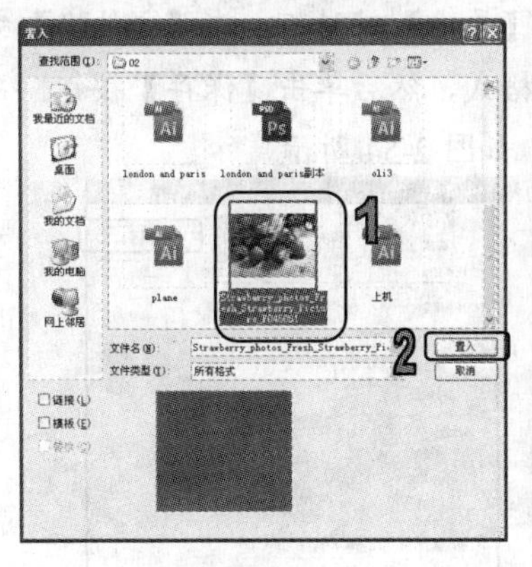

图 2-49　置入图像

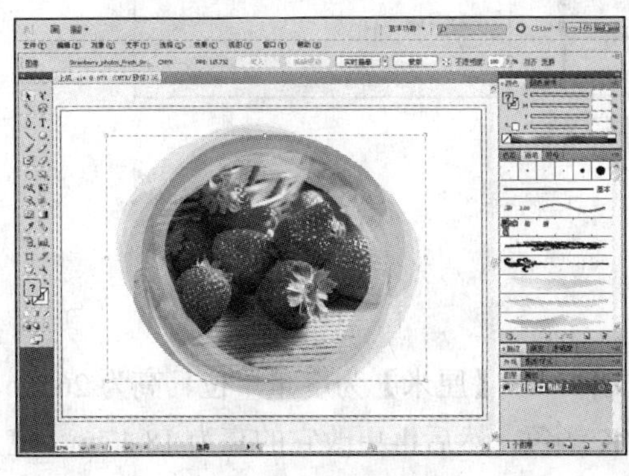

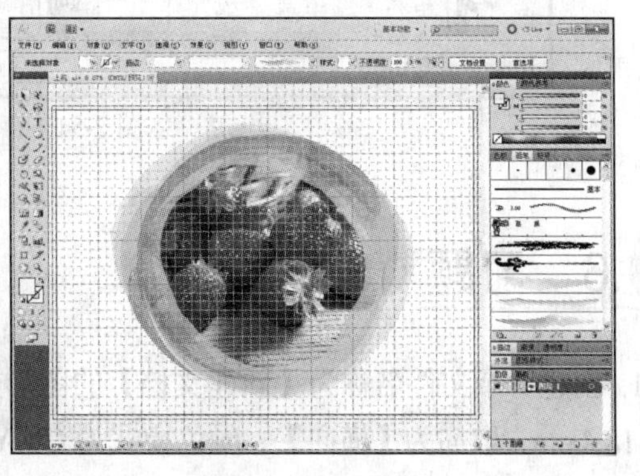

图 2-50　调整图像　　　　　　图 2-51　显示网格

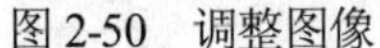

(5) 选择【编辑】|【首选项】|【参考线和网格】命令，打开【首选项】对话框。在对话框的【网格】选项区域的【颜色】下拉列表中选择【淡红色】选项，设置【网格线间隔】数值为 50 mm，【次分隔线】数值为 5，如图 2-52 所示。

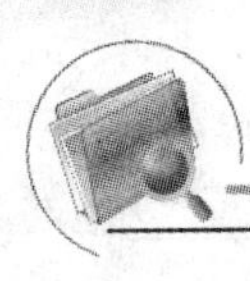

(6) 在【首选项】对话框的首选项下拉列表中选择【单位】选项，在【常规】下拉列表中选择【厘米】选项，选中【对象名称】单选按钮，然后单击【确定】按钮应用首选项设置，如图 2-53 所示。

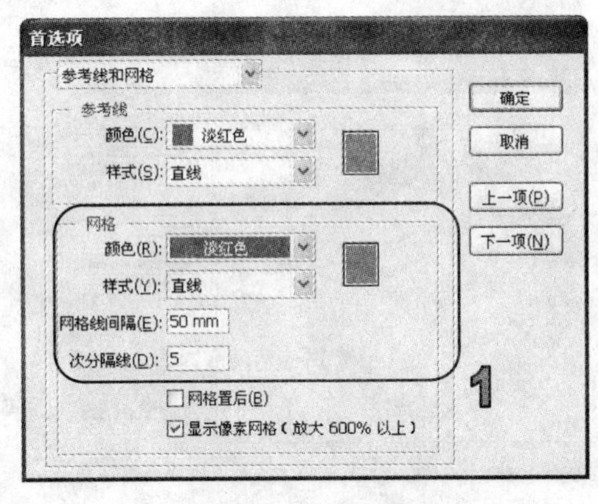

图 2-52　设置网格

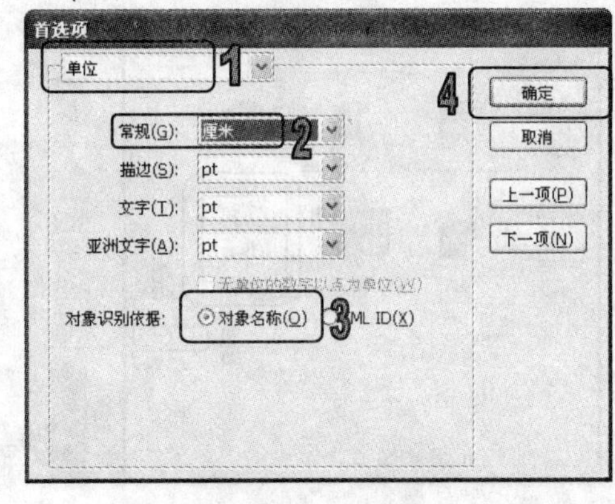

图 2-53　设置单位

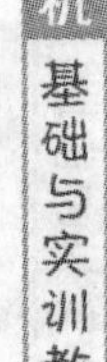

(7) 选择菜单栏中的【文件】|【导出】命令，打开【导出】对话框。在【文件名】文本框中输入文件名，在【保存类型】下拉列表中选择 JPEG 格式，然后单击【保存】按钮。在打开的【JPEG 选项】对话框中单击【确定】按钮存储文档，如图 2-54 所示。

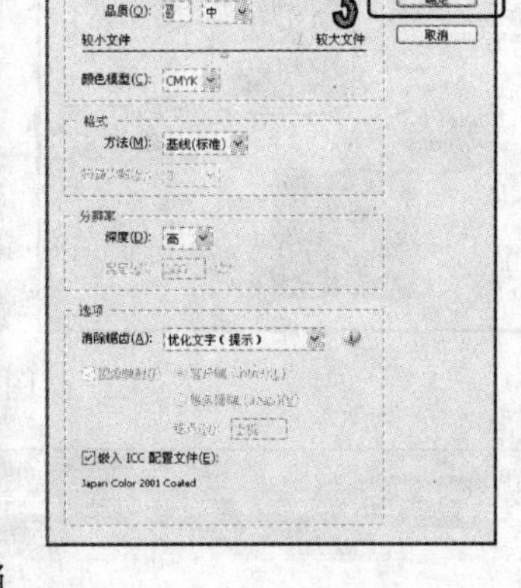

图 2-54　存储文档

2.6　习题

1. 创建一个文件名称为【新建文档】的图形文件，以【厘米】为度量单位、高为 26 cm、宽为 18.4 cm、取向为【横向】、颜色模式为 CMYK 颜色，然后再更改它的高为 18.4 cm、宽为 13 cm、取向为【纵向】。

2. 在创建的图形文件中，置入一个 BMP 图像文件，然后将其导出为 AutoCAD 交换文件格式的图像文件。

第3章 基本绘图工具

学习目标

绘图是 Illustrator 重要的功能之一。Illustrator 为用户提供了多种功能的图形绘制工具，通过使用这些工具能够方便地绘制出直线线段、弧形线段、矩形 、椭圆形等各种规则或不规则的矢量图形。熟练掌握这些工具的应用方法后，对后面章节中的图形绘制及编辑操作有很大的帮助。

本章重点

- 基本图形的绘制
- 基本绘图工具的使用
- 【路径查找器】面板
- 实时描摹

3.1 关于路径

Illustrator 中所有的矢量图稿都是路径构成的。绘制矢量图就意味着路径的创建和编辑，因此了解路径的概念以及熟练掌握路径的绘制和编辑技巧对快速、准确地绘制矢量图至关重要。

3.1.1 路径的基本概念

Illustrator 提供了多种绘图方式，有绘制自由图形的工具，如铅笔工具、画笔工具和钢笔工具等，还有绘制基本图形的工具，如矩形工具、椭圆工具和星形工具等。

在绘制图形时，一定会碰到【路径】这个概念，路径是使用绘图工具创建的任意形状的曲线，使用它可勾勒出物体的轮廓，所以也称之为轮廓线。为了满足绘图的需要，路径又分为开放路径和封闭路径。开放路径就是路径的起点与终点不重合，封闭路径是一条连续的、起点和终点重合的路径，如图 3-1 所示。

图 3-1　开放路径和封闭路径

路径是由锚点、线段、控制柄和控制点组成的，如图 3-2 所示。锚点是组成路径的基本元素，锚点和锚点之间以线段连接，该线段被称为路径片段。在使用【钢笔】工具绘制路径的过程中，每单击鼠标一次，就会创建一个锚点。用户可以根据需要对不同部分进行编辑来改变路径的形状。

- 锚点：它是指各线段两端的方块控制点，它可以决定路径的改变方向。锚点可分为【角点】和【平滑点】两种。
- 线段：它是指两个锚点之间的路径部分，所有的路径都以锚点起始和结束。线段分为直线段和曲线段两种。
- 控制柄：在绘制曲线路径的过程中，锚点的两端会出现带有锚点控制点的直线，也就是控制柄。使用【直接选取】工具在已绘制好的曲线路径上单击选取锚点，则锚点的两端会出现控制柄，通过移动控制柄上的控制点可以调整曲线的弯曲程度。

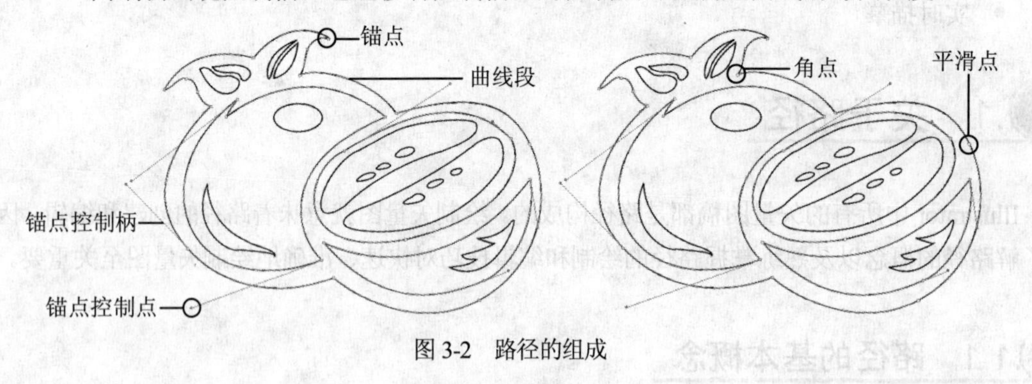

图 3-2　路径的组成

3.1.2　路径的填充以及边线色的设定

在 Illustrator 工具箱的下半部分有两个可以前后切换的方框，左上角的方框代表填充色，右下角的双线框代表边线色，单击左下角的图标，就可回复默认的填充色和边线色。默认的填充色为白色，边线色为黑色，如图 3-3 所示。

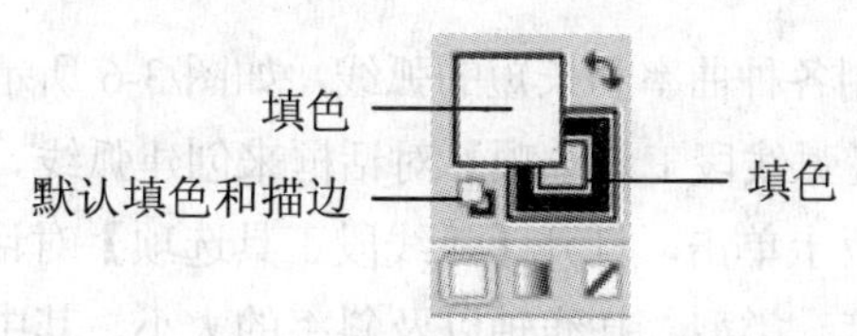

图 3-3　填充和边线色的设定

填充色和边线色的下方还有 3 个小方块，分别代表单色填充、渐变色填充和无色。其中，单色包括印刷色、专色和 RGB 色等。颜色可以通过【颜色】面板进行设定，也可以直接在【色板】面板中选取。渐变色包括两色渐变或多色渐变。单击渐变色方块，可以显示【渐变】面板，在面板中可以进行任意色的渐变。设定好的渐变可以拖动到【色板】面板中存放，以便选取。无色也就是透明色。在图形绘制过程中，为了不受填充色的干扰，可将填充色设定为无色。

3.2　基本图形的绘制

在 Illustrator 的工具箱中提供了两组绘制基本图形的工具。第一组包括直线段工具、弧形工具、螺旋线工具、矩形网格工具和极坐标工具；第二组包括矩形工具、圆角矩形工具、椭圆工具、多边形工具、星形工具和光晕工具。它们用来绘制各种规则图形，绘制好的图形可以进行移位、旋转以及缩放等编辑处理。

3.2.1　直线段工具和弧形工具的使用

使用【直线段】工具可以直接绘制各种方向的直线，如图 3-4 所示。直线段工具的使用非常简单，选择工具箱中的【直线段】工具，在画板上单击并按照所需的方向拖动鼠标即可形成所需的直线。用户也可以通过【直线段工具选项】对话框来创建直线。选择【直线段】工具，在希望线段开始的位置单击，打开【直线段工具选项】对话框，如图 3-5 所示。在对话框中，【长度】选项用于设定直线的长度，【角度】选项用于设定直线和水平轴的夹角。当选中【线段填色】复选框时，将会以当前填充色对生成的线段进行填色。

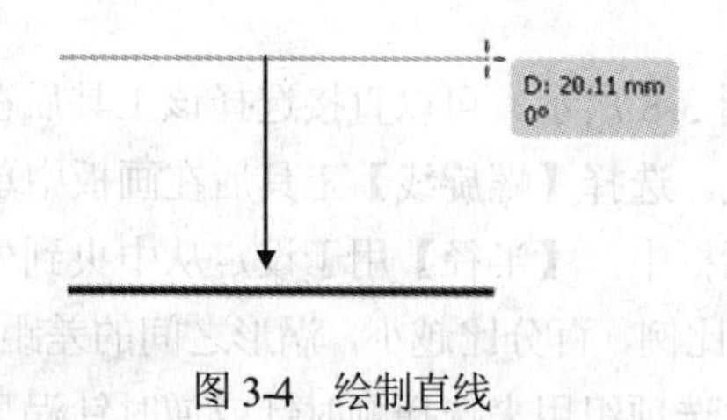

图 3-4　绘制直线

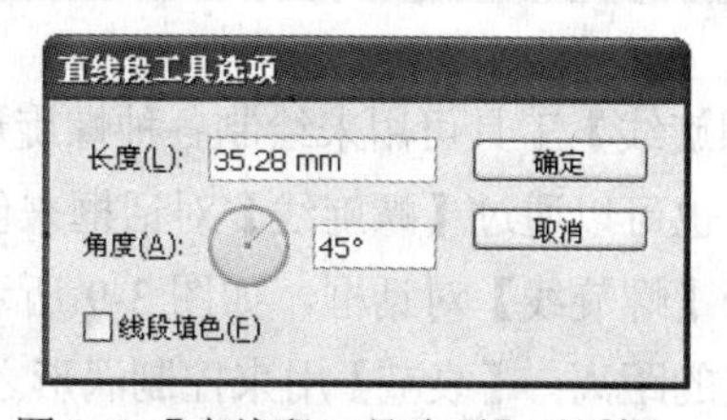

图 3-5　【直线段工具选项】对话框

提示

在拖动鼠标绘制直线的过程中，按住键盘上的空格键，就可以随鼠标拖动移动直线的位置。

【弧形】工具可以用来绘制各种曲率和长短的弧线，如图 3-6 所示。用户可以直接选择该工具后在画板上拖动，或通过【弧线段工具选项】对话框来创建弧线。

选择【弧形】工具后在画板上单击，打开【弧线段工具选项】对话框，如图 3-7 所示。在对话框中可以设置弧线段的长度、类型、基线轴以及斜率的大小。其中，【X 轴长度】和【Y 轴长度】是指形成弧线基于两个不同坐标轴的长度；【类型】是指弧线的类型，包括开放弧线和闭合弧线；【基线轴】可以用来设定弧线是以 X 轴还是 Y 轴为中心；【斜率】实际上就是曲率的设定，它包括两种表现手法，即【凹】和【凸】的曲线。当【弧线填色】复选框呈选中状态时，将会以当前填充色对生成的线段进行填色。

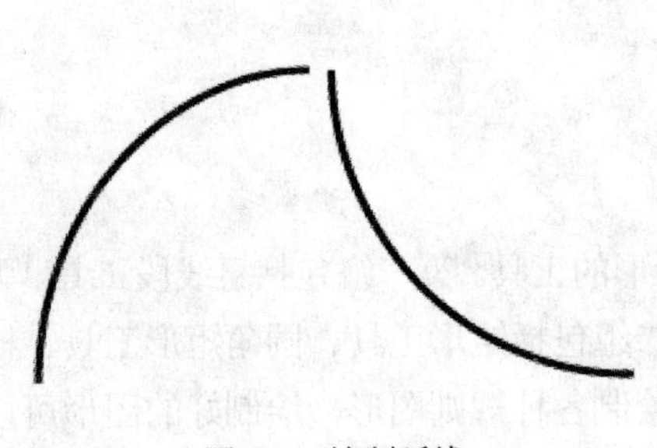

图 3-6　绘制弧线

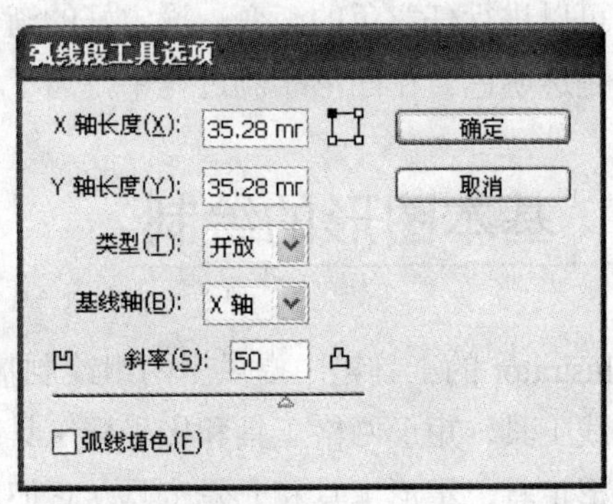

图 3-7　【弧形段工具选项】对话框

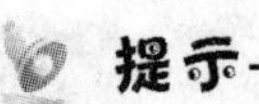

提示

【弧形】工具在使用过程中按住鼠标左键拖动的同时可翻转弧形；按住鼠标左键拖动的过程中按住 Shift 键可以得到 X 轴、Y 轴长度相等的弧线；按住键盘上的 C 键可以改变弧线的类型，也就是在开放路径和闭合路径之间切换；按住键盘上的 F 键可以改变弧线的方向。按住键盘上的 X 键可令弧线在凹、凸曲线之间切换；在按住鼠标左键拖动的过程中按住键盘上的空格键，就可随鼠标拖动移动弧线的位置；在按住鼠标左键拖动的过程中，按键盘上的↑键可增大弧线的曲率半径，按键盘上的↓键可减小弧线的曲率半径。

3.2.2　螺旋线工具、矩形网格工具及极坐标工具的使用

【螺旋线】工具可用来绘制各种螺旋形状，如图 3-8 所示。可以直接选择该工具后在画板上拖动，也可以通过【螺旋线】对话框来创建螺旋线。选择【螺旋线】工具后在画板中单击鼠标，打开【螺旋线】对话框，如图 3-9 所示。在对话框中，【半径】用于设定从中央到外侧最后一个点的距离；【衰减】用来控制涡形之间相差的比例，百分比越小，涡形之间的差距越小；【段数】用来调节螺旋内路径片段的数量；【样式】选项组用来选择顺时针或逆时针涡形。

【矩形网格】工具用于制作矩形内部的网格，如图 3-10 所示。用户可以直接选择该工具后在画板上拖动，也可以通过【矩形网格工具选项】对话框来创建矩形网格。选择【矩形网格】工具后在画板中单击鼠标，打开【矩形网格工具选项】对话框，如图 3-11 所示。

图 3-8 绘制螺旋线

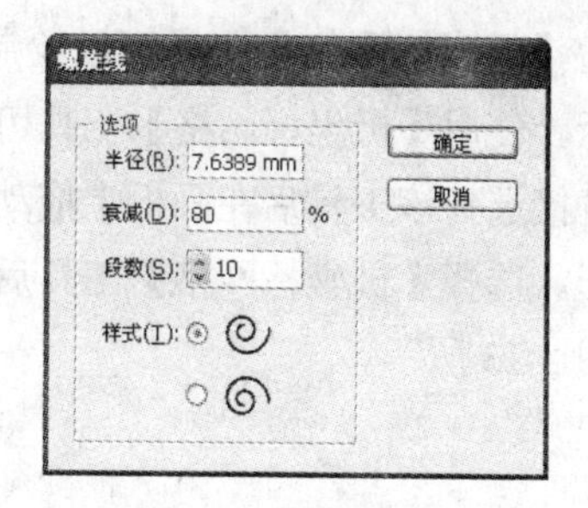

图 3-9 【螺旋线】对话框

提示

【螺旋线】工具在使用过程中按住鼠标左键拖动的同时可旋转涡形；在按住鼠标左键拖动的过程中按住 Shift 键，可控制旋转的角度为 45° 的倍数。在按住鼠标左键拖动的过程中按住 Ctrl 键可保持涡形线的衰减比例；在按住鼠标左键拖动的过程中按住键盘上的 R 键，可改变涡形线的旋转方向；在按住鼠标左键拖动的过程中按住键盘上的空格键，可随鼠标拖动移动涡形线的位置。在按住鼠标左键拖动的过程中，按住键盘上的↑键可增加涡形线的路径片段的数量，每按一次，增加一个路径片段；反之，按键盘上的↓键可减少路径片段的数量。

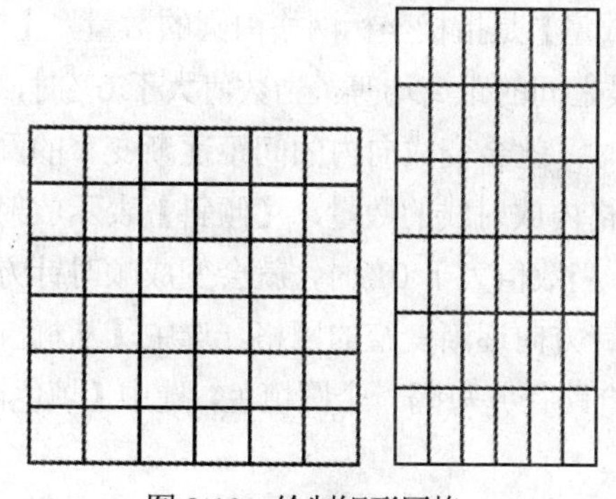

图 3-10 绘制矩形网格

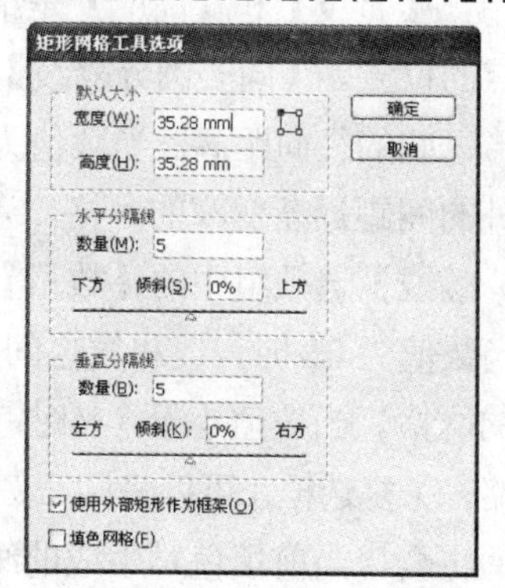

图 3-11 【矩形网格工具选项】对话框

其中，【宽度】和【高度】用来指定矩形网格的宽度和高度，通过□可以用鼠标选择基准点的位置。【数量】是指矩形网格内横线(竖线)的数量，也就是行(列)的数量，【倾斜】表示行(列)的位置。当数值为 0%时，线和线之间的距离均等。当数值大于 0%时，就会变成向上(右)的行间距逐渐变窄的网格。当数值小于 0%时，就会变成向下(左)的行间距逐渐变窄。【使用外部矩形作为框架】复选框呈选中状态，得到的矩形网格外框为矩形，否则，得到的矩形网格外框为不连续的线段。【填色网格】复选框呈选中状态，将会以当前填色对生成的线段进行填色。

 **提示**

在拖动过程中按住键盘上的 C 键，竖向的网格间距逐渐向右变窄；按住 V 键，横向的网格间距就会逐渐向上变窄；在拖动的过程中按住键盘上的↑和→键，可以增加竖向和横向的网格线；按↓和←键可以减少竖向和横向的网格线。在拖动的过程中按住键盘上的 X 键，竖向的网格间距逐渐向左变窄；按住 F 键，横向的网格间距就会逐渐向下变窄。

【极坐标网格】工具可以绘制同心圆，或照指定的参数绘制确定的放射线段，如图 3-12 所示。使用【极坐标网格】工具可以绘制标靶、雷达图形等。和矩形网格的绘制方法类似，可以直接选择该工具后在画板上拖动，也可以通过【极坐标网格工具选项】对话框来创建极坐标图形。选择【极坐标网格】工具后在画板中单击鼠标，打开【极坐标网格工具选项】对话框，如图 3-13 所示。

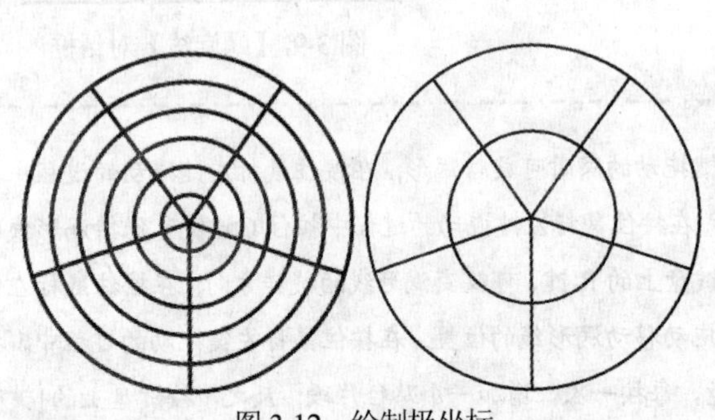
图 3-12　绘制极坐标

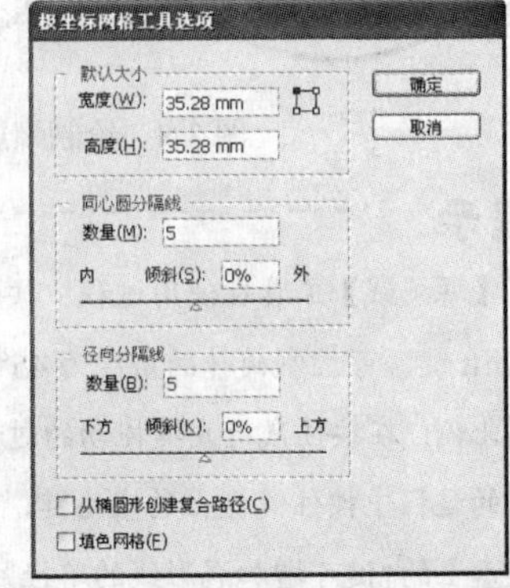

图 3-13　【极坐标网格工具选项】对话框

其中，【宽度】和【高度】是指极坐标网格的水平直径和垂直直径，通过可以用鼠标选择基准点的位置。【同心圆分隔线】选项组中的【数量】是指极坐标网格内圆的数量，【倾斜】表示圆形之间的径向距离。当数值为 0%时，线和线之间的距离均等。当数值大于 0%时，就会变成向外的间距逐渐变窄的网格。当数值小于 0%时，就会变成向内的间距逐渐变窄的网格。【径向分隔线】选项组中的【数量】是指极坐标网格内放射线的数量，【倾斜】表示放射线的分布。当数值为 0%时，线和线之间是均等分布的。当数值大于 0%时，就会变成顺时针方向之间变窄的网格。当数值小于 0%时，就会变成逆时针方向逐渐变窄的网格。选中【从椭圆形创建复合路径】复选框，可以将同心圆转换为独立复合路径并每隔一个圆填色。选中【填色网格】复选框，将会以当前填色对生成的线段进行填色。

提示

在拖动过程中按住键盘上的 C 键，圆形之间的间隔向外逐渐变窄；在拖动的过程中按住键盘上的 X 键，圆形之间的间隔向内逐渐变窄；按住 F 键，放射线的间隔就会按逆时针方向逐渐变窄；在绘制极坐标的过程中，按键盘上的↑键可增加圆的数量，每按一次，增加一个圆；按键盘上的↓键可减少圆的数量。按键盘上的→键可增加放射线的数量，每按一次，增加一条放射线；按键盘上的←键可减少放射线的数量。

3.2.3　矩形工具、椭圆工具及圆角矩形工具的使用

矩形是几何图形中最基本的图形。要绘制矩形可以选择工具箱中的【矩形】工具，把鼠标指针移动到绘制图形的位置，单击鼠标设定起始点，以对角线方式向外拉动，直到得到理想的大小为止，然后再释放鼠标即可创建矩形，如图 3-14 所示。如果按住 Alt 键时按住鼠标左键拖

动绘制图形，鼠标的单击点即为矩形的中心点。如果单击画板的同时按住 Alt 键，但不移动，可以打开【矩形】对话框。在对话框中输入长、宽值后，将以单击面板处为中心向外绘制矩形。

如果想准确地绘制矩形，可选择【矩形】工具，然后在画板中单击鼠标，打开【矩形】对话框，在其中可以设置需要的【宽度】和【高度】即可创建矩形，如图 3-15 所示。

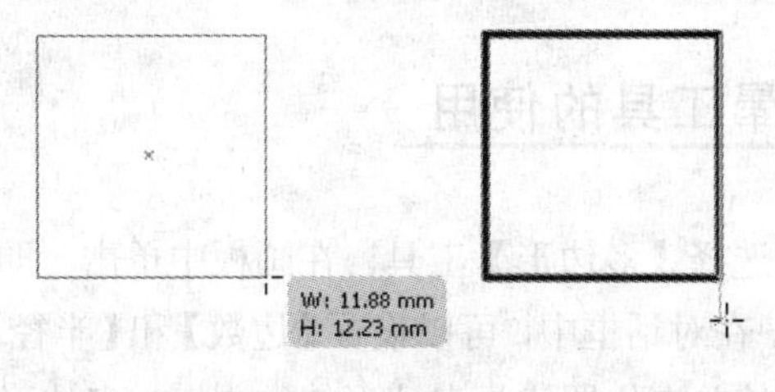

图 3-14　绘制矩形

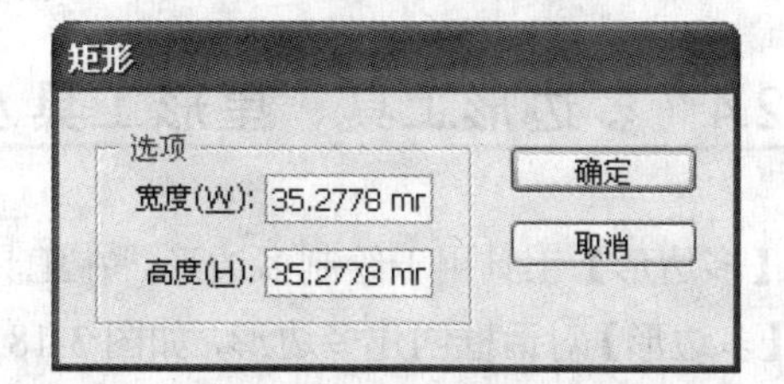

图 3-15　【矩形】对话框

提示

在使用【矩形】对话框绘制正方形时，只要输入相等的高度与宽度值，便可得到正方形，或者在按住 Shift 键的同时绘制图形，即可得到正方形。另外，如果以中心点为起始点绘制一个正方形，则需要同时按住 Alt+Shift 键，直到绘制完成后再释放鼠标。

椭圆形和圆角矩形的绘制方法与矩形的绘制方法基本上是相同的。使用【椭圆】工具可以在文档中绘制椭圆形或者圆形图形。用户可以使用【椭圆】工具通过拖动鼠标的方法绘制椭圆图形，也可以通过【椭圆】对话框来精确地绘制椭圆图形，如图 3-16 所示。对话框中的【宽度】和【高度】数值指的是椭圆形的两个不同直径的值。

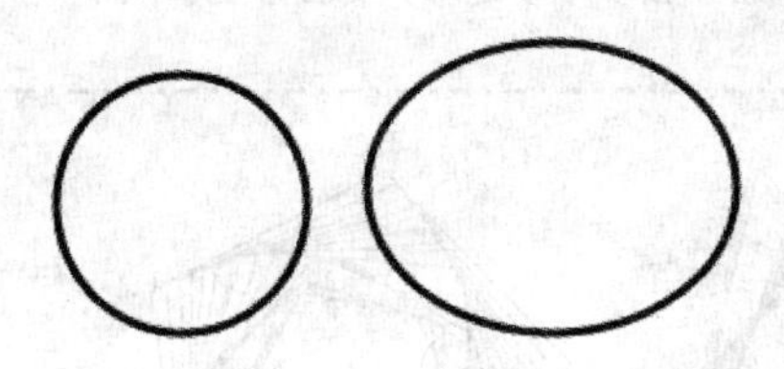

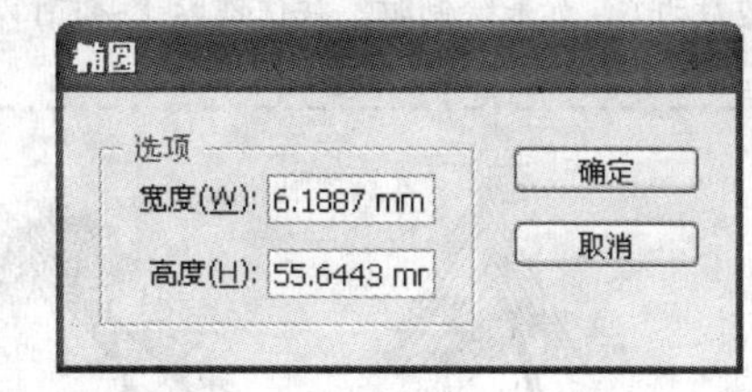

图 3-16　绘制椭圆形

选择【圆角矩形】工具之后，在画板上单击鼠标，在打开的【圆角矩形】对话框中多出一个【圆角半径】选项，输入的半径数值越大，得到的圆角矩形的圆角弧度越大；半径数值越小，得到的圆角矩形的圆角弧度越小，如图 3-17 所示。当输入的数值为 0 时，得到的是矩形。

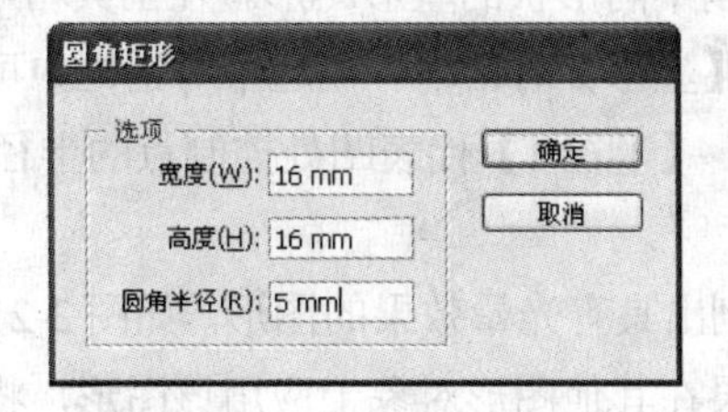

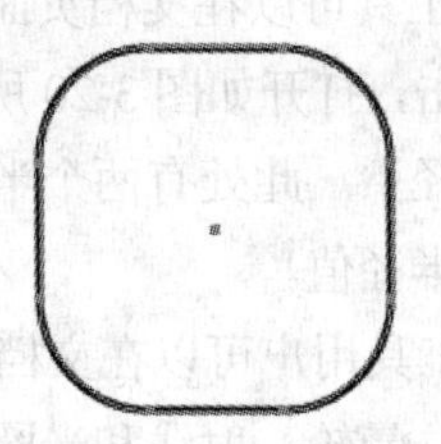

图 3-17　绘制圆角矩形

提示

图形绘制完成后，除了路径上有相应的锚点外，图形的中心点在默认状态下会有显示，用户可以通过【属性】面板中的【显示中心点】和【不显示中心点】按钮来控制。

3.2.4　多边形工具、星形工具及光晕工具的使用

【多边形】工具用于绘制多边形。在工具箱中选择【多边形】工具，在画板中单击，即可通过【多边形】对话框创建多边形，如图 3-18 所示。在对话框中，可以设置【边数】和【半径】，半径是指多边形的中心点到角点的距离，同时鼠标的单击位置成为多边形的中心点。多边形的边数最少为 3，最多为 1000；半径数值的设定范围为 0~2889.7791 mm。

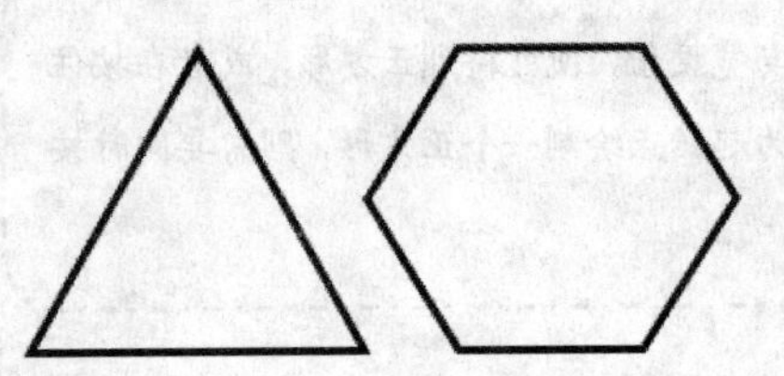
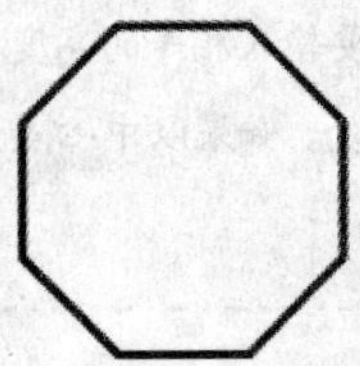
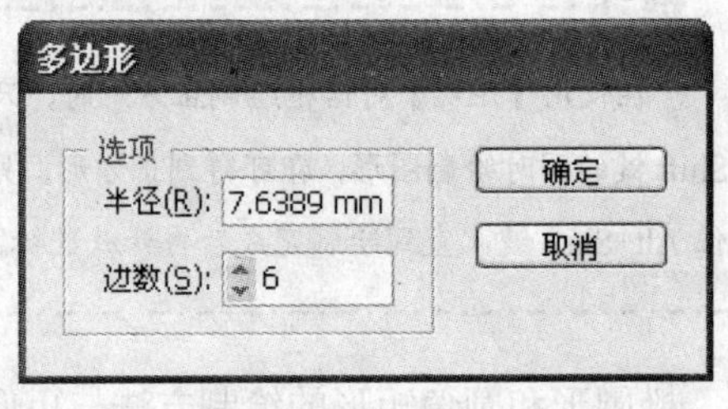

图 3-18　绘制多边形

提示

在按住鼠标拖动绘制的过程中，按键盘上的↑键可增加多边形的边数；按↓键可以减少多边形的边数。系统默认的边数为 6。如果绘制时，按住键盘上~键可以绘制出多个多边形，如图 3-19 所示。

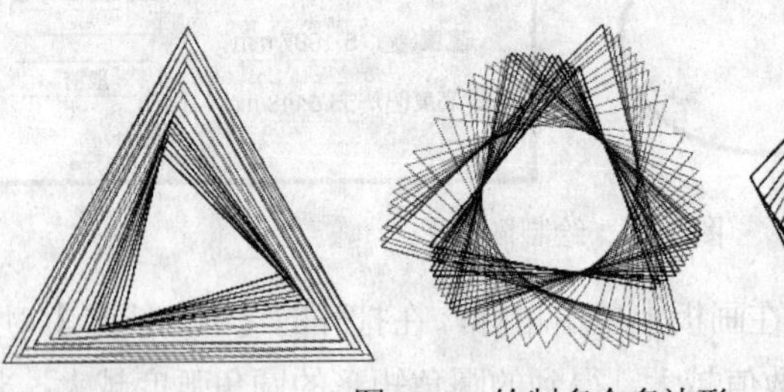
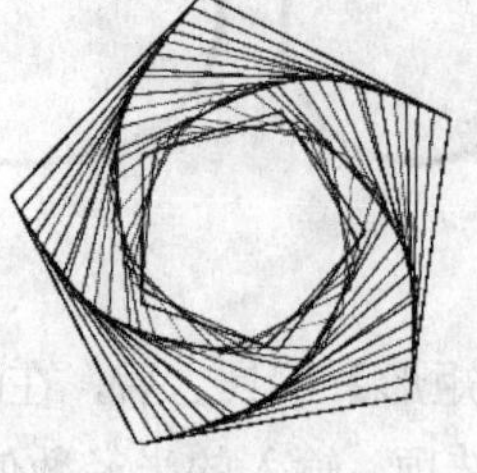

图 3-19　绘制多个多边形

使用【星形】工具可以在文档页面中绘制不同形状的星形图形。在工具箱中选择【星形】工具，在画板上单击，打开如图 3-20 所示的【星形】对话框。在这个对话框中可以设置星形的【角点数】和【半径】。此处有两个半径值，【半径 1】代表凹处控制点的半径值，【半径 2】代表顶端控制点的半径值。

使用【光晕】工具用户可以在文档中绘制出具有光晕效果的图形，如图 3-21 所示。该图形具有明亮的居中点、晕轮、射线和光圈，如果在其他图形对象上应用该图形，将获得类似镜头眩光的特殊效果。

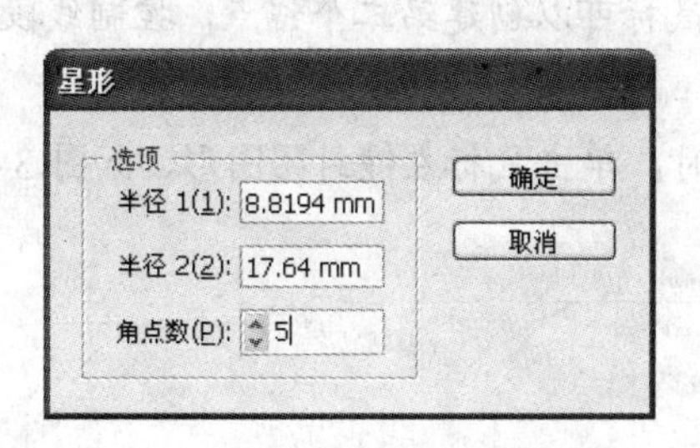

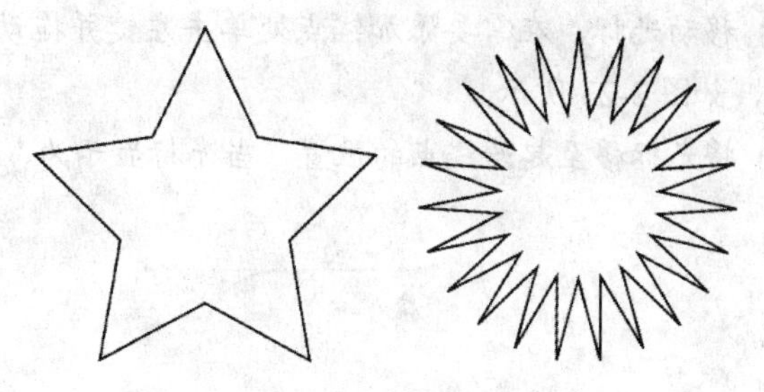

图 3-20　绘制星形

提示

当使用拖动光标的方法绘制星形图形时，如果同时按住 Ctrl 键，可以在保持星形的内切圆半径不变的情况下，改变星形图形的外切圆半径大小；如果同时按住 Alt 键，可以在保持星形的内切圆和外切圆的半径数值不变的情况下，通过按下↑或↓键调整星形的尖角数。

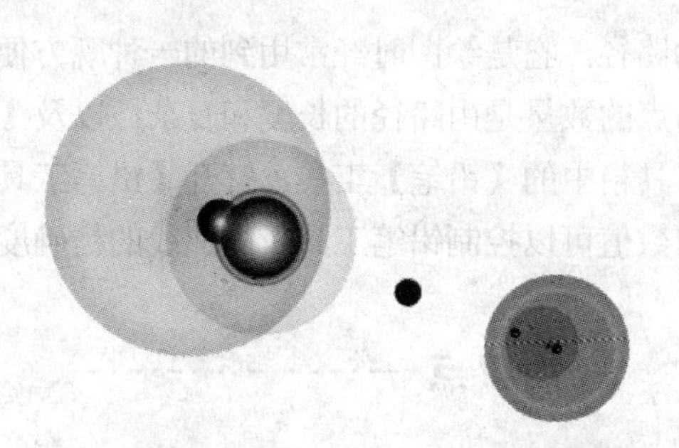

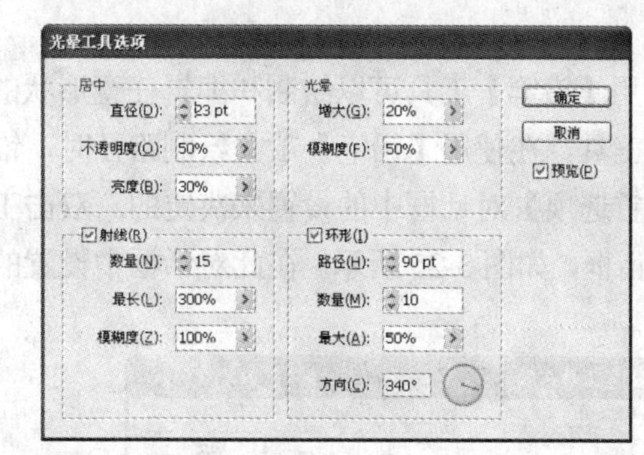

图 3-21　绘制光晕

3.3　基本绘图工具的使用

在 Illustrator CS5 中，除了使用基本图形绘制工具绘制图形外，还可以使用绘图工具绘制更加符合用户设计需求的图形对象。

3.3.1　钢笔工具的使用

【钢笔】工具是 Illustrator 中最基本也是最重要的工具，它可以绘制直线和平滑的曲线，而且可以对线段进行精确的控制。

【例 3-1】在 Illustrator CS5 中，使用【钢笔】工具绘制图形。

(1) 选择工具箱中的【钢笔】工具，在文档中按下鼠标左键并拖动鼠标，确定起始节点。此时节点两边将出现两个控制点，如图 3-22 所示。

(2) 移动光标，在需要添加锚点处单击左键并拖动鼠标可以创建第二个锚点，控制线段的弯曲度，如图 3-23 所示。

(3) 将光标移至起始锚点的位置，当光标显示为♤时，单击鼠标左键封闭图形，如图 3-24 所示。

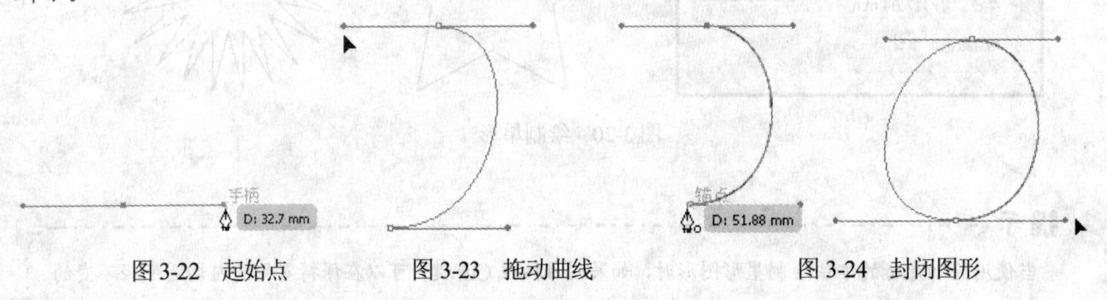

图 3-22 起始点　　图 3-23 拖动曲线　　图 3-24 封闭图形

3.3.2 铅笔工具的使用

使用【铅笔】工具可以绘制和编辑任意形状的路径，它是绘图时经常用到的一种既方便又快捷的工具。在使用【铅笔】工具绘制路径时，锚点的数量是由路径的长度和复杂性以及【铅笔工具首选项】对话框中的设置来决定的。双击工具箱中的【铅笔】工具，打开【铅笔工具选项】对话框，如图 3-25 所示。在此对话框中设置的数值可以控制铅笔工具所画曲线的精确度与平滑度。

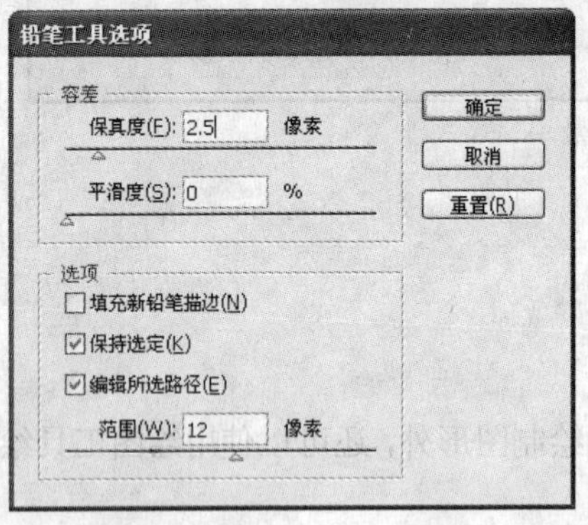

知识点

在对话框中，如果【保持选定】复选框处于选中状态，使用铅笔画完曲线后，曲线自动处于被选中状态；若此复选框未被选中，使用【铅笔】工具画完曲线后，曲线不再处于选中状态。

图 3-25 【铅笔工具选项】对话框

在此对话框中设置的数值可以控制【铅笔】工具所画曲线的精确度与平滑度。【保真度】值越大，所画曲线上的锚点越少；值越小，所画曲线上的锚点越多。【平滑度】值越大，所画曲线与铅笔移动的方向差别越大；值越小，所画曲线与铅笔移动的方向差别越小。

3.3.3 平滑工具的使用

【平滑】工具是一种路径修饰工具，可以使路径快速平滑，同时尽可能地保持路径的原来

形状。双击工具箱中的【平滑】工具，打开如图 3-26 所示的【平滑工具首选项】对话框。在对话框中，可以设置【平滑】工具的平滑度。【保真度】和【平滑度】的数值越大，对路径的改变就越大；值越小，对路径的改变就越小。

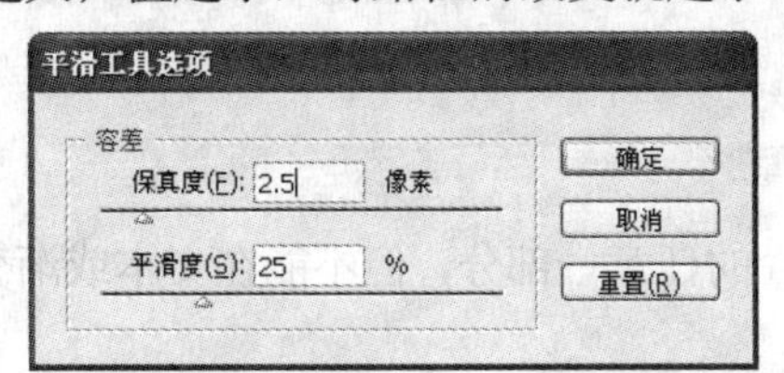

> 提示
> 【平滑工具选项】对话框中，单击【重置】按钮可以将【保真度】和【平滑度】的数值恢复到默认数值。

图 3-26 【平滑工具选项】对话框

【例 3-2】在 Illustrator 中平滑处理路径。

(1) 选择【文件】|【打开】命令，在【打开】对话框中选择图形文档，然后单击【打开】按钮打开图形文档，如图 3-27 所示。

(2) 在打开的图形文档中，使用【选择】工具选中要进行平滑处理的路径，如图 3-28 所示。

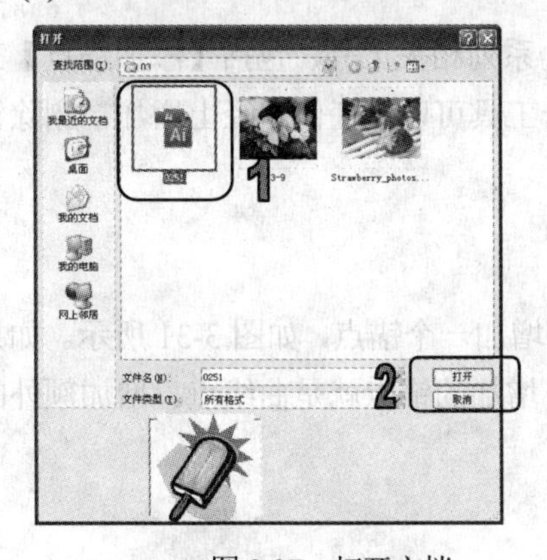

图 3-27　打开文档

图 3-28　选中路径

(3) 选择工具箱中的【平滑】工具，可以双击工具箱中的【平滑】工具，系统将打开如图 3-29 所示的【平滑工具选项】对话框。在该对话框中，通过设置【保真度】和【平滑度】文本框中的数值，然后单击【确定】按钮可以调整【平滑】工具的操作效果。

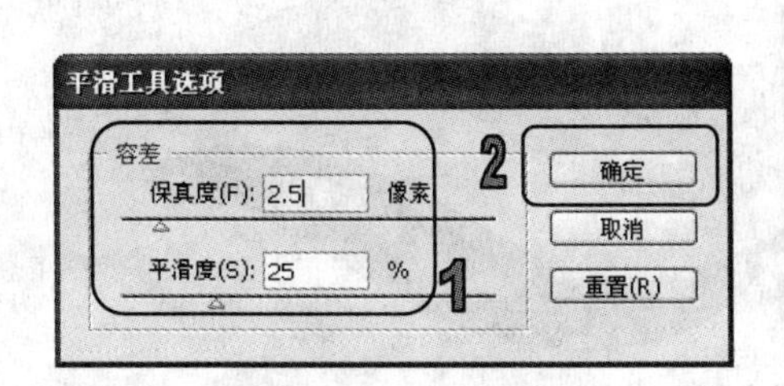

图 3-29　设置【平滑】工具

图 3-30　平滑路径

(4) 在路径对象中需要平滑处理的位置外侧按下鼠标左键并由外向内拖动，然后释放左键，即可对路径对象进行平滑处理，如图 3-30 所示。

3.3.4 路径橡皮擦工具的使用

【路径橡皮擦】工具可以擦除开放路径或闭合路径的任意一部分，但不能在文本或渐变网格上使用。

在工具箱中选择【路径橡皮擦】工具，然后沿着要擦除的路径拖动【路径橡皮擦】工具。擦除后自动在路径的末端生成一个新的锚点，并且路径处于被选中的状态。

3.3.5 锚点的增加、删除与转换工具的使用

使用鼠标左键按住工具箱中的【钢笔】工具会弹出一系列相关工具，包括【添加锚点】工具、【删除锚点】工具和【转换锚点】工具。使用这 3 个工具可以在任何路径上增加、删除锚点，或者改变锚点的属性。

1. 添加锚点

用【添加锚点】工具在路径上的任意位置单击，即可增加一个锚点，如图 3-31 所示。如果是直线路径，增加的锚点就是直线点；如果是曲线路径，增加的锚点就是曲线点。增加额外的锚点可以更好地控制曲线。

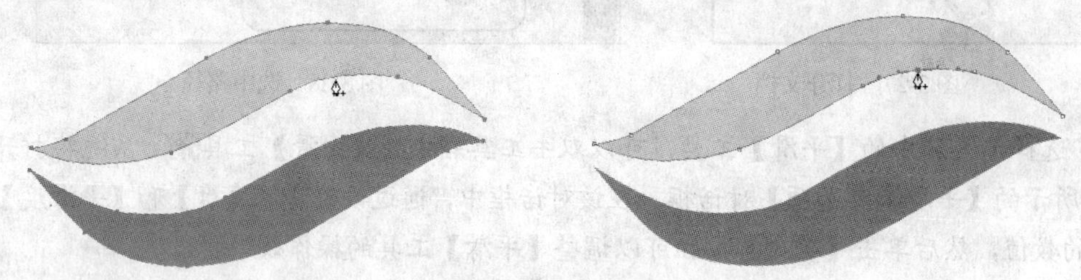

图 3-31 添加锚点

如果要在路径上均匀地添加锚点，可以选择【对象】|【路径】|【添加锚点】命令，原有的两个锚点之间就增加了一个锚点，如图 3-32 所示。

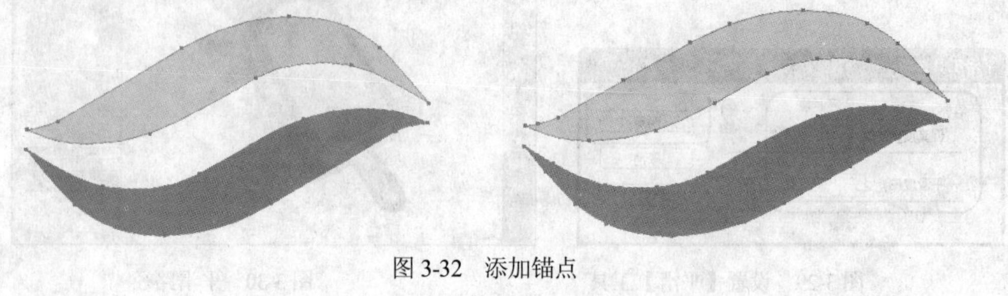

图 3-32 添加锚点

2. 删除锚点

在绘制曲线时，曲线上可能包含多余的锚点，这时删除一些多余的锚点可以降低路径的复杂程度，在最后输出的时候也会减少输出的时间。

在使用【删除锚点】工具在路径锚点上单击就可将锚点删除，如图 3-33 所示。也可以直接单击控制面板中的【删除所选锚点】按钮来删除所选锚点。图形会自动调整形状，删除锚点不会影响路径的开放或封闭属性。

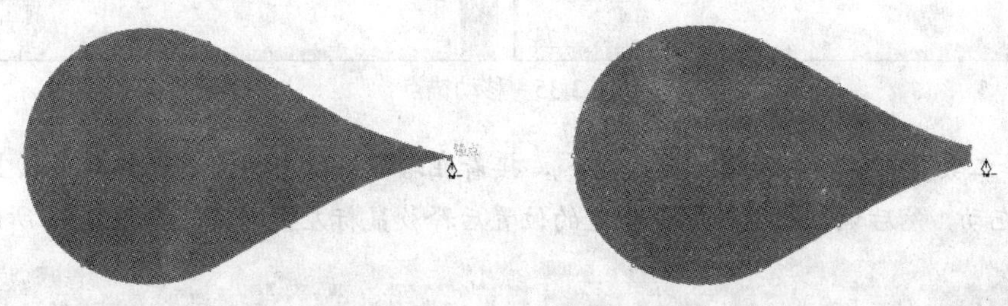

图 3-33　删除锚点

在绘制图形对象过程中，无意间单击【钢笔】工具后又选取另外的工具，会产生孤立的游离锚点。游离的锚点会让线稿变得复杂，甚至减慢打印速度。要删除这些游离点，可以选择【选择】|【对象】|【游离点】命令，选中所有游离点。再选择【对象】|【路径】|【清理】命令，将打开如图 3-34 所示【清理】对话框，选中【游离点】复选框，单击【确定】按钮将删除所有的游离点。

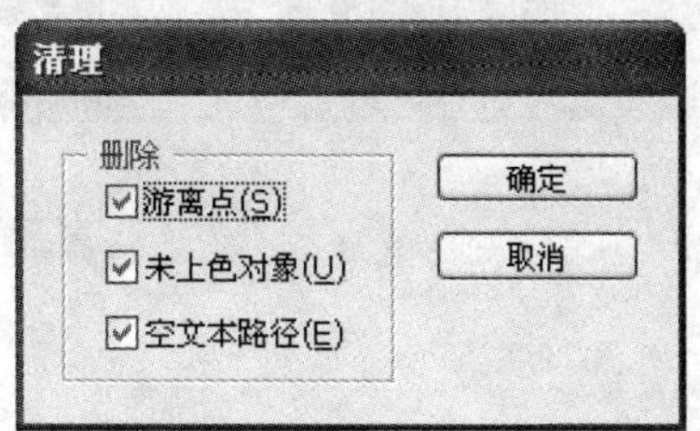

图 3-34　【清理】对话框

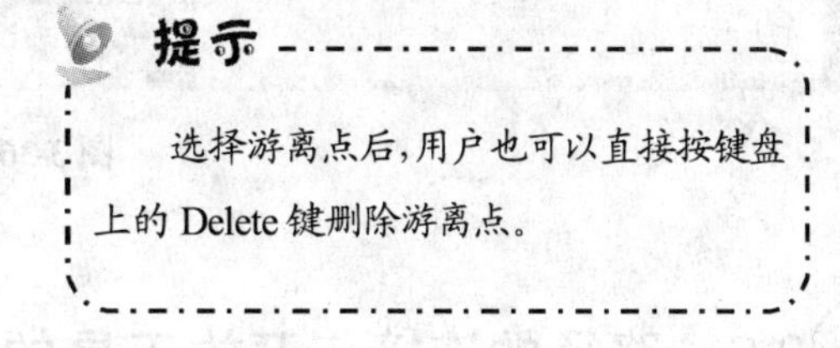

提示

选择游离点后，用户也可以直接按键盘上的 Delete 键删除游离点。

3. 转换锚点

使用【转换锚点】工具在曲线锚点上单击，可将曲线变成直线点，然后按住鼠标左键并拖动，就可将直线点拉出方向线，也就是将其转化为曲线点。锚点改变之后，曲线的形状也相应地发生变化。

【例 3-3】在 Illustrator 中，使用【转换锚点】工具改变锚点属性。

(1) 在打开的图形文档中，选择工具箱中的【直接选择】工具，单击选择需要移动的锚点，并按住鼠标拖动锚点至所需要的位置释放，如图 3-35 所示。

知识点

在使用【钢笔】工具绘图时，无须切换到【转换锚点】工具来改变锚点的属性，只需按住 Alt 键，即可将【钢笔】工具直接切换到转换锚点工具。

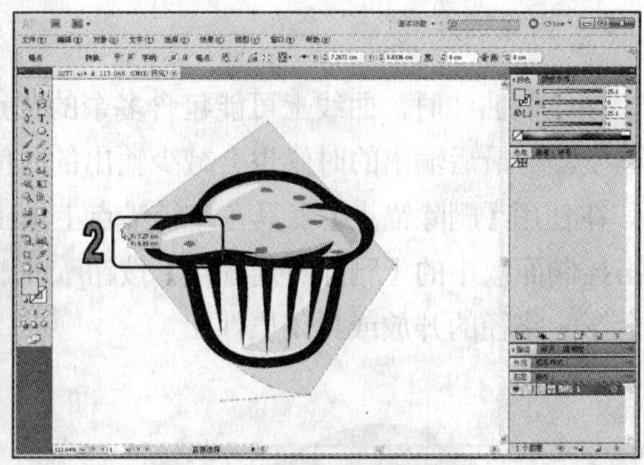

图 3-35　移动锚点

(2) 选择工具箱中的【转换锚点】工具，接着在路径线段中的需要操作的角点上，按下鼠标左键并拖动，然后调整线段弧度至合适的位置后释放鼠标左键即可，如图 3-36 所示。

图 3-36　调整锚点

3.3.6　路径的连接与开放工具的使用

在 Illustrator 中，通过连接端点可以将开放路径的两个端点连接起来，形成闭合路径，或连接两条开放路径的任意两个端点，将它们连接在一起；也可以将开放路径或闭合路径断开。

1．连接路径

要连接开放路径，可以使用钢笔工具，【连接】命令和直接使用控制面板中的相关按钮都可以连接路径。

- 在工具箱中选择【钢笔】工具，将鼠标指针放置在第一条路径的终点处，单击鼠标，再把鼠标指针移至第二条路径的端点处，再次单击鼠标，两条分离的路径就被连接在一起。
- 使用【选择】工具选中两个端点，选择【对象】|【路径】|【连接】命令，系统会自动用直线将两个选中的端点连接起来。

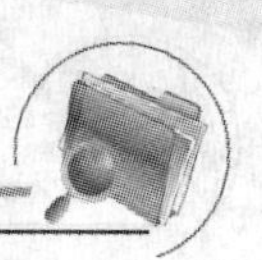

◉ 使用【选择】工具选中两个端点，单击控制面板中的【连接所选终点】按钮即可连接两个端点。

2. 断开路径

如果想断开路径，可以使用【剪刀】工具，将路径剪断。【剪刀】工具可剪断任意路径。使用【剪刀】工具在路径任意处单击，单击处即被断开，形成两个重叠的锚点。使用【直接选择】工具拖动其中一个锚点，可发现路径被断开。

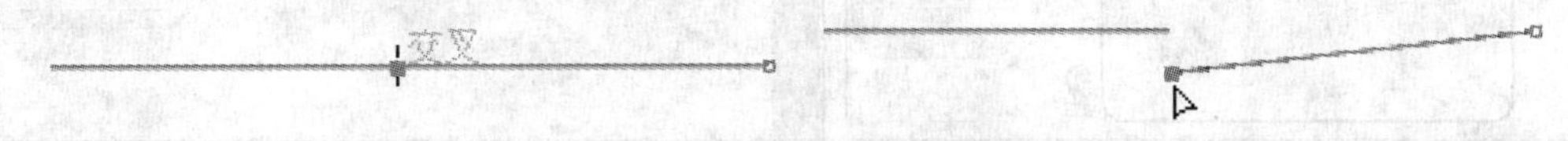

图 3-37　使用【剪刀】工具

3.3.7　美工刀工具的使用

【美工刀】工具可以将闭合路径切割成两个独立的闭合路径，该工具不能应用于开放路径。使用【美工刀】工具在图形上拖动，拖动的轨迹就是美工刀的形状，如果拖动的长度大于图形的填充范围，那么得到两个以上闭合路径。如果拖动的长度小于图形的填充范围，那么得到的路径是一个闭合路径，与原来的路径相比，这个路径的锚点数有所增加。

【例 3-4】在 Illustrator CS5 中，使用工具箱中的【美工刀】工具分割路径图形。

(1) 选择【文件】|【打开】命令，在打开的【打开】对话框中选择图形文档，然后单击【打开】按钮，如图 3-38 所示。

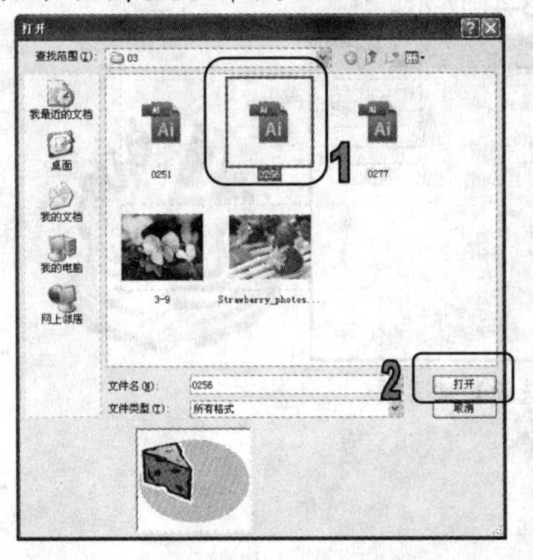

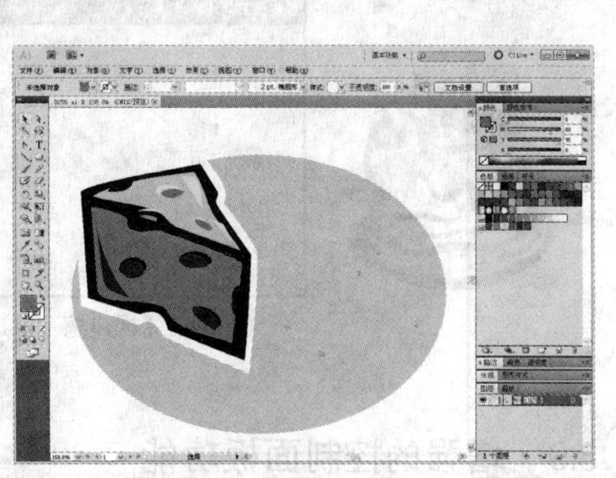

图 3-38　打开图形文档

(2) 选择工具箱中的【美工刀】工具，在要切割的闭合路径上按下并拖动鼠标，画出切割线，如图 3-39 所示。

(3) 释放鼠标，按住 Ctrl 键，光标变为【直接选择】工具，在空白处单击，取消路径图形的选中状态，然后选择图形被裁切部分进行移动，可以看到闭合路径被切割成为两个独立的部分，如图 3-40 所示。

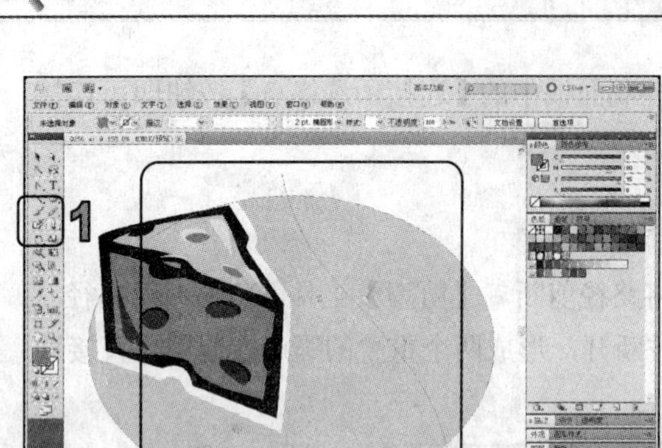

图 3-39　绘制切割线

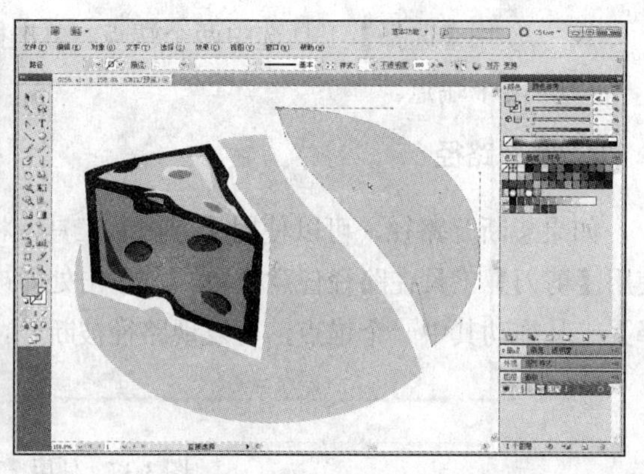

图 3-40　分离对象

提示

如果使用【美工刀】工具裁切的范围内不止一个图形，这个范围内的所有图形都被裁切。

3.3.8　橡皮擦工具的使用

用户通过使用【橡皮擦】工具可擦除图稿的任何区域，被抹去的边缘将自动闭合，并保持平滑过渡，双击工具箱中的【橡皮擦】工具，可以打开【橡皮擦工具选项】对话框，在对话框中设置【橡皮擦】工具的角度、圆度和直径，如图 3-41 所示。

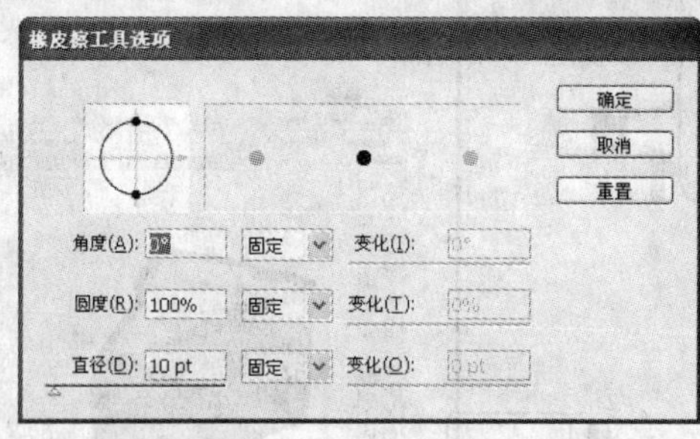

图 3-41　【橡皮擦工具选项】对话框

3.3.9　增强的控制面板功能

在 Illustrator 中，当选择一个或多个锚点时，可以通过控制面板实现更多的操作。当选中一个锚点时，控制面板的显示状态如图 3-42 所示。

锚点　转换:　手柄:　锚点:　X: 59.369 mm　Y: 75.454 mm　宽: 0 mm　高: 0 mm

图 3-42　控制面板显示状态

- 直接单击控制面板上的【将所选锚点转换为尖角】按钮，锚点两边的方向线消失。
- 单击【删除所选锚点】按钮，选择的锚点被删除，路径保持原来的封闭属性，形状发生了相应的变化。
- 单击【在所选锚点出剪切路径】按钮，当在锚点出分割路径时，新锚点将出现在原锚点的顶部，并会选中一个锚点。
- 单击【连接所选终点】按钮，Illustrator 会以直线连接两个端点。

当选中多个锚点时，控制面板的显示状态如图 3-43 所示。控制面板上出现一组用于对齐和分布锚点的按钮。

锚点 转换: 手柄: 锚点: 变换

图 3-43 控制面板显示状态

3.4 【路径查找器】面板

当在 Illustrator 中编辑图形对象时，经常会使用【路径查找器】面板。该面板包含了多个功能强大的图形路径编辑工具。通过使用它们，用户可以选中多个图形路径进行特定的运算，从而形成各种复杂的图形路径。

如果工作界面中没有显示【路径查找器】面板，用户可以通过选择【窗口】|【路径查找器】命令，打开如图 3-44 所示的【路径查找器】面板。该面板包含了【形状模式】和【路径查找器】两个选项区域。用户选择所需操作的对象后，单击该面板上的功能按钮，即可实现所需的图形路径效果。

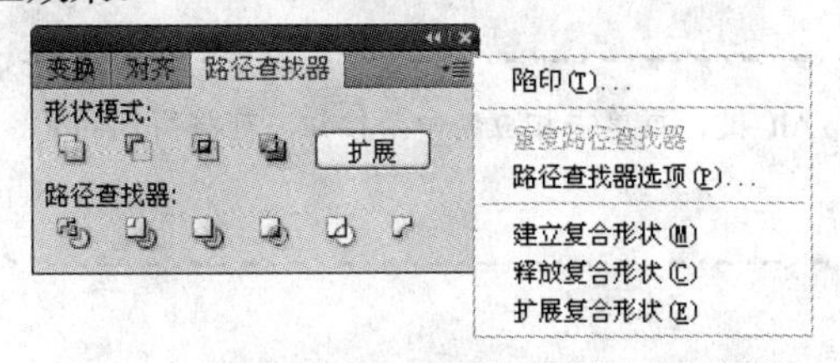

图 3-44 【路径查找器】面板及面板控制菜单

> **提示**
>
> 用户也可以通过单击该面板扩展菜单按钮，在打开的面板菜单中选择相应的命令，即可实现图形路径的编辑效果。

1. 使用【形状模式】按钮

在【形状模式】选项区域中，有【联集】按钮、【减去顶层】按钮、【交集】按钮、【差集】按钮和【扩展】按钮 扩展 5 个功能按钮。使用前面的 4 个功能按钮，用户可以在多个选中图形的路径之间实现不同的运算组合方式。下面将依次介绍各个功能按钮的操作方法和功能作用。

- 【联集】按钮可以将选定的多个对象合并成一个对象。在合并的过程中，将相互重叠的部分删除，只留下合并的外轮廓。新生成的对象保留合并之前最上层对象的填色和轮廓色，如图 3-45 所示。

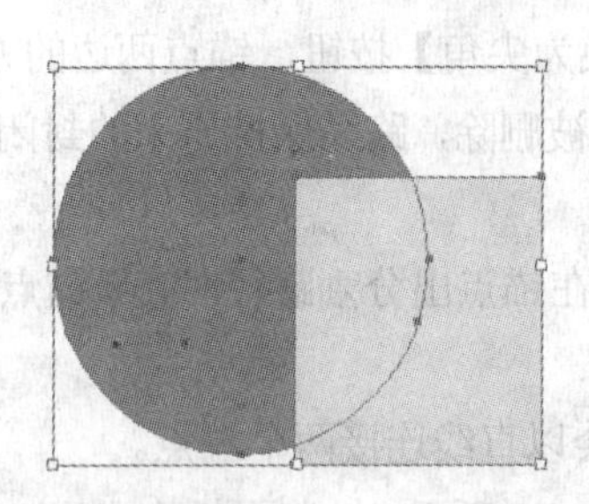
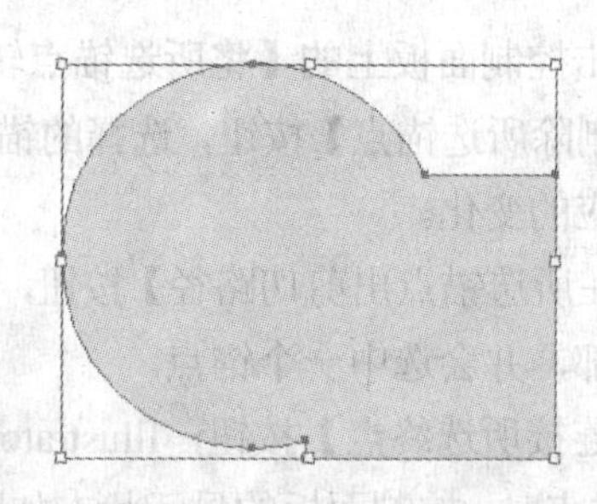

图 3-45　联集

- 【减去顶层】按钮可以在最上层一个对象的基础上，把与后面所有对象重叠的部分删除，最后显示最上面对象的剩余部分，并且组成一个闭合路径，如图 3-46 左图所示。
- 【交集】按钮可以对多个相互交叉重叠的图形进行操作，仅仅保留交叉的部分，而其他部分被删除，如图 3-46 中图所示。
- 【差集】按钮应用效果与【交集】按钮应用效果相反。使用这个按钮可以删除选定的两个或多个对象的重合部分，而仅仅留下不相交的部分，如图 3-46 右图所示。

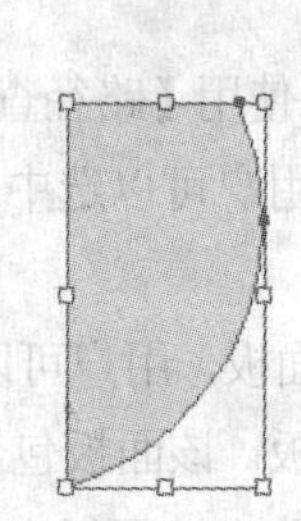
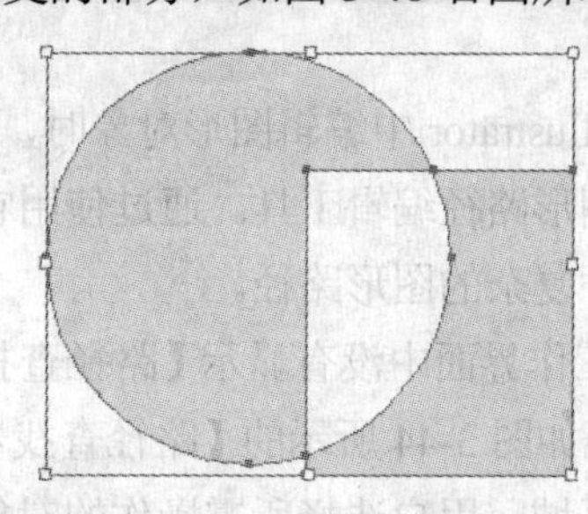

图 3-46　减去顶层、交集、差集

提示

在使用【形状模式】选项组中的命令按钮时，按下 Alt 键，再单击相应的命令按钮，可将得到的复合图形直接进行扩展。

2. 使用【路径查找器】按钮

【路径查找器】选项区域中共有 6 个功能按钮，它们分别是【分割】按钮、【修边】按钮、【合并】按钮、【裁剪】按钮、【轮廓】按钮和【减去后方对象】按钮，通过使用它们，用户可以运用更多的运算方式对图形形状进行编辑处理。与【形状模式】选项区域中的运算方式不同的是，当执行【路径查找器】选项区域中的运算方式之后，将不能通过该面板菜单中的【释放复合形状】命令将图形对象恢复至运算之前的状态。

- 【分割】按钮可以用来将相互重叠交叉的部分分离，从而生成多个独立的部分。应用分割后，各个部分保留原始的填充或颜色，但是前面对象重叠部分的轮廓线的属性将被取消。生成的独立对象，可以使用【直接选择】工具选中对象。

- 【修边】按钮主要用于删除被其他路径覆盖的路径，它可以把路径中被其他路径覆盖的部分删除，仅留下使用【修边】按钮前在页面能够显示出来的路径，并且所有轮廓线的宽度都将被去掉。
- 【合并】按钮的应用效果根据选中对象填充和轮廓属性的不同而有所不同。如果属性都相同，则所有的对象将组成一个整体，合为一个对象，但对象的轮廓线将被取消。如果对象属性不相同，则相当于应用【裁剪】按钮效果。
- 【裁剪】按钮可以在选中一些重合对象后，把所有在最前面对象之外的部分裁减掉。
- 【轮廓】按钮可以把所有对象都转换成轮廓，同时将相交路径相交的地方断开。
- 【减去后方对象】按钮可以在最上面一个对象的基础上，把与后面所有对象重叠的部分删除，最后显示最上面对象的剩余部分，并且组成一个闭合路径。

3.5 实时描摹

实时描摹可以自动将置入的图像转换为矢量图，从而可以轻松地对图形进行编辑、处理和调整大小，而不会带来任何失真。实时描摹可大大节约在屏幕上重新创建扫描绘图所需的时间，而图像品质依然完好无损。还可以使用多种矢量化选项来交互调整实时描摹的效果。

3.5.1 实时描摹图稿

使用实时描摹功能可以根据现有的图像绘制新的图形。描摹图稿的方法是将图像打开或置入到 Illustrator 工作区中，然后使用【实时描摹】命令描摹图稿。用户通过控制实时描摹细节级别和填色描摹的方式，得到满意的描摹效果。

当置入位图图像后，选中图像，选择【对象】|【实时描摹】|【建立】命令，或单击控制面板中的【实时描摹】按钮 实时描摹 ，图像将以默认预设的方式进行描摹，如图 3-47 所示。

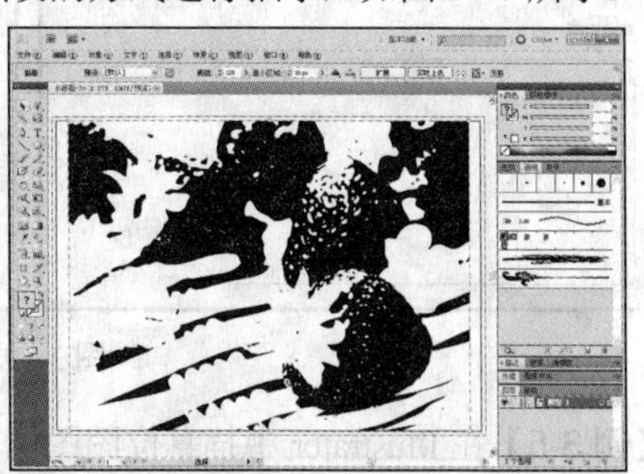

图 3-47　实时描摹

用户选择【对象】|【实时描摹】命令中的【不显示描摹结果】、【显示描摹结果】、【显示轮廓】和【显示描摹轮廓】命令可以更改描摹对象的显示效果。

3.5.2 创建描摹预设

选中描摹结果后，选择【对象】|【实时描摹】|【描摹选项】命令，或直接单击控制面板中的【描摹选项对话框】按钮，打开【描摹选项】对话框，如图 3-48 所示。

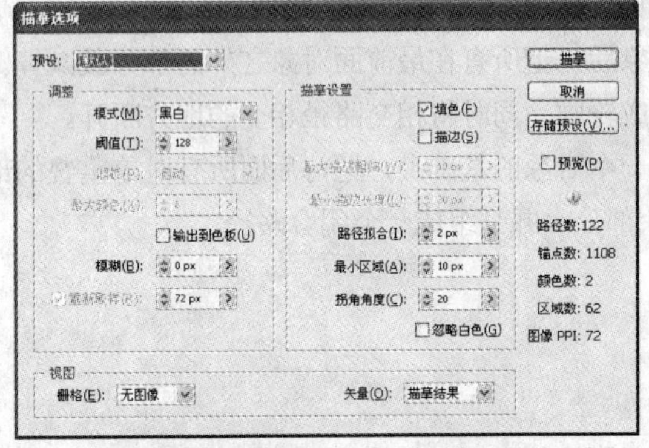

图 3-48 【描摹选项】对话框

> **知识点**
>
> 用户还可以选择【编辑】|【描摹预设】命令，打开【描摹预设】对话框。单击【新建】按钮，在打开的【描摹选项】对话框中设置预设的描摹选项，单击【完成】按钮来创建描摹预设。如图 3-49 所示。

- 【预设】下拉列表指定描摹预设。
- 【模式】下拉列表指定描摹结果的颜色模式。包括彩色、灰度和黑白 3 种模式。
- 【阈值】数值框指定用于从原始图像生成黑白描摹结果的值。所有比阈值亮的像素转换为白色，而所有比阈值暗的像素转换为黑色。该选项仅在【模式】设置为【黑白】选项时可用。
- 【调板】选项指定用于从原始图像生成颜色或灰度描摹的面板。

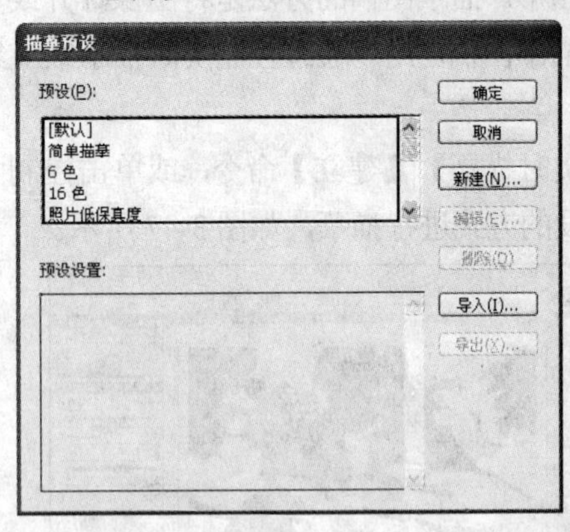

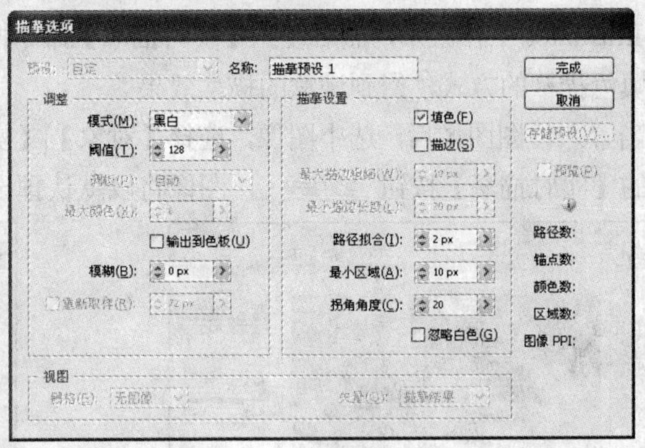

图 3-49 创建描摹预设

【例 3-5】在 Illustrator 中描摹位图图像。

(1) 启动 Illustrator CS5 应用程序，选择【文件】|【置入】命令，打开【置入】对话框，选择图像文件置入，如图 3-50 所示。

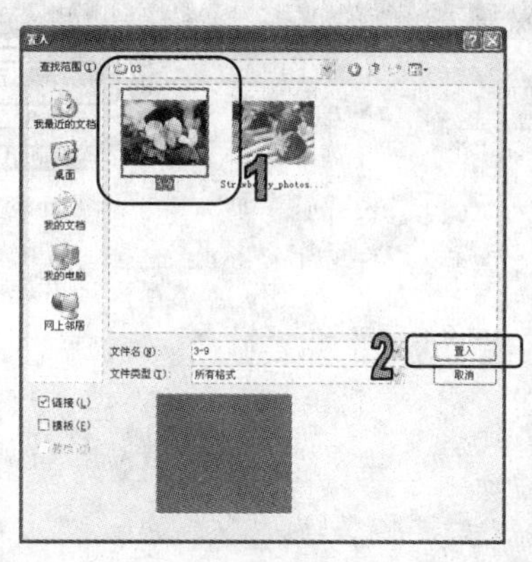

图 3-50　置入图像

(2) 选择【对象】|【实时描摹】|【建立】命令，或单击控制面板中的【实时描摹】按钮 实时描摹 ，图像将以默认的预设进行描摹。单击控制面板中的【描摹选项对话框】按钮，打开【描摹选项】对话框，如图 3-51 所示。

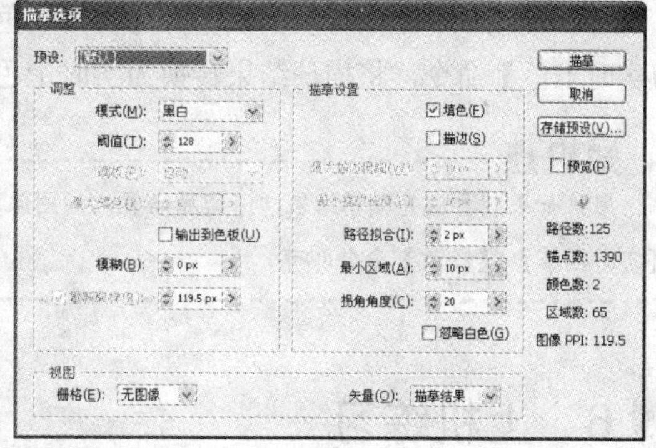

图 3-51　建立描摹

(3) 选中【预览】复选框，在【模式】下拉列表中选择【彩色】选项，【最大颜色】数值设置为 9，如图 3-52 所示。

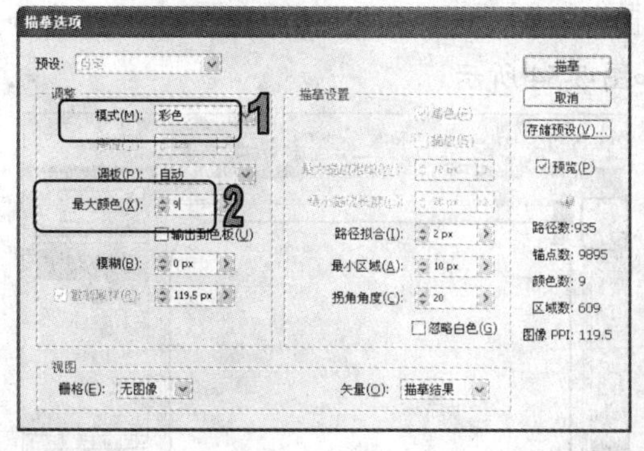

图 3-52　设置描摹

(4) 单击【描摹选项】对话框中的【存储预设】按钮，打开【存储描摹预设】对话框，然后单击【确定】按钮。再单击【描摹选项】对话框中的【描摹】按钮，如图 3-53 所示。

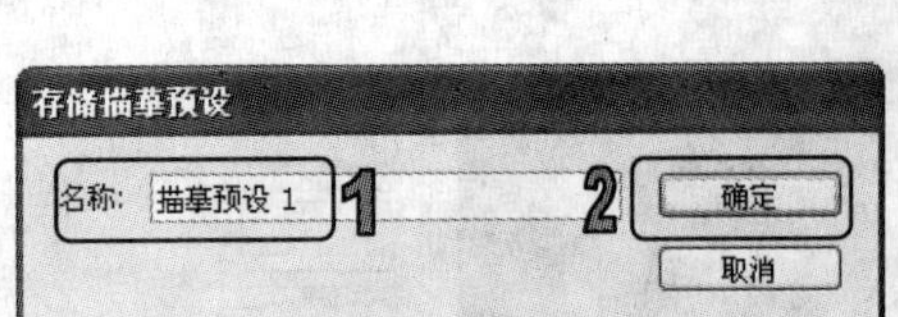

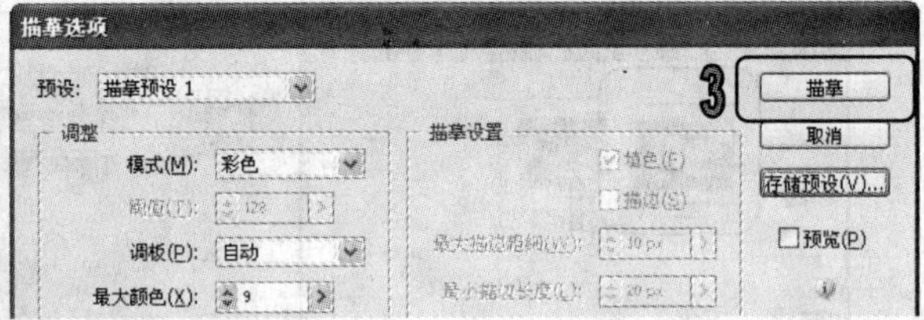

图 3-53　存储描摹

3.5.3　转换描摹对象

当对描摹结果满意后，可将描摹转换为路径或实时上色对象。转换描摹对象后，不能再使用调整描摹选项。

选择描摹结果，单击控制面板中的【扩展】按钮，或选择【对象】|【实时描摹】|【扩展】命令，将得到一个编组的对象。

选择描摹结果，单击控制面板中的【实时上色】按钮，或选择【对象】|【实时描摹】|【转换为实时上色】命令，将描摹结果转换为实时上色组。

知识点

用户如果想要放弃描摹结果，保留原始置入的图像，可释放描摹对象。选中描摹对象，选择【对象】|【实时描摹】|【释放】命令即可。

3.6　上机练习

本章的上机练习主要练习制作插画图形，使用户更好地掌握图形绘制、编辑的基本操作方法和技巧。

(1) 选择【文件】|【新建】命令，新建一幅图形文档，选择【视图】|【显示网格】命令显示网格，并选择【视图】|【对齐网格】命令，如图 3-54 所示。

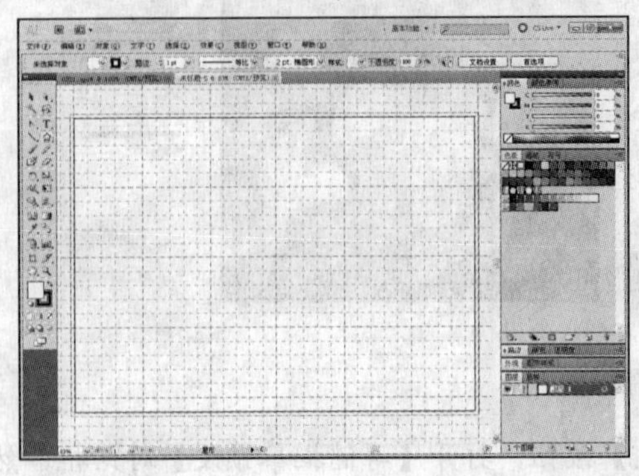

图 3-54　新建文档

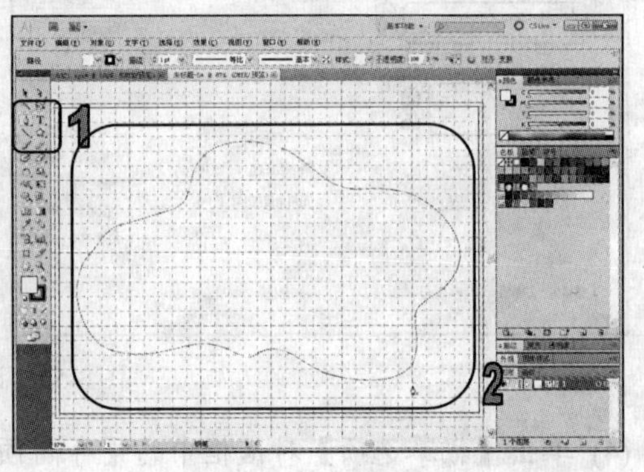

图 3-55　绘制图形

(2) 选择工具箱中的【钢笔】工具，在页面中绘制如图3-55所示的图形。

(3) 在【色板】面板中单击CMYK(0，0，100，0)色板填充刚绘制的图形，并在【颜色】面板中，选中【描边】图标，然后将其设置为无色，如图3-56所示。

(4) 选择工具箱中的【椭圆】工具绘制椭圆形，然后在【颜色】面板中设置填充颜色CMYK(0，31，64，0)如图3-57所示。

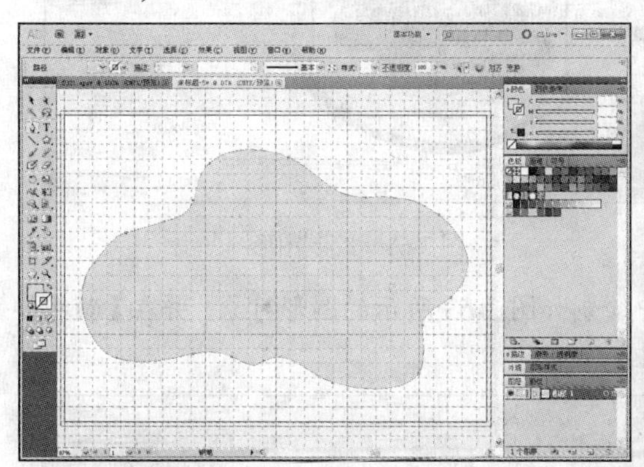

图3-56　填充图形

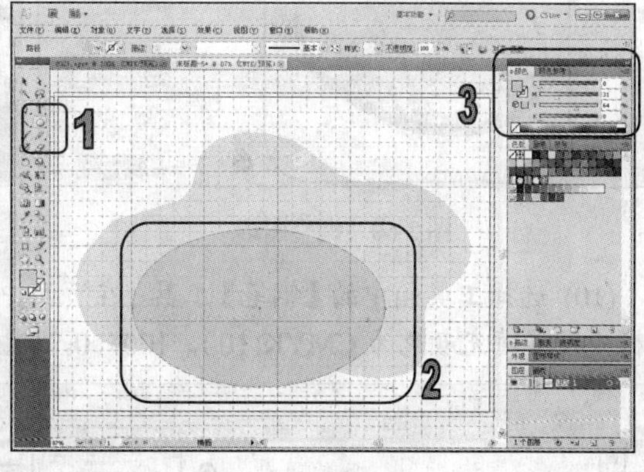

图3-57　绘制图形

(5) 使用工具箱中的【选择】工具选中刚绘制的椭圆形，将鼠标光标移至控制框角点上，当光标变为弯曲的双向箭头时，按住鼠标左键拖动旋转图形，如图3-58所示。

(6) 按Ctrl+C键复制椭圆形，并按Ctrl+B键在对象后面粘贴复制图形，然后在【颜色】面板中设置填充颜色CMYK(100，100，0，0)接着将鼠标光标移至控制框角点上，当光标变为双向箭头时，按住鼠标左键向外拖动放大图形对象，如图3-59所示。

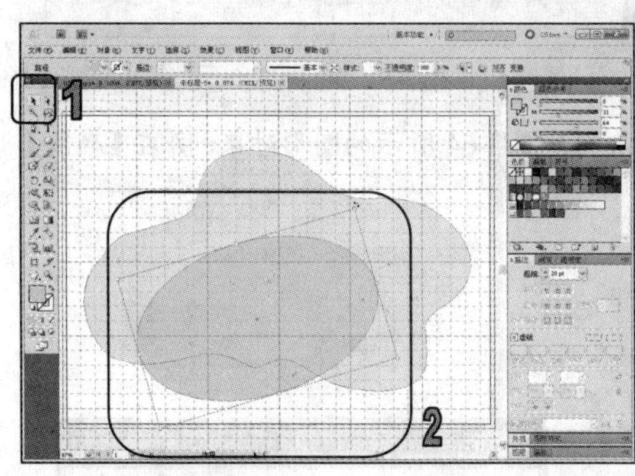

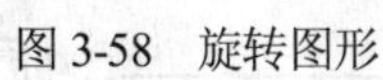

图3-58　旋转图形

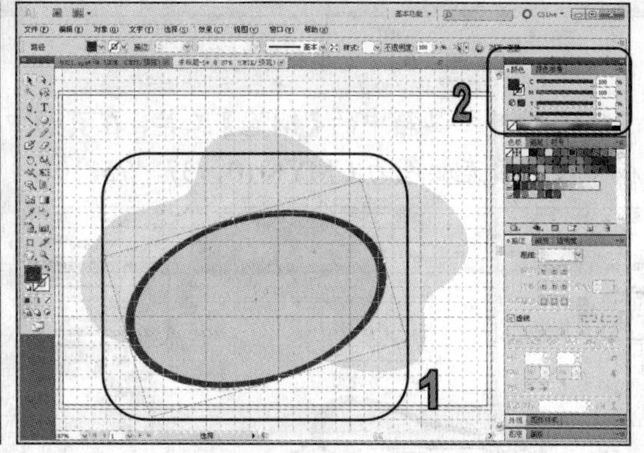

图3-59　放大图形

(7) 使用工具箱中的【直接选择】工具，选中刚复制的图形对象路径上的锚点，并调整其控制手柄以改变图形对象形状，如图3-60所示。

(8) 选择工具箱中的【钢笔】工具，在页面中绘制如图3-61所示的图形对象。

(9) 按Ctrl+C键复制刚绘制的图形，然后按Ctrl+F键在对象后面粘贴复制的图形对象，并在【颜色】面板中设置填充颜色白色，并选择【选择】工具，将鼠标光标移至控制框角点上，当光标变为双向箭头时，按住鼠标左键向内缩小图形对象，如图3-62所示。

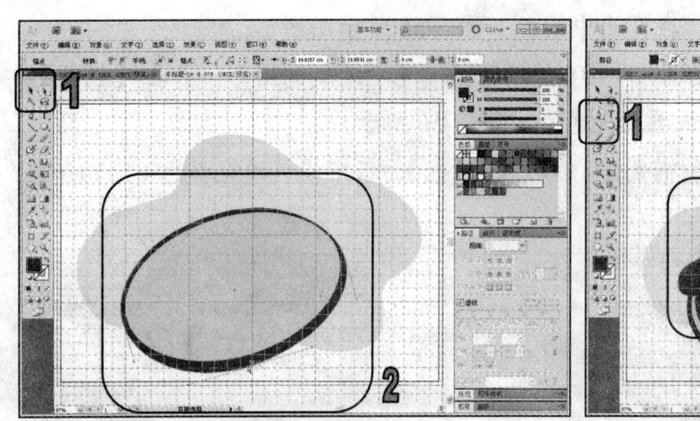

图 3-60 调整图形

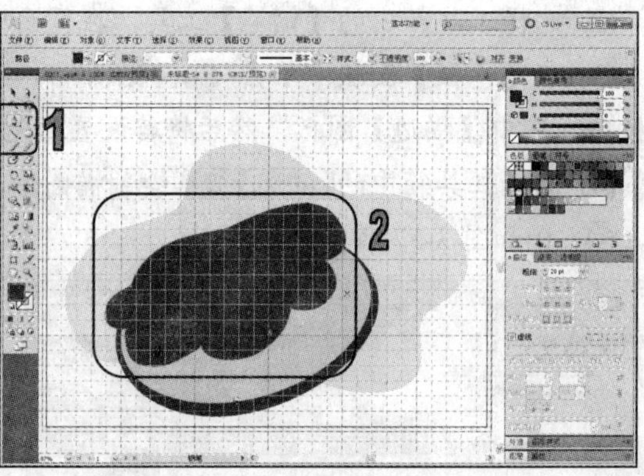

图 3-61 绘制图形

(10) 选择工具箱中的【钢笔】工具，在页面中绘制如图 3-63 所示的图形对象，并在【颜色】面板中设置填充颜色为 CMYK(100，100，0，0)。

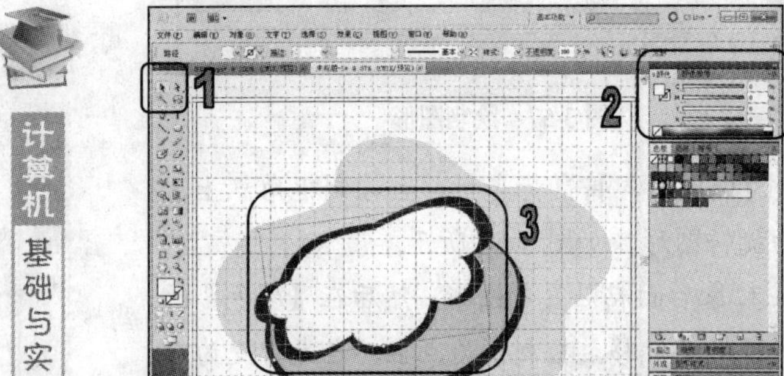

图 3-62 缩小图形对象

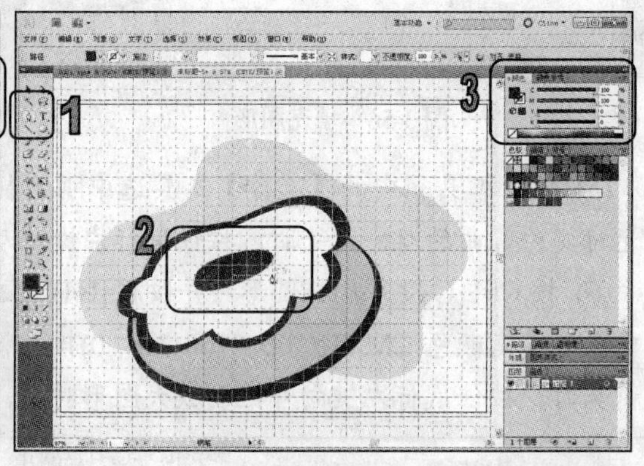

图 3-63 绘制图形

(11) 继续工具箱中的【钢笔】工具，在页面中绘制如图 3-64 所示的图形对象，并在【颜色】面板中设置填充颜色为 CMYK (0，37，75，0)。

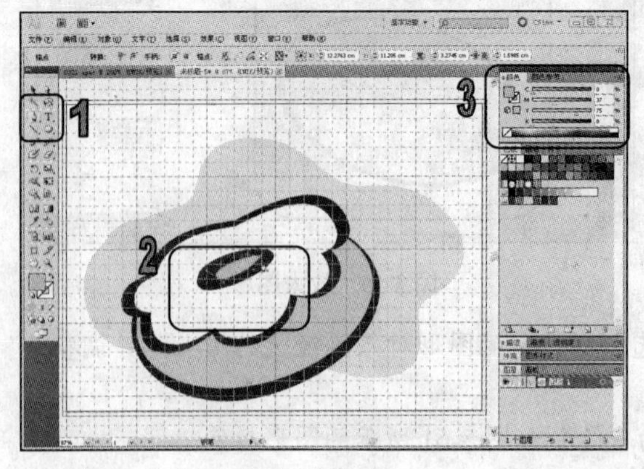

图 3-64 绘制图形

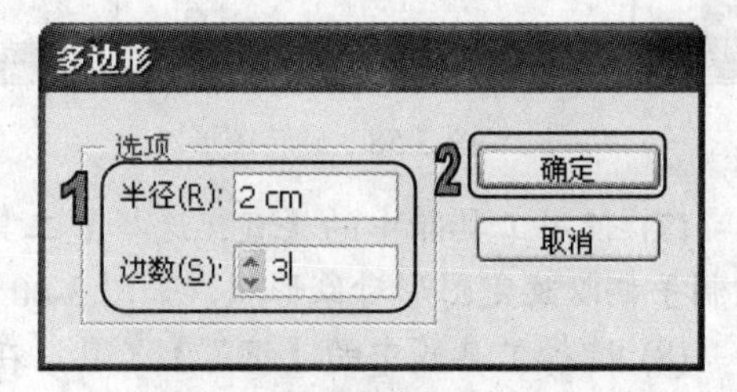

图 3-65 创建三角形

(12) 选箱中的【多边形】工具，在画板中单击，打开【多边形】对话框，在对话框中，设置【半径】数值为2 cm，【边数】数值为3，然后单击【确定】按钮创建三角形，如图3-65所示。然后在【颜色】面板中，设置填充颜色为CMYK(0，100，100，0)。

(13) 使用工具箱中的【直接选择】工具，选中刚创建的图形对象路径上的锚点，并改变图形对象形状，如图3-66所示。

(14) 使用步骤(12)~步骤(13)的操作方法创建其他图形对象，如图3-67所示。

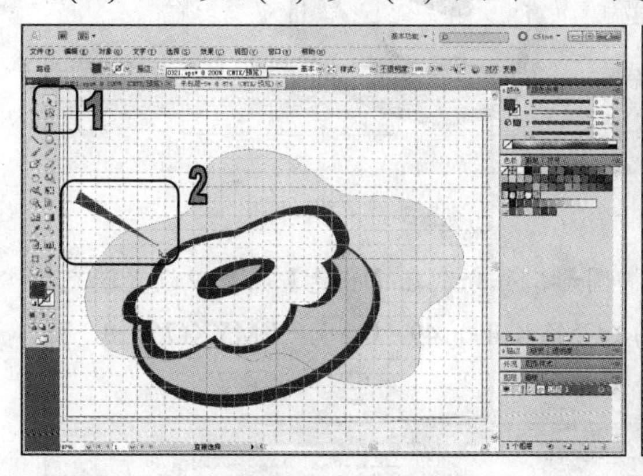

图3-66 调整图形

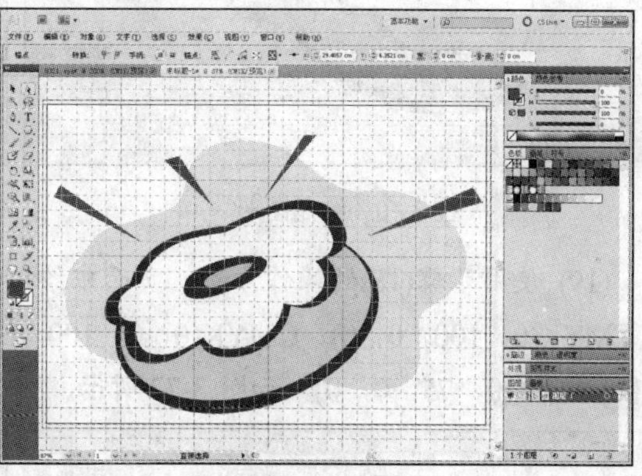

图3-67 创建图形

(15) 选择工具箱中的【钢笔】工具，在页面中绘制如图3-68所示的图形对象，并在【颜色】面板中设置填充颜色为CMYK(0，0，0，0)。

(16) 选择工具箱中的【钢笔】工具，在页面中绘制如图3-69所示的图形对象，并在【颜色】面板中设置填充颜色为CMYK(0，51，88，11)。

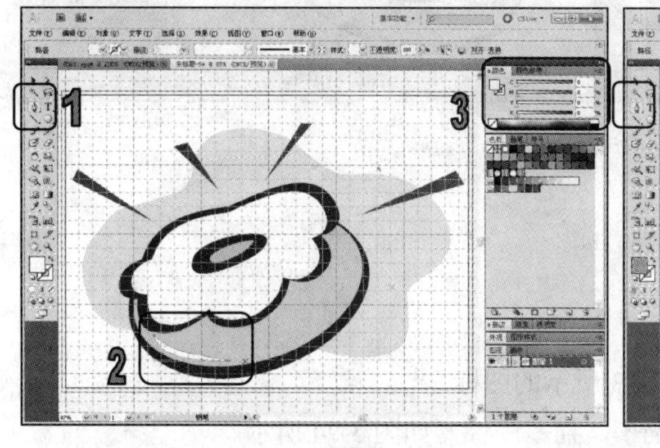

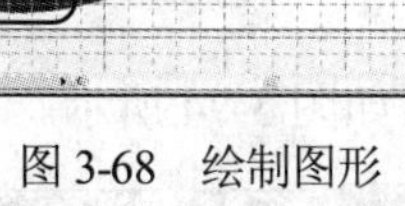

图3-68 绘制图形

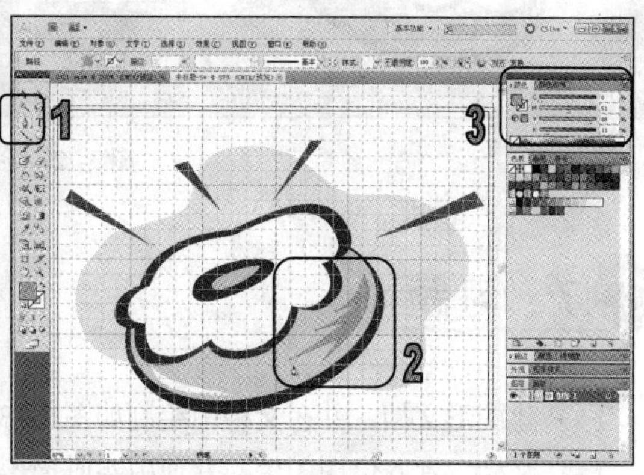

图3-69 绘制图形

(17) 选择工具箱中的【钢笔】工具，在页面中绘制如图3-70所示的图形对象，并在【颜色】面板中设置填充颜色为CMYK(24，24，0，0)。

(18) 选择工具箱中的【椭圆】工具，在页面中绘制椭圆形，并在【颜色】面板中设置填充颜色CMYK(49，0，49，0)，如图3-71所示。

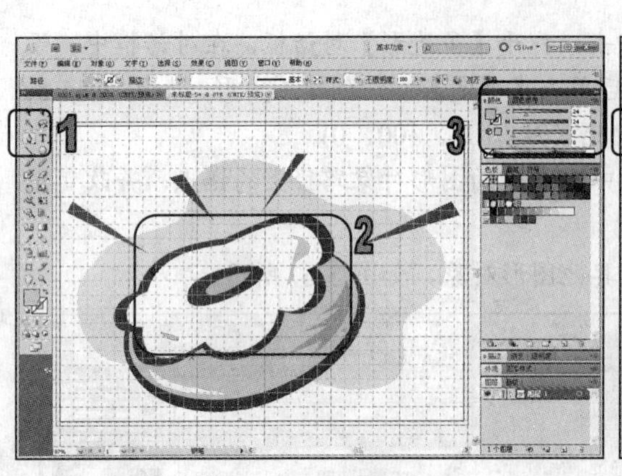
图 3-70 绘制图形

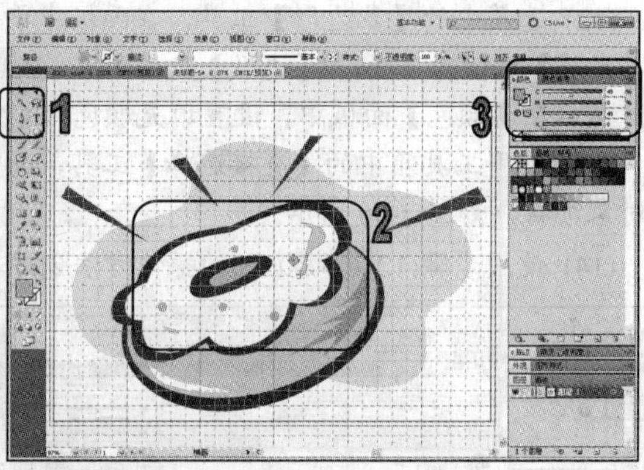
图 3-71 绘制图形

(19) 使用步骤(18)的操作方法，页面中绘制椭圆形，并分别在【颜色】面板中设置填充颜色 CMYK(0，100，0，0)，CMYK(0，0，100，0)，CMYK(49，49，0，0)，CMYK(75，0，75，0)和 CMYK(0，75，0，0)，如图 3-72 所示。

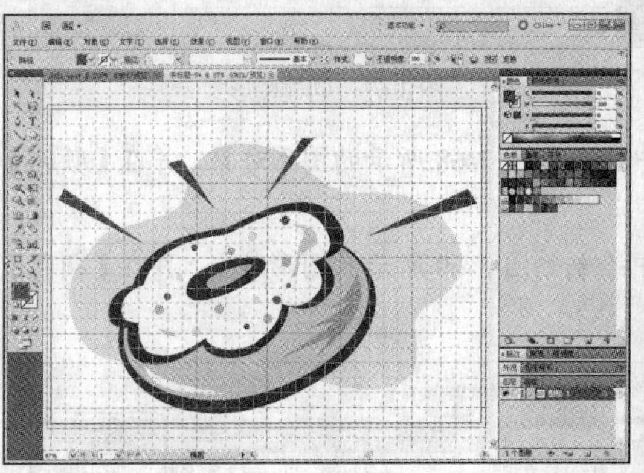
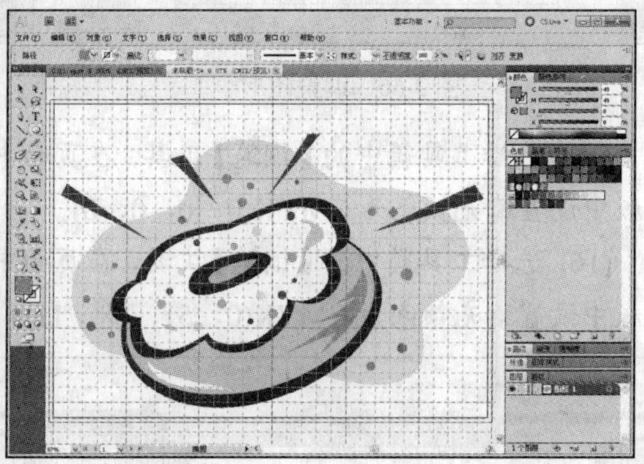
图 3-72 绘制图形

3.7 习题

1. 新建图形文档，并在文档中绘制如图 3-73 所示的图标。
2. 在文档中置入位图图像，并使用实时描摹，描摹图像，如图 3-74 所示。

图 3-73 绘制图标

图 3-74 描摹图像

填充与描边

学习目标

在 Illustrator CS5 中绘制图形对象后，用户可以对图形对象的填充、描边进行设置，以完善图形效果。本章将主要介绍如何对路径图形的填色和描边进行修饰，以及与之相关的各种面板的使用方法。

本章重点

- 填充颜色
- 描边
- 实时上色
- 渐变色及网格的应用

4.1 关于填充和描边

在 Illustrator 中，可以使用工具箱中的颜色控制区，或【颜色】面板中的填充和描边颜色选框设置绘制对象的填充和描边，如图 4-1 和图 4-2 所示。

填色是指对象中的颜色、图案或渐变。填色可以应用于开放和封闭的对象，以及【实时上色】组的表面。描边是对象、路径或实时上色组边缘的可视轮廓。用户可以控制描边的宽度和颜色，也可以创建虚线描边，或使用画笔创建风格化描边。

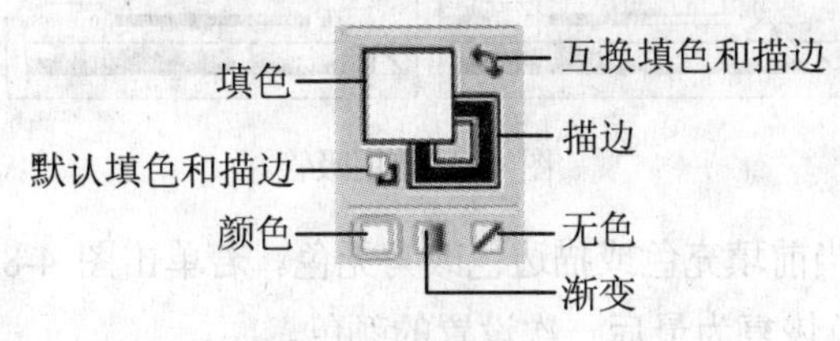

图 4-1　颜色控制区

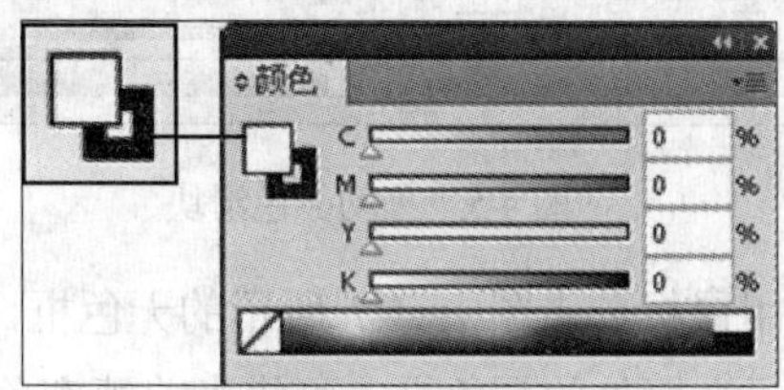

图 4-2　颜色选框

4.2 填充颜色

在 Illustrator CS5 中，提供了多种选择颜色的方式。用户除了使用工具箱中的颜色控制区选择设置颜色外，还可以使用【拾色器】对话框、【颜色】和【色板】面板选择设置填充图形对象的颜色。

4.2.1 【颜色】面板

【颜色】面板是 Illustrator 中重要的常用面板。使用【颜色】面板可以将颜色应用于对象的填色和描边，也可以编辑和混合颜色。【颜色】面板还可以使用不同颜色模式显示颜色值。选择菜单栏【窗口】|【颜色】命令，即可打开如图 4-3 所示的【颜色】面板。在【颜色】面板的右上角单击面板菜单按钮，可以打开如图 4-4 所示的【颜色】面板菜单。

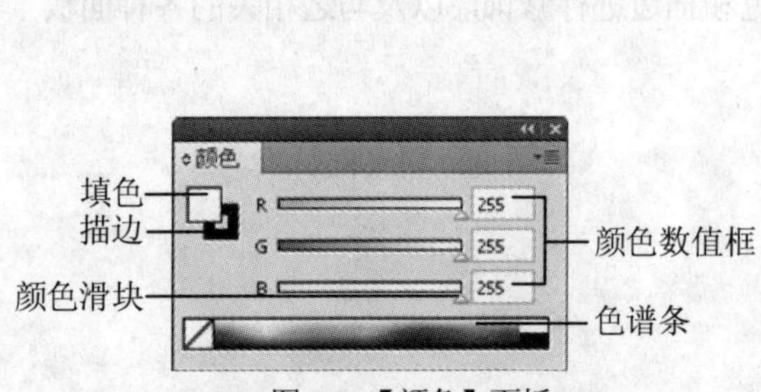

图 4-3 【颜色】面板

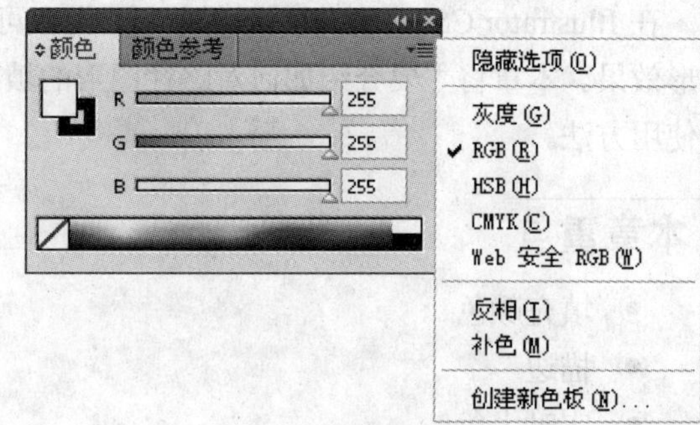

图 4-4 面板菜单

填充色块和描边框的颜色用于显示当前填充色和边线色。单击填充色块或描边框，可以切换当前编辑颜色。拖动颜色滑块或在颜色数值框内输入数值，填充色或描边色会随之发生变化。如图 4-5 所示。

当将鼠标移至色谱条上时，光标变为吸管形状，这时按住鼠标并在色谱条上移动，滑块和数值框内的数字会随之变化，如图 4-6 所示，同时填充色或描边色也会不断发生变化。释放鼠标后，即可以将当前的颜色设置为当前填充色或描边色。

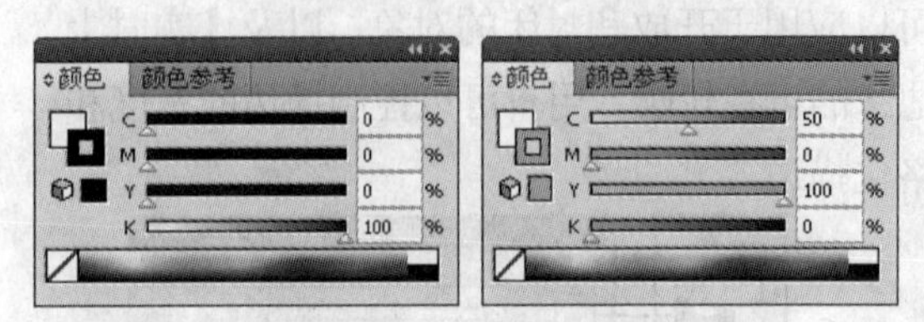

图 4-5 拖动颜色滑块

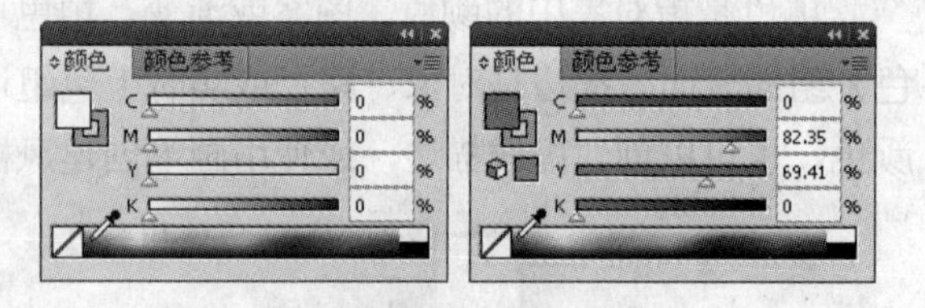

图 4-6 使用吸管

用鼠标单击图中 4-7 所示的无色框，即可将当前填充色或描边色改为无色。若单击图 4-8 中所示光标处的颜色框，可将当前填充色或描边色恢复为最后一次设置的颜色。

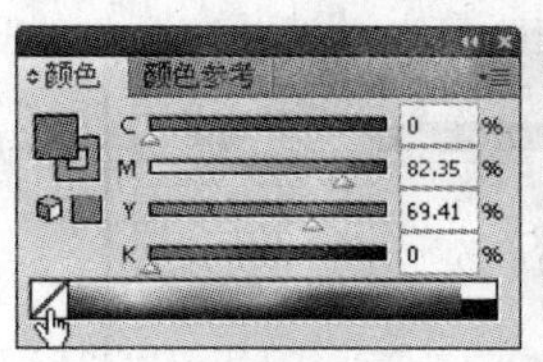

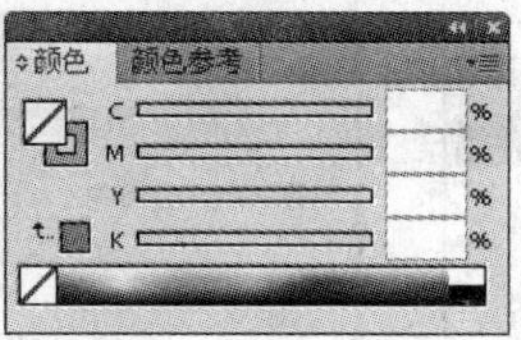

图 4-7　设置无色

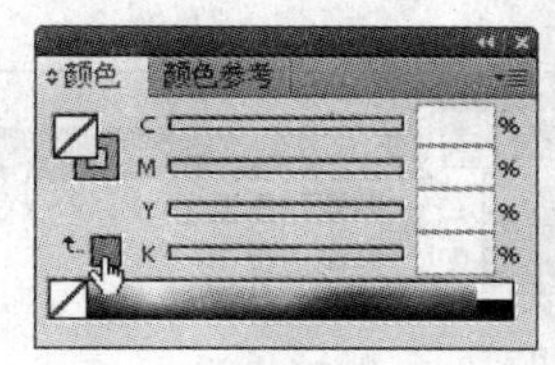

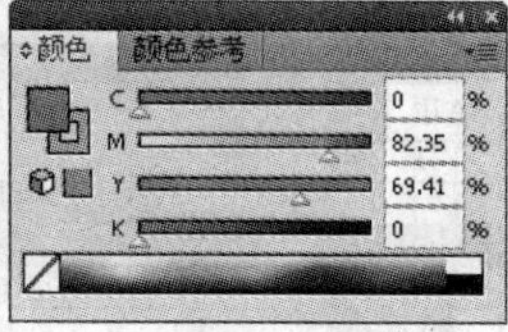

图 4-8　使用最后设置的颜色

4.2.2　【色板】面板

选择【窗口】|【色板】命令，打开如图 4-9 所示的【色板】面板。【色板】面板主要用于存储颜色，并且还能存储渐变色、图案等。存储在【色板】面板中的颜色、渐变色、图案均以正方形，即色板的形式显示。利用【色板】面板可以应用、创建、编辑和删除色板。在【色板】面板扩展菜单中的命令可以更改色板的显示状态，如图 4-10 所示。

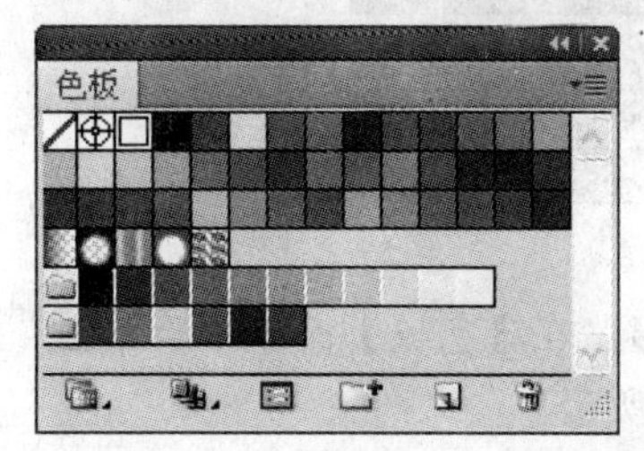

图 4-9 【色板】面板

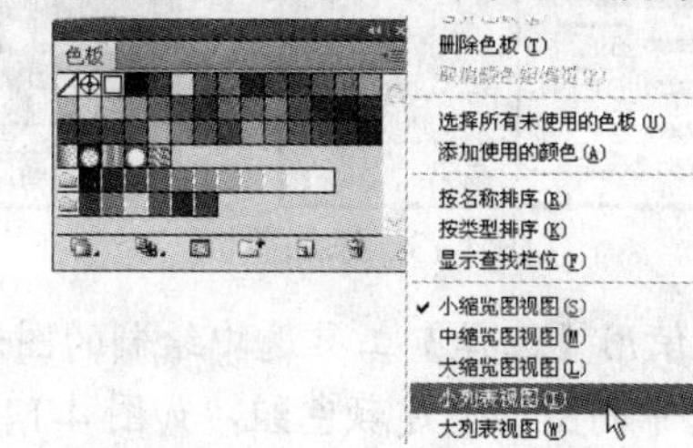

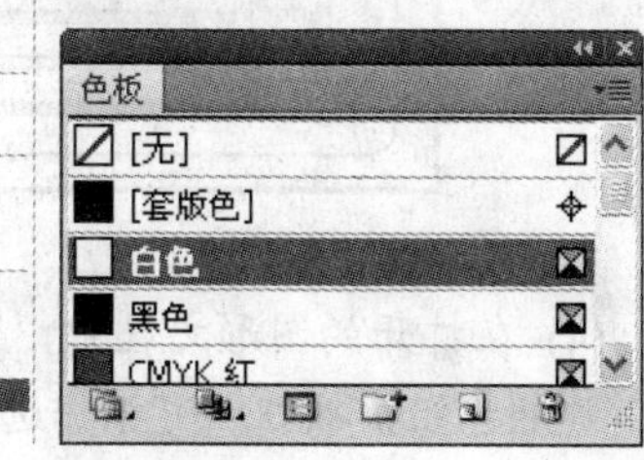

图 4-10　更改缩览图显示

- 【“色板库”菜单】按钮：用于显示色板库扩展菜单。
- 【显示“色板类型”菜单】按钮：用于显示色板类型菜单。
- 【色板选项】按钮：用于显示色板选项对话框。
- 【新建颜色组】按钮：用于新建一个颜色组。
- 【新建色板】按钮：用于新建和复制色板。
- 【删除色板】按钮：用于删除当前选择的色板。

1．添加色板

在 Illustrator 中，用户可以将自己定义的颜色、渐变或图案创建为色样，存储到【色板】面板中。

【例 4-1】在 Illustrator 中，创建自定义的颜色、渐变和图案色样。

(1) 在【色板】面板中，单击面板右上角面板菜单按钮，在打开的下拉菜单中选择【新建色板】命令，如图 4-11 所示。

(2) 在打开的【新建色板】对话框中，新色样的默认颜色为【颜色】面板中的当前颜色，如图 4-12 所示。

(3) 在【新建色板】对话框中，设置【色板名称】为【粉果绿】，CMYK(44，6，50，0)，单击【确定】按钮，关闭对话框，将设置的色板添加到面板中，如图 4-13 所示。

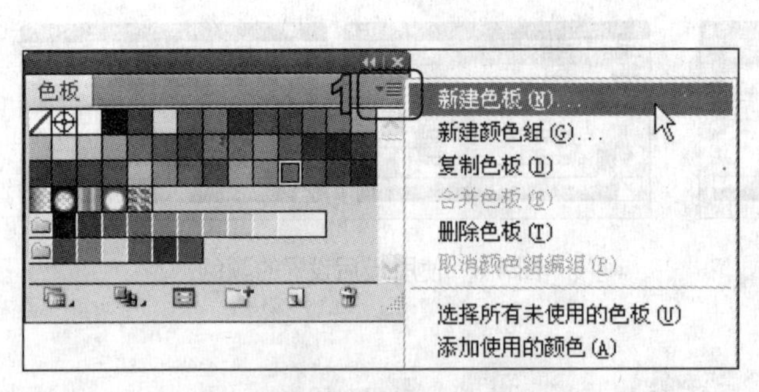

图 4-11 【新建色板】命令

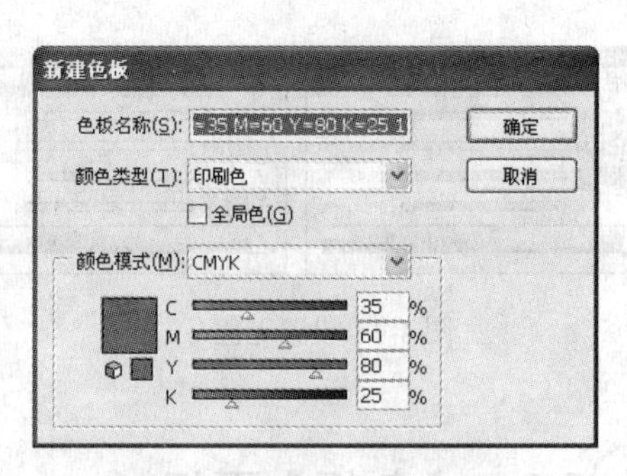

图 4-12 【新建色板】对话框

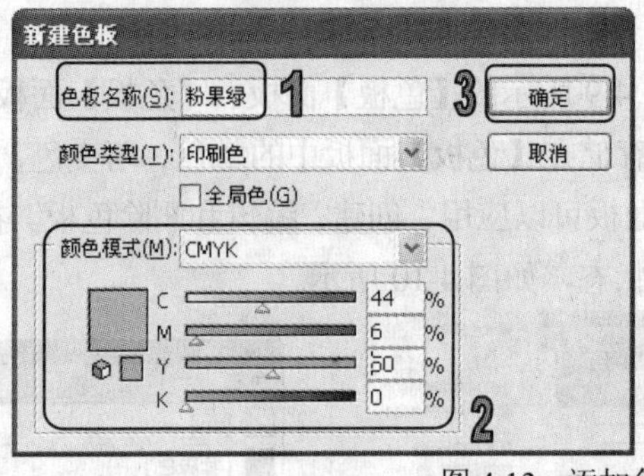

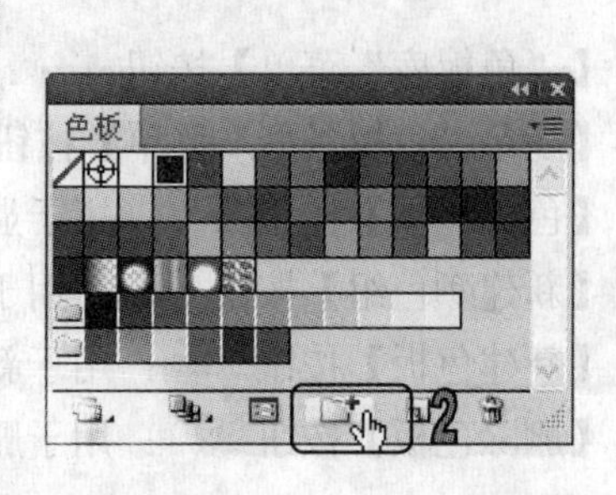

图 4-13 添加色板

(4) 在打开的图形文档中，使用【选择】工具选中绘制的图形，在【色板】面板中，单击【新建颜色组】按钮即可根据选中的图形创建颜色组，如图 4-14 所示。

图 4-14 新建颜色组

(5) 在打开的【新建颜色组】对话框中，设置【名称】为【颜色组 1】，在创建选项区中选择【选定的图稿】单选按钮，然后单击【确定】按钮，即可创建新颜色组，如图 4-15 所示。

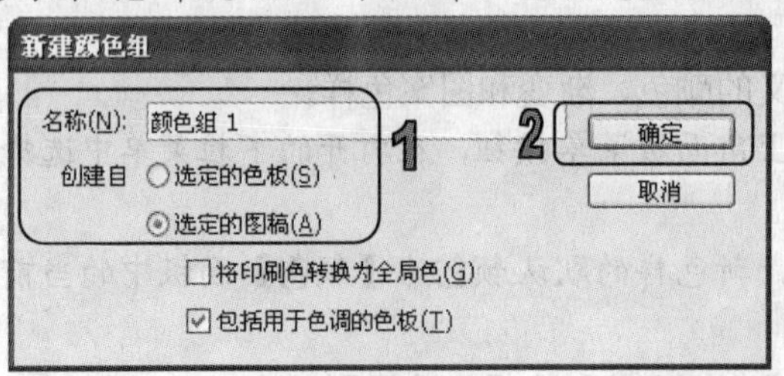

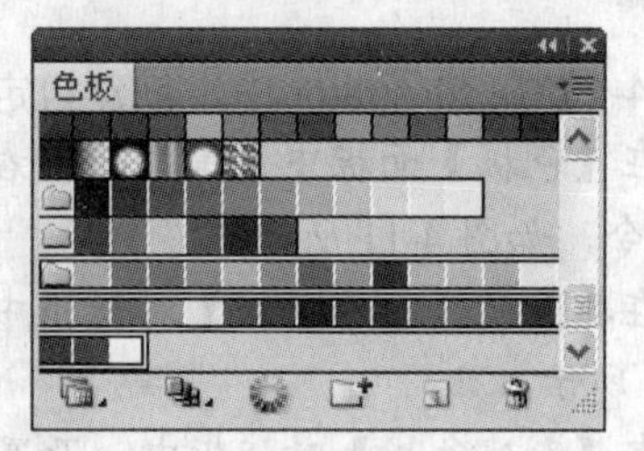

图 4-15 创建新颜色组

2. 使用色板库

在 Illustrator CS5 中，还提供了几十种固定的色板库，每个色板库中均含有大量的颜色可供用户使用。

【例 4-2】在 Illustrator 中，使用色板库，并将色板库中的颜色添加至【色板】面板中。

(1) 选择【色板】面板扩展菜单中的【打开色板库】命令，在显示的子菜单中包含了系统提供的所有色板库。用户可以根据需要选择合适的色板库，打开相应的色板库，如图 4-16 所示。

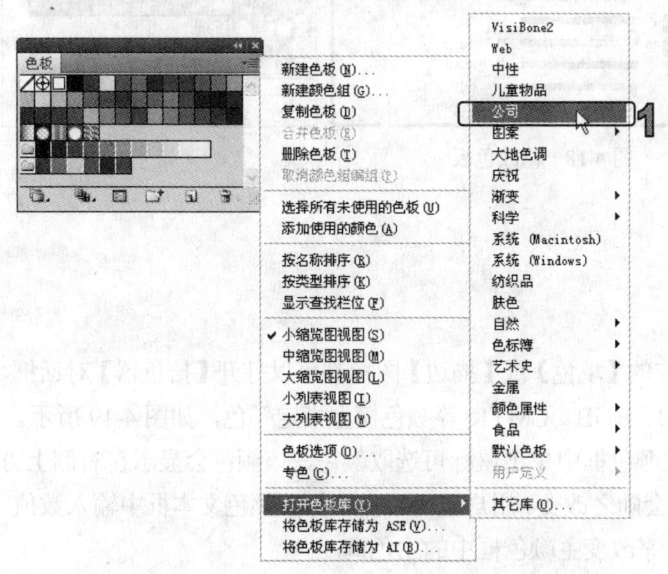

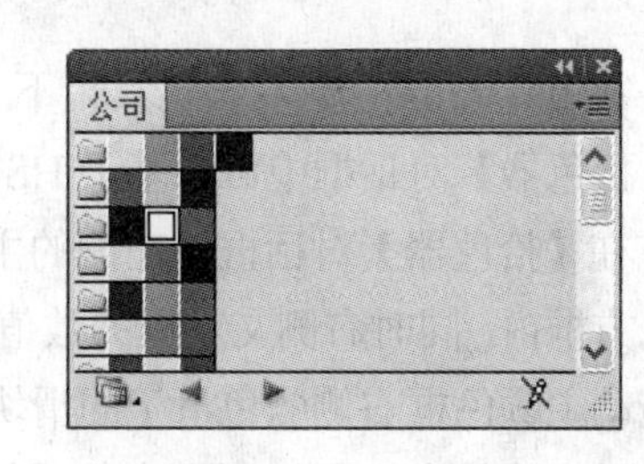

图 4-16 打开色板库

(2) 在打开的下方有一个 按钮，表示其中的色样为只读状态。单击选中色板，选择面板扩展菜单中的【添加到色板】命令，或者直接将其拖动到【色板】面板中，即可将色板库中的色板添加到【色板】面板中。如图 4-17 所示。

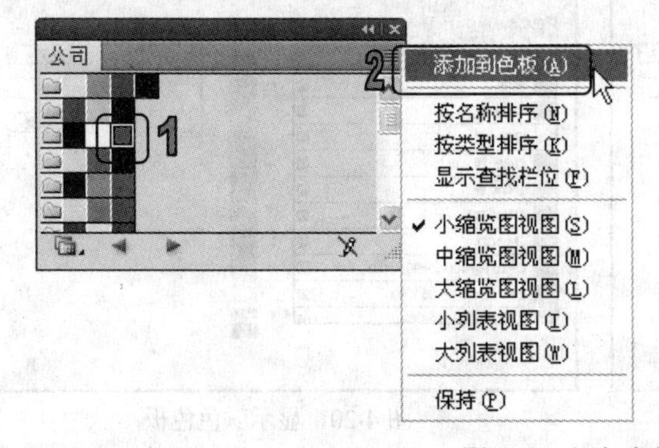

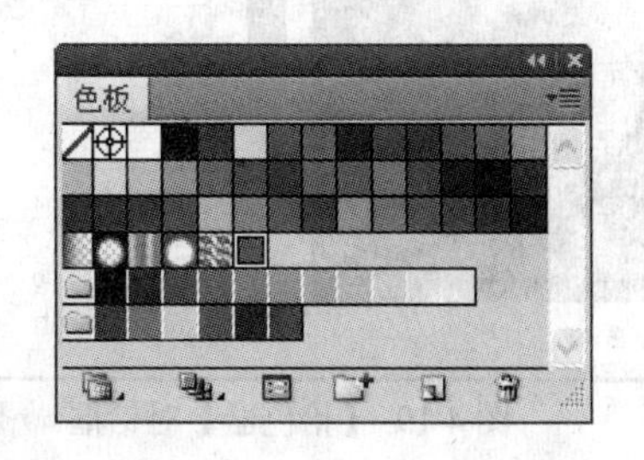

图 4-17 添加色板

提示

按住 Shift 键，在色板库中选择多个色板，然后将其拖入到【色板】面板中，或者选择面板扩展菜单中的【添加到色板】命令，即可将色板库中多个色板添加到【色板】面板中。

(3) 双击【色板】面板中刚添加的色板，即可打开【色板选项】对话框。在对话框中设置【色板名称】为【西瓜红】，如图 4-18 所示，单击【确定】按钮即可应用对色板的修改。

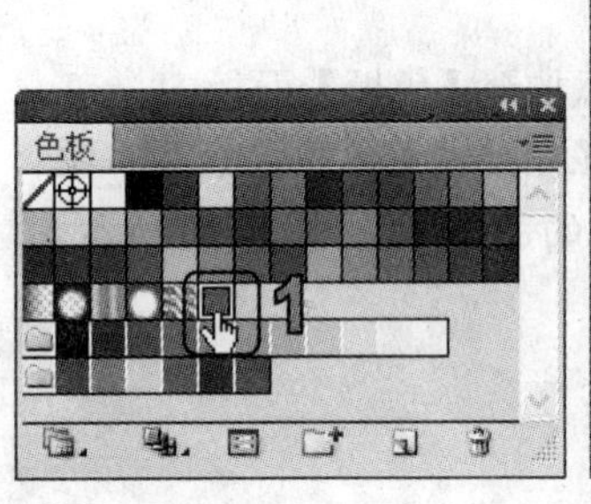

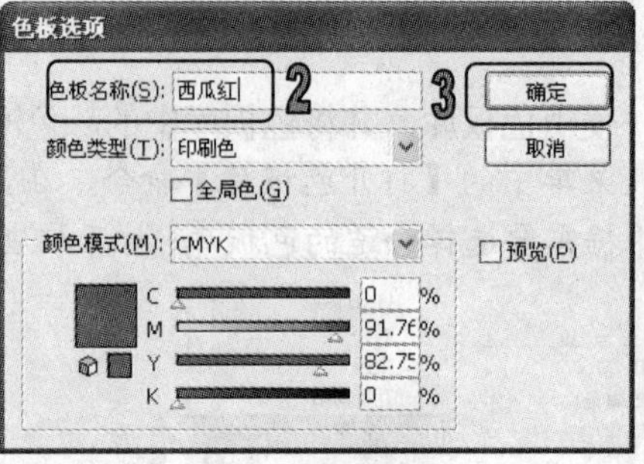

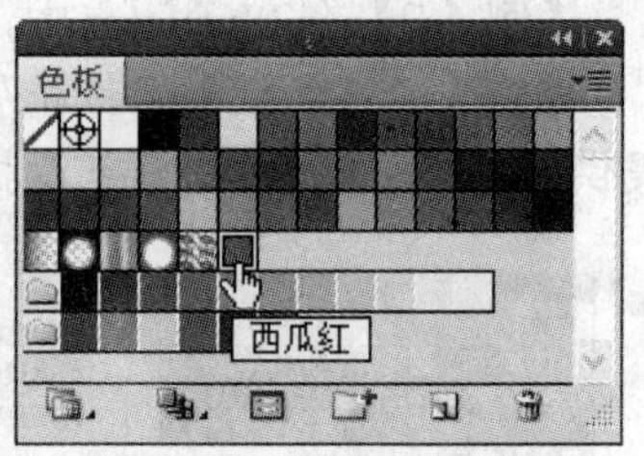

图 4-18　修改色板

4.2.3　使用拾色器

在 Illustrator 中，双击工具箱下方的【填色】或【描边】图标都可以打开【拾色器】对话框。在【拾色器】对话框中可以基于 HSB、RGB、CMYK 等颜色模型指定颜色，如图 4-19 所示。

在【拾色器】对话框中左侧的主颜色框中单击鼠标可选取颜色，该颜色会显示在右侧上方颜色方框内，同时右侧文本框的数值会随之改变。用户也可以在右侧的颜色文本框中输入数值，或拖动主颜色框右侧颜色滑竿的滑块来改变主颜色框中的主色调。

单击【拾色器】对话框中的【颜色色板】按钮，可以显示颜色色板设置，如图 4-20 所示。在其中可以直接单击选择色板设置填充或描边颜色。单击【颜色模型】按钮可以返回选择颜色状态。

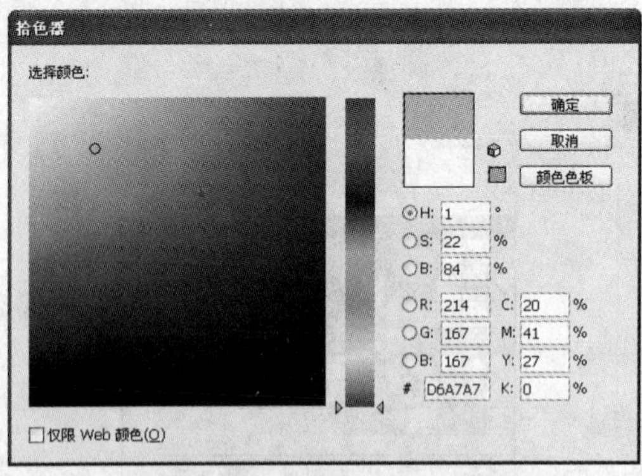

图 4-19　【拾色器】对话框

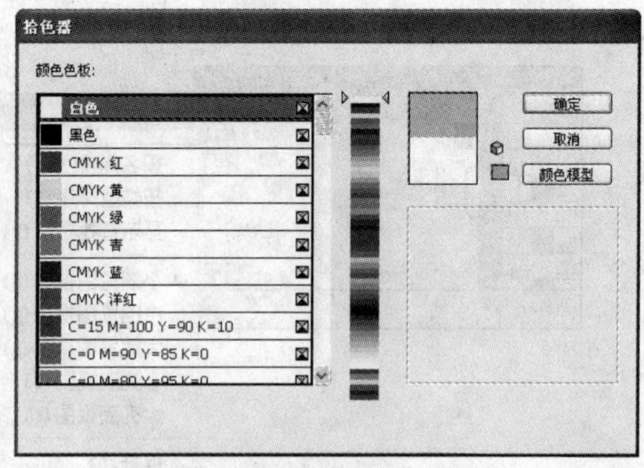

图 4-20　显示颜色色板

4.3　描边

在 Illustrator 中，不仅可以对选定对象的轮廓应用颜色和图案填充，还可以设置其他属性，

如描边的宽度、描边线头部的形状，使用虚线描边等。

4.3.1 【描边】面板

选择【窗口】|【描边】命令，或按 Ctrl+F10 键，就可以打开【描边】面板。【描边】面板提供了对描边属性的控制，其中包括描边线的粗细、斜接限制、对齐描边及虚线等设置。

- 【粗细】数值框用于设置描边的宽度，在数值框中输入数值，或者用微调按钮调整，每单击一次数值以 1 为单位递增或递减；也可以单击后面的向下箭头，从弹出的下拉列表中直接选择所需的宽度值。
- 【端点】右边有 3 个不同的按钮，表示 3 种不同的端点，分别是平头端点、圆头端点和方头端点。
- 【边角】右侧同样有 3 个按钮，用于表示不同的拐角连接状态，分别为斜接连接、圆角连接和斜角连接。使用不同的连接方式得到不同的连接结果。当拐角连接状态设置为【斜接连接】时，【限制】数值框中的数值是可以调整的，用来设置斜接的角度。当拐角连接状态设置为【圆角连接】或【斜角连接】时，【限制】数值框呈现灰色，为不可设定项。
- 【对齐描边】右侧有 3 个按钮，用户可以使用【使描边居中对齐】、【使描边内侧对齐】或【使描边外侧对齐】按钮来设置路径上描边的位置。

4.3.2 虚线的设置

【虚线】选项是 Illustrator 中很有特色的功能。选中【描边】对话框中的【虚线】复选框，在它的下面会显示 6 个文本框，在其中可输入相应的数值，如图 4-21 所示。数值不同，所得到的虚线效果也不同，再使用不同粗细的线及线端的形状，会产生各种各样的效果。

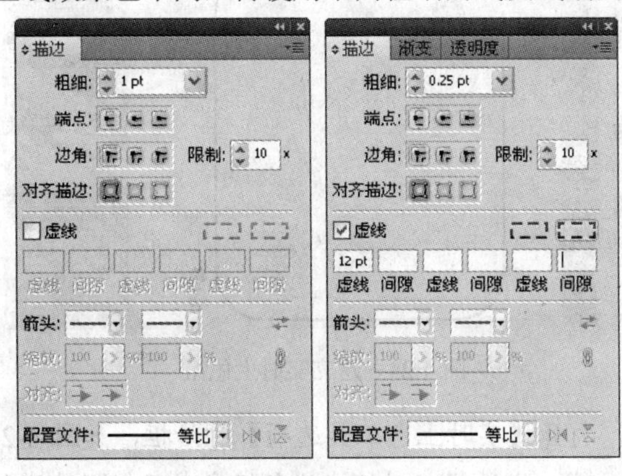

图 4-21 【虚线】选项

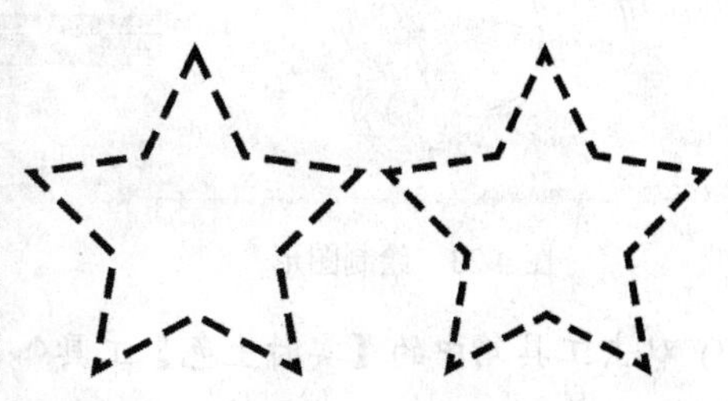

图 4-22 描边效果

知识点

在 Illustrator CS5 的【描边】面板中新增加了【保留虚线和间隙的精确长度】按钮和【使虚线与边角和路径终端对齐，并调整到合适长度】按钮，这两个选项可以让创建虚线看起来更有规律。如图 4-22 所示。

4.4 实时上色

【实时上色】是一种创建彩色图形的直观方法。通过采用这种方法，用户可以将绘制的全部路径视为在同一平面上。实际上，路径将绘画平面分割成几个区域，可以对其中的任何区域进行着色，而不论该区域的边界是由单条路径还是多条路径段确定的。这样一来，为对象上色就简单的如同在填色簿上填色一样简单。

1. 创建实时上色组

要使用【实时上色】工具为图形对象的表面和边缘上色，首先要创建实时上色组。在页面中选中图形对象后，在工具箱中选择【实时上色】工具在图形上单击，或选择【对象】|【实时上色】|【建立】命令，即可创建实时上色组。然后在【色板】面板中选择颜色，就可以使用【实时上色工具】随心所欲地进行填色了。

【例 4-3】在 Illustrator 中，使用【实时上色】工具填充图形对象。

(1) 在图形文档中，绘制如图 4-23 所示的图形对象。

(2) 选择工具箱中的【选择】工具选中全部路径，然后选择【对象】|【实时上色】|【建立】命令建立实时上色组，如图 4-24 所示。

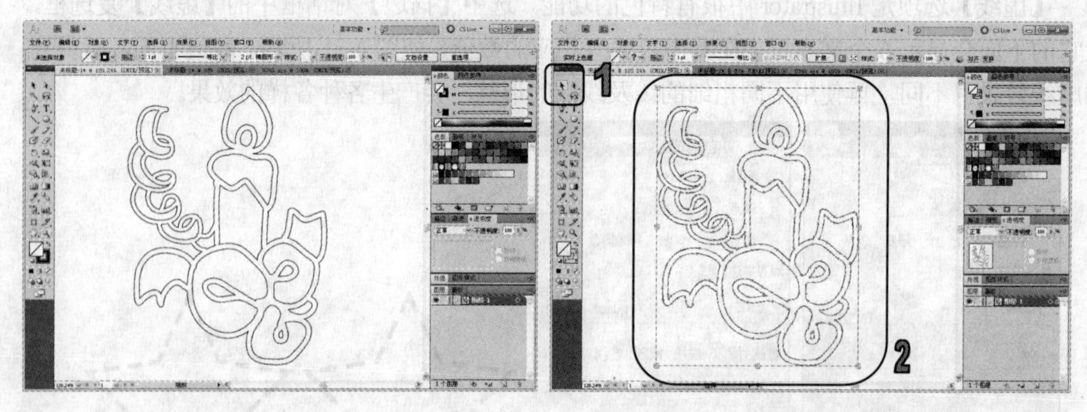

图 4-23　绘制图形　　　　图 4-24　建立实时上色组

(3) 双击工具箱中的【实时上色】工具，打开【实时上色工具选项】对话框，如图 4-25 所示。该对话框用于指定实时上色工具的工作方式，即选择只对填充进行填充或只对描边进行上色；以及当工具移动到表面和边缘上时如何对其进行突出显示。

(4) 使用【实时上色】工具移动至需要填充对象表面上时，它将变为半填充的油漆桶形状，并且突出显示填充内侧周围的线条。单击需要填充对象，以对其进行填充，如图 4-26 所示。

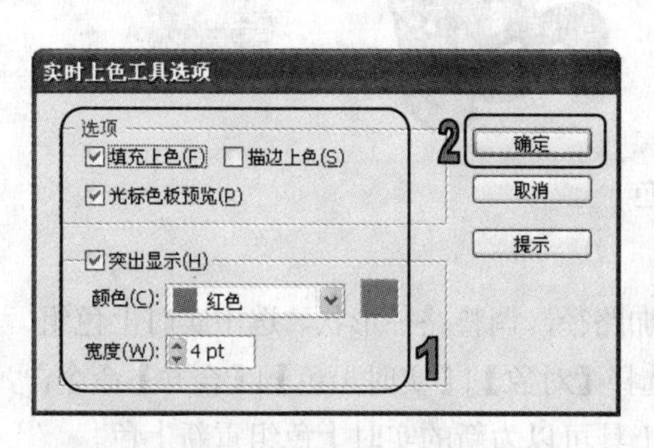

图 4-25　实时上色工具选项

图 4-26　使用【实时上色】工具

- 选中【填充上色】复选框，可以对实时上色组的各表面上色。
- 选中【描边上色】复选框，可以对实时上色组的各边缘上色。
- 选中【光标色板预览】复选框，可以在从【色板】面板中选择颜色时显示。实时上色工具指针显示为 3 种颜色色板：选定填充或描边颜色以及【色板】面板中紧靠该颜色左侧和右侧的颜色。
- 选中【突出显示】复选框，可以勾画出光标当前所在表面或边缘的轮廓。用粗线突出显示表面，细线突出显示边缘。
- 【颜色】下拉列表用于设置突出显示线的颜色。用户可以从菜单中选择颜色，也可以单击色板以指定自定颜色。
- 【宽度】选项用于指定突出显示轮廓线的粗细。

知识点

在使用【实时上色】工具时，工具指针显示为 1 种或 3 种颜色方块，它们表示选定填充或描边颜色；如果使用色板库中的颜色，则表示库中所选颜色及两边相邻颜色。通过按向左或向右箭头键，可以访问相邻的颜色以及这些颜色旁边的颜色。

(5) 在【颜色】面板中设置填充颜色，然后使用【实时上色】工具移动至需要填充对象表面上时，单击可根据设置填充图形，如图 4-27 所示。

知识点

要对边缘进行上色，需将光标靠近边缘，当路径加粗显示，光标变为状态时单击，即可为边缘路径上色。

图 4-27 填充颜色

2. 编辑实时上色组

在创建实时上色组后，还可以在实时上色组中添加路径，调整路径形状。选中实时上色组和路径，单击控制面板中的【合并实时上色】按钮或选择【对象】|【实时上色】|【合并】命令，路径将添加到实时上色组内。使用【实时上色选择】工具可以为新的实时上色组重新上色。

【例 4-4】在 Illustrator 中，编辑实时上色组。

(1) 选中实时上色组和路径，单击控制面板中的【合并实时上色】按钮，或选择【对象】|【实时上色】|【合并】命令，将路径添加到实时上色组中。如图 4-28 所示。

图 4-28 添加路径

(2) 在【颜色】面板中设置填充颜色，然后使用【实时上色】工具移动至需要填充对象表面上时，单击可根据设置填充图形，如图 4-29 所示。

图 4-29 填充颜色

(3) 在【颜色】面板中设置填充颜色，然后使用【实时上色】工具移动至需要填充对象表面上时，单击可根据设置填充图形，如图 4-30 所示。

提示

单击控制面板上的【间隙选项】按钮，打开【间隙选项】对话框，如图 4-31 所示。在【间隙选项】对话框中可以预览并控制实时上色组中可能出现的间隙。间隙是由于路径和路径之间未对齐而产生的，可以手动编辑路径来封闭间隙，也可以选中【间隙检测】复选框对设置进行微调，以便 Illustrator 可以通过指定的间隙大小来防止颜色渗漏。

图 4-30　调整形状

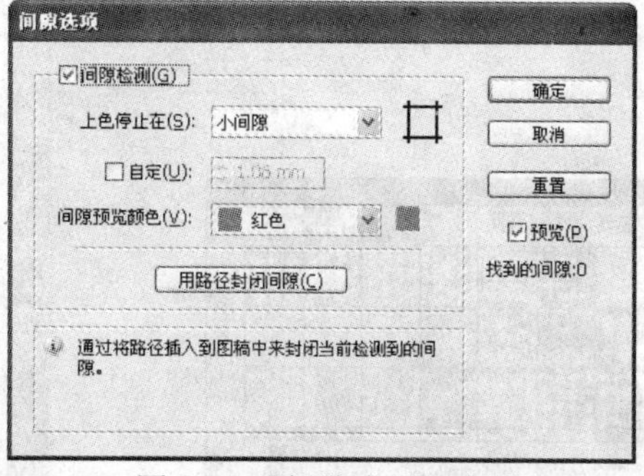

图 4-31　【间隙选项】对话框

4.5　填充图案

Illustrator 提供了很多图案，用户可以通过【色板】面板来使用这些图案填充对象。同时，用户还可以自定义现有的图案，或使用绘制工具创建自定义图案。

4.5.1　使用图案

在 Illustrator 中，图案可用于轮廓和填充，也可以用于文本。但要使用图案填充文本时，要先将文本转换为路径。

【例 4-5】在 Illustrator 中，使用图案填充图形。

(1) 在图形文档中使用【钢笔】工具绘制图形，并使用【选择】工具选中需要填充图案的图形，如图 4-32 所示。

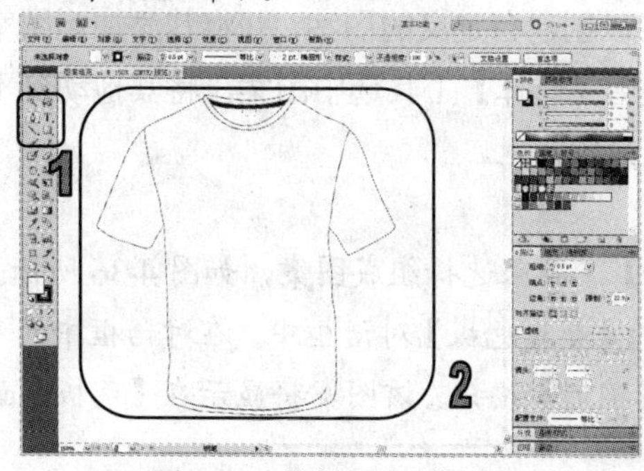

图 4-32　绘制、选中图形

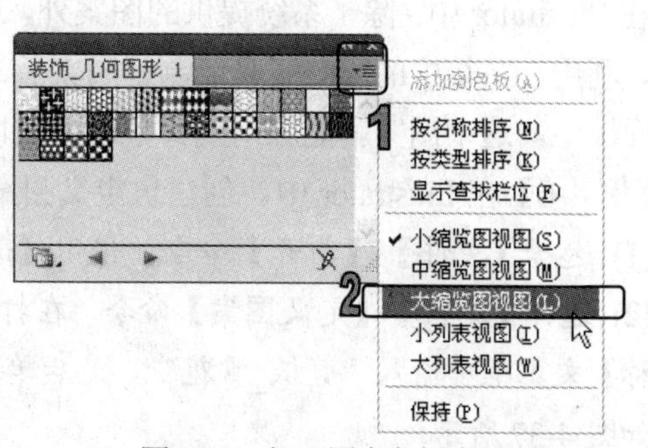

图 4-33　打开图案色板库

(2) 选择【窗口】|【色板库】|【图案】|【装饰】|【装饰_几何图形 1】命令，打开图案色板库。单击色板库右上角扩展菜单按钮，在弹出的菜单中选择【大缩览图视图】命令，如图 4-33 所示。

(3) 从【色板】面板中单击【Delta 字形颜色】图案色板，即可填充选中的对象，如图 4-34 所示。

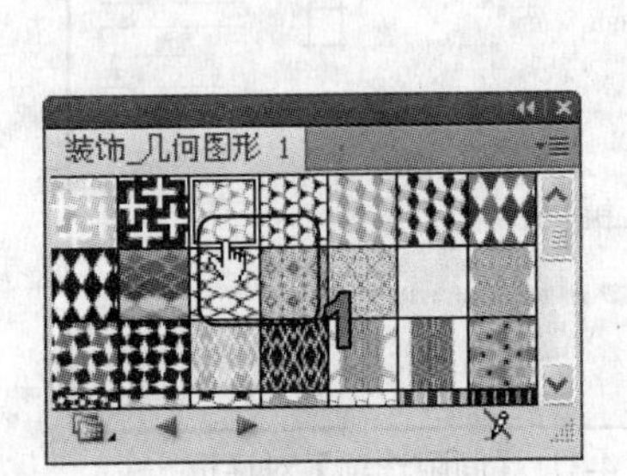

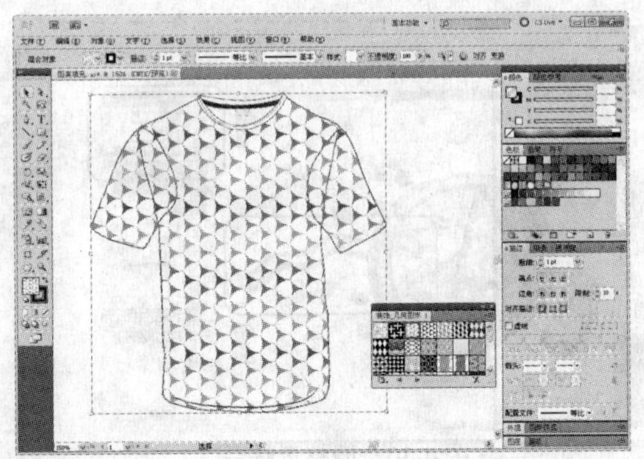

图 4-34 填充图案

提示

在工具箱中单击【描边】选框，然后从【色板】面板中选择一个【图案】色板，即可填充对象描边填充图案，如图 4-35 所示。

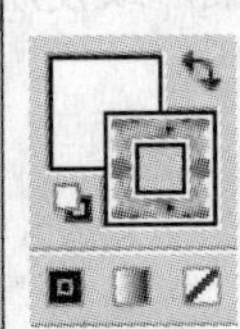

图 4-35 填充描边

4.5.2 创建图案

在 Illustrator 中，除了系统提供的图案外，还可以创建自定义的图案，并将其添加到图案色板中。利用工具箱中的绘图工具绘制好图案后，使用【选择】工具选中图案，将其拖动到【色板】面板中，这个图案就能应用到其他对象的填充或轮廓上。

【例 4-6】在 Illustrator 中，创建自定义图案。

(1) 选择【文件】|【打开】命令，使用【选择】工具来选择组成图案，如图 4-36 所示。

(2) 选择【编辑】|【定义图案】命令，在打开的【新建色板】对话框中。在对话框中的【色板名称】文本框中输入“剪纸_雪花”，然后单击【确定】按钮。该图案将显示在【色板】面板中，如图 4-37 所示。

图 4-36　选中图形

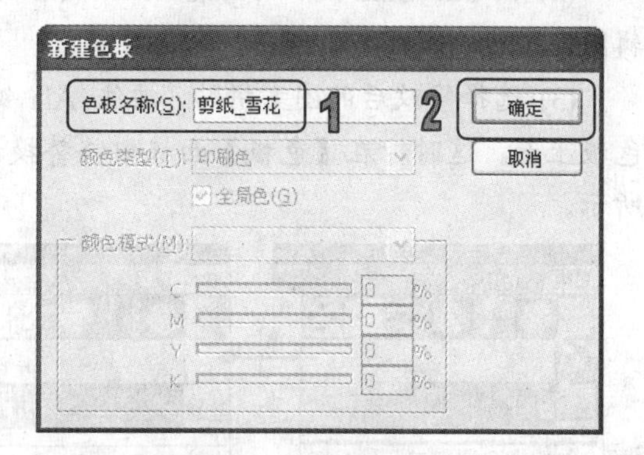

图 4-37　新建色板

提示

用户也可以使用【选择】工具选中对象后，直接将对象拖拽到【色板】面板中创建图案色板。如图 4-38 所示。

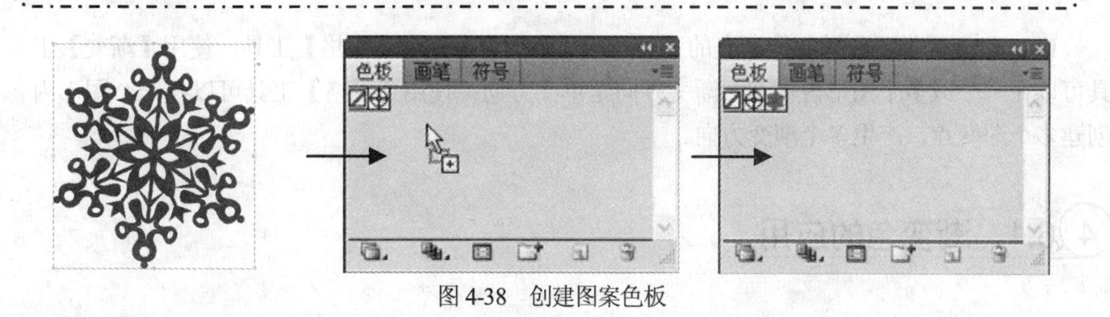

图 4-38　创建图案色板

4.5.3　编辑图案

除了创建自定义图案外，用户还可以对已有的图案色板进行编辑、修改、替换操作。

【例 4-7】在 Illustrator 中，编辑已创建的图案。

(1) 确保图稿中未选择任何对象后，在【色板】面板中选择要修改的图案色板。将图案色板拖动至绘图窗口中，如图 4-39 所示。

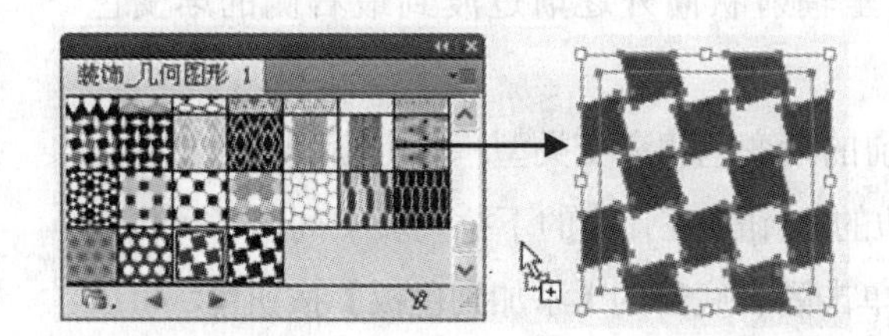

图 4-39　选中图案

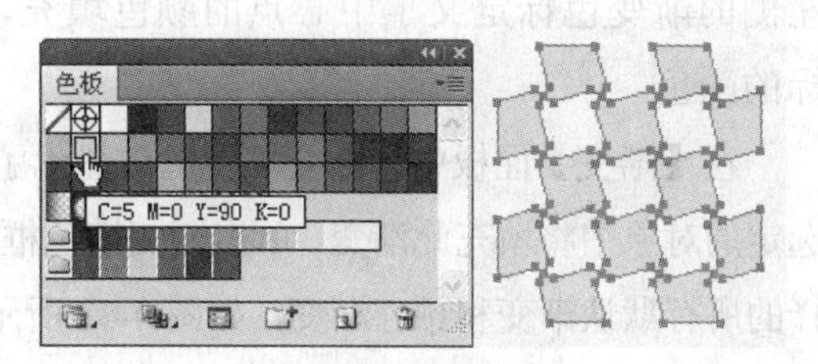

图 4-40　编辑图案

(2) 按 Ctrl+Shift 键取消图案编组，然后使用【选择】工具选中图形对象，并调整颜色，编辑图案拼贴，如图 4-40 所示。

(3) 选择修改后的图案拼贴，按住 Alt 键将修改后的图案拖到【色板】面板中的旧图案色板上面。这时，在【色板】面板中将替换该图案，并在当前文件中进行更新，如图 4-41 所示。

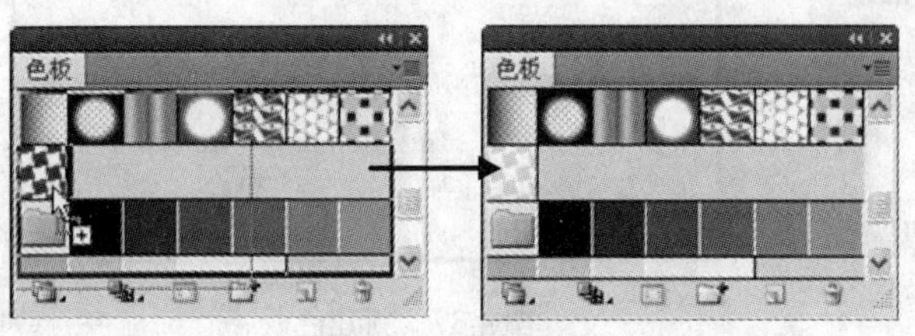

图 4-41　更新图案

提示

用户也可以将修改后的图案拖至【色板】面板空白处释放，可以将修改后的图案创建为新色板。

4.6　渐变色及网格的应用

Illustrator 提供了两种制作渐变的工具，即【渐变】工具和【网格】工具。使用【渐变】工具可以在一个或多个图形内填充，渐变方向是单一方向；使用【网格】工具可以在一个图形内创建多个渐变点，产生多个渐变方向。

4.6.1　渐变色的应用

创建渐变色是在一个或多个对象间创建颜色平滑过渡的好方法。可以将渐变存储为色板，从而便于将渐变应用于多个对象。Illustrator CS5 还提供了从渐变到透明的效果，这样可以创建色彩更加丰富的图稿。

用户可以通过使用【渐变】面板或【渐变】工具来应用、创建和修改渐变。选择【窗口】|【渐变】命令，即可打开【渐变】面板，如图 4-42 所示。

渐变颜色由沿着渐变滑动条上的一系列色标决定的。色标标记渐变从一种颜色到另一种颜色的转换点，其下方的方块显示了当前指定给色标的颜色。使用径向渐变时，最左侧的渐变色标定义了中心点的颜色填充，它呈辐射状向外逐渐过渡到最右侧的渐变色标的颜色。

在【渐变】面板中，渐变填色框中显示了当前的渐变色和渐变类型。单击渐变填色框时，选定的对象中将填充此渐变。单击渐变填色框右边的按钮，在弹出的下拉列表中列出了可供选择的所有默认渐变和预存渐变，如图 4-43 所示。单击列表底部的【添加到色板】按钮，可以将当前的渐变设置存储为色板。

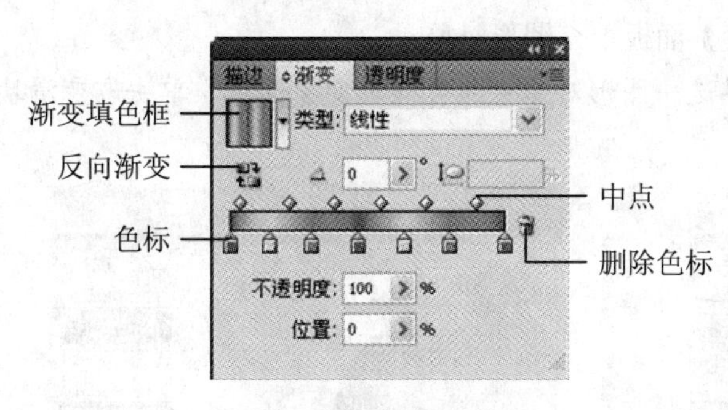

图 4-42 【渐变】面板

图 4-43　默认、预设渐变

默认情况下，此面板包含开始和结束颜色框，但可以通过单击渐变滑动条中的任意位置来添加更多的颜色框。双击渐变色标可以打开渐变色标颜色面板，从而可以从【颜色】面板和【色板】面板中选择一种颜色，如图 4-44 所示。

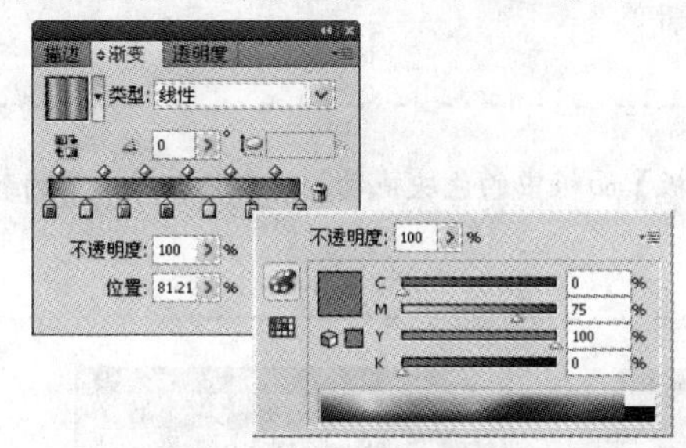
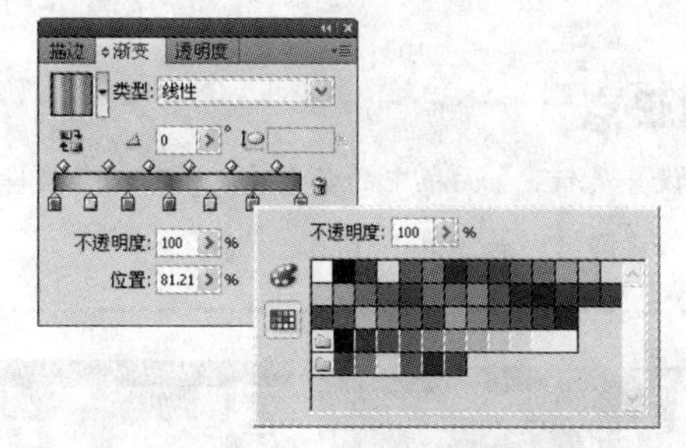

图 4-44　选择颜色

用户可以使用【渐变】工具来添加或编辑渐变。在未选中的非渐变填充对象中单击【渐变】工具，将使用上次使用的渐变来填充对象。【渐变】工具也提供了【渐变】面板所提供的大部分功能。

选中渐变填充对象并选择【渐变】工具时，该对象中将出现一个渐变条。可以使用这个渐变条来设置线性渐变的角度、位置，或设置径向渐变的焦点、原点等。如果将【渐变】工具直接放在渐变条上，其将变为具有渐变色标和位置指示器的渐变滑动条，与【渐变】面板中的渐变滑动条相同，如图 4-45 所示。单击滑动条可以添加新的渐变色标，双击渐变色标可在打开的面板中指定新的颜色和不透明度，或者将渐变色标拖动到新位置。

将鼠标光标放在渐变条或滑块上，当光标显示为↻状态时，可以通过拖动来重新定位渐变的角度，如图 4-46 所示。拖动滑块的圆形端将重新定位渐变的原点，而拖动箭头端则会扩大或缩小渐变的范围。

图 4-45　渐变滑动条

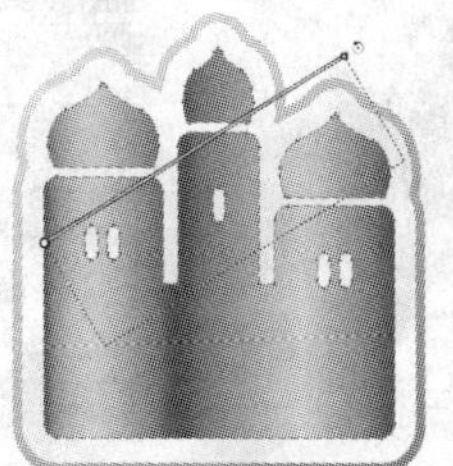

图 4-46　调整渐变角度

【例 4-8】在 Illustrator 中，使用【渐变】面板填充图形对象。

(1) 在图形文档中，使用【选择】工具选中图形对象，打开【渐变】面板，单击渐变滑块条即可应用预设渐变，如图 4-47 所示。

图 4-47　填充渐变

知识点

在设置【渐变】面板中的颜色时，还可以直接将【色板】面板中的色块拖动到【渐变】面板中的颜色滑块上释放即可，如图 4-48 所示。

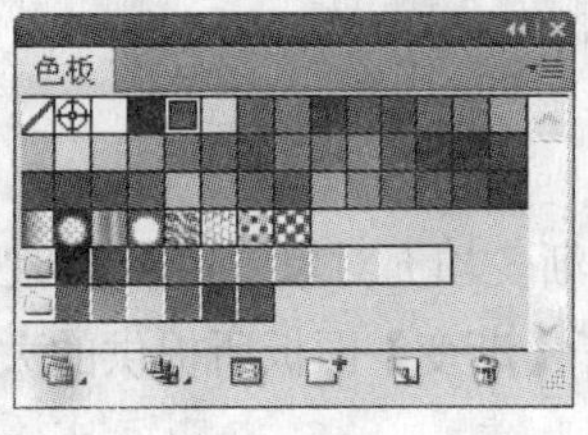

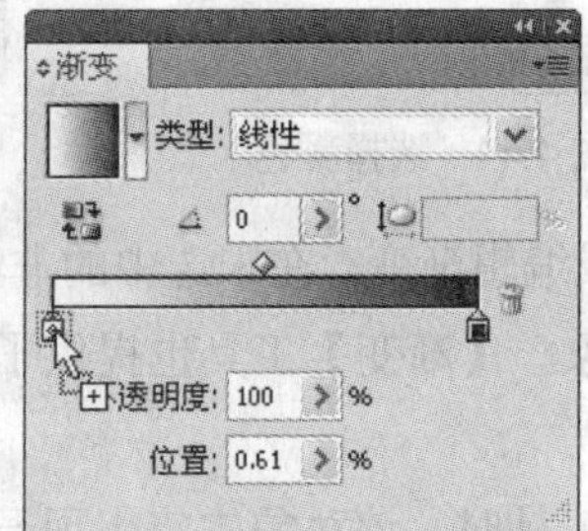

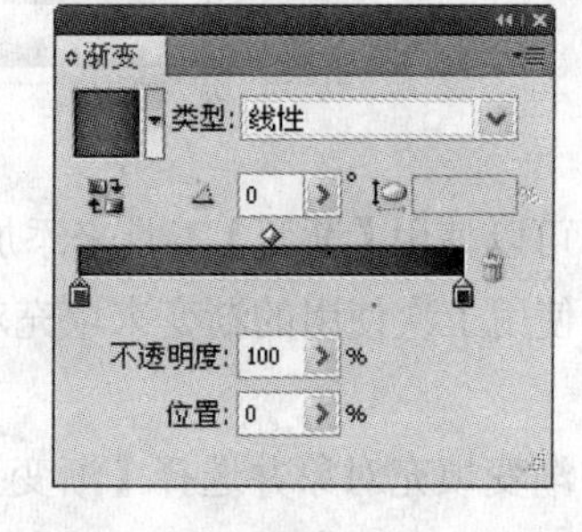

图 4-48　设置渐变颜色

(2) 在【渐变】面板中，拖动渐变滑块条上中心点位置滑块，调整渐变的中心位置，如图 4-49 所示。

(3) 在【渐变】面板中，设置【角度】数值为-120°，如图 4-50 所示。

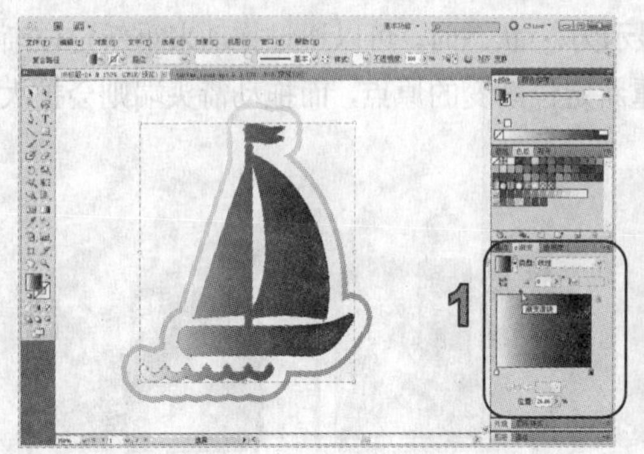

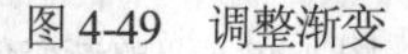

图 4-49　调整渐变　　　　图 4-50　设置渐变角度

(4) 双击【渐变】面板中的起始颜色滑块，在弹出的面板中设置颜色。双击【渐变】面板中的终止颜色滑块，在弹出的面板中设置颜色，如图 4-51 所示。

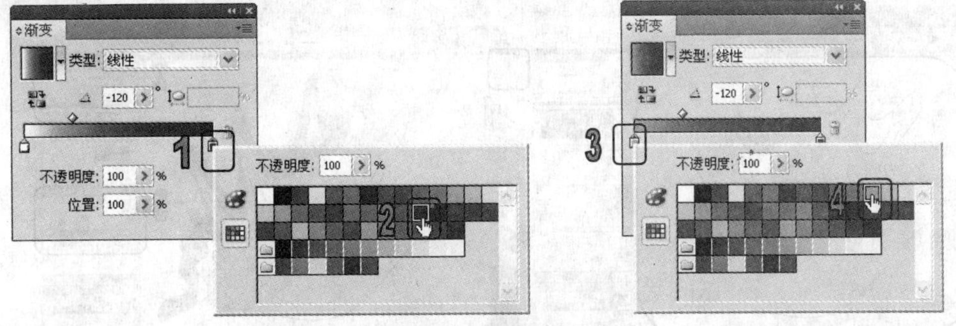

图 4-51 设置渐变

(5) 在【渐变】面板中设置好渐变后，在【色板】面板中单击【新建色板】按钮，打开【新建色板】对话框。在对话框中设置【色板名称】为【黄-蓝】，单击【确定】按钮即可将渐变色板添加到面板中，如图 4-52 所示。

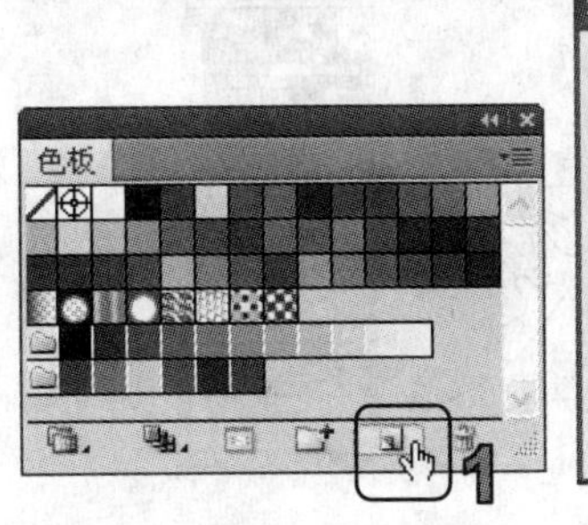

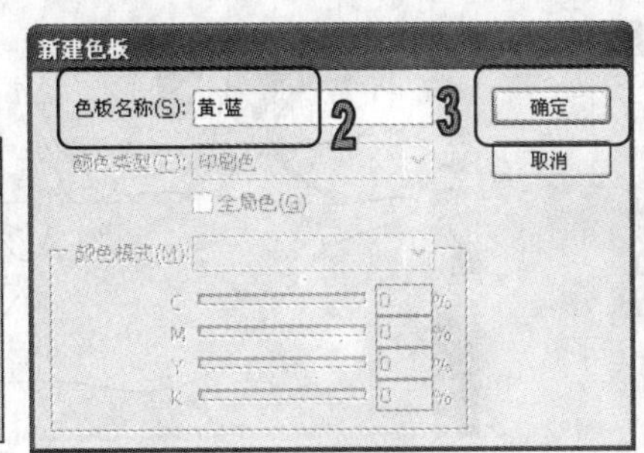

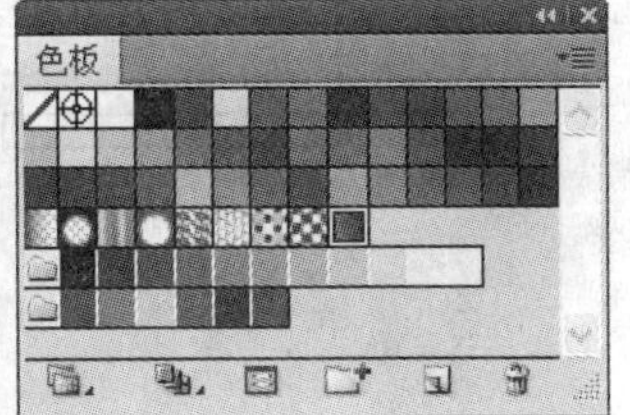

图 4-52 添加渐变色板

4.6.2 网格的应用

在 Illustrator 中，网格对象是一个单一的多色对象。其中颜色能够向不同的方向流动，并且从一点到另一点形成平滑过渡。通过在图形对象上创建精细的网格和每一点的颜色设置，可以精确控制网格对象的色彩。

【例 4-9】在 Illustrator 中，使用【网格】工具填充图形对象。

(1) 在图形文档中，使用【钢笔】工具绘制如图 4-53 所示的图形对象。

(2) 使用【选择】工具选中一个图形对象，在工具箱中取消描边颜色，选择【渐变】工具在图形上单击应用预设渐变，如图 4-54 所示。

(3) 在【渐变】面板中，设置渐变颜色为 CMYK(32，48，56，0)至 CMYK(14，24，38，0)至 CMYK(3，17，30，0)，角度为-10°，如图 4-55 所示。

(4) 使用【选择】工具选中一个图形，在【颜色】面板中取消描边颜色，设置填充颜色为 CMYK(8，36，29，0)，如图 4-56 所示。

(5) 使用【选择】工具选中一个图形，在【颜色】面板中取消描边颜色，设置填充颜色为 CMYK(10，45，35，0)，如图 4-57 所示。

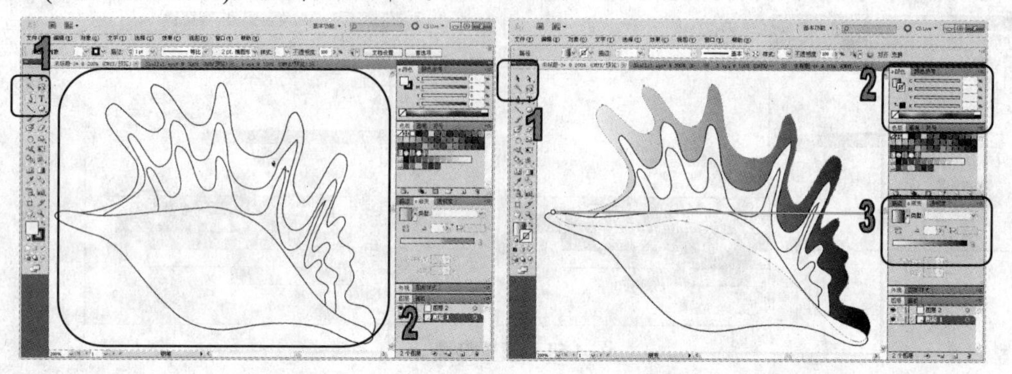

图 4-53　绘制图形　　　　图 4-54　填充渐变

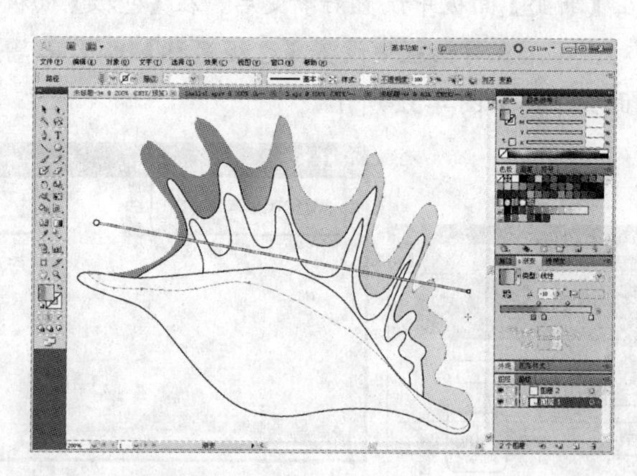

图 4-55　设置渐变

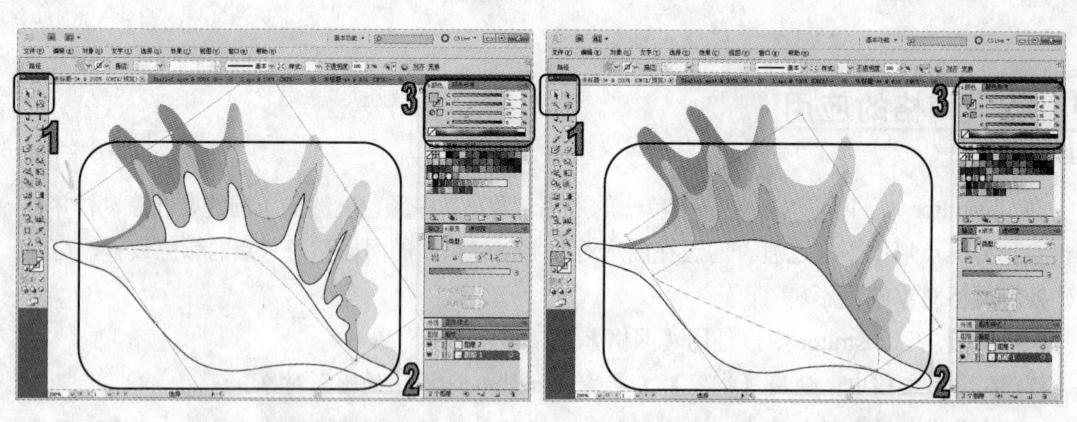

图 4-56　填充颜色(1)　　　　图 4-57　填充颜色(2)

(6) 选择工具箱中的【网格】工具，移动鼠标至图形上，单击添加网格点，选择【直接选择】工具调整网格点的位置，如图 4-58 所示。

(7) 使用【选择】工具选中网格点，并使用【颜色】面板设置颜色，如图 4-59 所示。

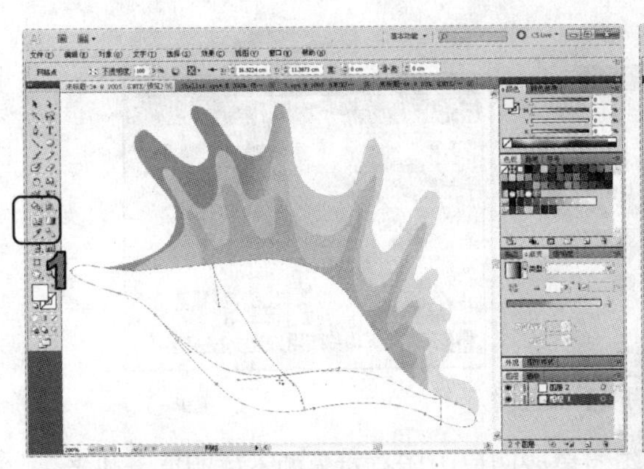

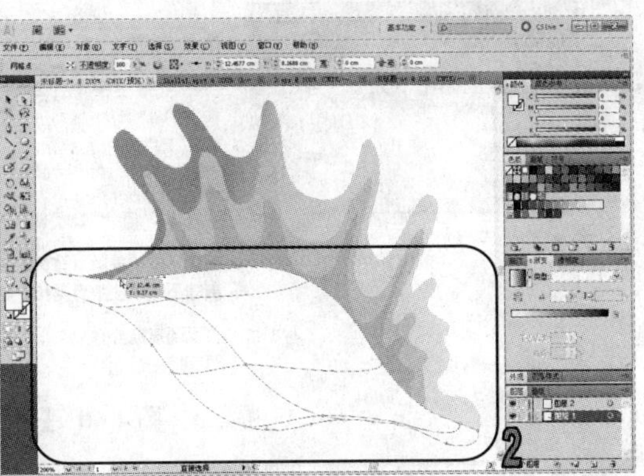

图 4-58　创建网格

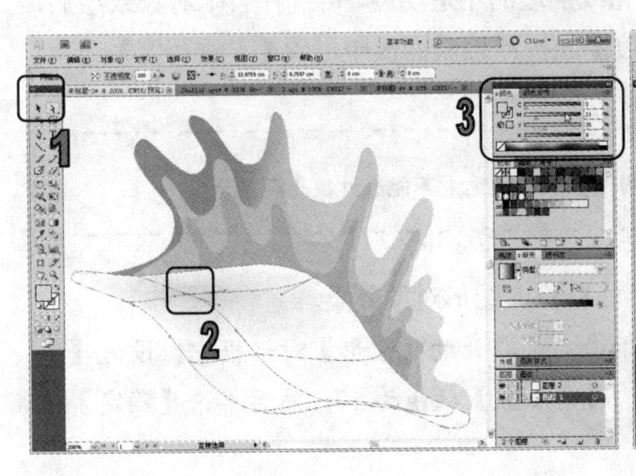

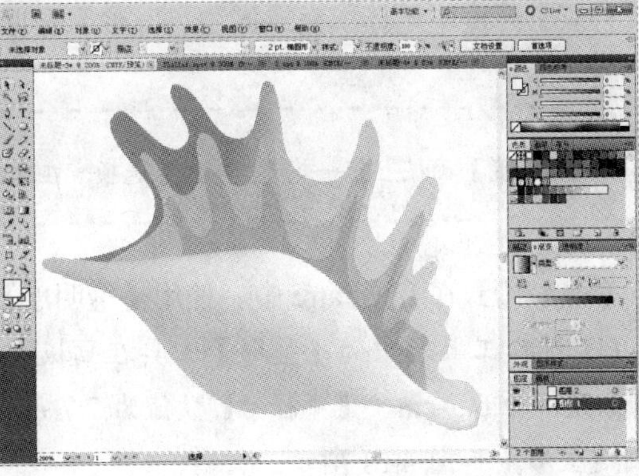

图 4-59　填充网格

4.7　透明度和混合模式

在 Illustrator 中，使用【透明度】面板可以为对象的填色、描边、对象编组或图层设置不透明度。不透明度从 100%的不透明至 0%的完全透明，当降低对象的不透明度时，其下方的图形会透过该对象可见。用户还可以在【透明度】面板中使用【混合模式】选项将选中对象颜色与底层对象的颜色混合。

4.7.1　【透明度】面板

【透明度】面板可以将透明度数值应用到文件中包含的位图图像或文字等所有对象中，从而可以获得透明效果。

选择【窗口】|【透明度】命令，可以打开【透明度】面板，单击面板菜单按钮，在弹出的菜单中选择【显示选项】命令，可以将隐藏的选项全部显示出来，如图 4-60 所示。

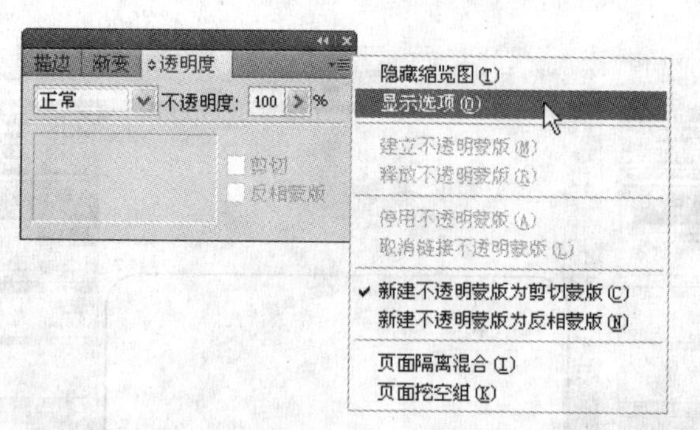

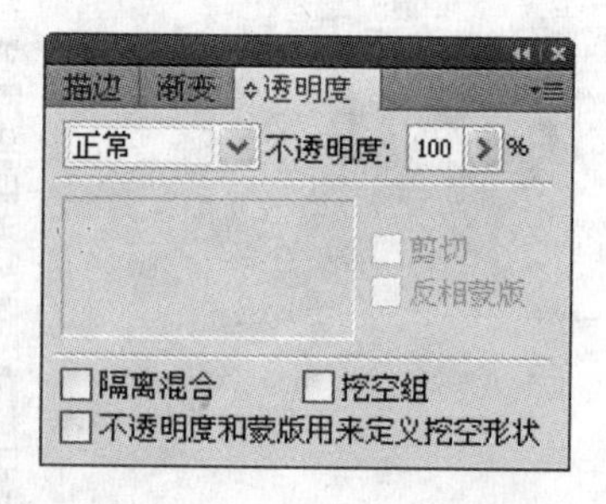

图 4-60 【透明度】面板

使用【透明度】面板可以改变单个对象、一组对象或图层中所有对象的不透明度，或者一个对象的填色或描边的不透明度。如果要更改填充或描边的不透明度，可选择一个对象或组后，在【外观】面板中选择填充或描边，再在【透明度】面板或控制面板中设置【不透明度】选项。

提示

【透明度】面板上有一个【挖空组】选项，在透明挖空组中，元素不能透过彼此而显示。

【例 4-10】在 Illustrator 中，使用【透明度】面板修改图形对象效果。

(1) 选择工具箱中的【星形】工具在画板中单击，在打开的【星形】对话框中，设置【半径 1】数值为 6.5 cm，【半径 2】数值为 7.7 cm，【角点数】数值为 17，然后单击【确定】按钮创建星形，如图 4-61 所示。

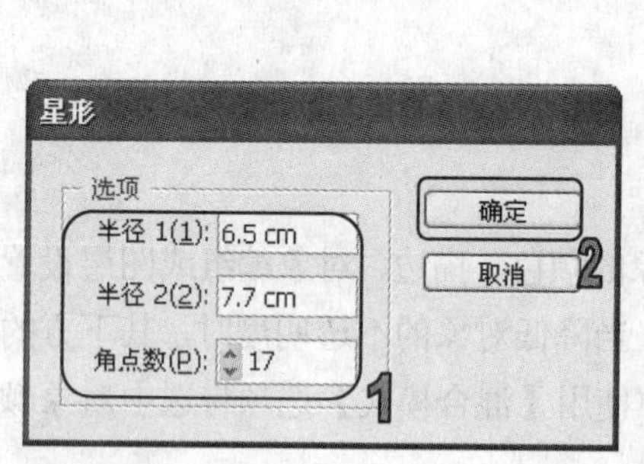

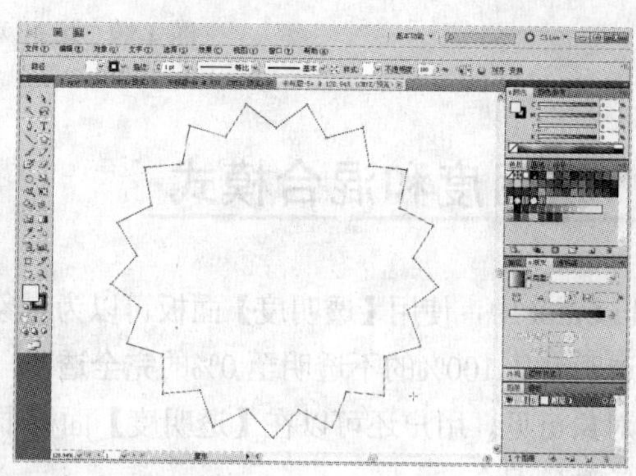

图 4-61 创建星形

(2) 选择工具箱中的【渐变】工具，在【渐变】面板中设置渐变颜色为 CMYK(30，0，95，0)至 CMYK(30，0，95，83)，【角度】数值为 25°，如图 4-62 所示。

(3) 使用工具箱中的【渐变】工具，将光标放置在渐变滑动条上，调整其位置，如图 4-63 所示。

(4) 使用【选择】工具，按 Ctrl+C 键复制图形，并按 Ctrl+F 键粘贴图形，再使用【钢笔】工具绘制图形，如图 4-64 所示。

(5) 使用【选择】工具选中两个图形，选择【窗口】|【路径查找器】命令，打开【路径查找器】面板，单击【交集】按钮，如图 4-65 所示。

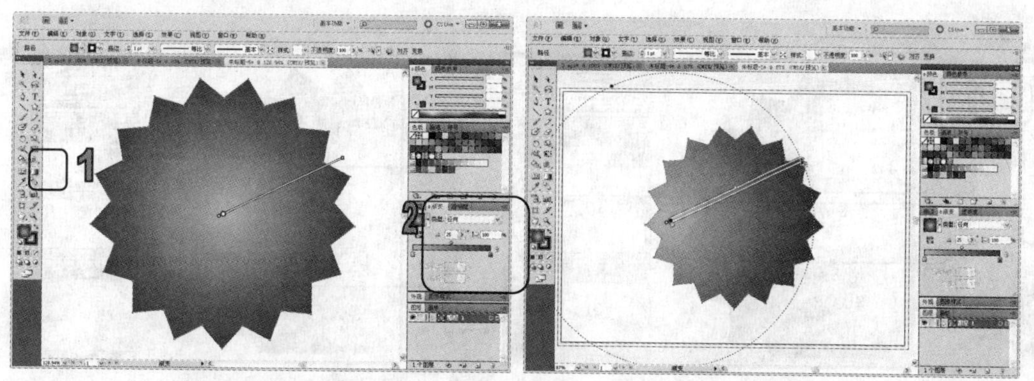

图 4-62　打开图形文档　　　图 4-63　选中图形

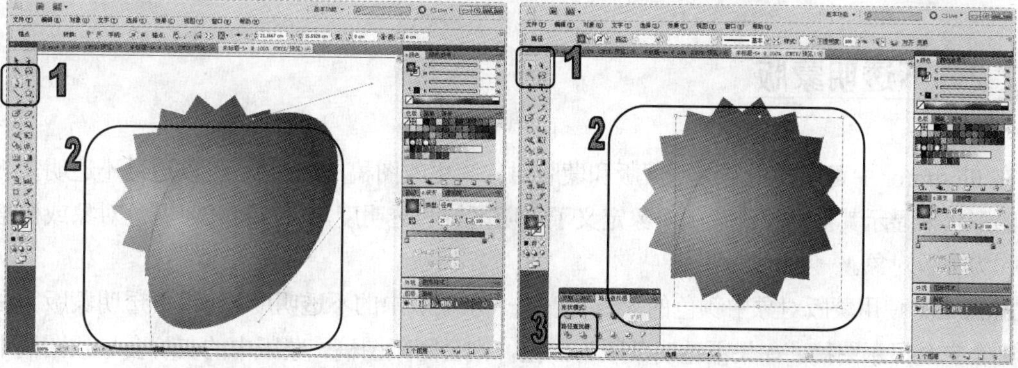

图 4-64　绘制图形　　　图 4-65　组合对象

(6) 在【渐变】面板中设置渐变为白色至透明，并选择【渐变】工具将光标放置在渐变滑动条上，调整其位置，如图 4-66 所示。

(7) 在【透明度】面板的【不透明度】文本框中输入数值 60，即可降低选中对象的透明度。在【透明度】面板的混合模式下拉列表中选择【滤色】，即可将图形对象进行混合，如图 4-67 所示。

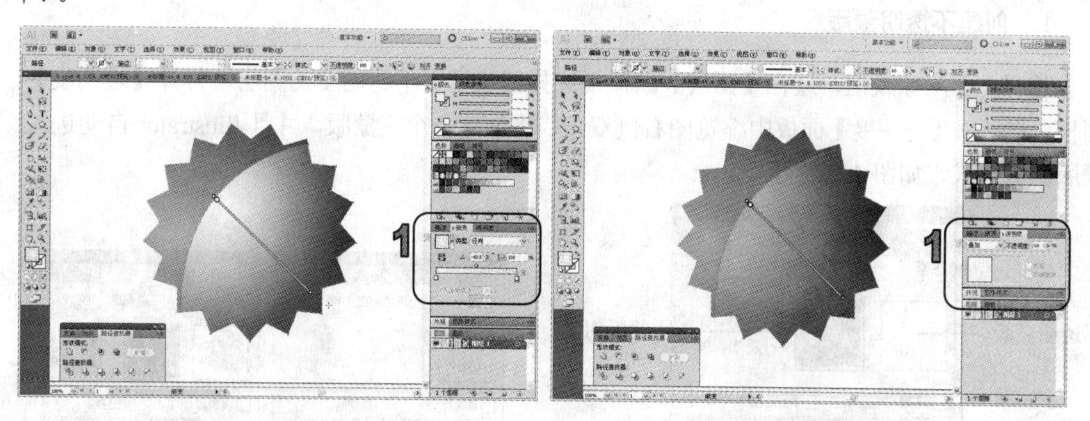

图 4-66　设置渐变　　　图 4-67　设置透明度

(8) 选择【文字】工具，在控制面板中设置字体颜色为白色，设置字体大小为 60 pt，字体为 Arial，输入文字内容。然后使用【选择】工具旋转文本框，如图 4-68 所示。

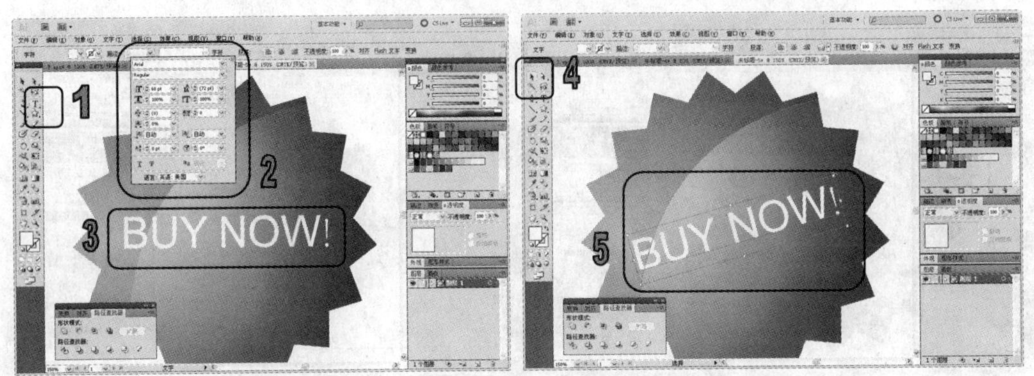

图 4-68　输入文字

4.7.2　不透明蒙版

在 Illustrator 中可以使用不透明蒙版和蒙版对象来更改图稿的透明度，可以透过不透明蒙版提供的形状来显示其他对象。蒙版对象定义了透明区域和透明度，可以将任何着色对象或栅格图像作为蒙版对象。

Illustrator 使用蒙版对象中颜色的等效灰度来表示蒙版中的不透明度。如果不透明蒙版为白色，则会完全显示图稿。如果不透明蒙版为黑色，则会隐藏图稿。蒙版中的灰阶会导致图稿中出现不同程度的透明度。

创建不透明蒙版时，在【透明度】面板中被蒙版的图稿缩览图，右侧将显示蒙版对象的缩览图，如图 4-69 所示。移动被蒙版的图稿时，蒙版对象也会随之移动；而移动蒙版对象时，被蒙版的图稿却不会随之移动。可以在【透明度】面板中取消蒙版链接，以将蒙版锁定在合适的位置并单独移动被蒙版的图稿。

1. 创建不透明蒙版

选择一个对象或组，或在【图层】面板中选择需要运用不透明度的图层，打开【透明度】面板。在紧靠【透明度】面板中缩览图右侧双击，将创建一个空蒙版，并且 Illustrator 自动进入蒙版编辑模式，如图 4-70 所示。

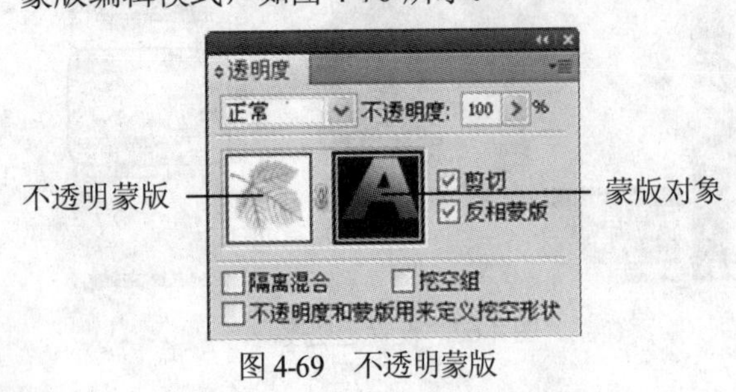

图 4-69　不透明蒙版

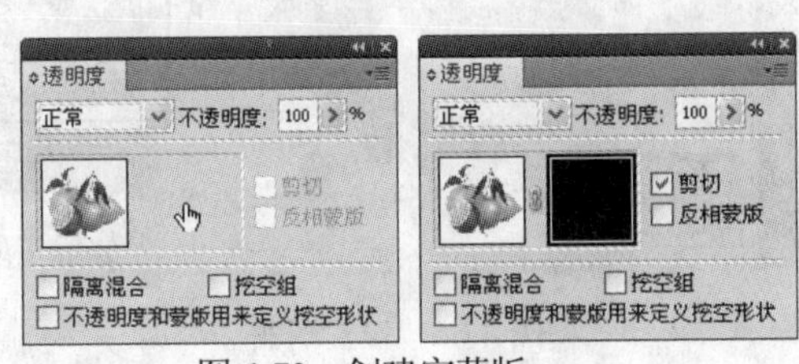

图 4-70　创建空蒙版

使用绘图工具绘制蒙版，绘制好以后，单击【透明度】面板中被蒙版的图稿的缩览图即可退出蒙版编辑的模式。

如果已经有需要设置为不透明蒙版的图形，可以直接将它设置为不透明蒙版。选中被蒙版的对象和蒙版图形，然后从【透明度】面板菜单中选择【建立不透明蒙版】命令，那么最上方的选定对象或组将成为蒙版，如图 4-71 所示。

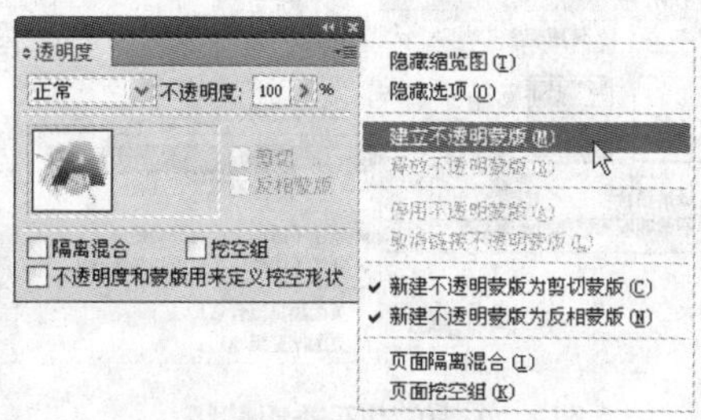

图 4-71　建立不透明蒙版

2. 编辑蒙版对象

通过编辑蒙版对象以更改蒙版的形状或透明度。单击【透明度】面板中的蒙版对象缩览图，按住 Alt 键并单击蒙版缩览图以隐藏文档窗口中的所有其他图稿。不按住 Alt 键也可以编辑蒙版，但是画面上除了蒙版外的图形对象不会隐藏，这样可能会造成相互干扰。用户可以使用任何编辑工具来编辑蒙版，完成后单击【透明度】面板中的被蒙版的图稿的缩览图以退出蒙版编辑模式。

3. 取消或重新链接不透明蒙版

要取消链接蒙版，可在【图层】面板中定位被蒙版的图稿，然后单击【透明度】面板中缩览图之间的链接符号，或者从【透明度】面板菜单中选择【取消链接不透明蒙版】命令，将锁定蒙版对象的位置和大小，这样可以独立于蒙版来移动被蒙版的对象并调整其大小，如图 4-72 所示。

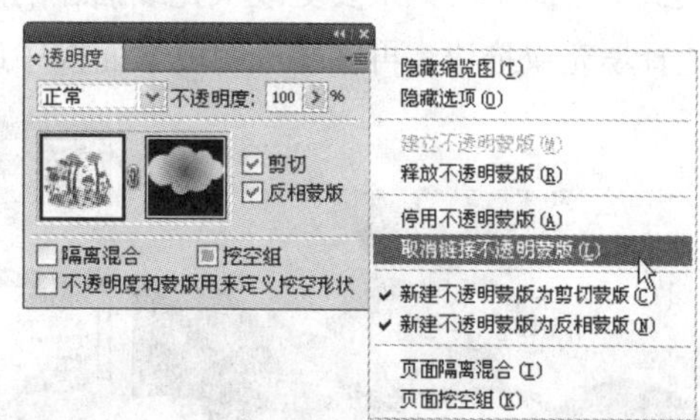

图 4-72　取消链接不透明蒙版

要重新链接蒙版，可在【图层】面板中定位被蒙版的图稿，然后单击【透明度】面板中缩览图之间的区域，或者从【透明度】面板菜单中选择【链接不透明蒙版】命令。

4. 停用或重新激活不透明蒙版

要停用蒙版，可在【图层】面板中定位被蒙版的图稿。然后按住 Shift 键并单击【透明度】面板中的蒙版对象的缩览图，或者从【透明度】面板菜单中选择【停用不透明蒙版】命令，停用不透明蒙版后，【透明度】面板中的蒙版缩览图上会显示红色的“×”号，如图 4-73 所示。

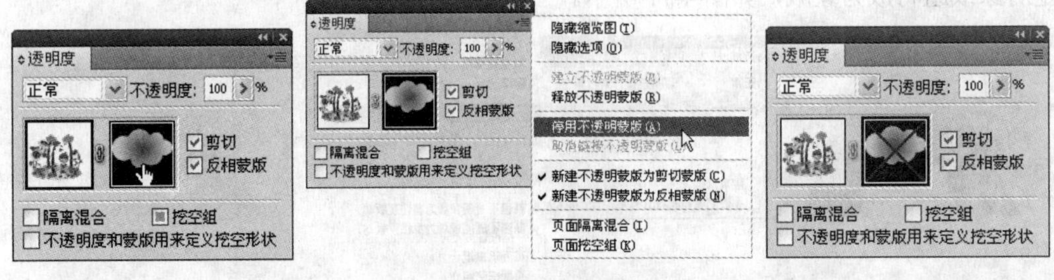

图 4-73　停用不透明蒙版

要重新激活蒙版，可在【图层】面板中定位被蒙版的图稿，然后按住 Shift 键并单击【透明度】面板中的蒙版对象的缩览图，或者从【透明度】面板菜单中选择【启用不透明蒙版】命令即可。

5. 删除不透明蒙版

在【图层】面板中定位被蒙版的图稿，然后从【透明度】面板菜单中选择【释放不透明蒙版】命令，蒙版对象会重新出现在被蒙版的对象的上方。

4.7.3 关于混合模式

混合模式可以用不同的方法将对象颜色与底层对象的颜色混合。当将一种混合模式应用于某一对象时，在此对象的图层或组下方的任何对象上都可看到混合模式的效果。修改图稿的混合模式十分简单，如果要更改填充或描边的混合模式，可选中对象或组，然后在【外观】面板中选择填充或描边，再在【透明度】面板中选择一种混合模式即可，如图 4-74 所示。

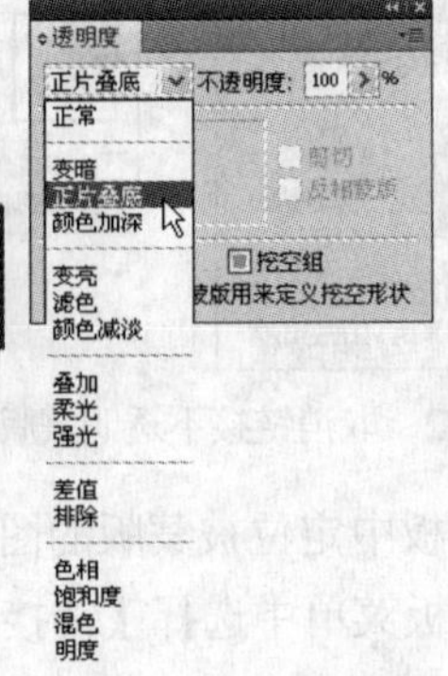

图 4-74　应用混合模式

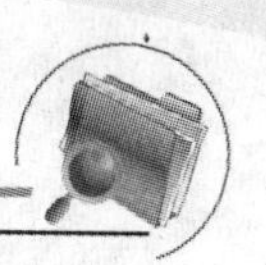

- 正常：使用混合色对选区上色，而不与基色相互作用，这是默认模式。
- 变暗：选择基色或混合色中较暗的一个作为结果色，比混合色亮的区域会被结果色所取代，比混合色暗的区域将保持不变。
- 正片叠底：将基色与混合色相乘，得到的颜色总是比基色、混合色都要暗一些。将任何颜色与黑色相乘都会产生黑色，将任何颜色与白色相乘则颜色保持不变。
- 颜色加深：加深基色以反映混合色。与白色混合后不产生变化。
- 变亮：选择基色或混合色中较亮的一个作为结果色，比混合色暗的区域将被结果色所取代，比混合色亮的区域将保持不变。
- 滤色：将混合色的反相颜色与基色相乘，得到的颜色总是比基色和混合色都要亮一些。用黑色滤色时颜色保持不变，用白色滤色将产生白色。
- 颜色减淡：加亮基色以反映混合色。与黑色混合不发生变化。
- 柔光：使颜色变暗或变亮，具体取决于混合色。此效果类似于漫射聚光灯照在图稿上。
- 叠加：对颜色进行相乘或滤色，具体取决于基色。图案或颜色叠加在现有的图稿上，在于混合色混合以反映原始颜色的亮度和暗度的同时，保留基色的高光和阴影。
- 强光：对颜色进行相乘或过滤，具体取决于混合色。此效果类似于耀眼的聚光灯照在图稿上。
- 差值：从基色中减去混合色或从混合色中减去基色，具体取决于哪一种的亮度值较大。与白色混合将反转基色值，与黑色混合则不发生变化。
- 排除：用于创建一种与【差值】模式相似但对比度更低的效果。与白色混合将反转基色分量，与黑色混合则不发生变化。
- 色相：用基色的亮度和饱和度以及混合色的色相创建结果色。
- 饱和度：用基色的亮度和色相以及混合色的饱和度创建结果色。在无饱和度(灰度)的区域上用此模式着色不会产生变化。
- 混色：用基色的亮度以及混合色的色相和饱和度创建结果色。这样可以保留图稿中的灰阶，对于给单色图稿上色以及给彩色图稿染色都会非常有用。
- 明度：用基色的色相和饱和度以及混合色的亮度创建结果色。此模式可创建与【混色】模式相反的效果。

4.8 上机练习

本章的上机实验主要练习制作促销标签图形，使用户进一步掌握图形对象填充和描边的基本操作方法和技巧，以及【透明度】面板的使用方法。

(1) 在图形文档中，使用工具箱中的【椭圆】工具在画板中按住 Shift+Alt 键拖动鼠标绘制圆形。选择工具箱中【剪刀】工具在圆形路径上单击切割路径，如图 4-75 所示。

(2) 使用【选择】工具选中刚剪切过的路径，右击鼠标，在弹出的快捷菜单中选择【变换】|【对称】命令，打开【镜像】对话框。在对话框中，选中【水平】单选按钮，然后单击【确定】

按钮。再次右击鼠标。在弹出的快捷菜单中选择【变换】|【对称】命令，打开【镜像】对话框。在对话框中，选中【垂直】单选按钮，然后单击【确定】按钮。如图 4-76 所示。

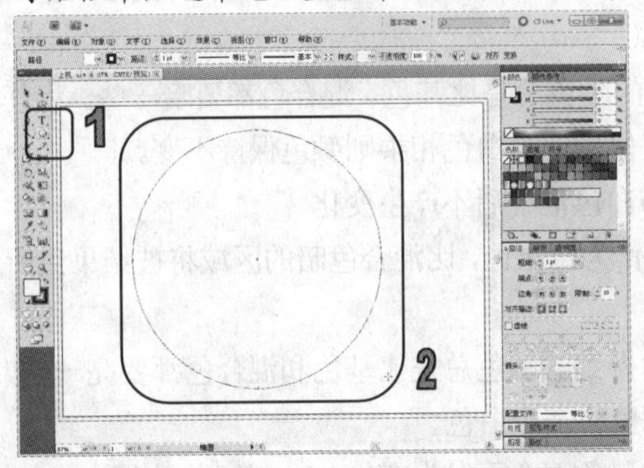

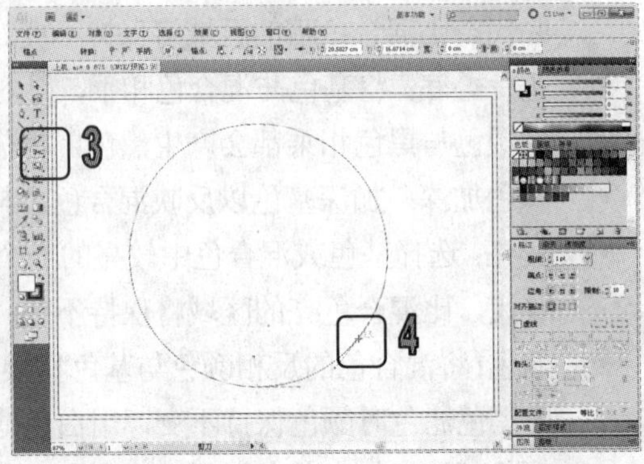

图 4-75　创建路径

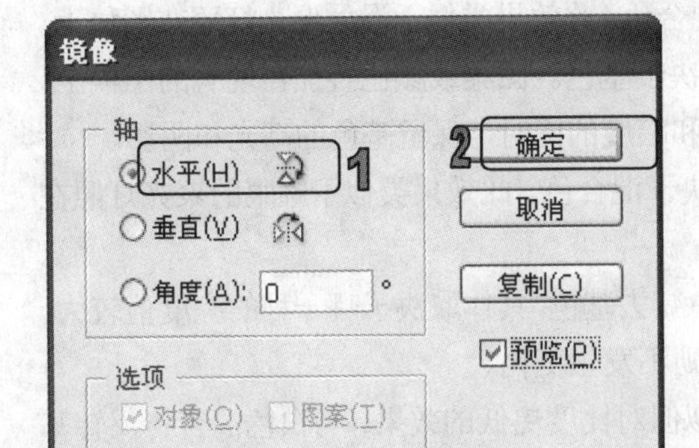

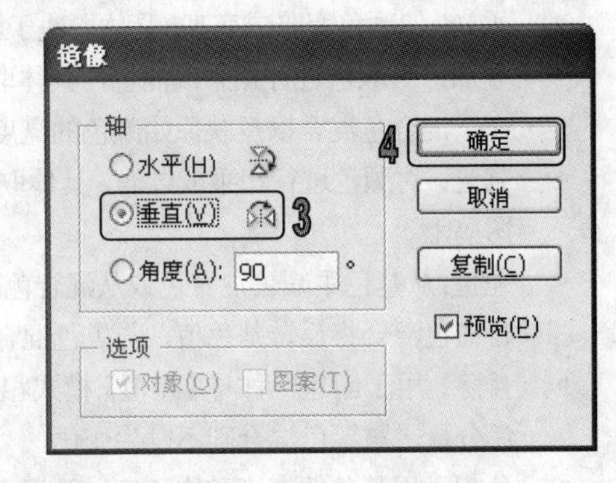

图 4-76　对称变换

(3) 使用【选择】工具按住 Shift 键选中两个路径，然后在控制面板中，单击【对齐】链接，在打开的【对齐】面板中单击【垂直底对齐】按钮，如图 4-77 所示。

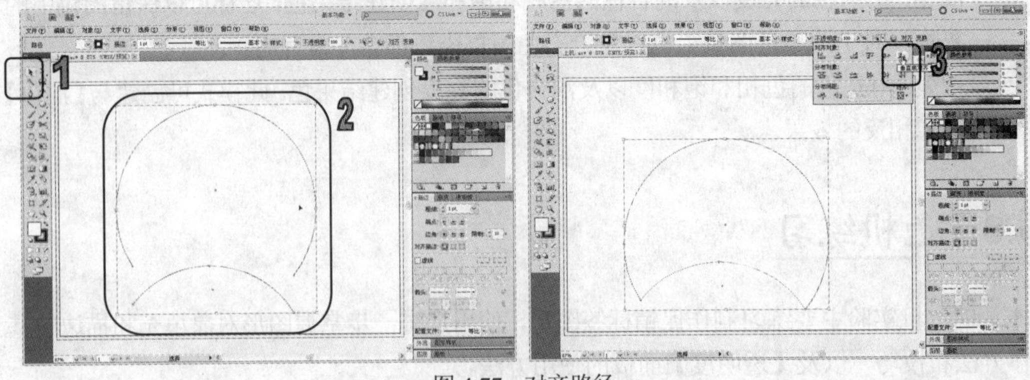

图 4-77　对齐路径

(4) 使用【选择】工具，将鼠标光标放置在控制框的角点上，当光标变为弯曲的双向箭头时按住鼠标拖动旋转路径。选择【渐变】工具在路径上单击，并在渐变滑动条上设置渐变效果和渐变角度，如图 4-78 所示。

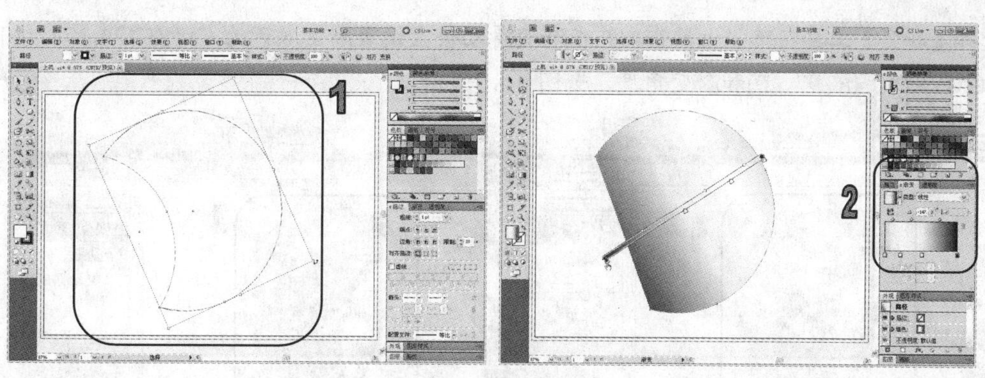

图 4-78　填充渐变(1)

(5) 在图形上右击，在弹出的菜单中选择【排列】|【置于底层】命令。然后使用【选择】工具选中另一半图形，选择【渐变】工具在路径上单击，并在渐变滑动条上设置渐变效果和渐变角度，如图 4-79 所示。

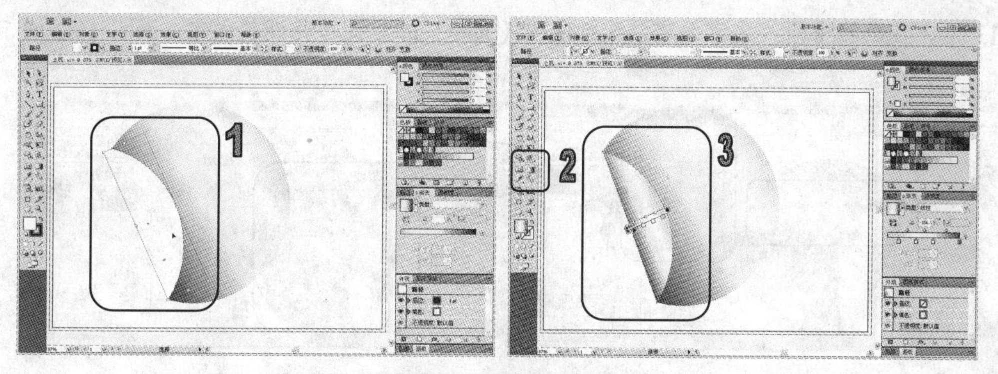

图 4-79　填充渐变(2)

(6) 选中步骤(4)中的图形，按 Ctrl+C 键复制，按 Ctrl+F 键粘贴，并在【颜色】面板中设置颜色 CMYK(43，36，100，10)，然后使用【选择】工具并按住 Shift+Alt 键拖动并缩小图形，如图 4-80 所示。

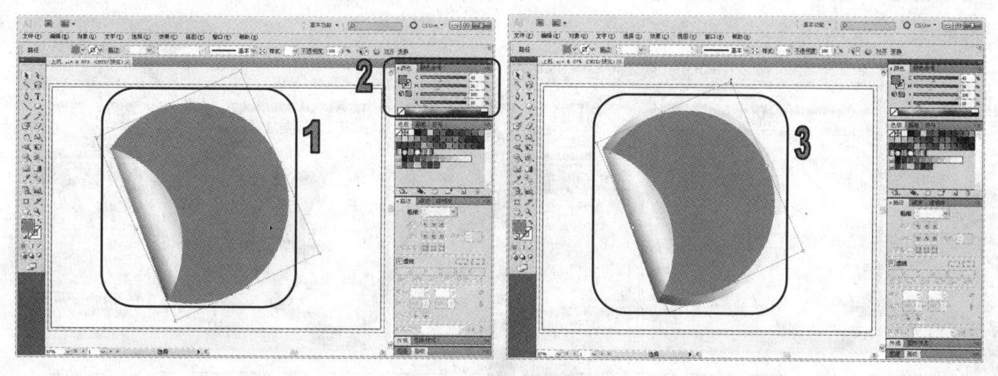

图 4-80　复制图形(1)

(7) 继续按 Ctrl+C 键复制图形，按 Ctrl+F 键粘贴图形，然后按住 Shift+Alt 键拖动并缩小图

形。选择【渐变】工具在路径上单击，并在渐变滑动条上设置渐变颜色为 CMYK(24，74，100，14)至 CMYK(8，0，97，0)和渐变角度，如图 4-81 所示。

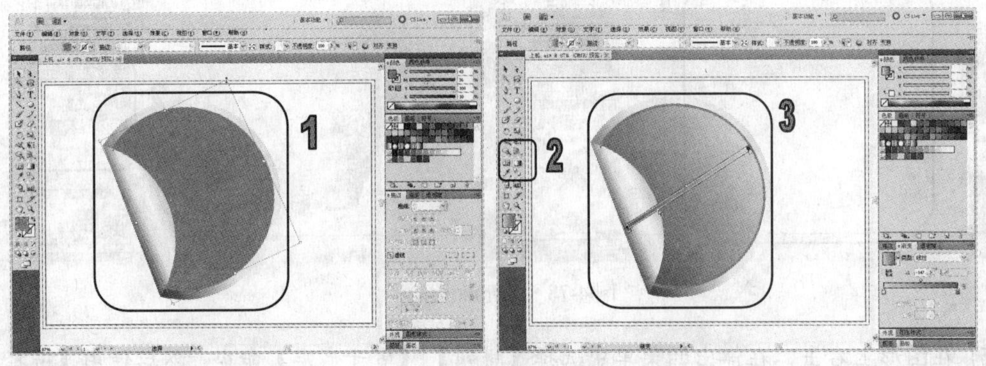

图 4-81　复制图形(2)

(8) 选择工具箱中【文字】工具，在【字符】面板中设置字符样式为汉仪粗黑简，字体大小为 135 pt，在画板中输入文字内容，然后使用【选择】工具旋转并调整文字，如图 4-82 所示。

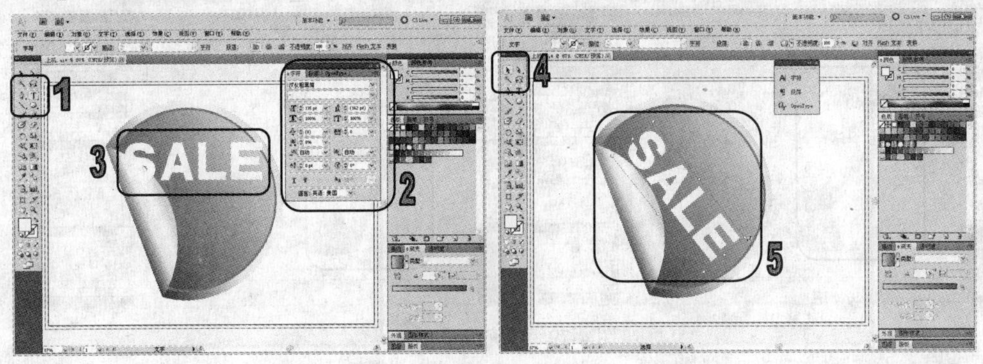

图 4-82　输入文字

(9) 使用【选择】工具选中步骤(7) 中创建的图形，按 Ctrl+C 键复制，按 Ctrl+F 键粘贴，接着在【颜色】面板中设置填充颜色为白色，然后使用【钢笔】工具在图形上绘制如图 4-83 所示的图形对象。

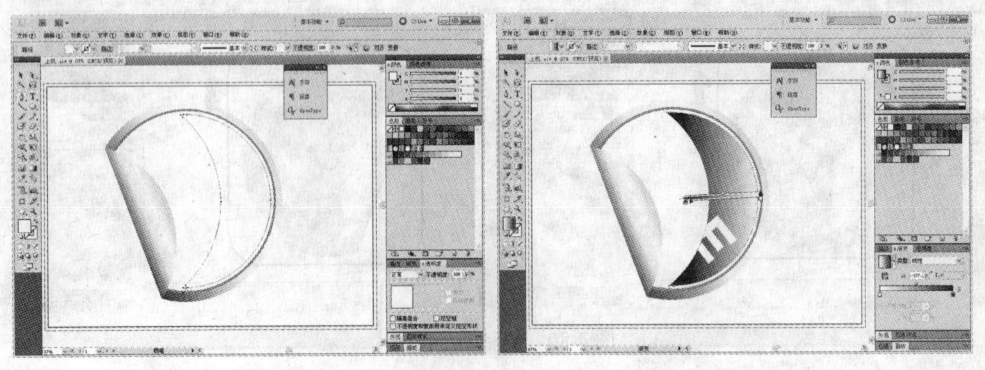

图 4-83　绘制图形　　　　图 4-84　填充图形

(10) 选择【渐变】工具，在路径上单击，并在渐变滑动条上设置渐变颜色和渐变角度，如图 4-84 所示。

(11) 使用【选择】工具选中步骤(9)中创建的图形对象，在【透明度】面板中，单击面板菜单按钮，在弹出的菜单中选中【建立不透明蒙版】命令，然后在【透明度】面板中取消【反相蒙版】复选框，如图 4-85 所示。

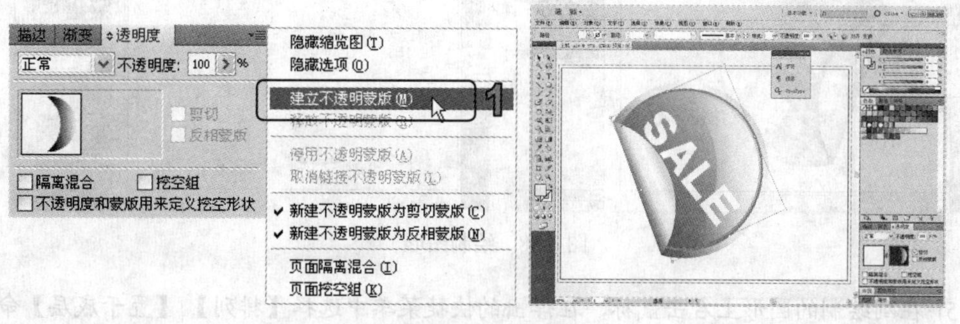

图 4-85　建立不透明蒙版

(12) 使用【选择】工具选中步骤(9)中填充的图形对象，按 Ctrl+C 键复制，按 Ctrl+B 键粘贴，使用【直接选择】工具选中路径上锚点调整图形，如图 4-86 所示。

图 4-86　复制图形

(13) 使用【渐变】工具调整渐变效果，然后在【透明度】面板中设置混合模式为【正片叠底】，如图 4-87 所示。

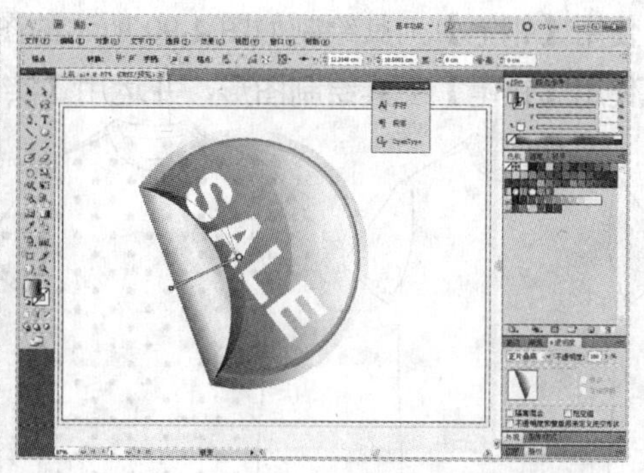

图 4-87　调整图形

(14) 使用【选中】工具选中文字，右击鼠标，在弹出的快捷菜单中选择【排列】|【后移一层】命令，然后选择【椭圆】工具在图形文件中绘制圆形，如图 4-88 所示。

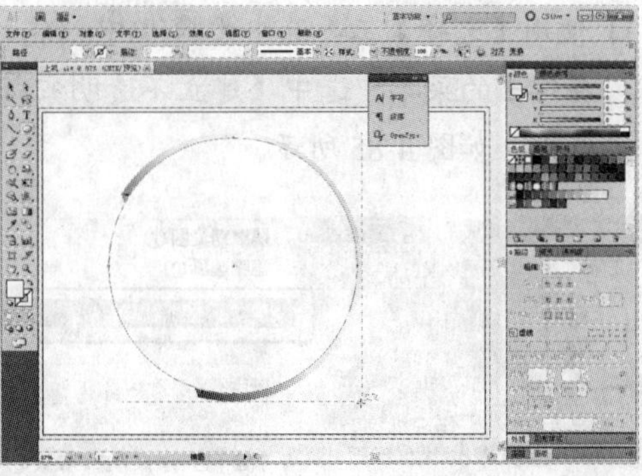

图 4-88 绘制图形

(15) 在刚绘制的圆形上右击鼠标，在弹出的快捷菜单中选择【排列】|【置于底层】命令，然后使用【渐变】工具在图形上单击，并在渐变滑动条上设置渐变颜色，如图 4-89 所示。

图 4-89 填充图形

4.9 习题

1. 使用【钢笔】工具绘制如图 4-90 所示的图形，并填充图案。
2. 使用【钢笔】工具绘制图形，并运用【实时上色】工具填充颜色，如图 4-91 所示。

图 4-90 填充图案

图 4-91 使用【实时上色】工具

第5章 画笔和符号

学习目标

在 Illustrator 中，用户可以通过使用画笔工具绘制出带有各种画笔笔触效果的路径，还可以通过【画笔】面板选择或创建不同的画笔笔触样式。另外，用户还可以使用符号工具方便、快捷地生成很多相似的图形实例，并且也可以通过【符号】面板灵活调整和修饰符号图形。

本章重点

- 画笔的应用
- 画笔的修改
- 斑点画笔
- 使用符号

5.1 画笔的应用

Illustrator CS5 提供了强大的绘图功能，利用【画笔】工具并配合使用相应的【画笔】面板可以绘制出各色的艺术作品。

5.1.1 画笔工具

在工具箱中选择【画笔】工具，然后在【画笔】面板中选择一个画笔，直接在工作页面上按住鼠标左键并拖动绘制一条路径。此时，【画笔】工具右下角显示一个小叉号，表示正在绘制一条任意形状的路径。

双击工具箱中的【画笔】工具，可以打开【画笔工具选项】对话框，如图 5-1 所示。和【铅笔】工具的预置对话框一样，在该对话框中设置的数值可以控制所画路径的节点数量以及路径的平滑度。

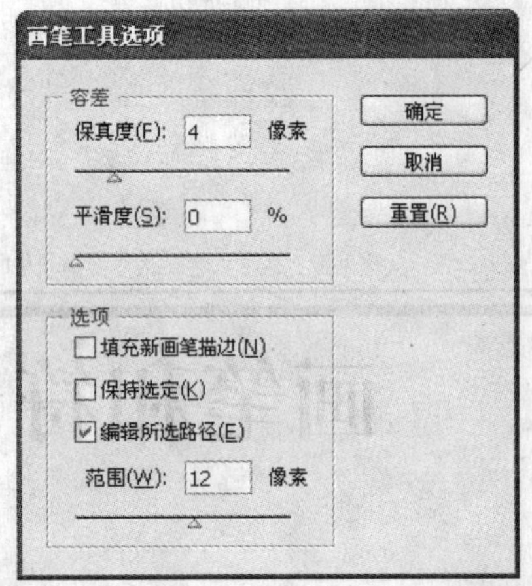

图 5-1 【画笔工具选项】对话框

知识点

在对话框中，调整【画笔工具选项】后，单击【重置】按钮可以恢复初始设置。

- 【保真度】：值越大，所画路径上的节点越少；值越小，所画路径上的节点越多。
- 【平滑度】：值越大，所画路径与画笔移动的方向差别越大；值越小，所画路径与画笔移动的方向差别越小。
- 【填充新画笔描边】：选中该复选框，则使用画笔新绘制的开放路径将被填充颜色。
- 【保持选定】：用于使新画的路径保持在选中状态。
- 【编辑所选路径】：选中该复选框则表示路径在规定的像素范围内可以编辑。
- 【范围】：当【编辑所选路径】复选框被选中时，【范围】选项则处于可编辑状态。【范围】选项用于调整可连接的距离。

提示

使用【画笔】工具在页面上绘画时，拖动鼠标后按住键盘上的 Alt 键，在【画笔】工具的右下角会显示一个小的圆环，表示此时所画的路径是闭合路径。停止绘画后路径的两个端点就会自动连接起来，形成闭合路径。

5.1.2 【画笔】面板

Illustrator 为【画笔】工具提供了一个专门的【画笔】面板，该面板为绘制增加了更大的便利性、随意性和快捷性。选择【窗口】|【画笔】命令，或按键盘快捷键 F5 键，打开【画笔】面板，如图 5-2 所示。使用【画笔】工具时，首先需要在【画笔】面板中选择一个合适的画笔。Illustrator 提供了丰富的画笔资源，在【画笔】面板中提供了书法画笔、散点画笔、毛刷画笔、艺术画笔和图案画笔 5 种类型的画笔。单击面板菜单按钮，用户还可以打开面板菜单，通过该菜单中的命令进行新建、复制、删除画笔等操作，并且可以改变画笔类型的显示，以及面板的显示方式。

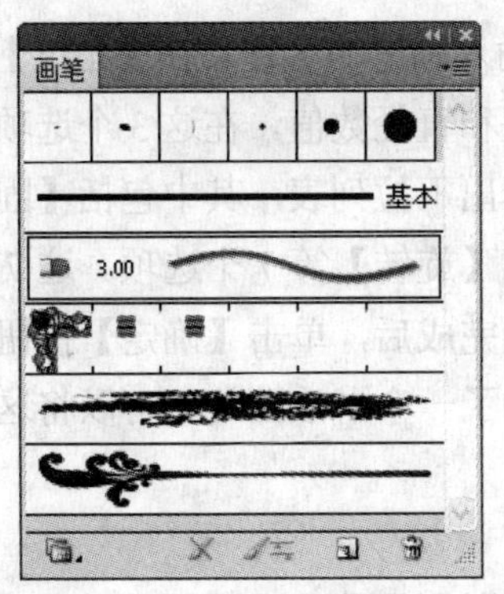

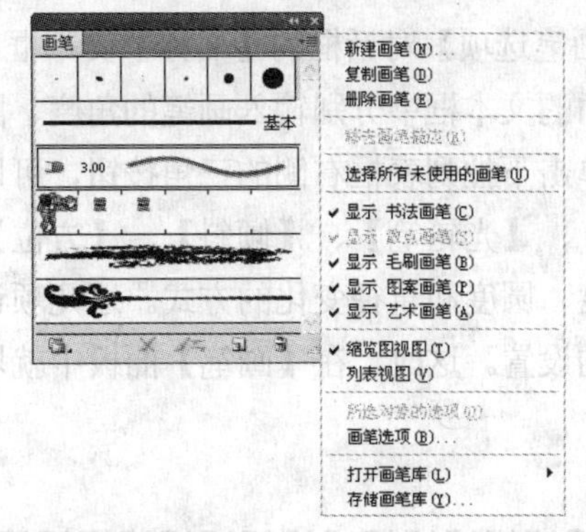

图 5-2 【画笔】面板

在【画笔】面板底部有5个按钮，其功能如下。

- 【画笔库菜单】按钮：单击该按钮可以打开画笔库菜单，从中可以选择所需要的画笔类型。
- 【移去画笔描边】按钮：单击该按钮可以将图形中的描边删除。
- 【所选对象的选项】按钮：单击该按钮可以打开画笔选项窗口，通过该窗口可以编辑不同的画笔形状。
- 【新建画笔】按钮：单击该按钮可以打开【新建画笔】对话框，使用该对话框可以创建新的画笔类型。
- 【删除画笔】按钮：单击该按钮可以删除选定的画笔类型。

5.1.3 新建画笔

选择【新建画笔】命令，打开如图5-3所示的【新建画笔】对话框，在该对话框中可以选择新建画笔类型。如果新建的是散点画笔和艺术画笔，在选择【新建画笔】命令之前必须选中图形，若没有被选中的图形，在对话框中这两项都以灰色显示(不能被选中)。

1. 新建书法画笔

在【新建画笔】对话框中，选中【书法画笔】单选按钮，单击【确定】按钮，打开【书法画笔选项】对话框，如图5-4所示。

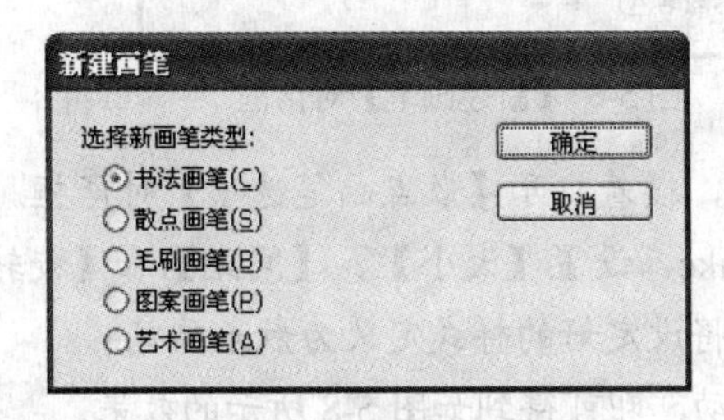

图 5-3 【新建画笔】对话框

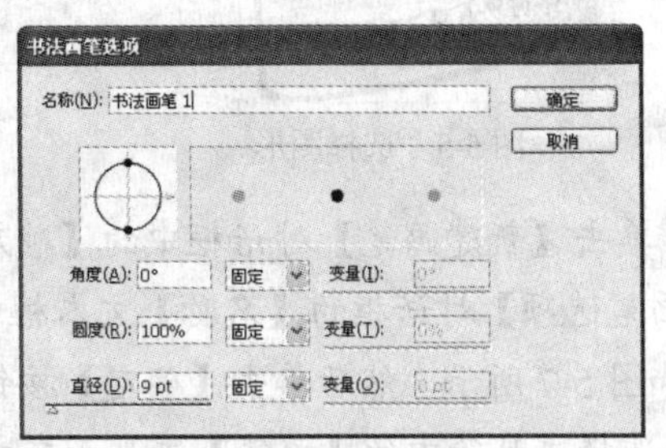

图 5-4 【书法画笔选项】对话框

在【书法画笔选项】对话框的【名称】文本框中输入画笔的名称。在【角度】、【圆度】和【直径】后面的文本框中分别输入画笔的角度、圆度和直径数值。在这 3 个选项的后面均有下拉列表框，单击下拉列表框右侧的三角按钮，可以弹出下拉列表，其中包括【固定】、【随机】、【压力】、【光轮笔】、【倾斜】、【方位】和【旋转】等 7 个选项。这 7 个选项用于控制画笔的角度、圆度和直径变化的方式。这几项设置完成后，单击【确定】按钮，就完成了新的书法画笔的设置。这时，在【画笔】面板中就增加了一个书法画笔，可以将这个画笔应用到新图形上。

提示

书法画笔设置完成后，就可以在【画笔】面板中选择这个画笔进行路径的勾画了。此时仍然可以使用【描边】面板中的【粗细】选项栏设置路径的宽度，但其他选项对其不再起作用。路径绘制完成之后，同样可以对其中的节点进行调整。

2. 新建散点画笔

可以使用一个 Illustrator 图稿来创建散点画笔，并可以改变散点画笔所绘制路径上对象的大小、间距、分散图案和旋转。在新建散点画笔之前，必须在页面中选中一个图形，而且此图形中不能包含使用画笔效果的路径、渐变色和渐变网格等，否则不能使用该图形作为散点画笔的编辑图形。选择好图形后，单击【画笔】面板下方的【新建画笔】按钮，然后在打开的对话框里选中【散点画笔】单选按钮，单击【确定】按钮打开【散点画笔选项】对话框。

【例 5-1】在 Illustrator 中，创建用户自定义散点画笔。

(1) 在打开的图形文档中，选择工具箱中的【选择】工具框选全部图形，如图 5-5 所示。

(2) 单击【画笔】面板中的【新建画笔】按钮，打开【新建画笔】对话框。在对话框中，选中【散点画笔】单选按钮，如图 5-6 所示。

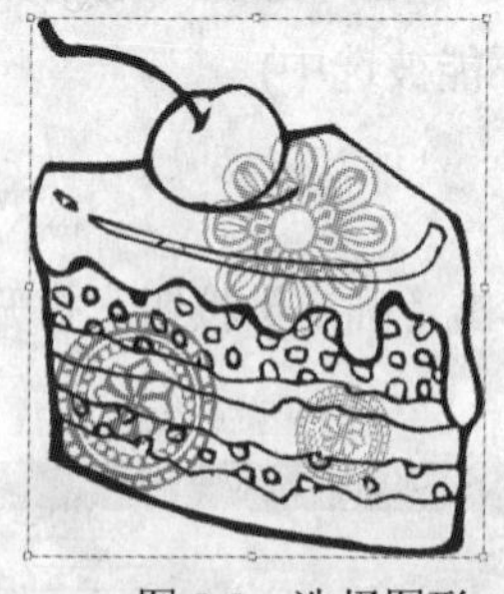

图 5-5　选择图形

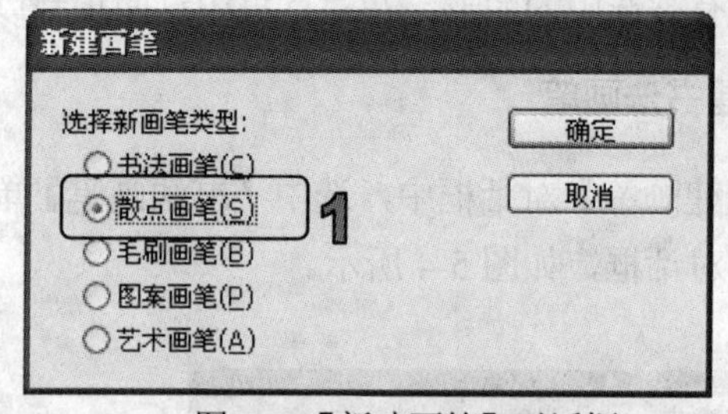

图 5-6 【新建画笔】对话框

(3) 单击【新建画笔】对话框中的【确定】按钮，接着打开【散点画笔选项】对话框。在【散点画笔选项】对话框的【名称】文本框中输入 cake，设置【大小】、【间距】和【旋转】参数，如图 5-7 所示，然后单击【确定】按钮，即可将设定好的样式定义为散点画笔。

(4) 选择工具箱中的【画笔】工具，在文档中拖动，即可得到如图 5-8 所示的效果。

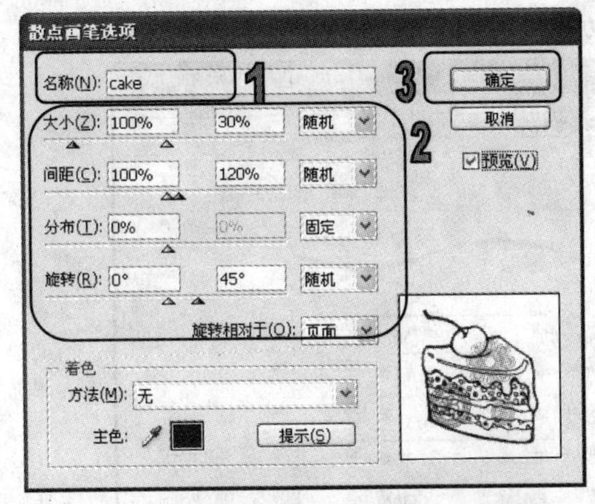

图 5-7　设置【散点画笔】选项

图 5-8　使用散点画笔

- 【大小】用于设置作为散点的图形大小。
- 【间距】用于设置散点图形之间的间隔距离。
- 【分布】用于设置散点图形在路径两边与路径的远近的程度，该值越大，离路径越远。
- 【旋转】用于设置散点图形的旋转角度。
- 【大小】、【间距】、【分布】和【旋转】选项后面都有一个相同的下拉列表框，其中包括【固定】、【随机】、【压力】、【光轮笔】、【倾斜】、【方位】和【旋转】等 7 个选项，其作用与定义书法画笔时的作用是一样的。
- 【旋转相对于】下拉列表中包含【页面】和【路径】两个选项。选择【页面】选项表示散点图形的旋转角度相对于页面，0°指向页面的顶部；选择【路径】选项表示散点图形的旋转角度相对于路径，0°指向路径的切线方向。
- 【方法】下拉列表可以在其下拉列表中选择上色方式，其中包含【无】、【色调】、【淡色和暗色】、【色相转换】等 4 个选项。

3. 新建毛刷画笔

使用毛刷画笔可以创建自然、流畅的画笔描边，模拟使用真实画笔和纸张绘制的效果。用户可以从预定义画笔库中选择画笔，或从提供的笔尖形状创建自己的画笔，还可以设置其他的画笔的特征，如毛刷长度、硬度和色彩不透明度。

通过图形绘图板使用毛刷画笔时，Illustrator 将对光笔在绘图板上的移动进行交互式的跟踪。它将解释在绘制路径的任一点输入的其方向和压力的所有信息。

【例 5-2】在 Illustrator 中，创建用户自定义毛刷画笔。

(1) 在图形文档中，单击【画笔】面板中的【新建画笔】按钮，打开【新建画笔】对话框。在对话框中，选择【毛刷画笔】单选按钮，然后单击【确定】按钮打开【毛刷画笔选项】对话框，如图 5-9 所示。

(2) 在【毛刷画笔选项】对话框的【形状】下拉列表中选择【团扇】，设置【大小】数值为 9 mm，【毛刷长度】为 150%，【毛刷密度】为 20%，【毛刷粗细】为 60%，【上色不透明度】为 50%，然后单击【确定】按钮，如图 5-10 所示。

(3) 选择工具箱中的【画笔】工具，在文档中拖动，即可得到如图 5-11 所示的效果。

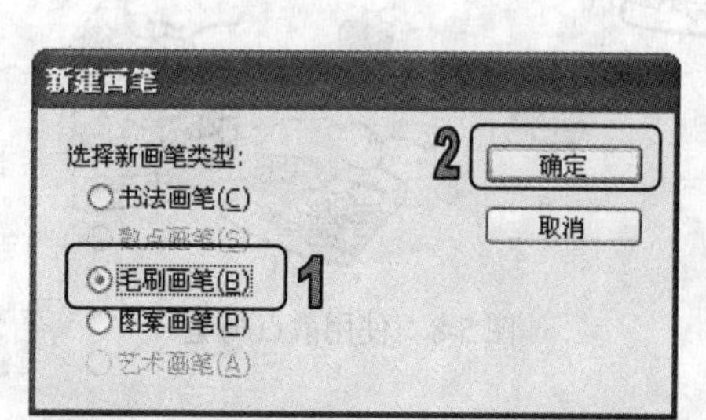

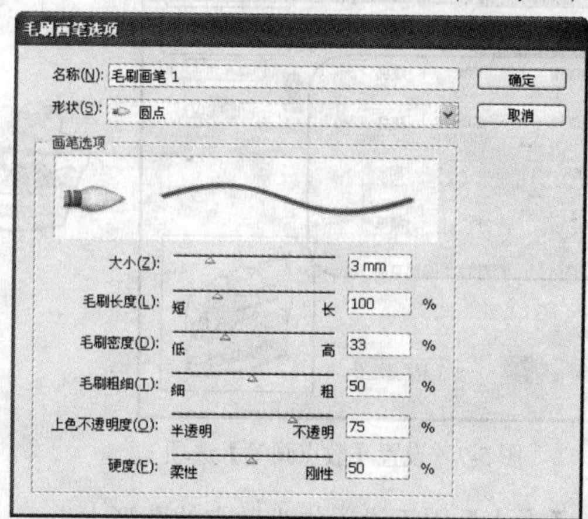

图 5-9　新建画笔

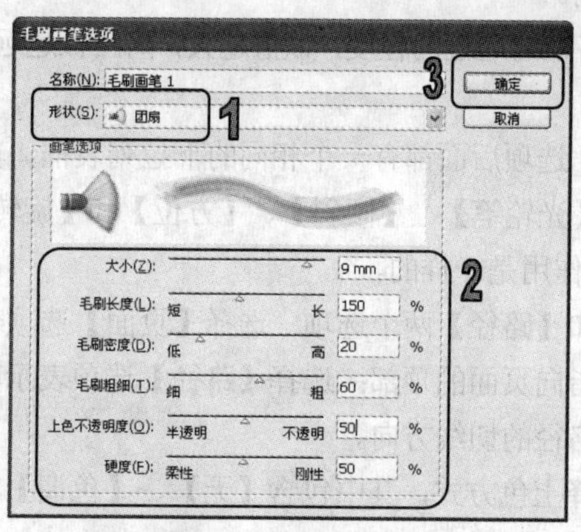

图 5-10　设置画笔

图 5-11　使用毛刷画笔

4. 新建艺术画笔

在 Illustrator 中，用户可以使用绘制的图稿来创建艺术画笔工具，同时可以指定艺术画笔沿路径排列的方向。和新建散点画笔类似，在新建艺术画笔之前，必须选中图形，并且此图形中不包含使用画笔设置的路径、渐变色以及渐变网格等。

【例 5-3】在 Illustrator 中，创建自定义艺术画笔。

(1) 打开图形文档，并使用【选择】工具选中图形对象。然后单击【画笔】面板中的【新建画笔】按钮，打开【新建画笔】对话框中选择【艺术画笔】单选按钮，然后单击【确定】按钮，如图 5-12 所示。

(2) 打开【艺术画笔选项】对话框，【宽度】相对于原宽度调整图稿的宽度。【等比】在缩放图稿时保留比例。【横向翻转】或【纵向翻转】复选框可以改变图稿相对于线条的方向。在对话框的【名称】文本框中输入“干画笔”，单击【确定】按钮，然后使用【画笔】工具，在画面中拖动，即可得到如图 5-13 所示的效果。

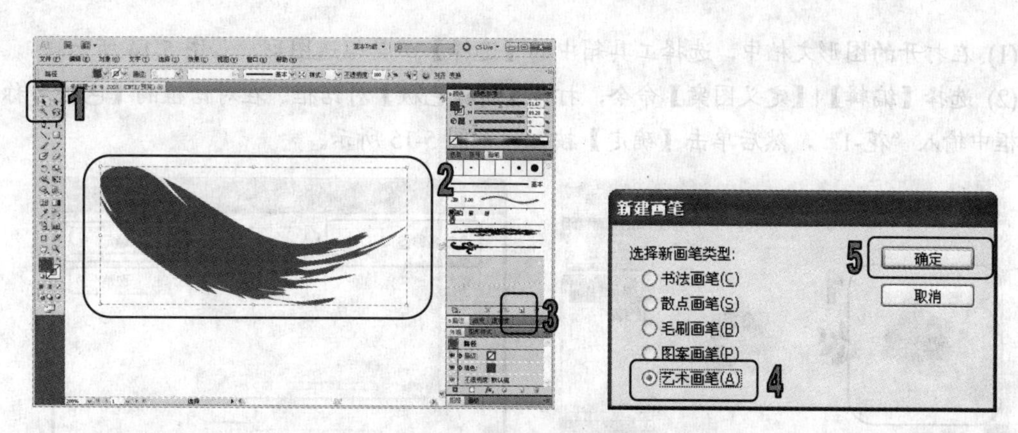

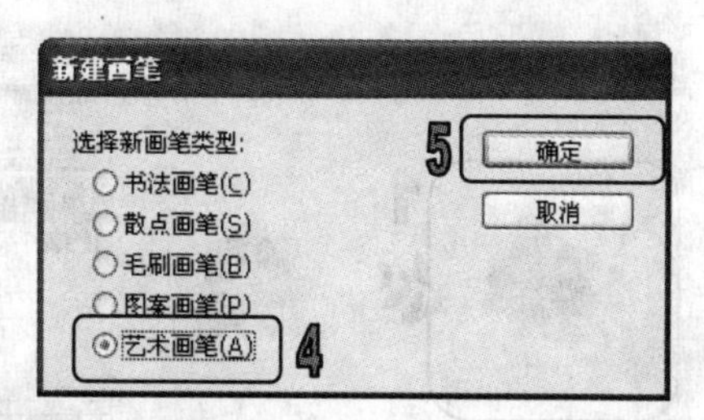

图 5-12　新建图案画笔

提示

编辑艺术画笔的方法与前面几种画笔的编辑方法基本相同。不同的是艺术画笔选项窗口的右边有一排方向按钮，选择不同的按钮可以指定艺术画笔沿路径的排列方向。←指定图稿的左边为描边的终点；→指定图稿的右边为描边的终点；↑指定图稿的顶部为描边的终点；↓指定图稿的底部为描边的终点。

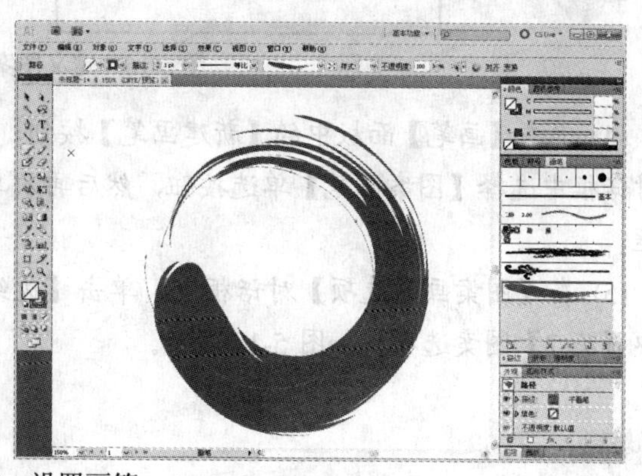

图 5-13　设置画笔

5. 新建图案画笔

如要创建图案画笔，可以使用【色样】面板中的图案色样或文档中的图稿来定义画笔中的拼贴。利用色样定义图案画笔时，可使用预先加载的图案颜色，或自定义的图案色样。创建用户自定义的【图案画笔】可以更改图案画笔的大小、间距和方向，另外，还能将新的图稿应用至图案画笔中的任一拼贴上，以重新定义该画笔。

【例 5-4】在 Illustrator 中，创建用户自定义图案画笔。

(1) 在打开的图形文档中，选择工具箱中的【选择】工具框选图形，如图 5-14 所示。

(2) 选择【编辑】|【定义图案】命令，打开【新建色板】对话框。在对话框的【色板名称】文本框中输入“花-1”，然后单击【确定】按钮，如图 5-15 所示。

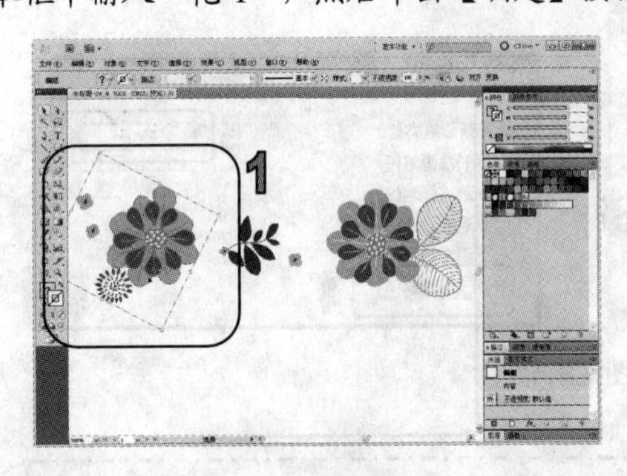

图 5-14　选中图形

新建色板

色板名称(S): 花-1　1　2　确定

颜色类型(T): 印刷色　取消

全局色(G)

颜色模式(M):

C　0 %

M　0 %

Y　0 %

K　0 %

图 5-15　定义图案色板(1)

(3) 使用步骤(1)~步骤(2)的操作方法，在【新建色板】对话框中分别定义【花-2】和【花-3】色板，如图 5-16 所示。

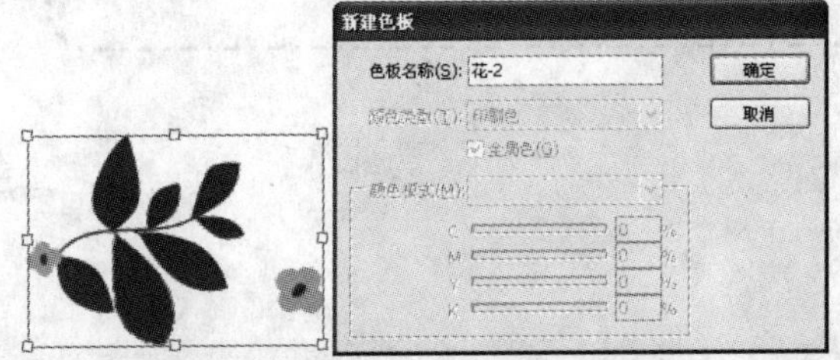

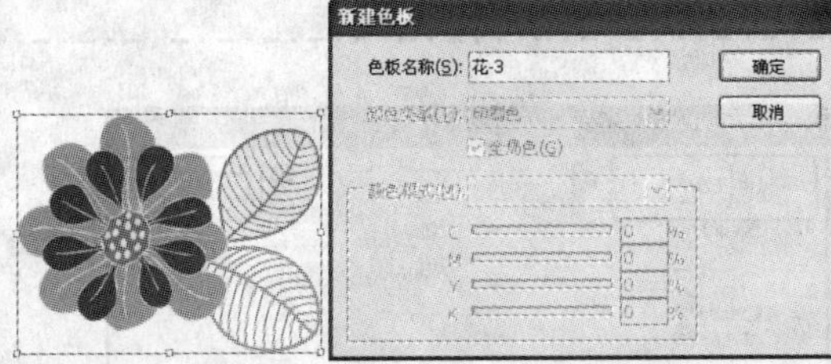

图 5-16　定义图案色板(2)

(4) 单击【画笔】面板中的【新建画笔】按钮，打开【新建画笔】对话框，如图 5-17 所示。在对话框中选择【图案画笔】单选按钮，然后再次单击【确定】按钮打开【图案画笔选项】对话框。

(5) 在【图案画笔选项】对话框中，单击【边线拼贴】图案框，然后在下面的图案列表中选中【花-2】图案选项，如图 5-18 所示。

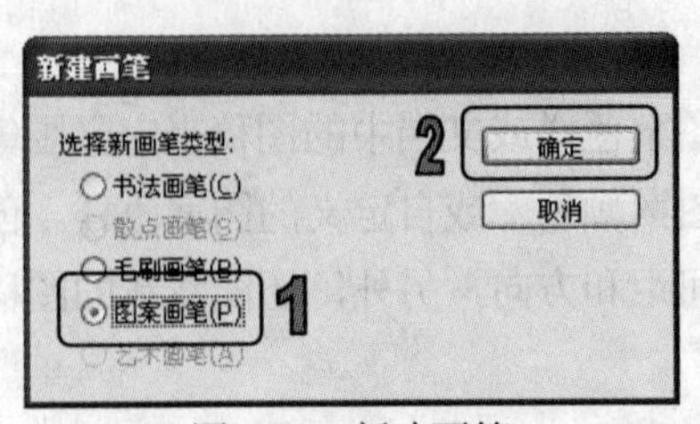

图 5-17　新建画笔

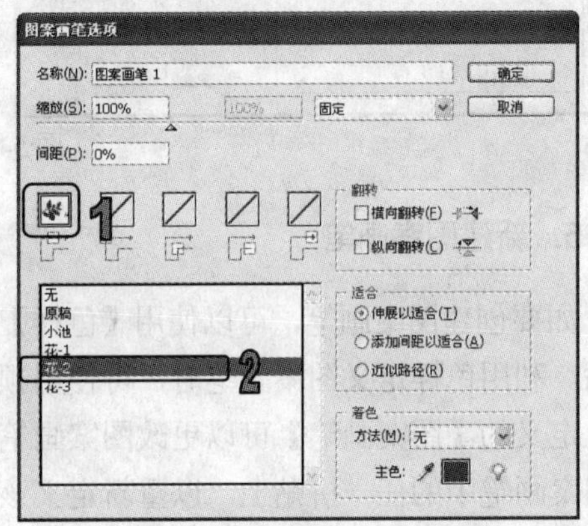

图 5-18　设置画笔(1)

(6) 在【图案画笔选项】对话框中，单击【起点拼贴】图案框，然后在下面图案列表中选中【花-1】图案选项，如图 5-19 所示。

(7) 在【图案画笔选项】对话框中，单击【终点拼贴】图案框，然后在下面图案列表中选中【花-2】图案选项，如图 5-20 所示。

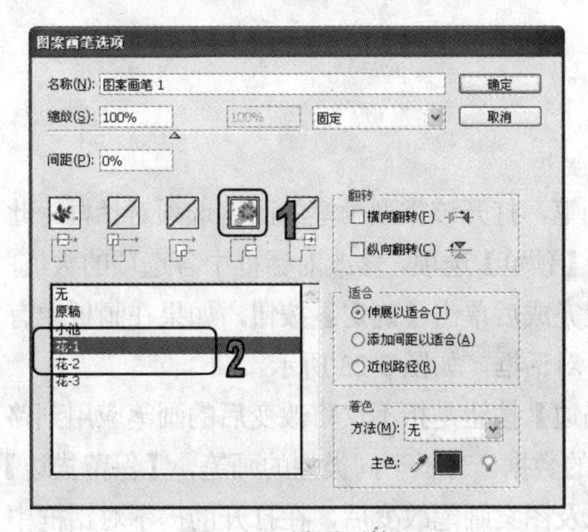

图 5-19　设置画笔(2)

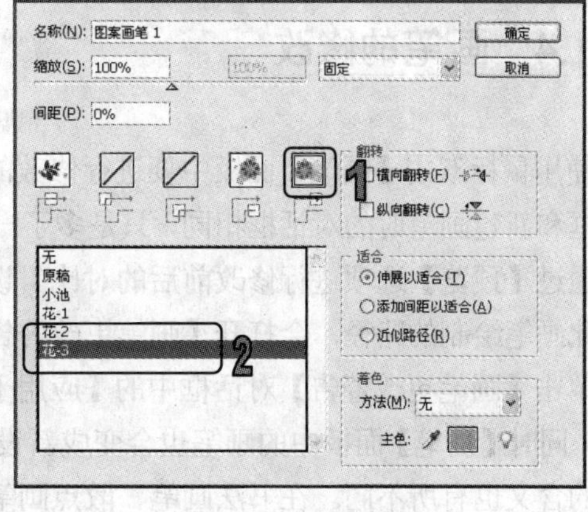

图 5-20　设置画笔(3)

(8) 在对话框的【名称】文本框中输入“花卉”，设置【缩放】数值为 74%，【间距】数值为 60%，单击【确定】按钮关闭对话框，如图 5-21 所示。

(9) 选择工具箱中的【画笔】工具，在画面中拖动，即可得到如图 5-22 所示的效果。

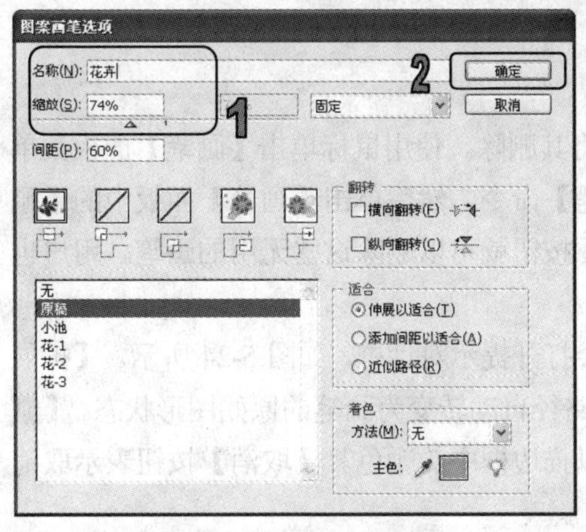

图 5-21　设置画笔(4)

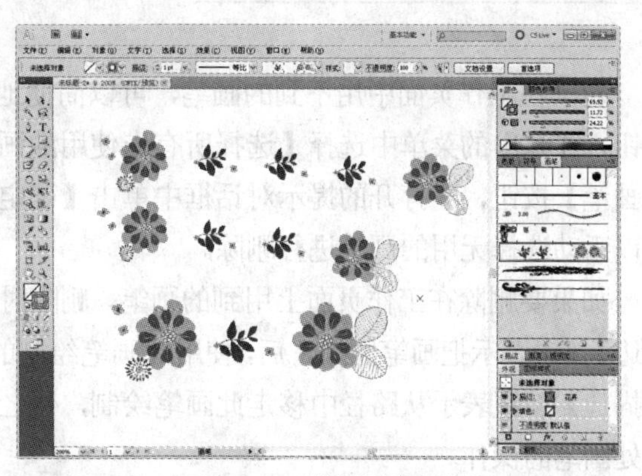

图 5-22　使用图案画笔

- 【缩放】用来设置图案的大小，数值为 100%时，图案的大小与原始图形相同。
- 【间距】可用来设置图案单元之间的间隙，当数值为 100%时，图案单元之间的间隔为 0，也就是说，图案单元之间是紧密相连的。
- 【翻转】用于设置路径中图案画笔的方向。【横向翻转】表示图案沿路径方向翻转，【纵向翻转】表示图案在路径的垂直方向翻转。

◉ 【适合】用于表示图案画笔在路径中的匹配。【伸展以适合】表示把图案画笔展开以与路径匹配，此时可能会拉伸或缩短图案。【添加间距以适合】表示增加图案画笔之间的间隔以使其与路径匹配。【近似路径】选项仅用于矩形路径，而不改变图案画笔的形状，使图案位于路径的中间部分，路径的两边空白。

5.1.4 画笔的修改

使用鼠标双击【画笔】面板中要进行修改的画笔，打开该类型画笔的画笔选项对话框。此对话框和新建画笔时的对话框相同，只是多了一个【预览】选项。修改对话框中各选项的数值，可以通过【预览】选项进行修改前后的对比。设置完成后单击【确定】按钮，如果在画板中有使用此画笔绘制的路径，会打开【画笔更改警告】对话框，如图 5-23 所示。

单击【画笔更改警告】对话框中的【应用于描边】按钮是指不仅将改变后的画笔应用到路径上，同时【画笔】面板中的画笔也会变成新设置的数据。对于不同类型的画笔，【保留描边】按钮的含义也有所不同。在书法画笔、散点画笔以及图案画笔改变后，在打开的提示对话框中单击此按钮，表示对画板中使用此画笔绘制的路径不做改变，而以后使用此画笔绘制的路径则使用新的画笔设置。在艺术画笔改变后，单击此按钮表示保持原画笔不变，产生一个新设置情况下的画笔。单击【取消】按钮表示取消对画笔所做的修改。

5.1.5 删除、移走画笔

对于在工作页面中用不到的画笔，可以简便地将其删除。使用鼠标单击【画笔】面板菜单按钮，在弹出的菜单中选择【选择所有未使用的画笔】命令，然后单击【画笔】面板中的【删除画笔】按钮，在打开的提示对话框中单击【确定】按钮就可以删除这些无用的画笔。用户也可以手动选择无用的画笔进行删除。

如果要删除在工作页面上用到的画笔，删除时会打开提示对话框，如图 5-24 所示。【扩展描边】按钮表示把画笔删除之后，使用此画笔绘制的路径自动转变为画笔的原始图形状态。【删除描边】按钮表示从路径中移走此画笔绘制，代之以描边框中的颜色。【取消】按钮表示取消上处画笔的操作。

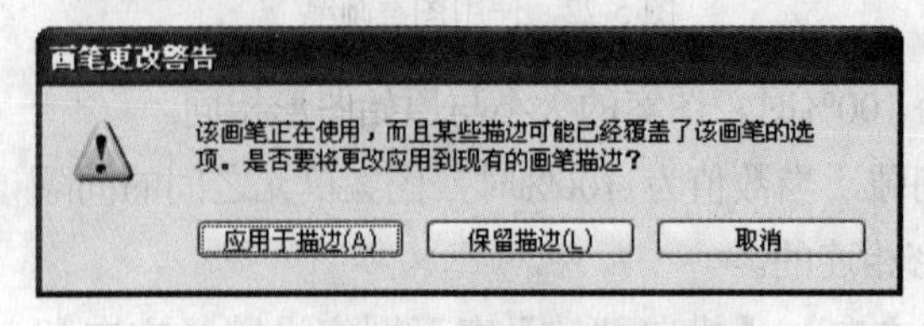

图 5-23 【画笔更改警告】对话框

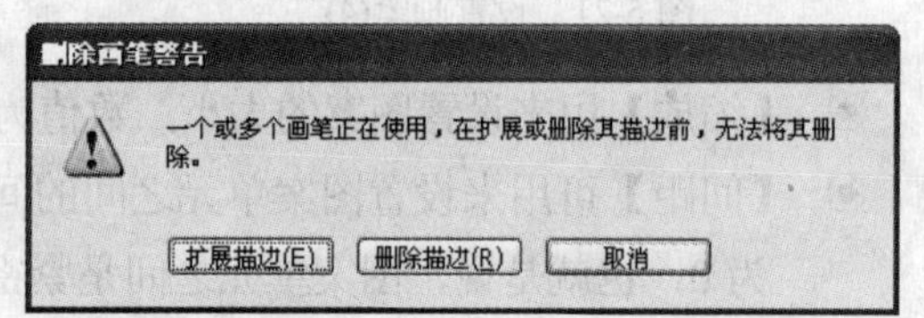

图 5-24 【删除画笔警告】对话框

使用【画笔】工具绘制图形时，默认状态下，Illustrator 会自动将【画笔】面板中的画笔效

果施加到画笔绘制的路径上，如果不需要【画笔】面板中的任何效果，只需在【画笔】面板菜单中选择【移去画笔描边】命令，或单击【画笔】面板下方的【移去画笔描边】按钮 即可。

5.1.6　输入画笔

Illustrator CS5 提供了丰富的画笔资源库，画笔库是随 Illustrator 提供的一组预设画笔。用户可以同时打开多个画笔库以浏览其中的内容并选择画笔样式。选择菜单栏【窗口】|【画笔库】命令下的子菜单可以打开不同的画笔库，也可以使用【画笔】面板菜单来打开画笔库，如图 5-25 所示。

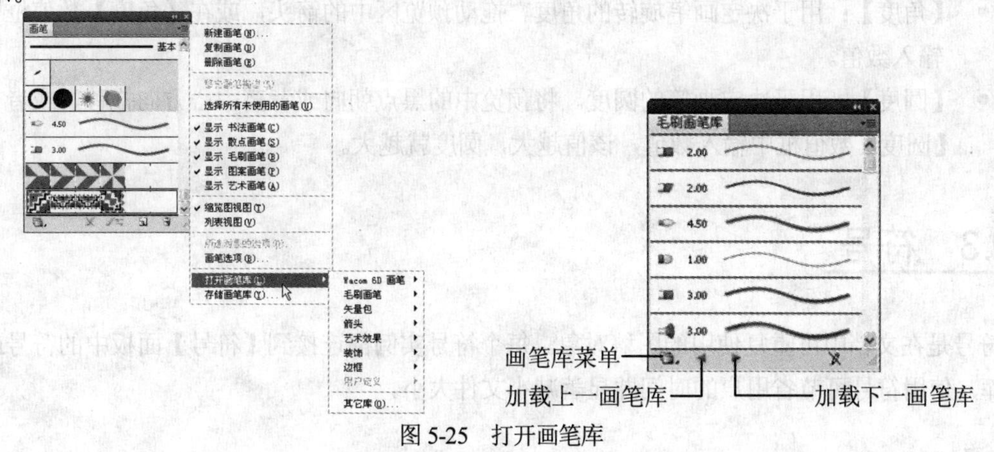

图 5-25　打开画笔库

5.2　斑点画笔

使用【斑点画笔】工具可以绘制填充的形状，以便与具有相同颜色的其他形状进行交叉和合并。双击工具箱中的【斑点画笔】工具，可以打开【斑点画笔工具选项】对话框，如图 5-26 所示。

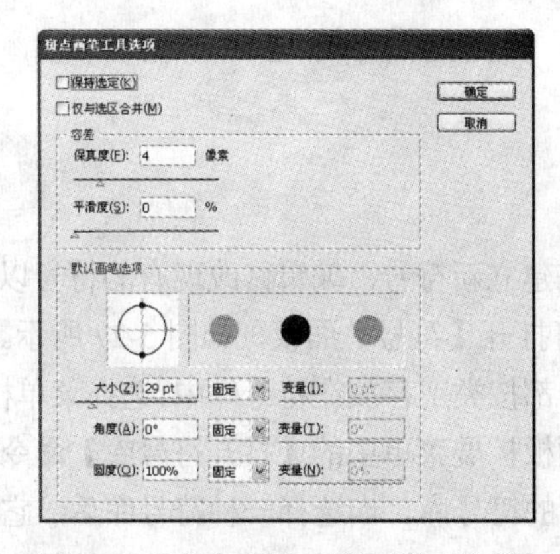

图 5-26 【斑点画笔工具选项】对话框

> **知识点**
>
> 【斑点画笔】工具创建有填充、无描边的路径。如果希望将【斑点画笔】工具创建的路径与现有的图稿合并，首先要确保图稿有相同的填充颜色并没有描边。用户还可以在绘制前，在【外观】面板中设置上色属性、透明度等。

◉ 【保持选定】：选中该复选框，绘制合并路径时，所有路径都将被选中，并且在绘制过程中保持被选中状态。该选项在查看包含在合并路径中的全部路径时非常有用。选择该选项后，【选区限制合并】选项将被停用。

◉ 【仅与选区合并】：选中该复选框，如果选择了图稿，则【斑点画笔】只可与选定的图稿合并。如果没有选择图稿，则【斑点画笔】可以与任何匹配的图稿合并。

◉ 【保真度】：控制路径上添加锚点的距离。保真度数值越大，路径越平滑，复杂程度越小。

◉ 【平滑度】：控制使用工具时 Illustrator 应用的平滑量。百分比越高，路径越平滑。

◉ 【大小】：用于决定画笔的大小。

◉ 【角度】：用于决定画笔旋转的角度。拖动预览区中的箭头，或在【角度】数值框中输入数值。

◉ 【圆度】：用于决定画笔的圆度。将预览中的黑点朝向或背离中心方向拖移，或者在【圆度】数值框中输入数值，该值越大，圆度就越大。

5.3 符号

符号是在文档中可重复使用的图稿对象。每个符号实例都连接到【符号】面板中的符号或符号库，使用符号可节省用户的时间并显著减小文件大小。

5.3.1 使用符号

在 Illustrator 中，符号可以被单独使用，也可以被作为集或集合来使用，一般称为符号集，符号集是由多个符号构成的。

符号的应用非常简单，只要选择工具箱中的【符号喷枪】工具，然后在【符号】面板中，选择一个符号样式，并在工作区中单击即可。单击一次可创建一个符号实例，单击多次或按住鼠标左键拖动可创建符号集。

5.3.2 【符号】面板和符号库

【符号】面板用来管理文档中的符号，可以用来建立新符号、编辑修改现有的符号以及删除不再使用的符号。选择【窗口】|【符号】命令，可打开【符号】面板，如图 5-27 所示。

在 Illustrator 中还自带了多种预设符号，这些符号都按类别存放在符号库中。选择菜单栏【窗口】|【符号库】命令下的子菜单，或选择【窗口】面板扩展菜单中的【打开符号库】命令下的子菜单就可以查看、选取所需的符号，也可以建立新的符号库。当选择一种符号库后，它会出现在新面板中，它的用法与【符号】面板基本相同，只是不能够新增、删除或编辑符号库中的

符号，如图 5-28 所示。

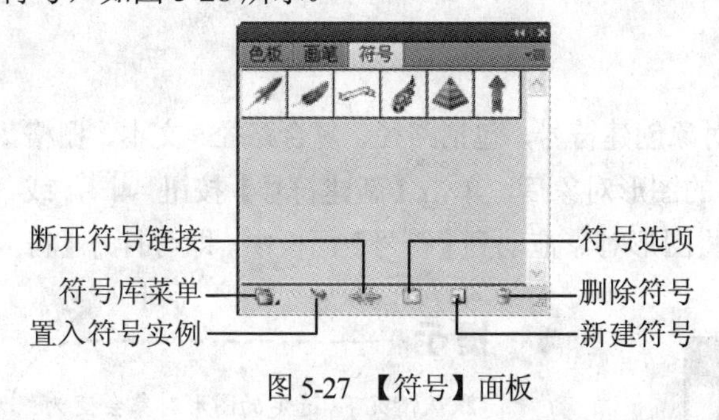

图 5-27 【符号】面板

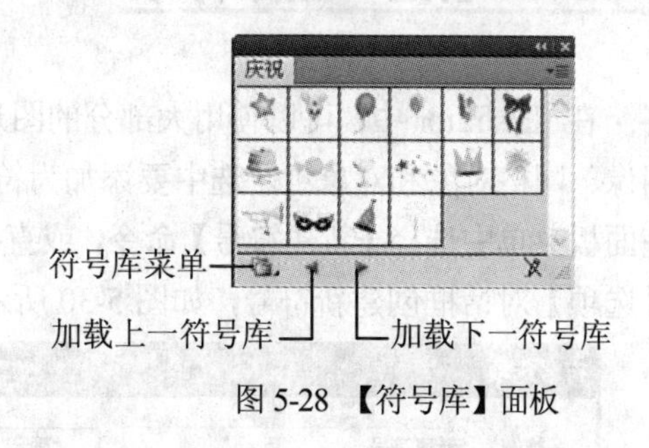

图 5-28 【符号库】面板

5.3.3 设置符号工具选项

在 Illustrator 中，可以双击工具箱中的【符号喷枪】工具，打开如图 5-29 所示【符号工具选项】对话框，设置符号工具选项。

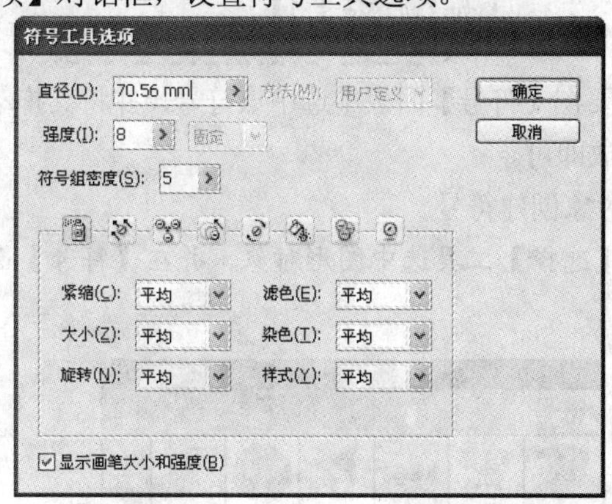

图 5-29 【符号工具选项】对话框

提示

使用符号工具时，可以按键盘上[键以减小直径，或按]键以增加直径。按住 Shift+[键以减小强度，或按住 Shift+]键以增加强度。

- 【直径】：指定工具的画笔大小。
- 【强度】：指定更改的速度，数值越大，更改越快。
- 【符号组密度】：指定符号组的密度值，数值越大，符号实例堆积密度越大。此设置应用于整个符号集。如果选择了符号集，将更改集中所有符号实例的密度。
- 【显示画笔大小和强度】：选中该复选框后，可以显示画笔的大小和强度。

知识点

直径、强度和密度等常规选项出现在对话框的上部。特定的工具选项则出现在对话框的下部。常规选项与所选的符号工具无关。要切换另一个符号工具选项，单击对话框中相应的工具图标即可。

5.3.4 创建、删除符号

在 Illustrator 中，可以使用大部分的图形对象创建符号，包括路径、复合路径、文本、栅格图像、网格对象和对象组。选中要添加为符号的图形对象后，单击【新建符号】按钮，或在面板菜单中选择【新建符号】命令，或直接将图形对象拖动到【符号】面板中，即可打开【符号选项】对话框创建新符号，如图 5-30 所示。

符号选项

名称(N): 新建符号　　确定

类型(T): 影片剪辑　套版色:　　取消

☐启用 9 格切片缩放的参考线

☐对齐像素网格

"Movie Clip" 和 "Graphic"是用来导入 Flash 的标记。在 Illustrator 中，这两个符号之间没有差异。

图 5-30 【符号选项】对话框

> **提示**
>
> 默认情况下，选定的图形对象会变为新符号的实例。如果不希望图稿变为实例，在创建新符号时按住 Shift 键。此外，如果不想在创建新符号时打开【新建符号】对话框，在创建此符号时按住 Alt 键，Illustrator 将使用符号的默认名称，如【新建符号 1】。

如果不再使用某个符号，可以将其删除。只要在【符号】面板中选中该符号，并将其拖动到【符号】面板右下角的【删除符号】按钮上释放即可。

【例 5-5】在 Illustrator 中，使用选中的图形对象创建符号。

(1) 在打开的图形文档中，使用工具箱中的【选择】工具选中图形对象，并在【符号】面板中，单击【新建符号】按钮，如图 5-31 所示。

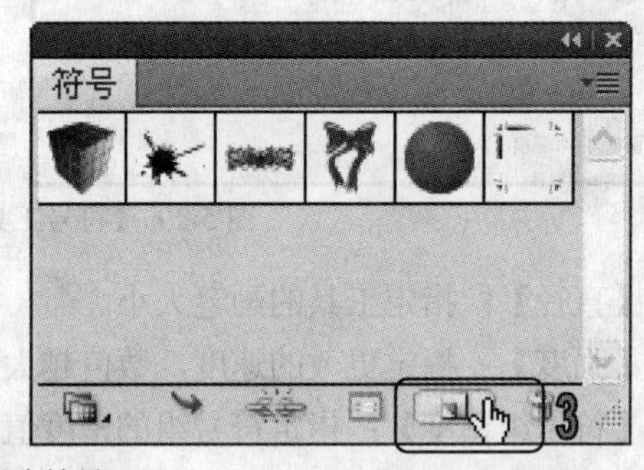

图 5-31 新建符号(1)

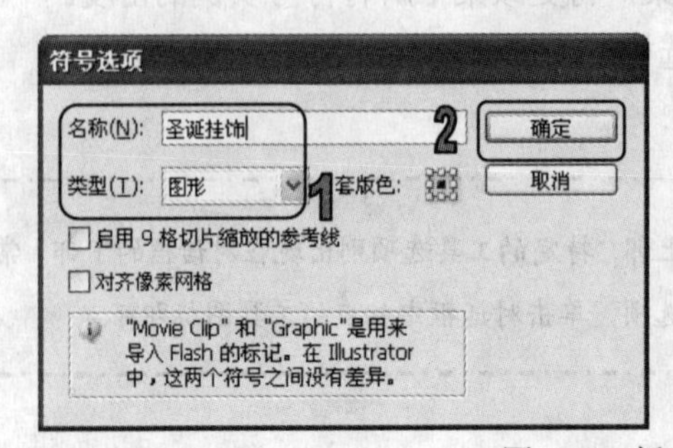

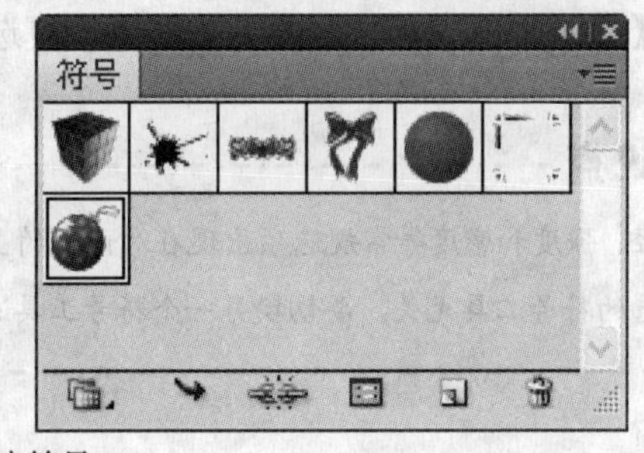

图 5-32 新建符号(2)

(2) 在打开的【符号选项】对话框的【名称】文本框中输入"圣诞挂饰"，【类型】下拉列表中选择【图形】选项，然后单击【确定】按钮创建新符号，如图 5-32 所示。

5.3.5　移动或更改符号实例的堆栈顺序

在 Illustrator 中，创建好符号实例后，还可以分别地移动它们的位置，获得用户所需要的效果。选择工具箱中的【符号位移器】工具，向希望符号实例移动的方向拖动即可。

【例 5-6】在 Illustrator 中，使用【符号位移器】工具移动符号组。

(1) 在工具箱中选中【选择】工具，选择文档中的符号组，如图 5-33 所示。

(2) 在工具箱中选择【符号位移器】工具，然后在符号组中单击拖动需要移动的符号实例至合适的位置释放即可，如图 5-34 所示。

图 5-33　选中符号组

图 5-34　使用【符号位移器】

(3) 在工具箱中双击【符号位移器】工具，打开【符号工具选项】对话框，并设置【符号组密度】为 1，单击【确定】按钮关闭对话框。然后在需要移动的符号组上按住左键拖动至合适位置，松开左键即可得到如图 5-35 所示的效果。

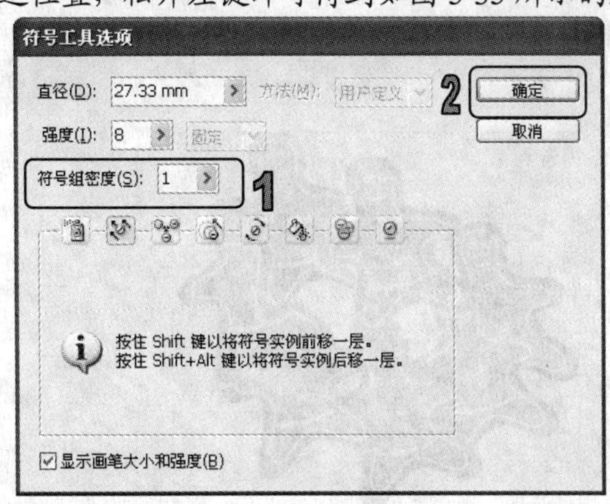

图 5-35　设置工具选项

知识点

如果要向前移动符号实例，或者把一个符号移动到另一个符号的前一层，那么按住 Shift 键单击符号实例。如果要向后移动符号实例，按住 Alt+Shift 键单击符号实例即可。

5.3.6 聚拢或分散符号实例

创建好符号实例后，还可以使用【符号紧缩器】工具聚拢或分散符号实例。使用【符号紧缩器】工具单击或拖动符号实例之间的区域可以聚拢符号实例，按住 Alt 键单击或拖动符号实例之间的区域增大符号实例之间的距离。使用该工具不能大幅度增减符号实例之间的距离。

【例 5-7】在 Illustrator 中，使用【符号紧缩器】工具缩紧符号组。

(1) 在工具箱中选中【选择】工具，选择文档中的符号组，如图 5-36 所示。

(2) 在工具箱中选择【符号紧缩器】工具，然后按住 Alt 键在符号组上单击，即可分散符号实例，如图 5-37 所示。

图 5-36　选中符号组

图 5-37　使用【符号紧缩器】工具

(3) 从工具箱中双击【符号紧缩器】工具，打开【符号工具选项】对话框，在对话框中设置【强度】数值为 8，【符号组密度】数值为 10，单击【确定】按钮关闭对话框，即可得到如图 5-38 所示的效果。

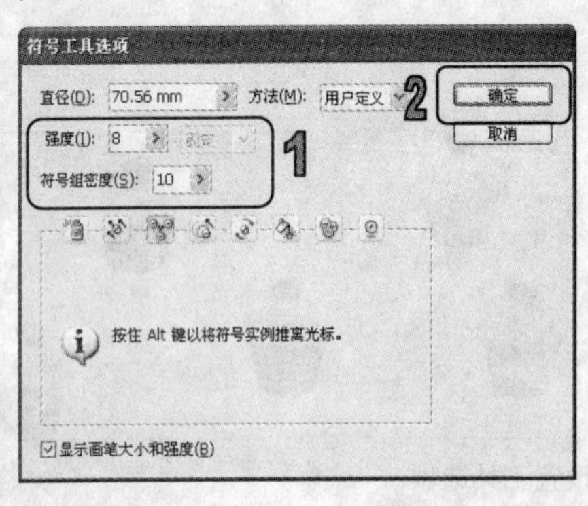

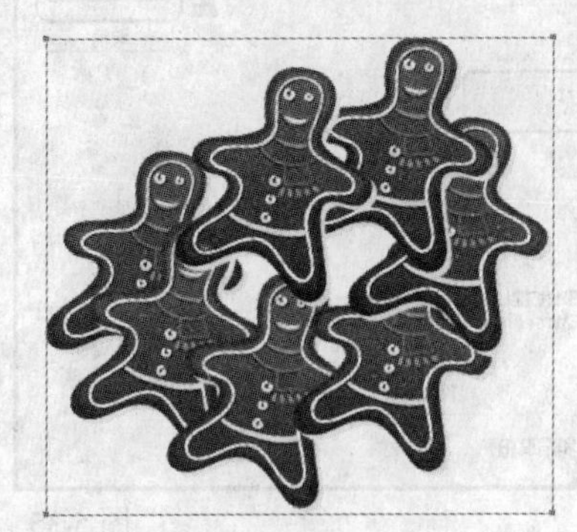

图 5-38　设置工具选项

5.3.7 更改符号实例大小

创建好符号实例之后，可以对其中的单个或者多个的实例大小进行调整。选择【符号缩放

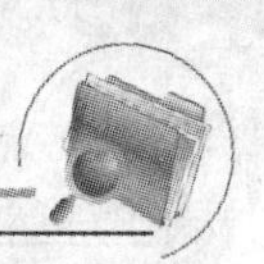

器】工具单击或拖动要放大的符号实例即可。按住 Alt 键，单击或拖动可缩小符号实例大小的位置。按住 Shift 键，单击或拖动可以在缩放的同时保留符号实例的密度。

【例 5-8】在 Illustrator 中，使用【符号缩放器】工具缩放符号组。

(1) 在工具箱中选中【选择】工具，选择文档中的符号组，如图 5-39 所示。

(2) 在工具箱中选择【符号缩放器】工具，在符号上按住鼠标左键，可以放大符号实例，如图 5-40 所示。

图 5-39　选中符号

图 5-40　使用【符号缩放器】工具

(3) 在工具箱中双击【符号缩放器】工具，弹出【符号工具选项】对话框，在其中设定【强度】为 8，【符号组密度】数值为 3，如图 5-41 所示，单击【确定】按钮关闭对话框。然后按住 Alt 键在符号组上单击鼠标。

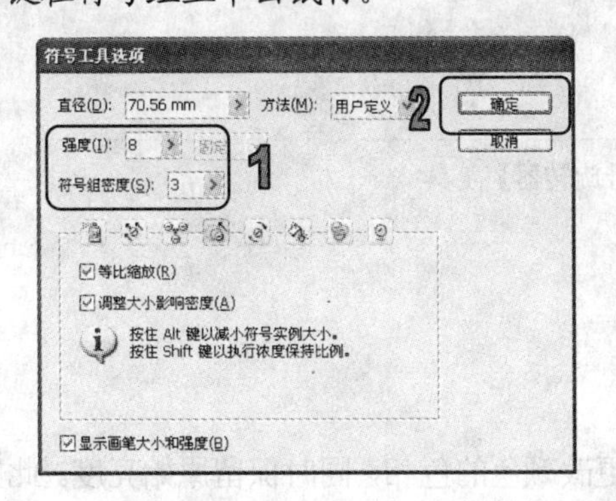

图 5-41　设置工具选项

5.3.8　旋转符号实例

创建好符号实例之后，还可以对它们进行旋转调整，从而获得需要的效果。选择【符号旋转器】工具单击或拖动符号实例，使之朝向需要的方向即可。

【例 5-9】在 Illustrator 中，使用【符号旋转器】工具旋转符号组。

(1) 在工具箱中选中【选择】工具，选择文档中的符号组，如图 5-42 所示。

(2) 在工具箱中选择【符号旋转器】工具，然后在文档中按住左键拖动，即可得到如图 5-43 所示的图形。

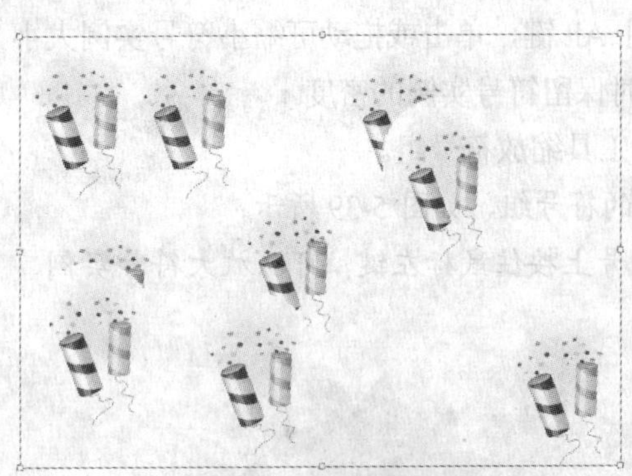

图 5-42　选中符号组

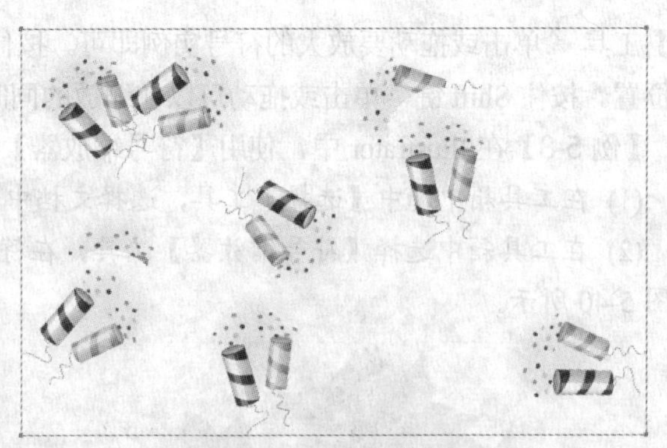

图 5-43　使用【符号旋转器】工具

(3) 在工具箱中双击【符号旋转器】工具，在打开的【符号工具选项】中设置【符号组密度】为 10，单击【确定】按钮关闭对话框，然后使用【符号旋转器】工具在符号组上按住左键拖动，释放左键即可得到如图 5-44 所示的效果。

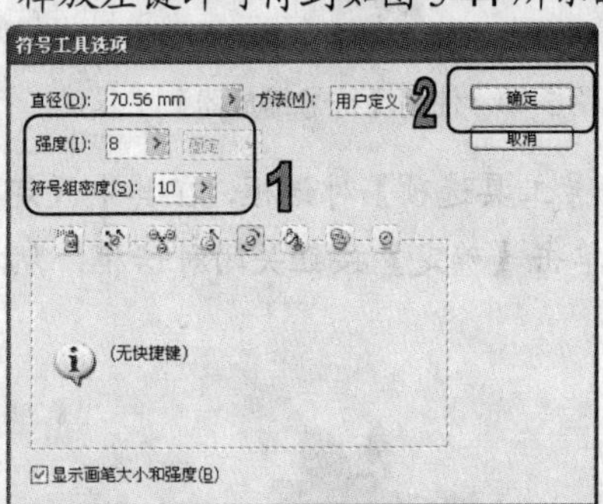

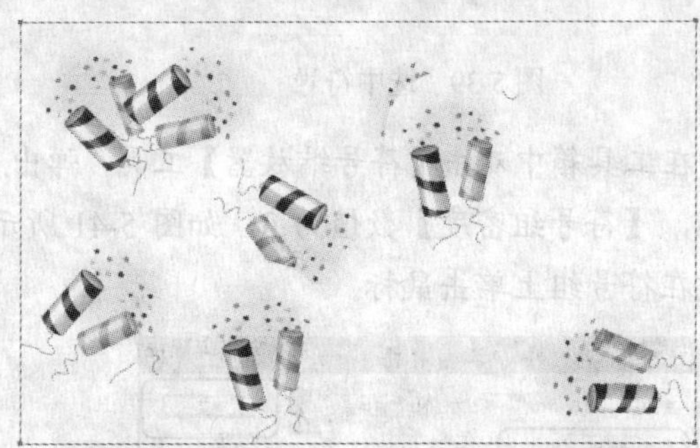

图 5-44　使用【符号旋转器】工具

5.3.9　着色符号实例

在 Illustrator CS5 中，对符号实例着色就像是更改颜色的色相，同时保留原始亮度。此方法使用原始颜色的亮度和上色颜色的色相生成颜色。因此，具有极高或极低亮度的颜色改变很少；黑色或白色对象完全无变化。

【例 5-10】在 Illustrator 中，使用【符号着色器】工具为符号组着色。

(1) 选择菜单栏中的【窗口】|【符号库】|【地图】命令，打开【地图】符号库，并在其中单击符号，如图 5-45 所示。

(2) 在工具箱中选择【符号喷枪】工具，然后在文档中按住左键拖动，即可得到如图 5-46 所示的图形。

(3) 在【颜色】面板中设置填充颜色为 CMYK(3，20，40，0)，然后选择工具箱中的【符号着色器】工具，在符号上单击即可得到如图 5-47 所示的效果。

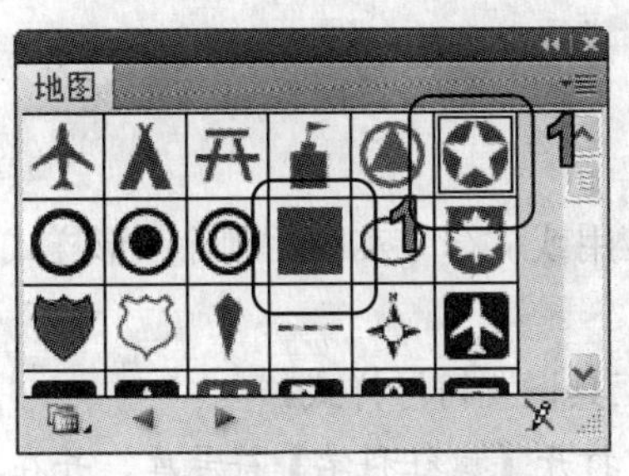

图 5-45　打开【地图】符号库

图 5-46　创建符号组

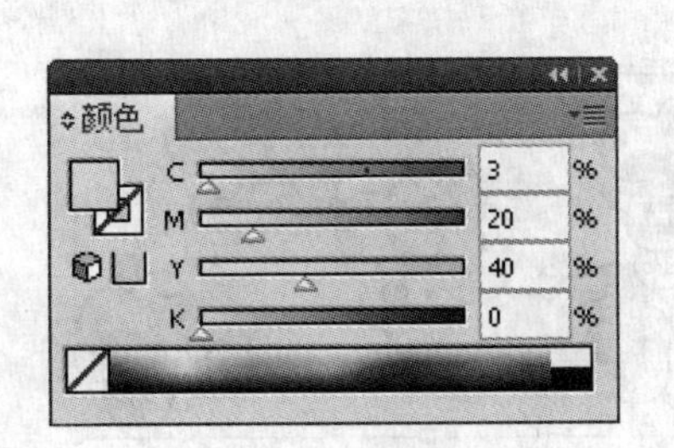

图 5-47　使用【符号着色器】工具

提示

按住 Ctrl 键，单击或拖动以减小上色量并显示出更多的原始符号颜色。按住 Shift 键，单击或拖动以保持上色量为常量，同时逐渐将符号实例颜色更改为上色颜色。

5.3.10　调整符号实例透明度

创建好符号后，还可以对它们的透明度进行调整。选择【符号滤色器】工具，单击或拖动希望增加符号透明度的位置即可，如图 5-48 所示。单击或拖动可减小符号透明度。如果想恢复原色，那么在符号实例上单击鼠标右键，并从打开的菜单中选择【还原滤色】命令，或按住 Alt 键单击或拖动即可。

图 5-48　调整符号透明度

5.3.11 将图形样式应用到符号实例

在 Illustrator CS5 中，使用【符号样式器】工具可应用或从符号实例上删除图形样式。还可以控制应用的量和位置。

【例 5-11】在 Illustrator 中，使用【符号样式器】工具设置符号样式。

(1) 选择【窗口】|【符号库】|【疯狂科学】命令，打开【疯狂科学】符号库，并在其中单击符号，如图 5-49 所示。

(2) 在工具箱中选择【符号喷枪】工具，然后在文档中按住左键拖动，即可得到如图 5-50 所示的图形。

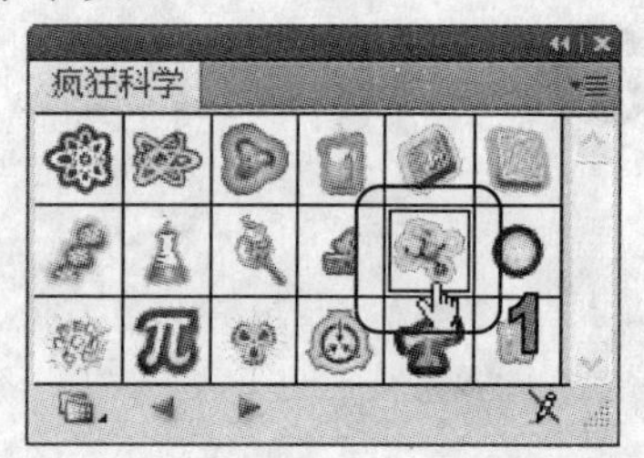

图 5-49 打开【徽标元素】符号库

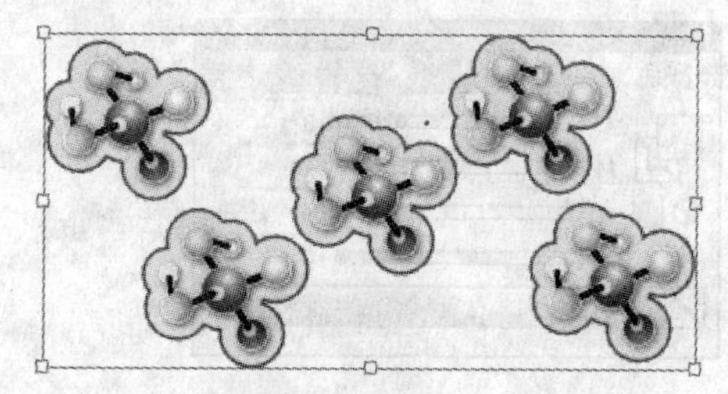
图 5-50 创建符号组

(3) 选择【窗口】|【图形样式库】|【艺术效果】命令，显示【艺术效果】图形样式面板，并在面板中单击选择【RGB 水彩】图形样式，如图 5-51 所示。

(4) 选择【符号样式器】工具，将【RGB 水彩】图形样式拖动到符号上释放，即可在符号上应用样式，如图 5-52 所示。

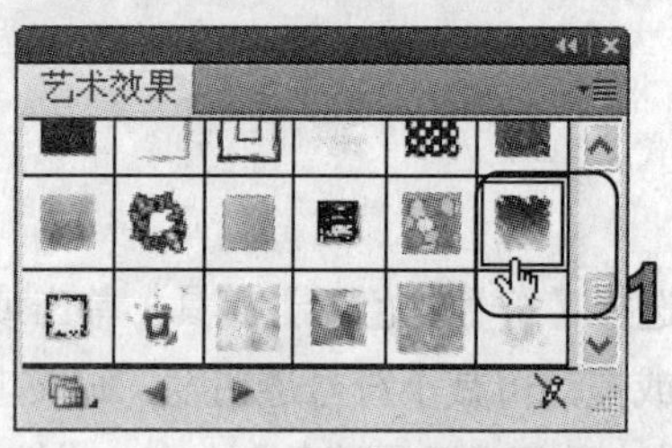

图 5-51 打开【艺术效果】面板

图 5-52 使用【符号样式器】工具

提示

在要进行附加样式的符号实例对象上单击并按住鼠标左键，按住的时间越长，着色的效果越明显。按住 Alt 键，可以将已经添加的样式效果除去。

5.3.12 修改和重新定义符号

在 Illustrator 中创建符号后，还可以对符号进行修改和重新定义。

【例 5-12】在 Illustrator 中，修改已有的符号。

(1) 在打开的图形文档中选中符号实例，单击【符号】面板中的【断开符号链接】按钮，如图 5-53 所示。

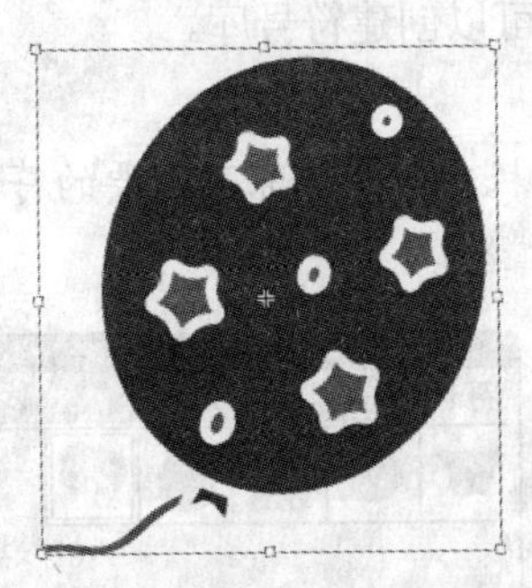

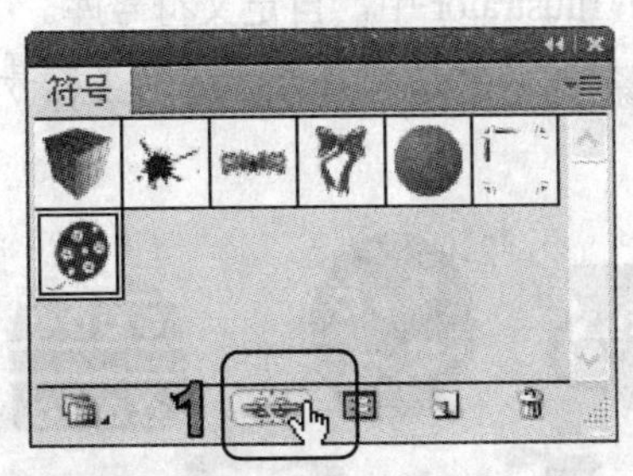

图 5-53　选中符号

(2) 取消编组，在【颜色】面板中调整颜色，再重新编组。然后确保要重新定义的符号在【符号】面板中被选中，然后从【符号】面板菜单中选择【重新定义符号】命令。或按住 Alt 键将修改的符号拖动到【符号】面板中旧符号的顶部。该符号将在【符号】面板中替换旧符号并在当前文件中更新，如图 5-54 所示。

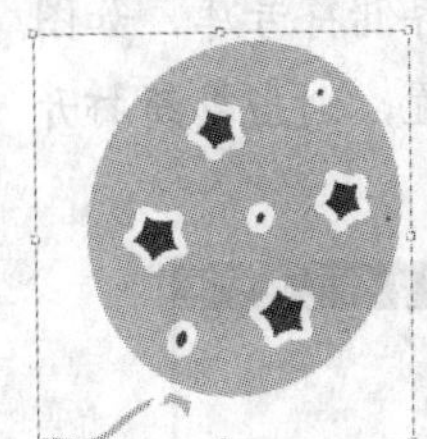

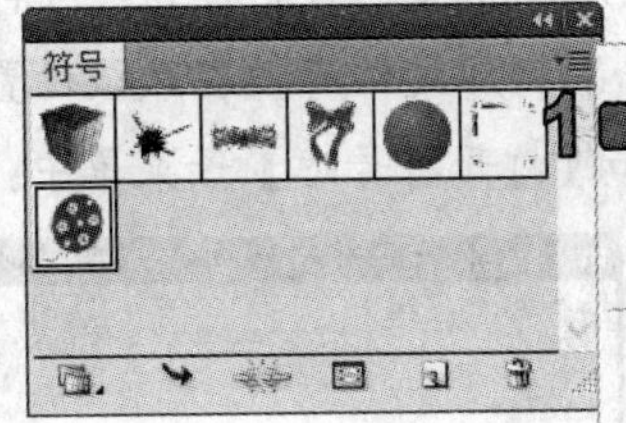

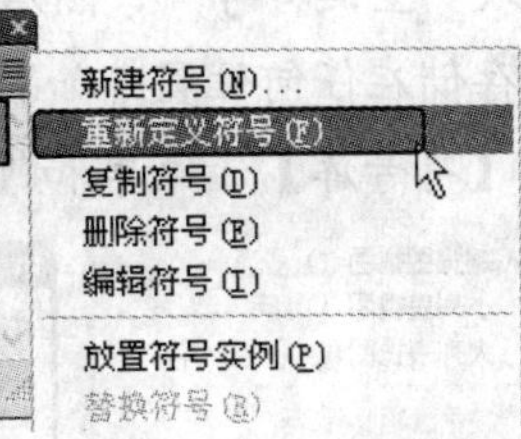

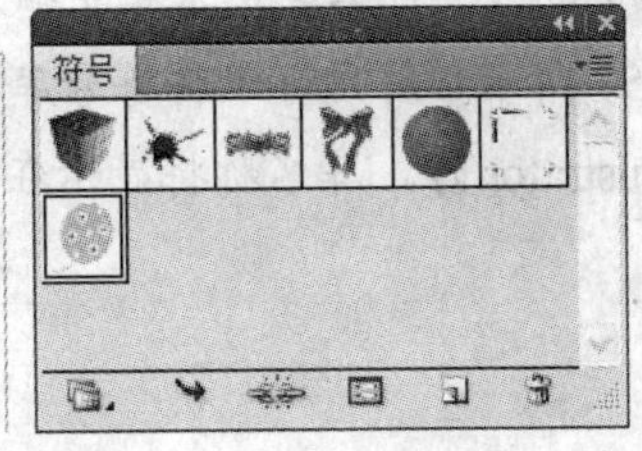

图 5-54　重新定义符号

5.3.13　置入符号

在 Illustrator CS5 中，用户可以使用【符号】面板在工作页面中置入单个符号。选择【符号】面板中的符号，单击【置入符号实例】按钮，或者拖动符号至页面中，即可把实例置入画板中，如图 5-55 所示。

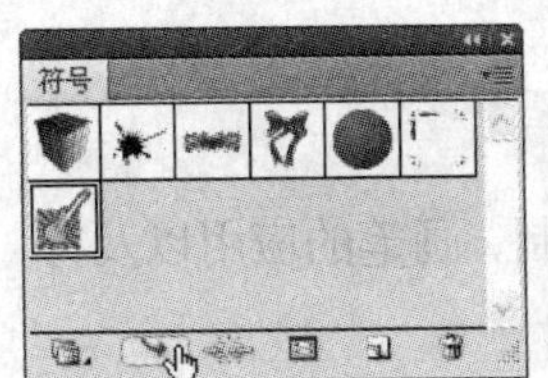

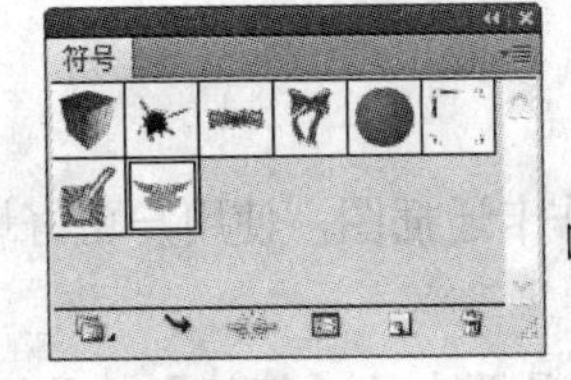

图 5-55　置入符号

5.3.14 创建符号库

在 Illustrator CS5 中，用户不仅可以创建符号，还可以创建符号库。

【例 5-13】在 Illustrator 中，自定义符号库。

(1) 在图形文档中，将所需符号添加到【符号】面板中，并删除不需要的符号，如图 5-56 所示。

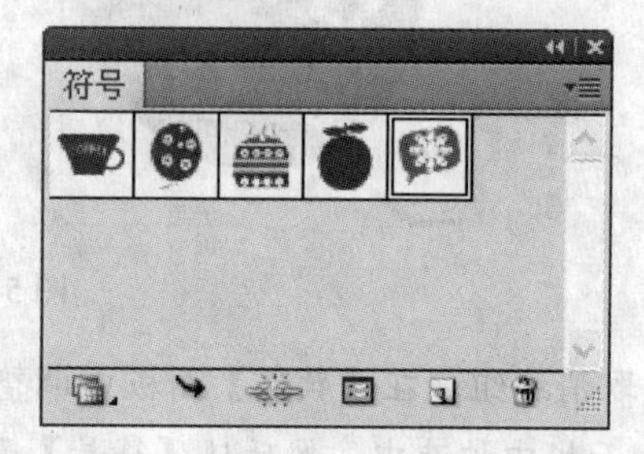

图 5-56 添加符号

(2) 在【符号】面板菜单中选择【存储符号库】命令，在打开的【将符号存储为库】对话框中的【文件名】文本框中输入“圣诞符号”，然后单击【保存】按钮即可存储符号库，如图 5-57 所示。用户可以将符号库存储在任何位置。如果将库文件存储在默认位置，则当重新打开 Illustrator 时，库名称将显示在【符号库】子菜单和【打开符号库】子菜单中。

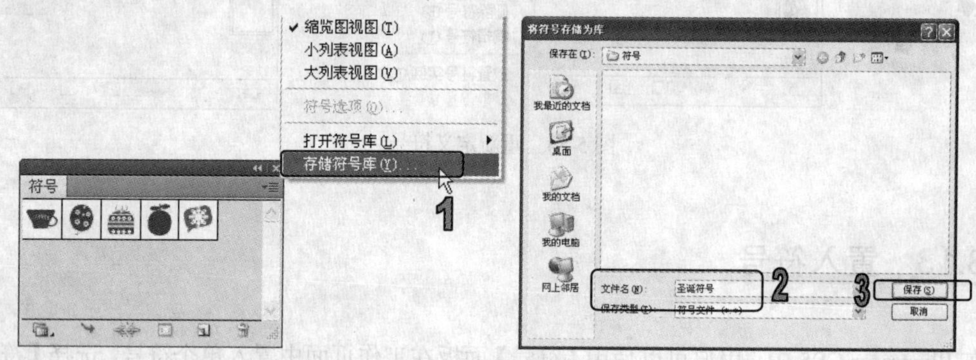

图 5-57 存储符号库

5.4 上机练习

本章上机练习主要练习制作卡通插图，使用户更好地掌握图形的绘制、画笔的应用以及符号工具的基本操作方法和技巧。

(1) 新建图形文档，选择工具箱中的【钢笔】工具绘制如图 5-58 所示的图形。

(2) 使用【选择】工具选中绘制的图形，在【画笔】面板中单击【5 pt 椭圆形】画笔样式，并在【颜色】面板中设置描边颜色为 CMYK(100，35，100，0)，如图 5-59 所示。

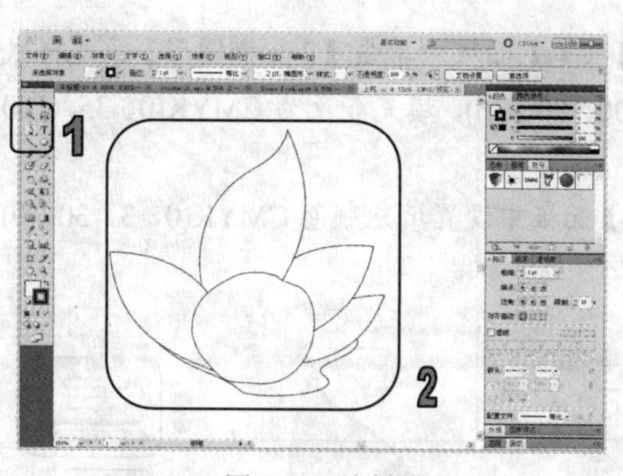

图 5-58　绘制图形

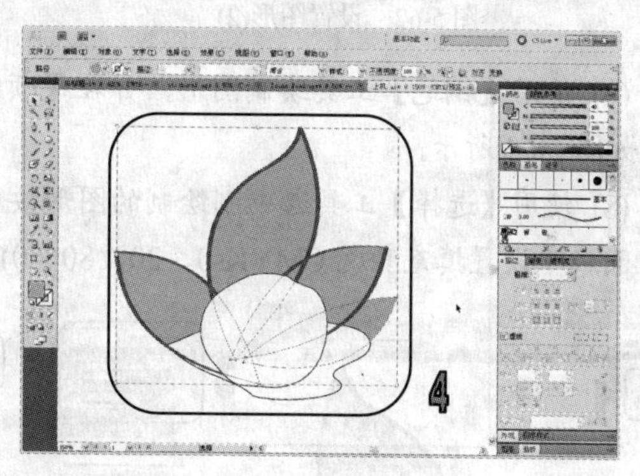

图 5-59　应用画笔

(3) 保持图形对象的选中状态，按Ctrl+C键复制，按Ctrl+F键粘贴图形，然后按Shift键，使用【选择】工具选中最右边的叶片图形，在【颜色】面板中取消描边颜色，设置填充颜色为CMYK(40，0，100，0)。最后在图形上右击，在弹出的菜单中选择【排列】|【置于底层】命令，如图5-60所示。

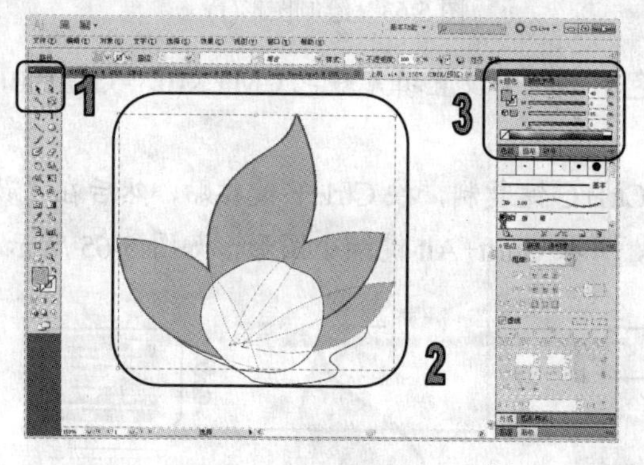

图 5-60　复制并设置图形

(4) 使用【选择】工具选中图形，在【颜色】面板中取消描边颜色，设置填充颜色为CMYK(100，35，100，0)。然后右击，在弹出的菜单中选择【排列】|【置于底层】命令，如图5-61所示。

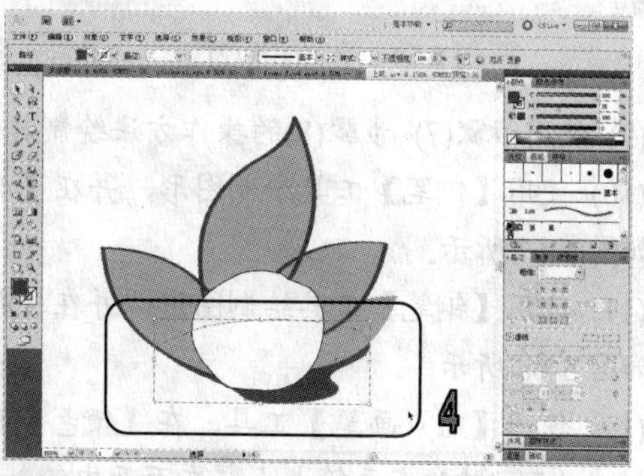

图 5-61　设置图形(1)

(5) 使用【选择】工具选中绘制的图形，在【画笔】面板中单击【2 pt 椭圆形】画笔样式，并在【颜色】面板中设置描边颜色为 CMYK(0，100，80，35)，填充颜色为 CMYK(0，35，100，0)，如图 5-62 所示。

(6) 使用【钢笔】工具绘制图形，并在【颜色】面板中设置填充颜色 CMYK(0，3，30，0)，取消描边颜色，如图 5-63 所示。

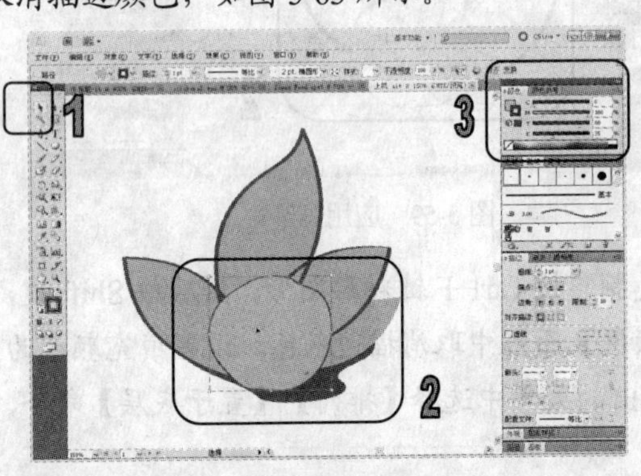

图 5-62　设置图形(2)

图 5-63　绘制图形(1)

(7) 使用【钢笔】工具绘制图形，并在【颜色】面板中设置填充颜色 CMYK(0，55，100，0)，如图 5-64 所示。

(8) 使用【选择】工具选中刚绘制的图形按 Ctrl+C 键复制，按 Ctrl+F 键粘贴，然后在【颜色】面板中设置填充颜色 CMYK(0，20，80，0)，并按 Shift+Alt 键缩小图形，如图 5-65 所示。

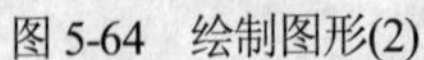

图 5-64　绘制图形(2)

图 5-65　复制图形

(9) 使用步骤(7)~步骤(8)的操作方法绘制其他图形对象，如图 5-66 所示。

(10) 使用【钢笔】工具绘制图形，并在【颜色】面板中设置填充颜色 CMYK(0，0，60，0)，如图 5-67 所示。

(11) 使用【钢笔】工具绘制图形，并在【颜色】面板中设置填充颜色 CMYK(0，0，40，0)，如图 5-68 所示。

(12) 使用【斑点画笔】工具，在【颜色】面板中设置填充颜色 CMYK(0，0，20，0)，并结合键盘上[和]键改变画笔大小，在页面中绘制，如图 5-69 所示。

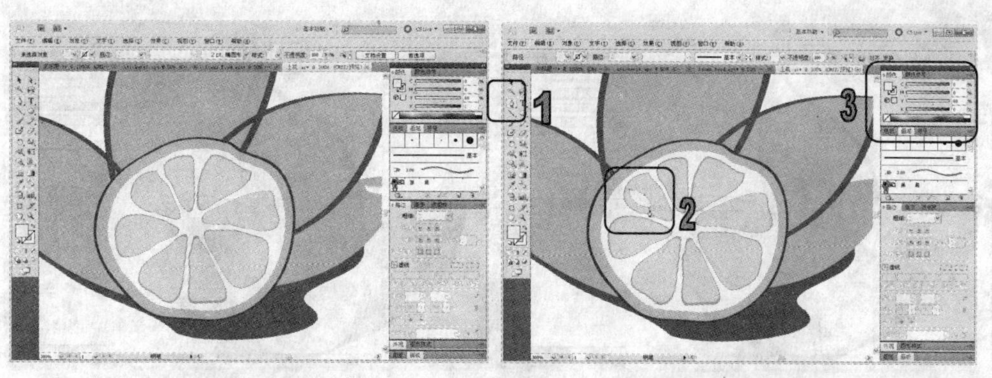

图 5-66　绘制图形(1)　　　　图 5-67　绘制图形(2)

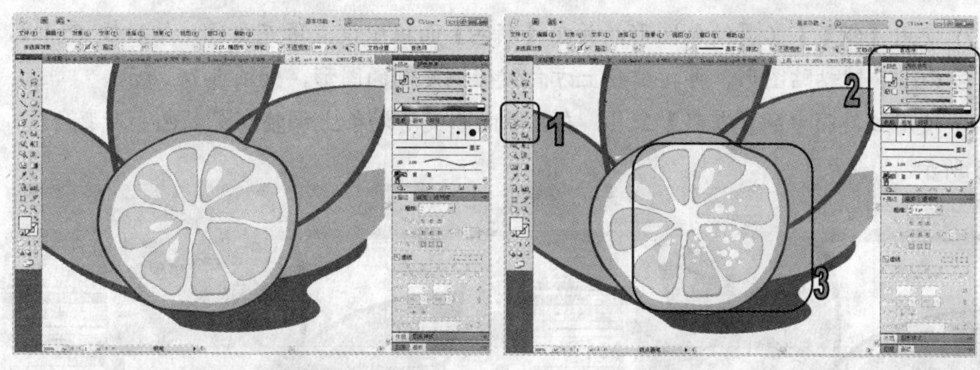

图 5-68　绘制图形(3)　　　　图 5-69　绘制图形(4)

(13) 使用【钢笔】工具绘制图形，并在【颜色】面板中设置填充颜色 CMYK(70，0，100，0)，如图 5-70 所示。

(14) 使用【选择】工具按住 Shift 键选中刚绘制的图形，并按 Ctrl+[键多次排列图形堆叠顺序，如图 5-71 所示。

图 5-70　绘制图形(5)

图 5-71　排列图形

(15) 使用【钢笔】工具绘制图形，并在【颜色】面板中设置填充颜色 CMYK(30，0，100，0)，如图 5-72 所示。

(16) 使用【选择】工具选中刚绘制的图形，并按住 Ctrl+[键排列图形堆叠顺序，如图 5-73 所示。

图 5-72　绘制图形

图 5-73　排列图形

(17) 使用【钢笔】工具绘制图形，并在【颜色】面板中设置填充白色，然后按 Ctrl+C 键复制，按 Ctrl+F 键粘贴图形，再按键盘上方向键微调复制的图形，如图 5-74 所示。

(18) 使用工具箱中的【渐变】工具，在显示的渐变滑动条上调整渐变颜色和渐变角度，如图 5-75 所示。

图 5-74　绘制图形

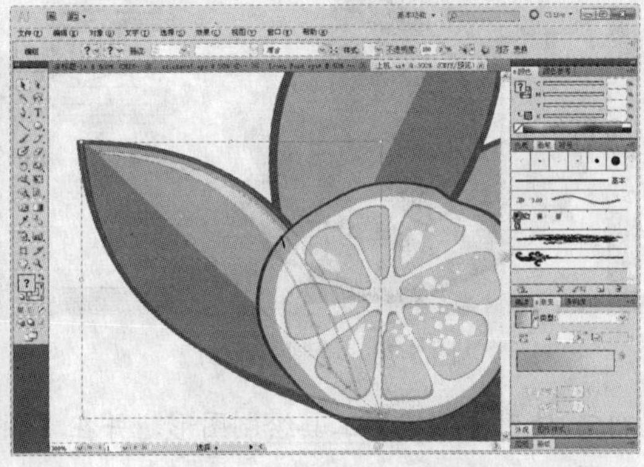

图 5-75　填充渐变

(19) 使用【选择】工具选中绘制的图形，并按 Ctrl+G 键进行群组，然后按 Ctrl+[键排列图形堆叠顺序，如图 5-76 所示。

图 5-76　调整图形

(20) 使用【钢笔】工具绘制图形，并使用工具箱中的【渐变】工具，在显示的渐变滑动条上调整渐变颜色和渐变角度，如图 5-77 所示。

(21) 使用【钢笔】工具绘制图形，并在【颜色】面板中设置填充颜色为白色，如图 5-78 所示。

图 5-77　绘制图形(1)

图 5-78　绘制图形(2)

(22) 使用【选择】工具选中绘制的图形，并按 Ctrl+G 键进行群组，然后按 Ctrl+[键排列图形堆叠顺序，如图 5-79 所示。

图 5-79　调整图形

(23) 使用【钢笔】工具绘制图形，并使用工具箱中的【渐变】工具，在显示的渐变滑动条上调整渐变颜色和渐变角度，如图 5-80 所示。

图 5-80　绘制图形(1)

图 5-81　绘制图形(2)

(24) 使用【钢笔】工具绘制图形，并在【颜色】面板中设置填充颜色为白色，如图 5-81 所示。

(25) 使用【选择】工具选中绘制的图形，并按 Ctrl+G 键进行群组，然后按 Ctrl+[键排列图形堆叠顺序，如图 5-82 所示。

图 5-82　调整图形

(26) 选择工具箱中的【椭圆】工具在页面中绘制椭圆形，并在【颜色】面板中设置填充色为 CMYK(60，0，20，20)，如图 5-83 所示。

(27) 使用【选择】工具选中刚绘制的图形，按 Ctrl+C 键复制，按 Ctrl+F 键粘贴，并使用工具箱中的【渐变】工具，在显示的渐变滑动条上调整渐变颜色和渐变角度，如图 5-84 所示。

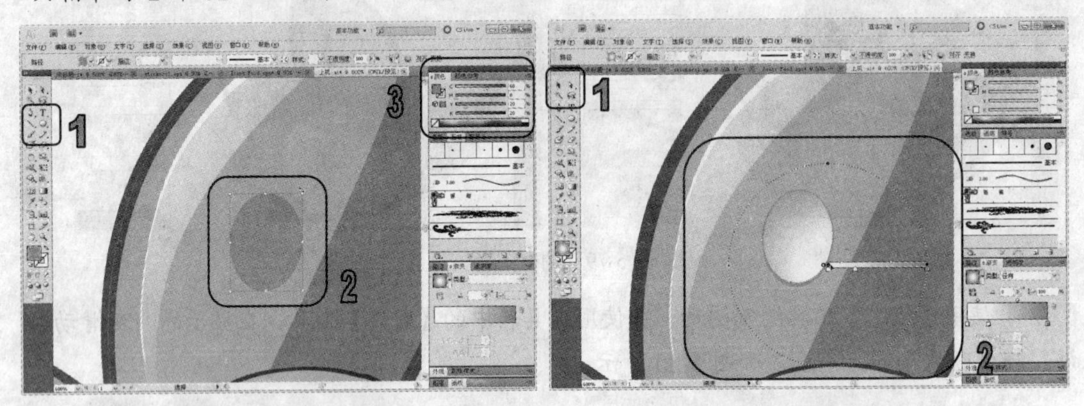

图 5-83　绘制图形　　图 5-84　填充渐变

(28) 使用【钢笔】工具在页面中绘制图形，并在【颜色】面板中设置填充颜色为 CMYK(10，0，0，0)，如图 5-85 所示。

(29) 使用【椭圆】工具在页面中绘制图形，并在【颜色】面板中设置填充颜色为白色，如图 5-86 所示。

(30) 使用【选择】工具选中步骤(26)~步骤(29)中绘制的图形，按 Ctrl+G 键进行群组，然后单击【符号】面板中的【新建符号】按钮，打开【符号选项】对话框。在对话框的【名称】文本框中输入“水滴”，在【类型】下拉列表中选择【图形】选项，然后单击【确定】按钮创建符号，如图 5-87 所示。

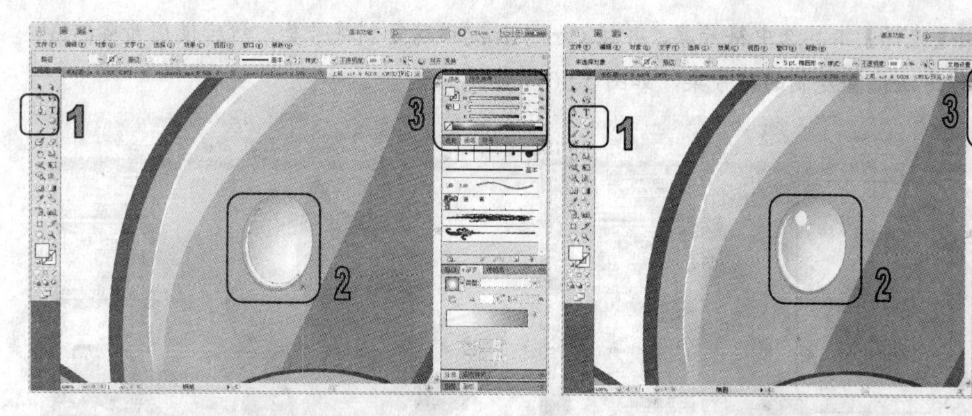

图 5-85　绘制图形　　　　图 5-86　填充渐变

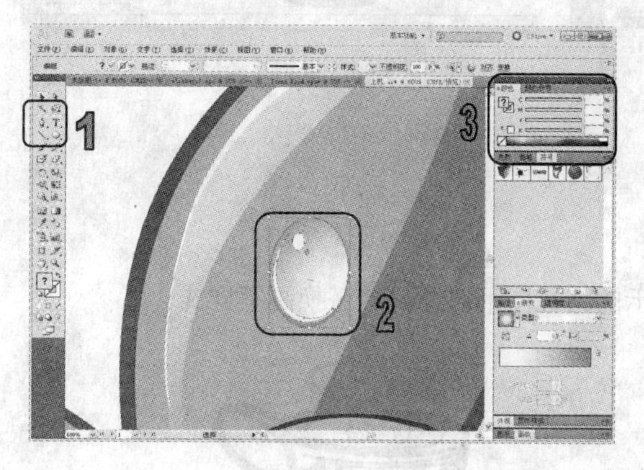

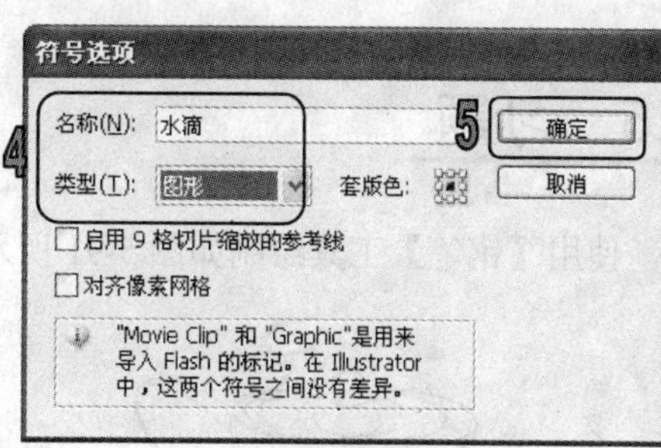

图 5-87　创建符号

(31) 选择工具箱中的【符号喷枪】工具，在页面中单击添加符号实例，然后选择工具箱中的【符号缩放器】工具，按住 Alt 键单击符号实例调整符号大小，如图 5-88 所示。

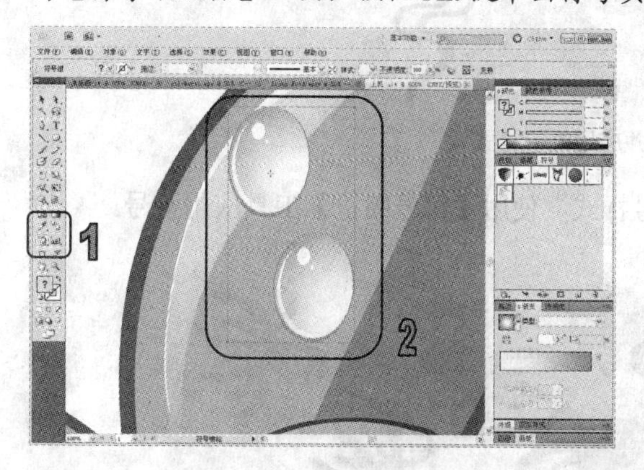

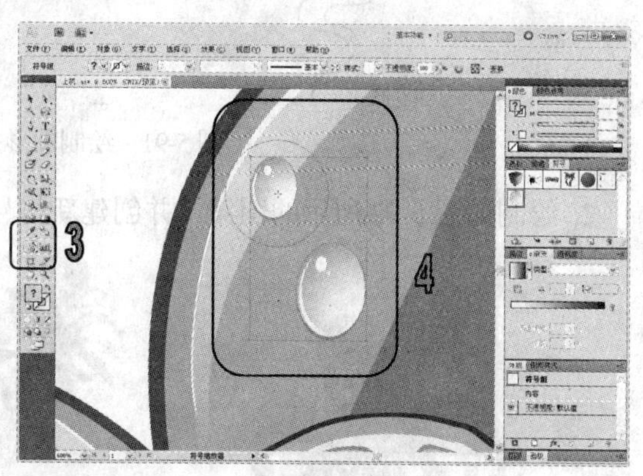

图 5-88　调整符号实例

(32) 选择工具箱中的【符号旋转器】工具在符号实例上拖动，调整符号实例的旋转方向，如图 5-89 所示。

(33) 使用【选择】工具选中符号集，并按 Ctrl+Alt 键移动复制符号集，然后使用步骤(31)~步骤(32)的操作方法调整复制的符号集，如图 5-90 所示。

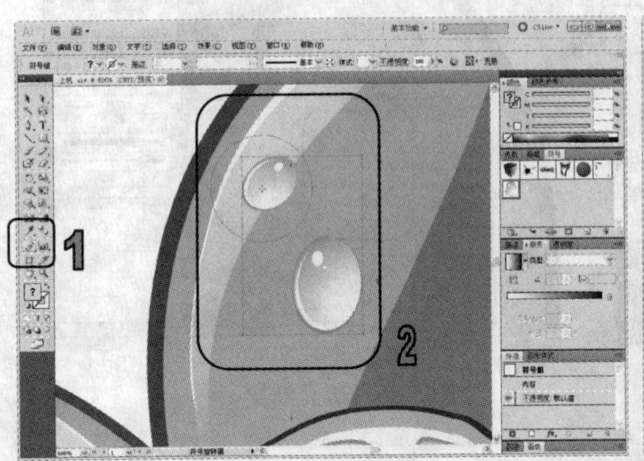

图 5-89 调整符号实例

图 5-90 复制符号集

5.5 习题

1. 使用【钢笔】工具绘制如图 5-91 所示的路径图形对象，并替换画笔样式。

图 5-91 绘制图形并应用画笔样式

2. 绘制如图 5-92 所示的图案，并创建新符号样式，使用【符号喷枪】工具应用符号。

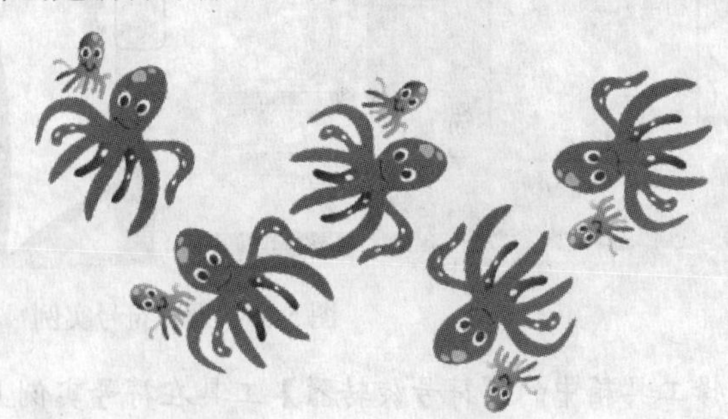

图 5-92 使用符号工具

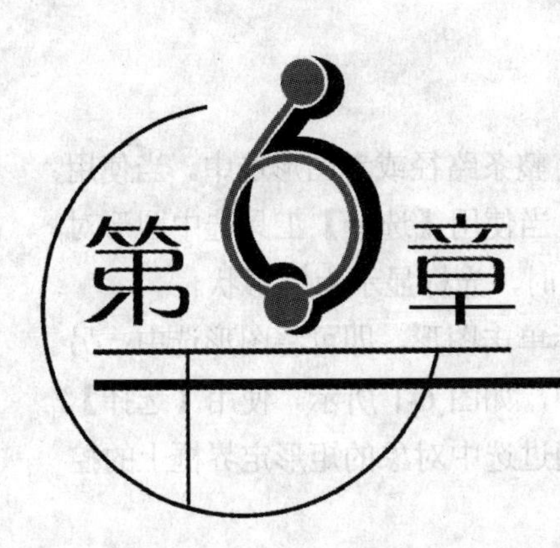

第6章 对象组织

学习目标

Illustrator CS5 中，用户可以根据需要选择、排列、分布对象，也可以使用图层重新组织图形中不同元素的显示顺序，而且可以作为单独的单元进行编辑，还可以查看不同图层的内容。另外，在图形中应用蒙版，可以控制图形的显示区域，从而获得一些特殊的效果。

本章重点

- 图形的选择
- 图形的排列与对齐
- 图层
- 剪切蒙版
- 使用【链接】面板

6.1 图形的选择

Illustrator 是一款面向图形对象的软件，在做任何操作前都必须选择图形对象，以指定后续操作所针对的对象。因此，Illustrator 提供多了多种选取相应图形对象的方法。熟悉图形对象的选择方法才能提高图形编辑操作的效率。

6.1.1 使用选取工具

在 Illustrator 的工具箱中有 5 个选择工具，分别是【选择】工具、【直接选择】工具、【编组选择】工具、【魔棒】工具和【套索】工具，它们分别代表不同的功能，并且在不同的情况下使用。

1. 【选择】工具

使用【选择】工具在路径或图形的任何一处单击，就会将整条路径或者图形选中。当使用【选择】工具未选中图形对象或路径时，光标显示为形状。当使用【选择】工具选中图形对象或路径后，光标变为形状。当【选择】工具靠近一个锚点时，光标显示为形状。

使用【选择】工具选择图形有两种方法：一种是使用鼠标单击图形，即可将图形选中；另一种是使用鼠标拖动矩形框来框选部分图形，也可将图形选中，如图 6-1 所示。使用【选择】工具选中图形后，就可以拖动鼠标移动图形的位置，还可以通过选中对象的矩形定界框上的控制点缩放、旋转图形。

图 6-1 选择图形

2. 【直接选择】工具

【直接选择】工具可以选取成组对象中的一个对象、路径上任何一个单独的锚点或某一路径上的线段，在大部分情况下【直接选择】工具用来修改对象形状。

当【直接选择】工具放置在未被选中图形或路径上时，光标显示为形状；当【直接选择】工具放置在已被选中的图形或路径上时，光标变为形状。

使用【直接选择】工具选中一个锚点后，这个锚点以实心正方形显示，其他锚点空心正方形显示。如果被选中的锚点是曲线点，则曲线点的方向线及相邻锚点的方向线也会显示出来。使用【直接选择】工具拖动方向线及锚点就可改变曲线形状及锚点位置，也可以通过拖动线段改变曲线形状，如图 6-2 所示。

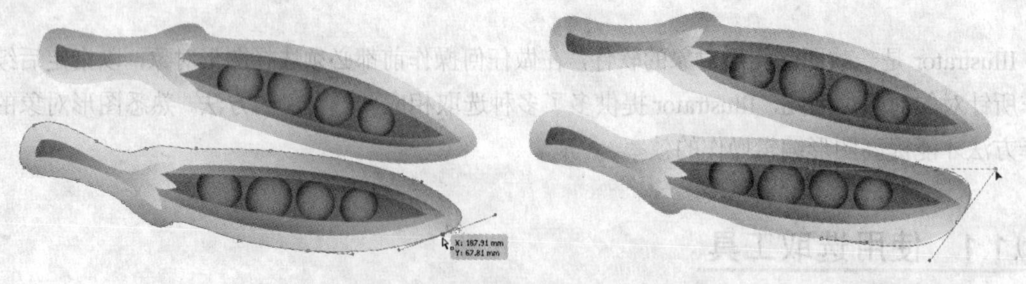

图 6-2 使用【直接选择】工具

3. 【编组选择】工具

有时为了绘制图形方便，会把几个图形进行编组，如果要移动一组图形，只需用【选择】

工具选择任意图形，就可以把这一组图形都选中。如果这时要选择其中一个图形，则需要使用【编组选择】工具。

在成组的图形中，使用【编组选择】工具单击可选中其中的一个图形，双击鼠标即可选中这一组图形。如果图形是多重成组图形，则每多单击鼠标一次，就可多选择一组图形。

4. 【魔棒】工具

【魔棒】工具的出现为选取具有某种相同或相近属性的对象带来了前所未有的方便，对于位置分散的具有某种相同或相近属性的对象，【魔棒】工具能够单独选取目标的某种属性，从而使整个具有某种相同或相近的属性的对象全部选中，如图 6-3 所示。该工具的使用方法与 Photoshop 中的【魔棒】工具的使用方法相似，用户利用这一工具可以选择具有相同或相近的填充色、边线色、边线宽度、透明度或者混合模式的图形。

图 6-3　使用【魔棒】工具

双击【魔棒】工具，打开该工具的面板，如图 6-4 所示，在其中可做适当的设置。

- 【填充颜色】：以填充色为选择基准，其中【容差】的大小决定了填充色选择的范围，数值越大选择范围就越大，反之，范围就越小。
- 【描边颜色】：以边线色为选择基准，其中【容差】的作用同【填充颜色】中【容差】的作用相似。
- 【描边粗细】：以边线色为选择基准，其中【容差】决定了边线宽度的选择范围。
- 【不透明度】：以透明度为选择基准，其中【容差】决定了透明程度的选择范围。
- 【混合模式】：以相似的混合模式作为选择的基准。

魔棒

☑ 填充颜色	容差: 20
☐ 描边颜色	容差: 20
☐ 描边粗细	容差: 1.76 m
☐ 不透明度	容差: 5%
☐ 混合模式	

图 6-4 【魔棒】面板

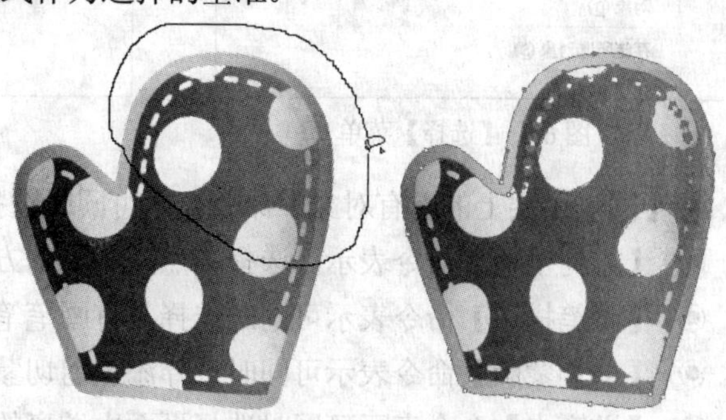

图 6-5　使用【套索】工具

5.【套索】工具

【套索】工具可以通过自由拖动的方式选取多个图形、锚点或者路径片段。使用【套索】工具勾选完整的一个对象，整个图形即被选中。如果只勾选部分图形，则只选中被勾选的局部图形上的锚点，如图 6-5 所示。

6.1.2 使用选取命令

【选择】菜单下有多个不同的选择命令，如图 6-6 所示。【全部】命令用于全选所有页面内的图形。【现用画板上的全部对象】命令用于选择当前使用页面中的全部图形对象。【取消选择】命令用于取消对页面内图形的选择。【重新选择】命令用于选择执行【取消选择】命令前被选择的图形。【反向】命令用于选择当前被选择图形以外的图形。当图形被堆叠时，可通过选择【选择】|【上方的下一个对象】命令选择当选图形紧邻的上面的图形；选择【选择】|【下方的下一个对象】命令可选择当选图形紧邻的下面的图形。

选择【选择】|【相同】命令后，弹出一系列子菜单命令可用于选择具有相同属性的图形。可同时选择具有相同【混合模式】、【填色和描边】、【填充颜色】、【不透明度】、【描边颜色】、【描边粗细】、【图形样式】、【符号实例】以及【链接块系列】的图形。

【选择】|【对象】命令中的子菜单命令用于选择页面内相同属性的图形对象，如图 6-7 所示。

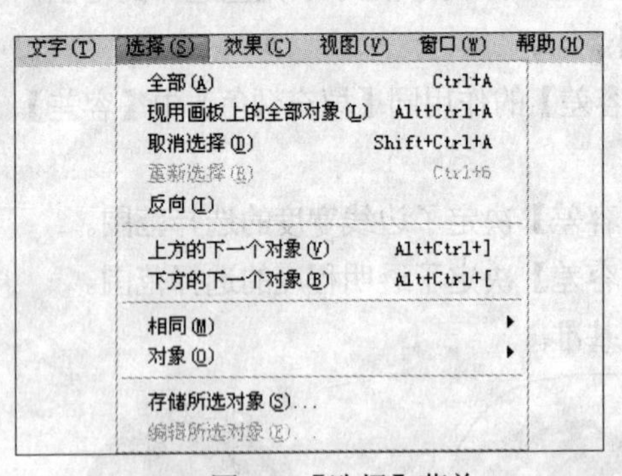

图 6-6 【选择】菜单

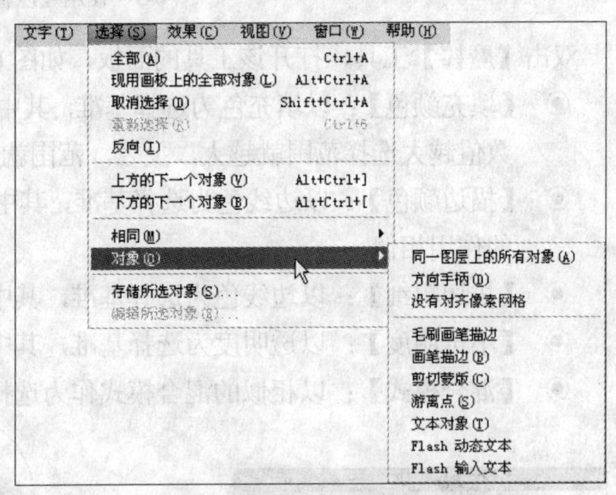

图 6-7 【对象】命令子菜单

- 【同一图层上的所有对象】命令表示可同时选择同一图层内的所有图形。
- 【方向手柄】命令表示可选择锚点和线段的方向线的手柄。
- 【画笔描边】命令表示可同时选择具有画笔笔触效果的所有图形。
- 【剪切蒙版】命令表示可同时选择添加剪切蒙版的所有对象。
- 【游离点】命令表示可同时选择页面内游离的锚点。
- 【文本对象】命令表示可同时选择页面内所有的文本对象。
- 【Flash 动态文本】和【Flash 输入文本】命令可以选择页面内经过相应标记的文本。

6.2　图形的排列与对齐

选择【对象】|【排列】命令后，弹出的菜单中有很多子菜单命令，选择此菜单中的命令可以改变图形的前后堆叠顺序。【置于顶层】命令可将所选图形放置在所有图形的最前面。【前移一层】命令可将所选中对象向前移动一层。【后移一层】命令可将所选图形向后移动一层。【置于底层】命令可将所选图形放置在所有图形的最后面。

【例 6-1】在打开的图形文档中，排列选中的图形对象。

(1) 在打开的图形文档中，使用工具箱中的【选择】工具选中对象。

(2) 右击鼠标，在弹出的菜单中选择【排列】|【前移一层】命令，重新排列图形对象的叠放顺序，如图 6-8 所示。

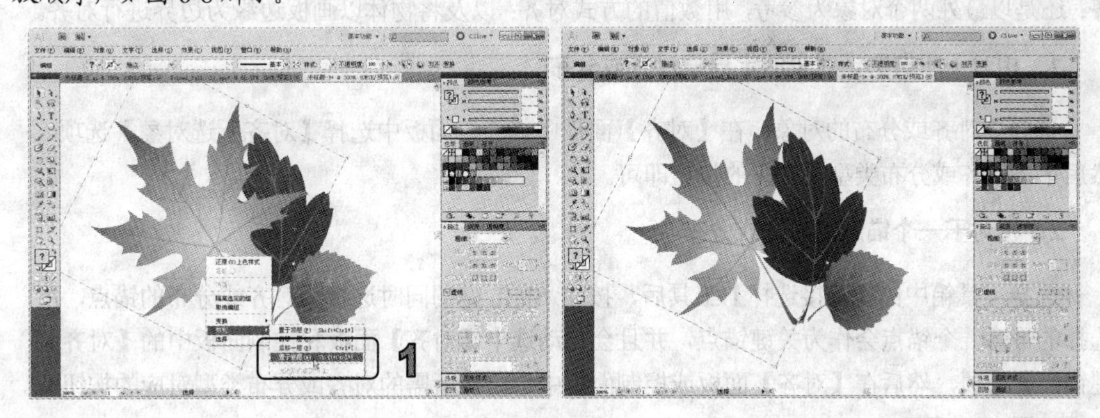

图 6-8　排列对象

提示

在实际操作过程中，用户可以在选中图形对象后，单击鼠标右键，在弹出的快捷菜单中选择【排列】命令，或直接通过键盘快捷键排列图形对象。按 Shift+Ctrl+]键可以将所选对象置于顶层；按 Ctrl+]键可将所选对象前移一层；按 Ctrl+[键可将所选对象后移一层；按 Shift+Ctrl+]键可将所选对象置于底层。

选择【窗口】|【对齐】命令，打开【对齐】面板，在该面板中可以定义多个图形的排列方式，如图 6-9 所示。

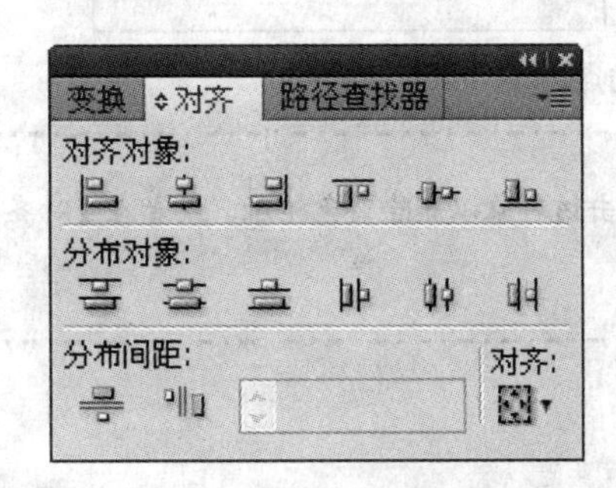

图 6-9　【对齐】面板

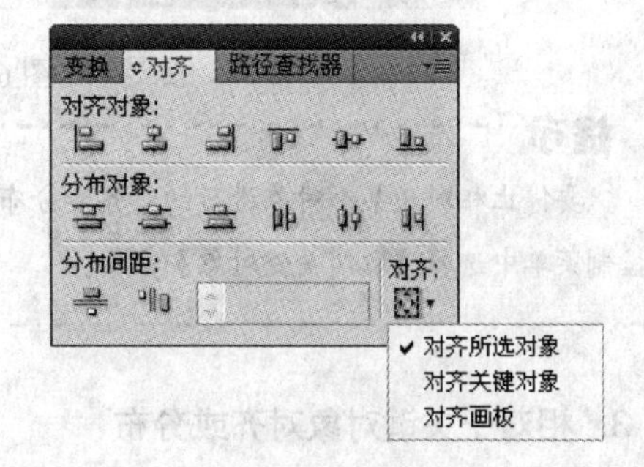

图 6-10　【对齐】选项按钮

在【对齐】面板中，第一排图标按钮表式图形的对齐方式，从左到右分别为：按钮表示水平左对齐，按钮表示水平居中对齐，按钮表示水平右对齐，按钮表示垂直顶对齐，按钮表示垂直居中对齐，按钮表示垂直底对齐。

在【对齐】面板中，第二排图标按钮表示图形的分布方式，从左到右分别为：按钮表示按图形上部垂直平均分布，按钮表示图形中心垂直平均分布，按钮表示按图形下部垂直平均分布，按钮表示按图形左部水平平均分布，按钮表示按图形中心水平平均分布，按钮表示按图形右部水平平均分布。

在【对齐】面板中，第三排图标按钮可以确定图形的等距离，等距离可以通过自动的方式，也可以通过自定义的方式来确定。按钮表示图形在垂直方向上的等距离。按钮表示图形在水平方向上的等距离。通过如图 6-10 所示的【对齐】选项按钮可以选择物体按照对齐方式对齐；还是以最外两个对象为参考，用数值的方式对齐；以及将物体以画板边缘为边界进行对齐。

1. 相对于所有选定对象的定界框对齐或分布

选择要对齐或分布的对象，在【对齐】面板中或控制面板中选择【对齐所选对象】选项，然后单击对齐或分布类型所对应的按钮即可。

2. 相对于一个锚点的对齐或分布

选择工具箱中的【直接选择】工具后，按住 Shift 键的同时选择要对齐或分布的锚点，所选择的最后一个锚点会作为关键锚点，并且会自动选中【对齐】面板和控制面板中的【对齐关键锚点】选项，然后在【对齐】面板或控制面板中单击与所需的对齐或分布类型对应的按钮即可，如图 6-11 所示。

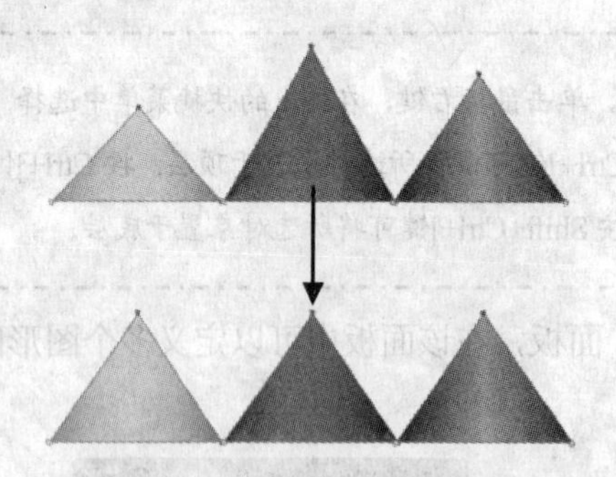

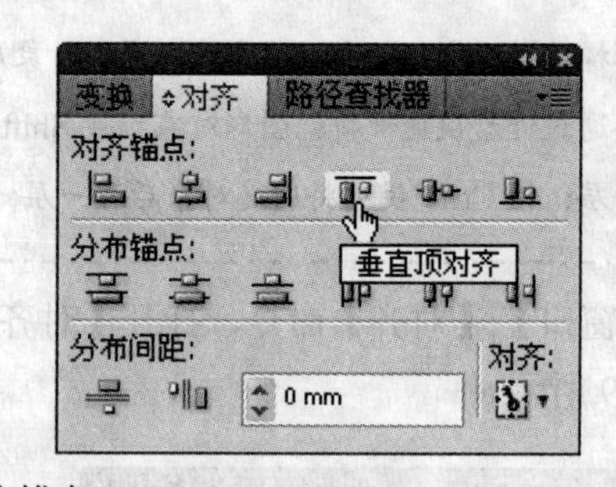

图 6-11　对齐锚点

> **提示**
>
> 要停止相对于某个对象进行的对齐和分布，需再次单击该对象以删除蓝色轮廓，或者在【对齐】面板控制菜单中选择【取消关键对象】命令。

3. 相对于关键对象对齐或分布

选择要对齐或分布的对象，再次单击要用做关键对象的对象，关键对象周围出现一个蓝色

轮廓，并会在控制面板和【对齐】面板中自动选中【对齐关键对象】选项，然后在【对齐】面板或控制面板中单击与所需的对齐或分布类型对应的按钮，如图 6-12 所示。

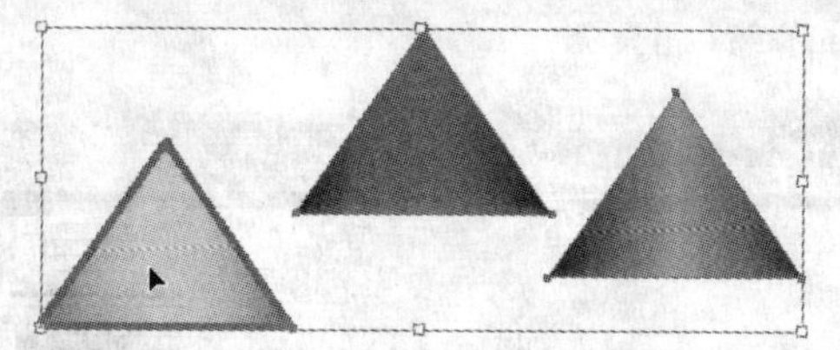

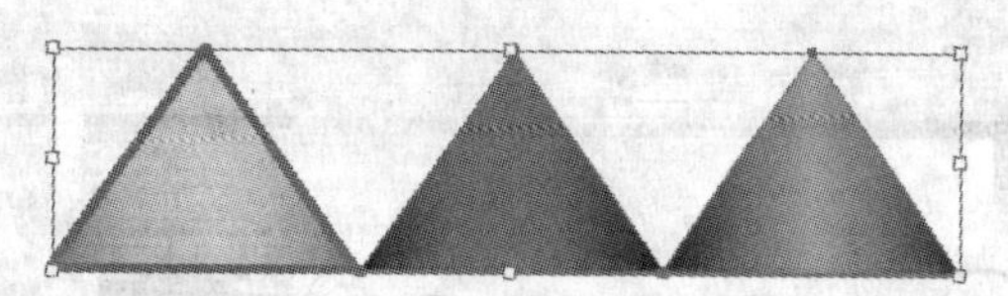

图 6-12　相对于关键对象对齐

4．相对于画板对齐或分布

选择要对齐或分布的对象，选择【选择】工具，按住 Shift 键的同时单击要使用的画板以将其选中。现用画板的轮廓比其他画板要深。在【对齐】面板或控制面板中选择【对齐面板】选项，然后单击与所需的对齐或分布类型对应的按钮。【对齐画板】命令可以使对象的对齐不是按照路径而是按照边线色对齐。

5．按照特定间距分布对象

在 Illustrator 中，可用对象路径之间的精确距离来分布对象。选择要分布的对象，在【对齐】面板中的【分布间距】文本框中输入要在对象之间显示的间距量。如果未显示【分布间距】选项，则在【对齐】面板菜单中选择【显示选项】命令。使用【选择】工具选中要在其周围分布其他对象的路径，选中的对象将在原位置保持不动，然后单击【垂直分布间距】按钮或【水平分布间距】按钮。

【例 6-2】在 Illustrator 中，使用【对齐】面板排列分布对象。

(1) 选择【文件】|【打开】命令，在【打开】对话框中选择打开图形文档，并选择【窗口】|【对齐】命令，显示【对齐】面板，在【对齐】选项区域中选择【对齐所选对象】选项，如图 6-13 所示。

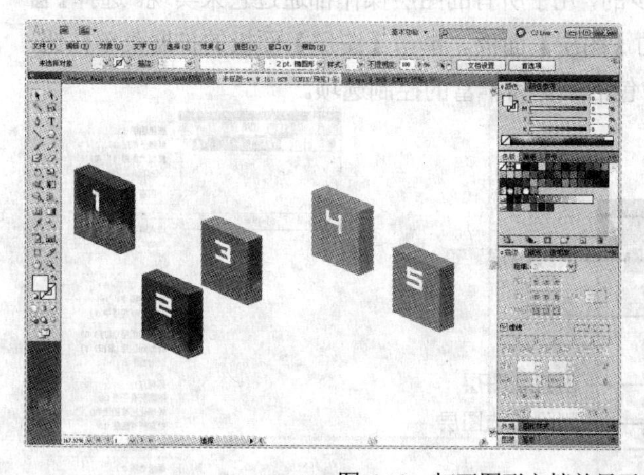

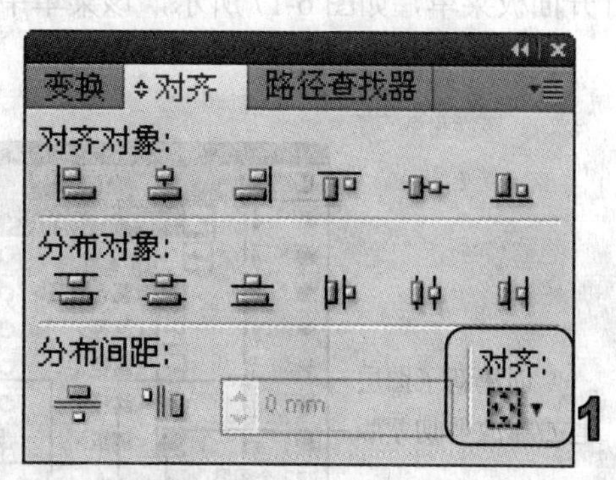

图 6-13　打开图形文档并显示【对齐】面板

(2) 选择工具箱中的【选择】工具，框选全部图形，然后在【对齐】面板中单击【垂直居

中对齐】按钮，即可将选中的图形对象垂直居中对齐，如图 6-14 所示。

(3) 接着在【对齐】面板中单击【水平居中分布】按钮，即可将图形对象水平居中分布，如图 6-15 所示。

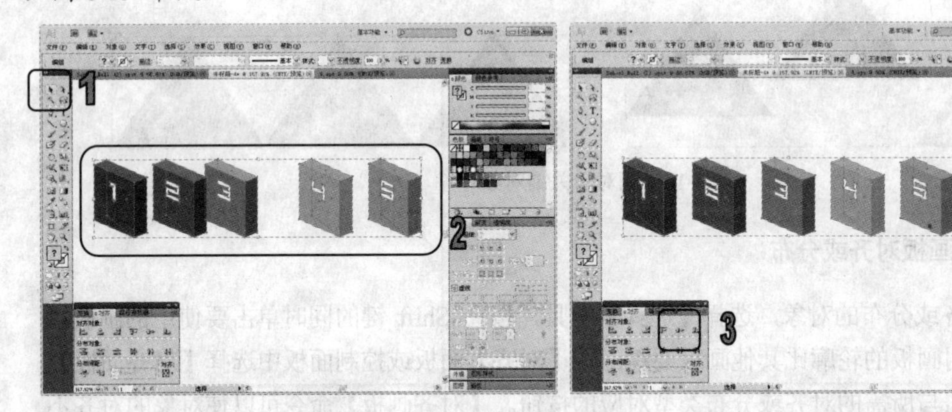

图 6-14 垂直居中对齐　　图 6-15 水平居中分布

6.3 图层

图层提供了管理所有构成对象的方法，可以将图层视为包含图形对象的透明文件夹。用户可以在文件夹之间移动对象，也可以在文件夹之中创建子文件夹。如果将文件夹重新编组，就会改变文档中对象的堆叠顺序。

6.3.1 使用【图层】面板

【图层】面板是进行图层编辑不可缺少的，几乎所有的图层操作都通过它来实现。选择【窗口】|【图层】命令，显示如图 6-16 所示的【图层】面板。单击【图层】面板的扩展菜单按钮，打开面板菜单，如图 6-17 所示，该菜单中包括了更为丰富的控制选项。

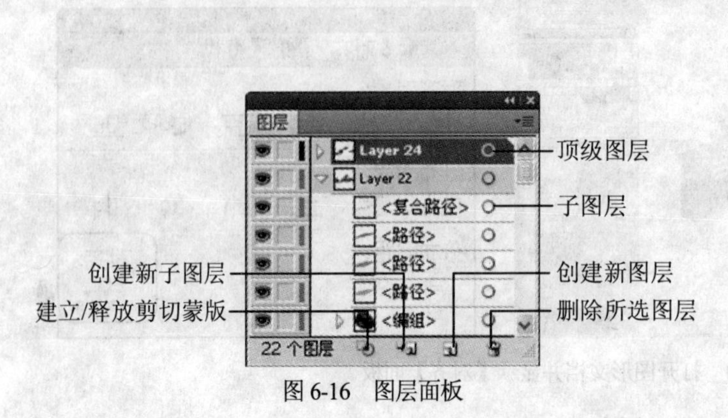

图 6-16 图层面板

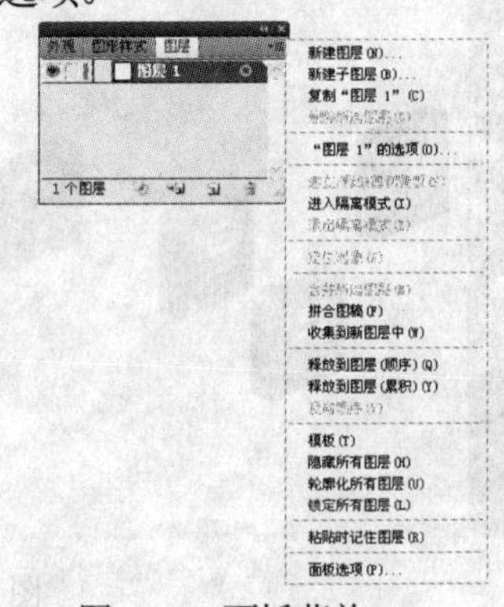

图 6-17 面板菜单

在【图层】面板中，每一个图层都可以自定义不同的名称以便区分。如果在创建图层时没有命名，Illustrator 会自动依照【图层 1】、【图层 2】、【图层 3】……的顺序定义图层。用户也可以双击图层名称，打开【图层选项】对话框来重新命名图层。同时，在【图层选项】对话框中可以更改图层中默认使用的颜色。在指定了图层颜色之后，在该图层中绘制图形路径、创建文本框时都会采用该颜色。

图层名称前的图标用于显示或隐藏图层。单击图标，不显示该图标时，选中的图层被隐藏。当图层被隐藏时，在 Illustrator CS5 的绘图页面中，将不显示此图层中的图形对象，也不能对该图层进行任何图像编辑。再次单击可重新显示图层。

当图层前显示图标时，表明该图层被锁定，不能进行编辑修改操作。再次单击该图标可以取消锁定状态，重新对该图层中所包括的各种图形元素进行编辑。

除此之外，面板底部还有 4 个功能按钮，其作用如下。

- 【建立/释放剪切蒙版】按钮：该按钮用于创建剪切蒙版和释放剪切蒙版。
- 【创建新子图层】按钮：单击该按钮可以建立一个新的子图层。
- 【创建新图层】按钮：单击该按钮可以建立一个新图层，如果用鼠标拖动一个图层到该按钮上释放，可以复制该图层。
- 【删除所选图层】按钮：单击该按钮，可以把当前图层删除。或者把不需要的图层拖动到该按钮上释放，也可删除该图层。

在【图层】面板菜单中，选择【面板选项】命令，可以打开如图 6-18 所示的【图层面板选项】对话框。在该对话框中可以设置【图层】面板的显示方式。

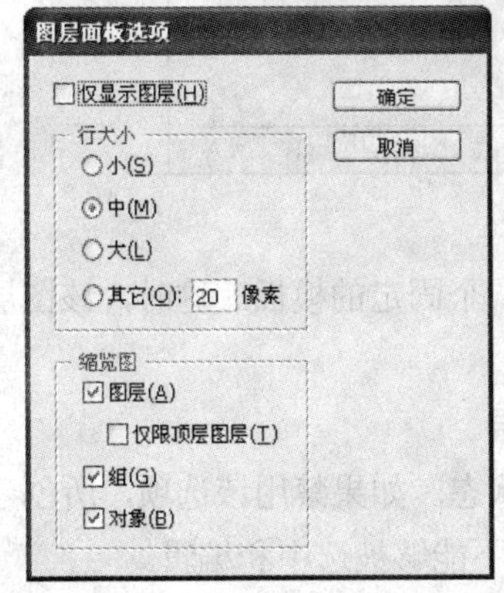

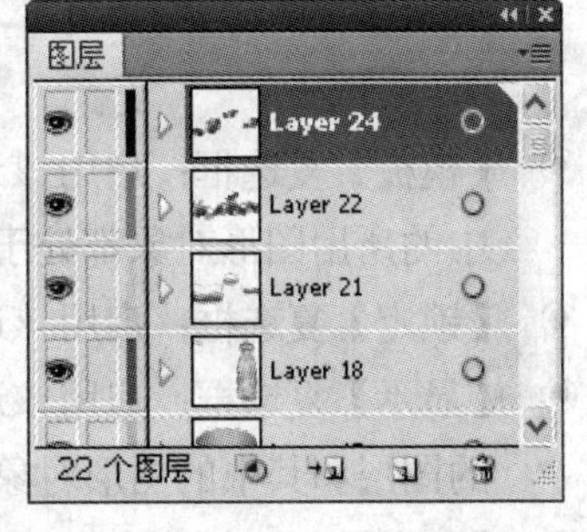

图 6-18　面板选项

6.3.2　图层基本操作

文件中图层的结构可以依照用户的需要变得简单或复杂。默认状态下，所有对象都整合组织在单一主图层中。也可以创建新图层，然后将对象移入其中，或随时将一个图层的元件移至另一个图层中。【图层】面板提供了简易的方法，在该面板中可以选取、隐藏、锁定及改变对

象的外观属性，甚至还可以制作模板图层，用来描绘对象并与 Photoshop 交换图层。

1. 新建图层

在 Illustrator 中，可以直接单击【图层】面板底部的【创建新图层】按钮创建新图层，并自动为新建图层命名。也可以选择面板菜单中的【新建图层】命令新建图层。

【例 6-3】在 Illustrator 中，为新文档创建图层和子图层。

(1) 单击【图层】面板右上角的扩展菜单按钮，在弹出的菜单中选择【新建图层】命令，打开【图层选项】对话框，如图 6-19 所示。

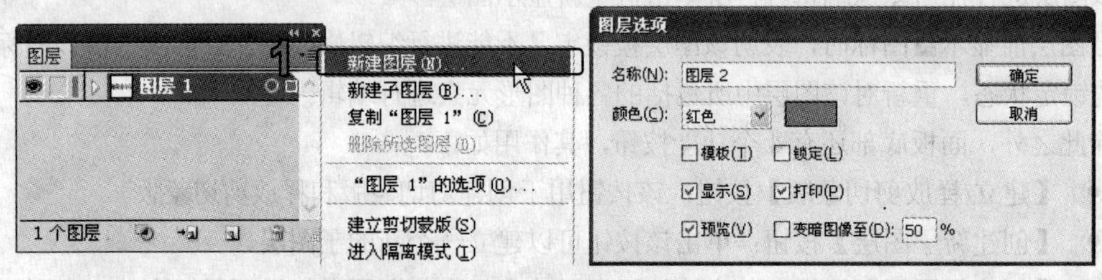

图 6-19　打开【图层选项】对话框

(2) 在对话框的【名称】文本框中，输入“空白图层”，为新建图层命名。【颜色】下拉列表中选择【橙色】，指定新建图层所用的默认颜色，然后单击【确定】按钮，如图 6-20 所示。

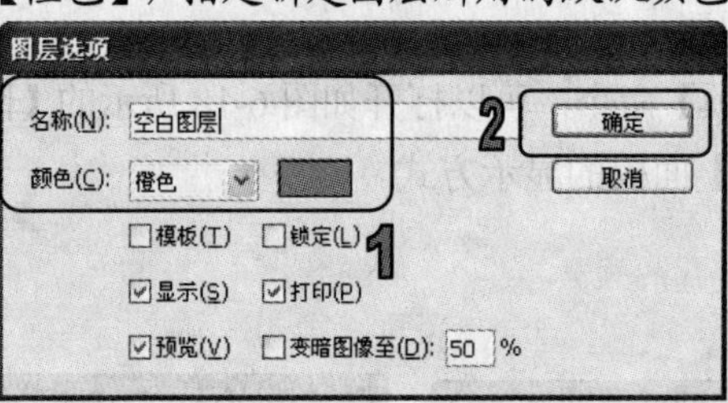

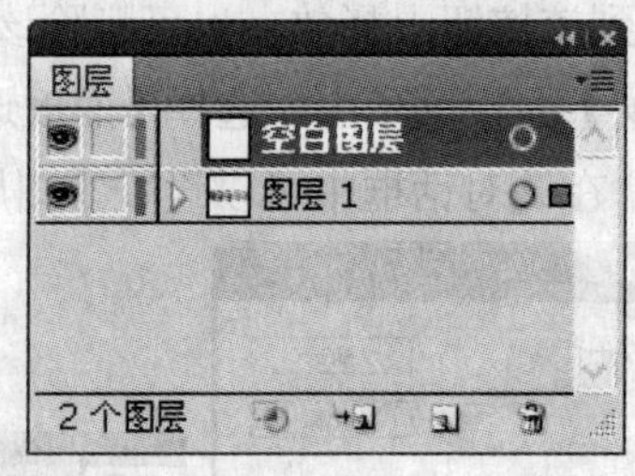

图 6-20　新建图层

- 【模板】复选框：启用该选项，将把新建的图层当作一个固定的模板。这时，该图层中的所用图形对象都处于不可编辑状态。
- 【锁定】复选框：启用该选项，将自动锁定新建的图层。
- 【显示】复选框：启用该选项，新建的图层处于可见状态。如果禁用该选项，所创建的图层和其中的图形对象就不能显示在页面中，并且不能够被选中和编辑。
- 【打印】复选框：启用该选项时，将新建的图层设置为可打印状态。如果不选取该复选框，将不会打印该图层的任何对象。
- 【预览】复选框：启用该选项，在该新图层中的图形将以【预览】视图模式显示。如果没有选中这个复选框，新图层中的图层则以【线条稿】模式显示。
- 【变暗图像至】复选框：启用该选项时，可以将图层中的图案变暗，变暗的程度由这一复选框后面的数值确定。

(3) 单击【图层】面板右上角的扩展菜单按钮，在弹出的菜单中选择【新建子图层】命令，打开【图层选项】对话框，如图 6-21 所示。

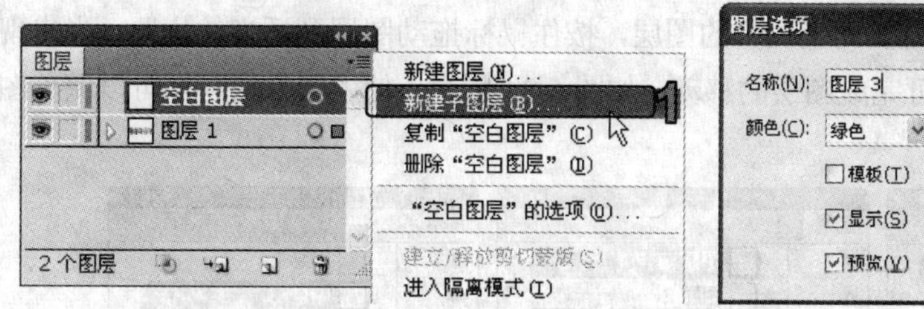

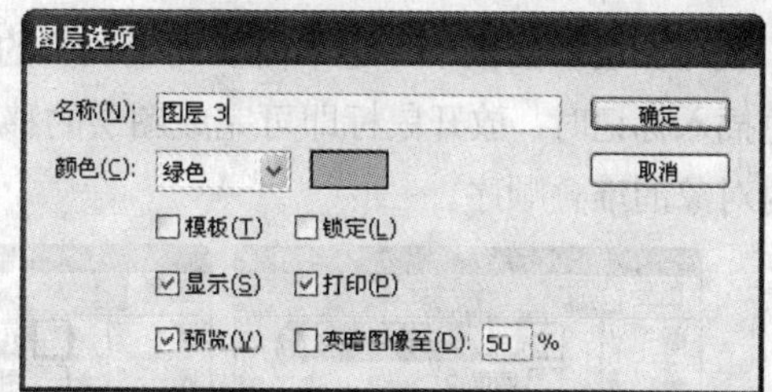

图 6-21　新建子图层

(4) 在对话框的【名称】文本框中，输入“子图层 1”，为新建图层命名。【颜色】下拉列表中选择【淡灰色】，指定新建图层所用的默认颜色，然后单击【确定】按钮，如图 6-22 所示。

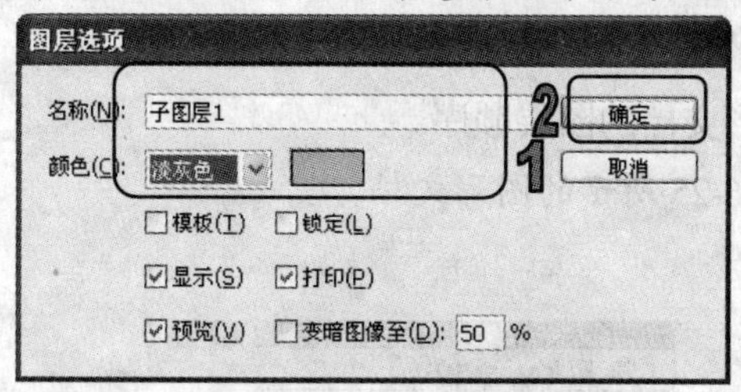

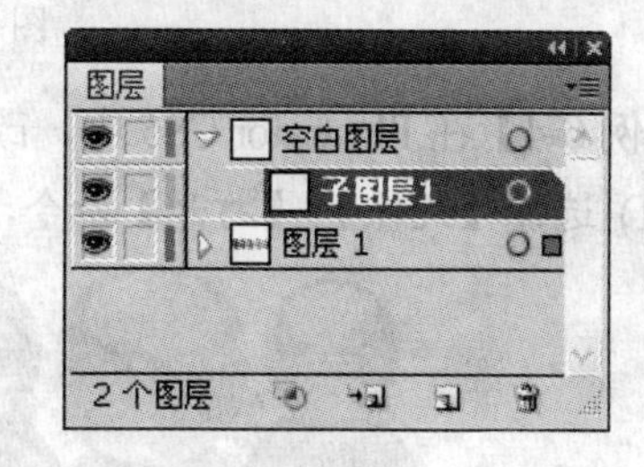

图 6-22　新建子图层

提示

在【颜色】下拉列表中提供了 28 种颜色选项，如果想选择所提供的固定颜色以外的颜色，可以在列表中选择【其他】选项，打开【颜色】对话框，从中选择一种自定义颜色。用户也可以双击【颜色】选项右侧的颜色框打开【颜色】对话框。

2. 选取图层

在【图层】面板中，单击所要选中的图层，当图层名称高亮显示时，该图层即被选中，如图 6-23 所示。此时，用户所有的绘制、创建都被放置在选取的图层列表中。

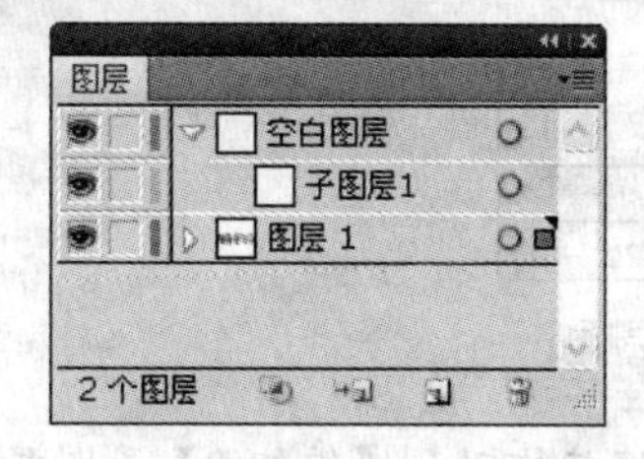

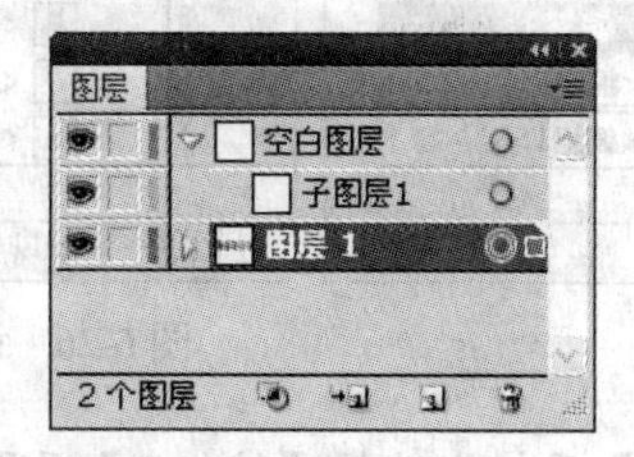

图 6-23　选取图层

3. 调整图层顺序

绘图窗口中对象堆叠顺序对应于【图层】面板中的对象阶层架构。【图层】面板中最上层图层的对象是堆叠顺序的前面，而图层面板中最下层图层的对象是在堆叠顺序的后面。在图层内，对象也是依阶层架构排列的。

在【图层】面板中，选中需要调整位置的图层，按住鼠标拖动图层到适当的位置，当出现黑色插入标记时，放开鼠标即可完成图层的移动，如图 6-24 所示。使用该方法同样可以调整图层内对象的堆叠顺序。

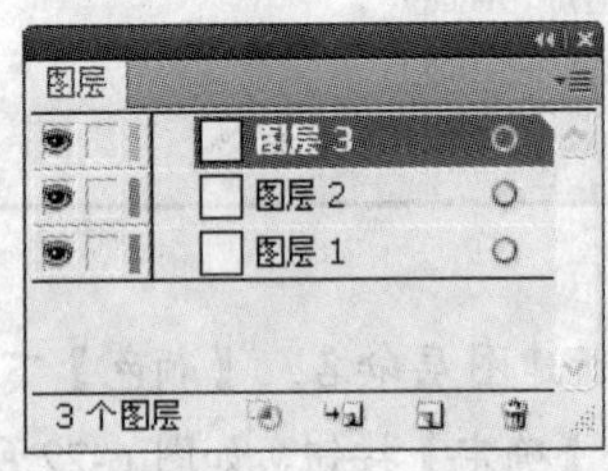

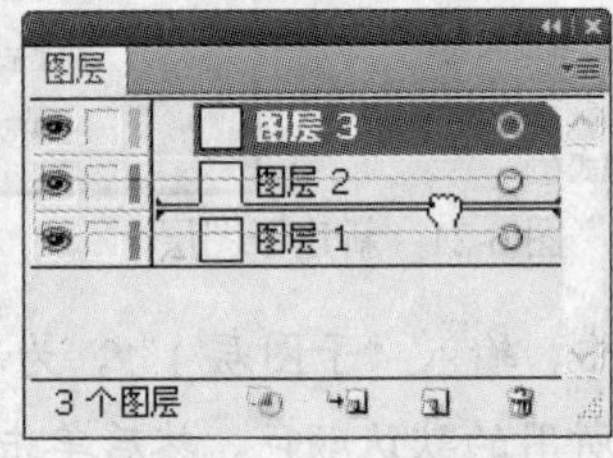

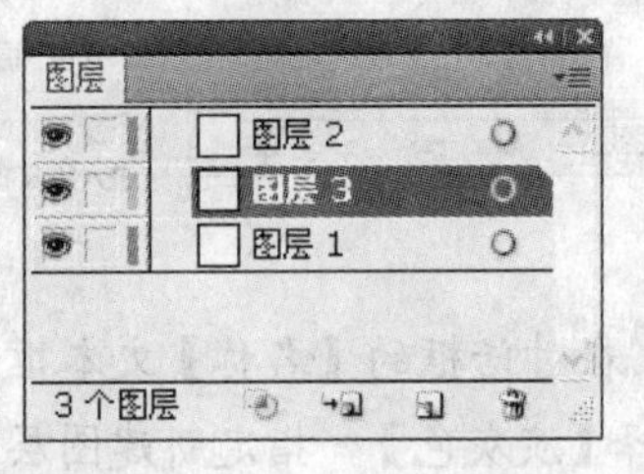

图 6-24　调整图层堆叠顺序

【例 6-4】在 Illustrator CS5 中，改变打开图形文档的图层顺序。

(1) 选择【文件】|【打开】命令，打开如图 6-25 所示的图形文档。

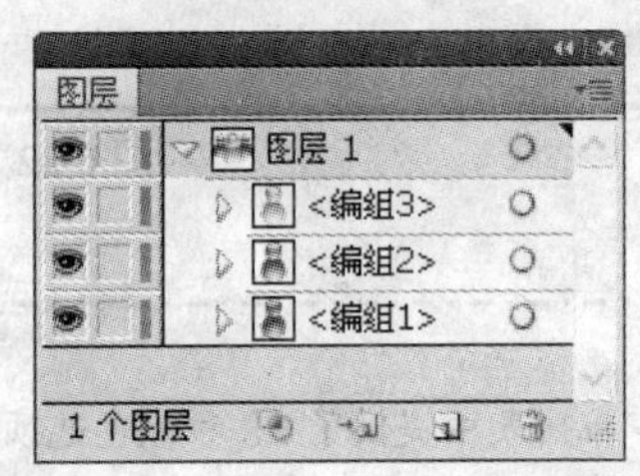

图 6-25　打开图形文档

(2) 在【图层】面板中选择需要调整的图层，将其直接拖放到合适的位置释放，即可调整图层顺序，同时文档中的对象也随之变化，如图 6-26 所示。

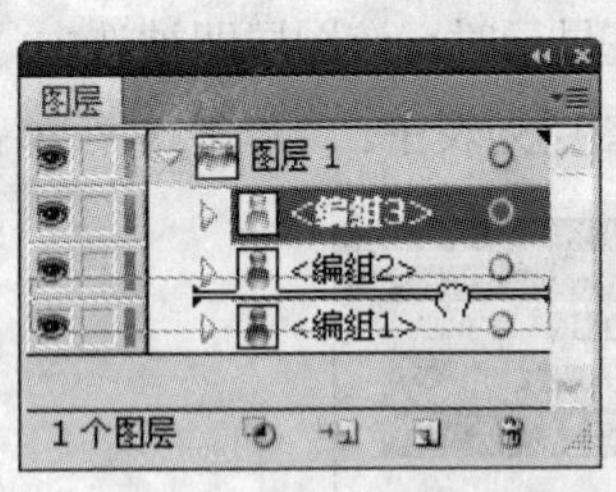

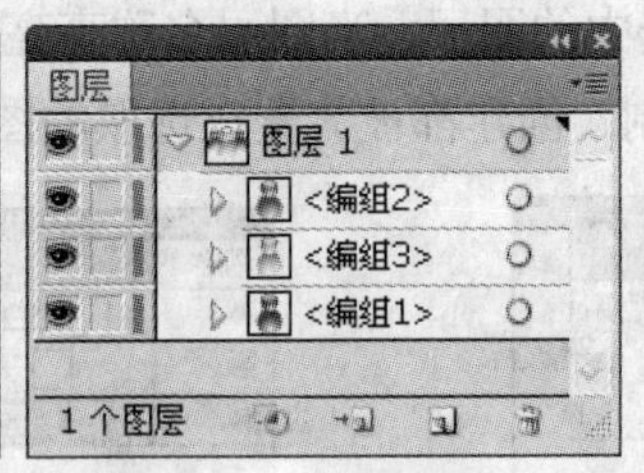

图 6-26　调整图层顺序

(3) 在【图层】面板中选择【编组 1】子图层，将其拖动到【编组 2】子图层上，当【编组 2】图层两端出现黑色三角箭头时，释放鼠标，即可将【编组 1】放置到【编组 2】图层中，如图 6-27 所示。

(4) 在【图层】面板中，按住 Shift 键选中多个图层，单击【图层】面板右上角的小三角按钮，在打开的控制菜单中选择【反向顺序】命令，即可将选中的图层按照反向的顺序排列，同时也改变文档中对象的排列顺序，如图 6-28 所示。

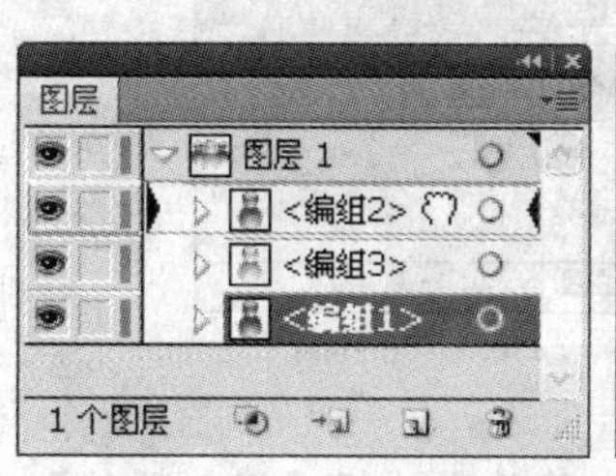
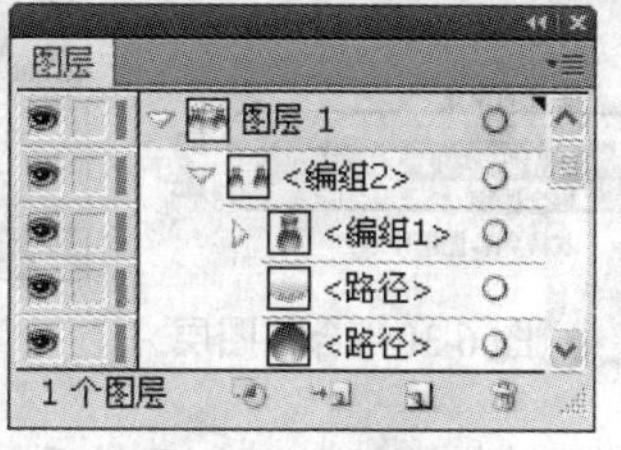

图 6-27　移动图层

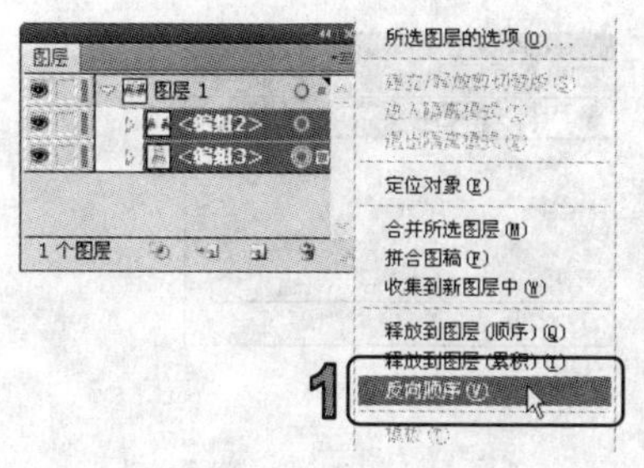
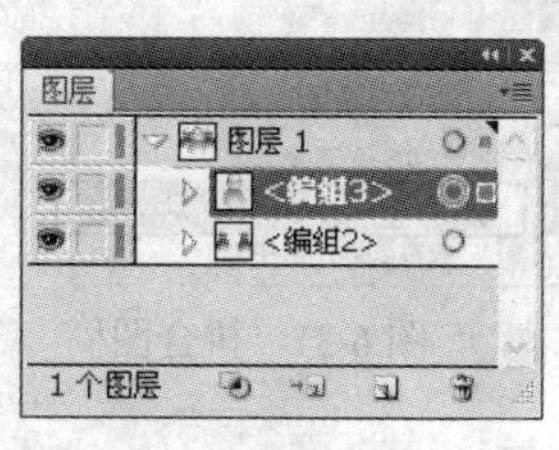
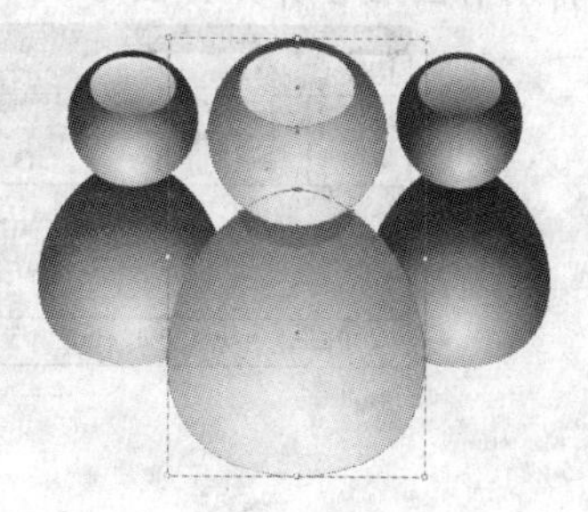

图 6-28　反向顺序

4. 复制图层

在 Illustrator CS5 中，复制图层会在当前选中的图层上方创建一个新图层，同时复制图层中所有对象。

要复制图层可以在【图层】面板中选中图层后，按住鼠标将其直接拖动至【创建新图层】按钮上释放，或在面板菜单中选择【复制所选图层】命令即可，如图 6-29 所示。

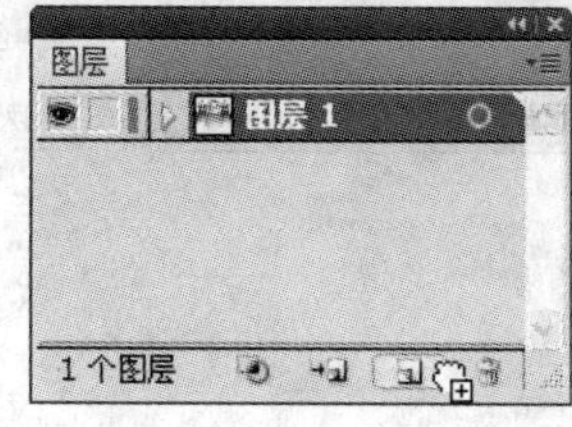
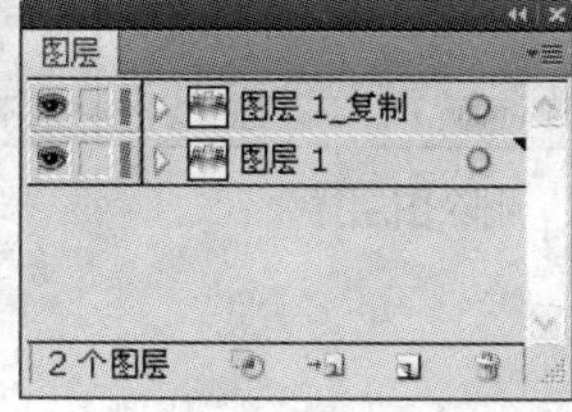

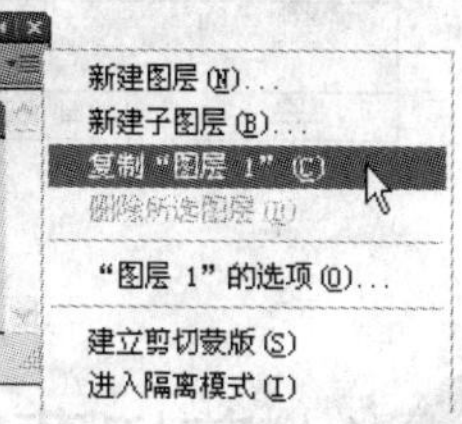

图 6-29　复制图层

5. 合并图层

在 Illustrator CS5 中，允许将两个或多个图层合并到一个图层上。要合并图层，现在【图层】面板中把所要合并的图层选中，然后从面板菜单中选择【合并图层】命令，即可将选中的图层合并到一个图层中，并且系统会保留最先选中图层的名称作为合并图层名称。

【例 6-5】在 Illustrator CS5 中，合并图层。

(1) 选择【文件】|【打开】命令，打开一幅图形文档。

(2) 选中【图层 1】、【图层 2】图层，单击【图层】面板右上角的小三角按钮，在打开的面板菜单中选择【合并所选图层】命令，即可将选中的图层合并为一层，如图 6-30 所示。

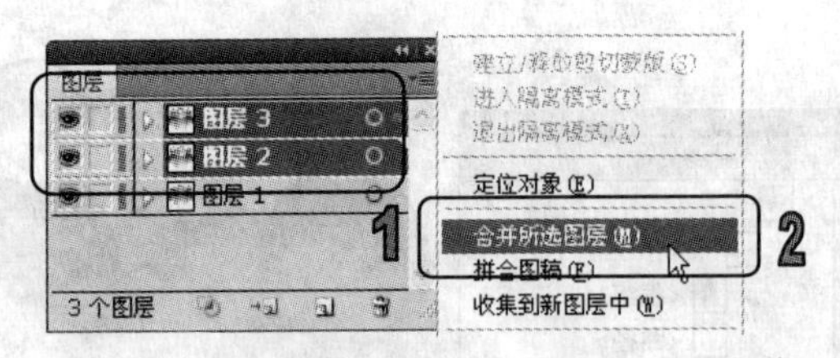

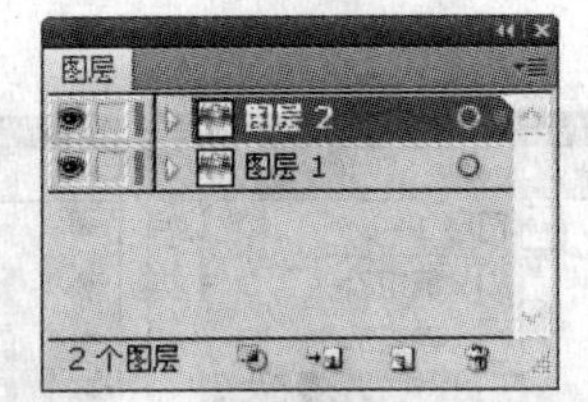

图 6-30 合并图层

(3) 单击【图层】面板右上角的小三角按钮，在打开的面板菜单中选择【拼合图稿】命令，即可将所有图层合并，如图 6-31 所示。

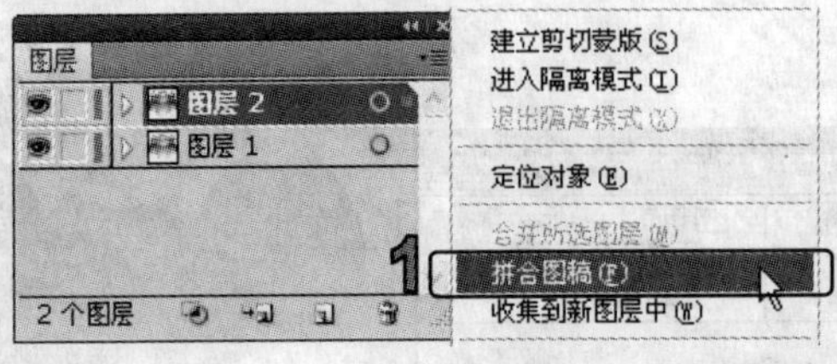

图 6-31 拼合图稿

6．删除图层

对于不再需要的图层，用户可以方便地删除图层。要删除图层，先要在【图层】面板中选中图层，然后选择面板菜单中的【删除所选图层】命令，或直接将图层拖动到面板底部的【删除所选图层】按钮上释放即可，如图 6-32 所示。

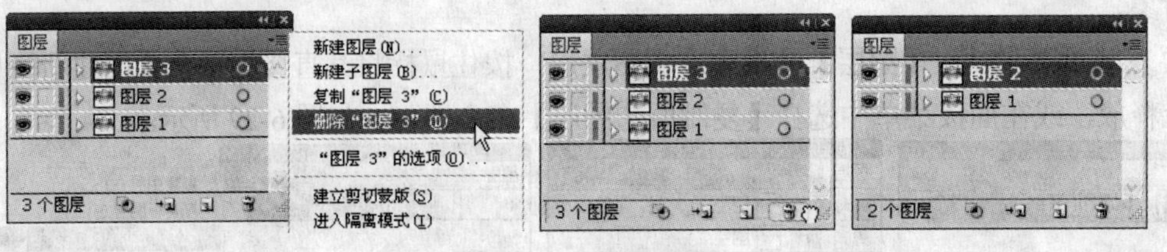

图 6-32 删除图层

6.4 剪切蒙版

剪切蒙版可以用其形状遮盖其下层图稿中的对象。因此使用剪切蒙版，在预览模式下，蒙版以外的对象被遮盖，并且打印输出时，蒙版以外的内容不会被打印出来。

在 Illustrator 中，无论是单一路径、复合路径、群组对象或是文本对象都可以用来创建剪切蒙版，创建为蒙版的对象会自动群组在一起。

6.4.1 创建剪切蒙版

在 Illustrator 中，用户可以选择【对象】|【剪切蒙版】命令对选中的图形图像创建剪切蒙

版，并可以进行编辑修改。

【例 6-6】在 Illustrator 中，创建并编辑剪切蒙版。

(1) 选择【文件】|【新建】命令，创建新文档。选择【文件】|【置入】命令，在打开的【置入】对话框中选择图像文档，单击【置入】按钮置入到正在编辑的文档中作为被蒙版对象，并在控制面板中单击【嵌入】按钮，如图 6-33 所示。

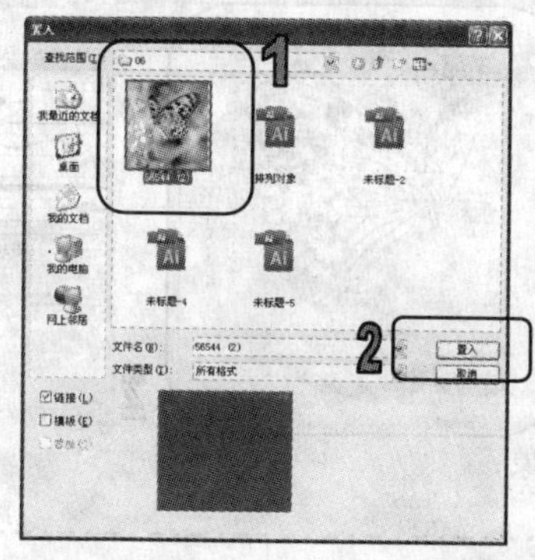

图 6-33　置入文档

(2) 选择工具箱中的【斑点画笔】工具，在【描边】面板中，设置【粗细】数值为 20pt，在文档中拖动绘制，如图 6-34 所示。

(3) 使用【选择】工具，选中作为剪切蒙版的对象和被蒙版对象，如图 6-35 所示。

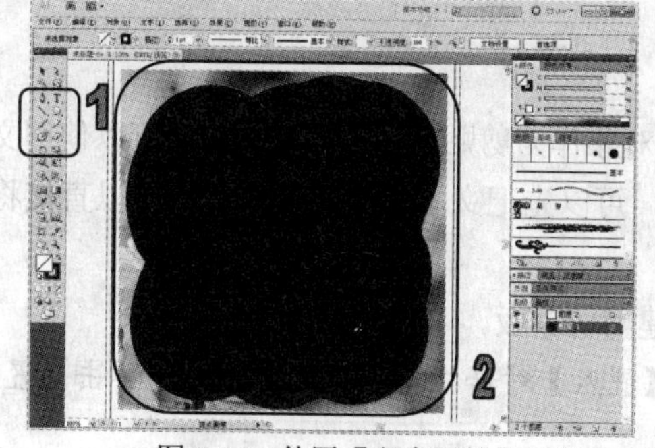

图 6-34　使用【斑点画笔】工具

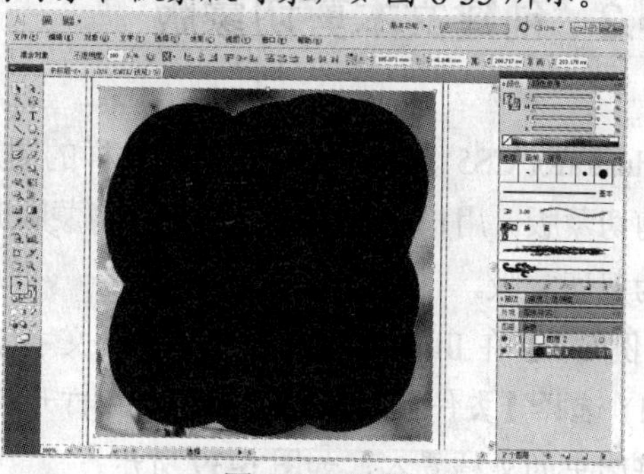

图 6-35　选择对象

(4) 选择【对象】|【剪切蒙版】|【建立】命令，或单击【建立/释放剪切蒙版】按钮，创建剪切蒙版，蒙版以外的图形都被隐藏，只剩下蒙版区域内的图形，如图 6-36 所示。

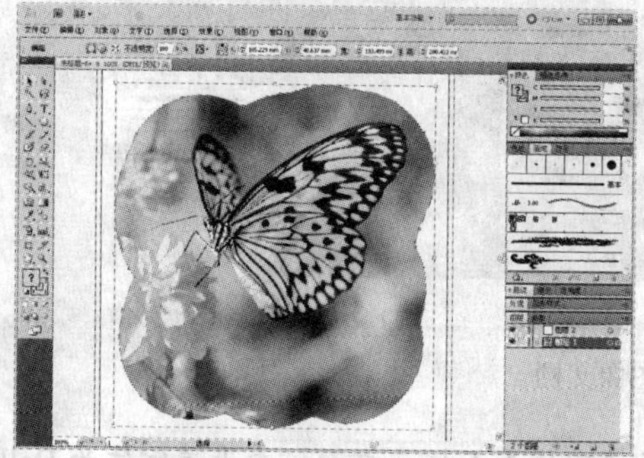

图 6-36　建立剪切蒙版

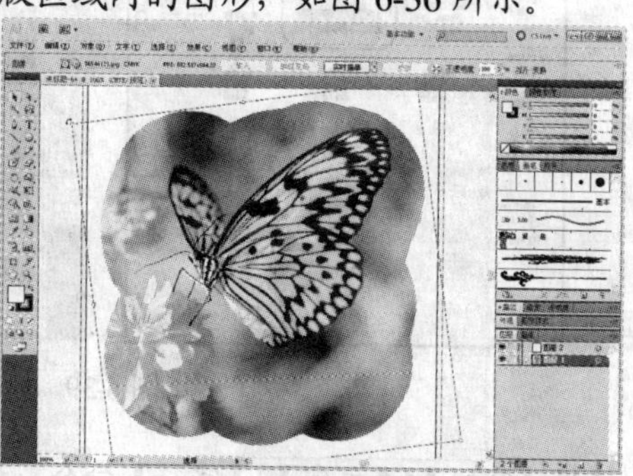

图 6-37　调整被蒙版对象

(5) 使用工具箱中的【直接选择】工具，单击选中被蒙版对象，然后选择【选择】工具，移动其位置，可调整蒙版与被蒙版对象之间的位置关系，如图 6-37 所示。

(6) 使用工具箱中的【直接选择】工具，单击选中蒙版对象，并调节其控制杆，可改变蒙版对象的形状，如图 6-38 所示。

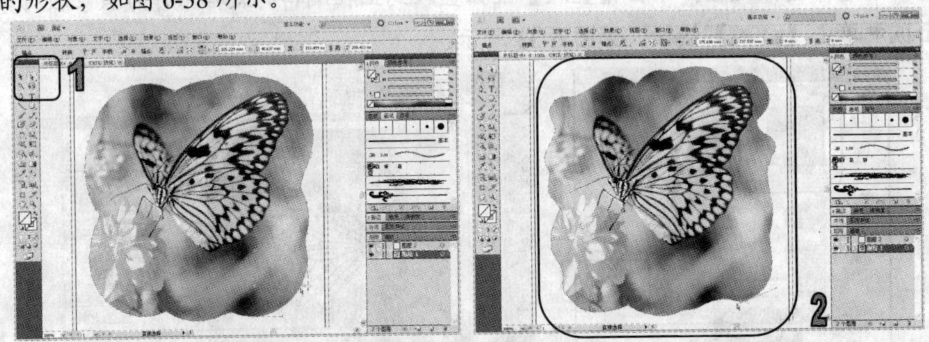

图 6-38　调整蒙版对象

知识点

在创建剪切蒙版后，用户还可以通过控制面板中的【编辑剪切蒙版】按钮和【编辑内容】按钮来选择编辑对象。

6.4.2　创建文本剪切蒙版

Illustrator CS5 除了允许使用各种各样的图形对象作为剪贴蒙版的形状外，还可以使用文本作为剪切蒙版。用户在使用文本创建剪切蒙版时，可以先把文本转化为路径，也可以直接将文本作为剪切蒙版。

【例 6-7】在 Illustrator CS5 中，使用文字创建剪切蒙版。

(1) 选择【文件】|【置入】命令，在打开的【置入】对话框中选择图像文档，单击【置入】按钮将选中的文档置入，如图 6-39 所示。

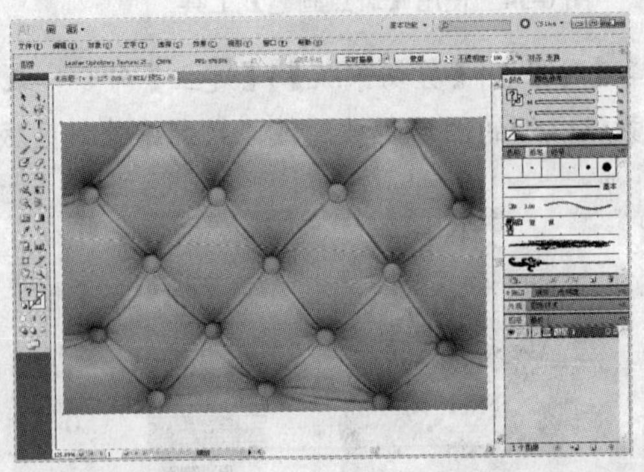

图 6-39　置入图像文档

(2) 选择【窗口】|【文字】|【字符】命令，打开【字符】面板。在面板中设置字体为 Ballhaus

P3，字体大小为 200 pt，接着使用工具箱中的【文字】工具，在文档中输入文字，如图 6-40 所示。

(3) 使用工具箱中的【选择】工具，选中图像与文字。接着选择【对象】|【剪切蒙版】|【建立】命令，或单击【图层】面板中的【建立/释放剪切蒙版】按钮，即可为文字创建蒙版，如图 6-41 所示。

图 6-40　输入文字

图 6-41　创建剪切蒙版

知识点

由于没有将文本转换为轮廓，因此用户仍然可以对文本进行编辑。可以改变字体的大小、样式等，还可以改变文字的内容。

6.4.3　编辑剪切蒙版

在 Illustrator 中，用户还可以对剪切蒙版进行一定的编辑，在【图层】面板中选择剪贴路径，可以执行下列任意操作。

- 使用【直接选择】工具拖动对象的中心参考点，可以移动剪贴路径。
- 使用【直接选择】工具可以改变剪贴路径形状。
- 对剪贴路径还可以进行填色或描边操作。

另外，还可以从被遮盖的图形中添加内容或者删除内容。操作非常简单，只要在【图层】面板中，将对象拖入或拖出包含剪贴路径的组或图层即可。

6.4.4　释放剪切蒙版

建立蒙版后，用户还可以随时将蒙版释放。只需选定蒙版对象后，选择【对象】|【剪切蒙版】|【释放】命令，或在【图层】面板中单击【建立/释放剪切蒙版】按钮，即可释放蒙版。此外，也可以在选中蒙版对象后，右击鼠标，在弹出的菜单中选择【释放剪切蒙版】命令，或选择【图层】面板控制菜单中的【释放剪切蒙版】命令，同样可以释放蒙版。释放蒙版后，将得到原始的被蒙版对象和一个无外观属性的蒙版对象。

6.5 使用【链接】面板

使用【链接】面板来查看和管理 Illustrator 文档中所有链接或嵌入的图稿。选择【窗口】|【链接】命令即可打开【链接】面板，可以通过【链接】面板来选择、识别、监控和更新链接文件。

如果要隐藏或更改缩览图大小，从【链接】面板的弹出菜单中选择【面板选项】命令，然后选择一个用来显示缩览图的选项即可，如图 6-42 所示。另外还可以显示或隐藏不同类型的链接并根据名称、种类或状态对项目进行排序。

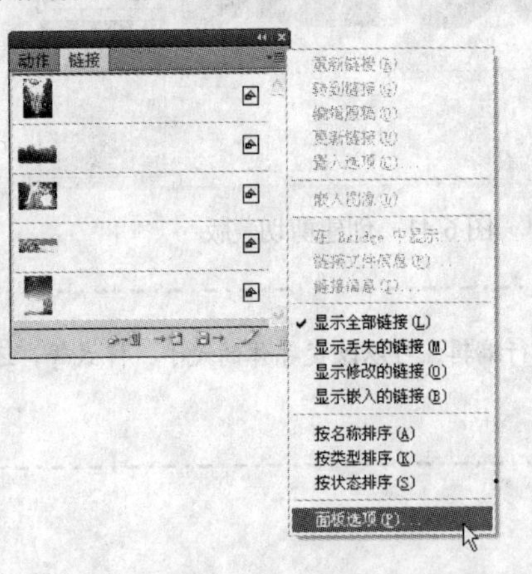

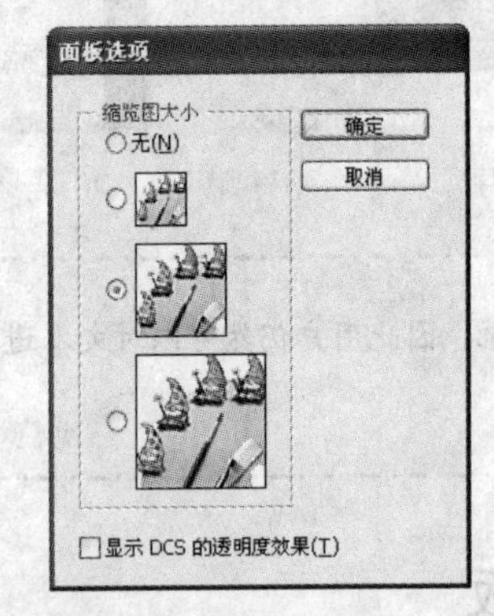

图 6-42 设置面板选项

6.5.1 更新链接的图稿

在源文件更改时如果要更新链接的图稿，有以下两种方法。

- 在工作窗口中选择链接的图稿。在控制面板中，单击文件名并选择【更新链接】。
- 在【链接】面板中，选择显示感叹号图标的一个或多个链接。单击【更新链接】按钮，或从面板弹出菜单中选择【更新链接】命令。

6.5.2 重新链接图稿

如果要重新连接至缺失的链接图稿，可以执行下列操作之一。

- 在工作窗口中选择链接的图稿。在控制面板中，单击文件名并选择【重新链接】。或者在【链接】面板中，单击【重新链接】按钮，或从【链接】面板菜单中选择【重新链接】。

◉ 选择文件替换【置入】对话框中的链接的图稿，然后单击【确定】按钮。新图稿将保留所替换图稿的大小、位置和变换特征。

6.5.3 编辑链接图稿

如要编辑图形文档中链接的图稿，可以执行下拉操作之一。

◉ 在工作窗口中选择链接的图稿。在控制面板中单击【编辑原稿】按钮。

◉ 在【链接】面板中，选择链接，然后单击【编辑原稿】按钮，或者从面板弹出菜单中选择【编辑原稿】。

◉ 选择链接的图稿，然后选择【编辑】|【编辑原稿】命令即可。

6.6 上机练习

本章的上机实验主要练习制作 CD 盘面，使用户更好地掌握图形绘制、变换的操作方法，以及剪切蒙版的应用方法。

(1) 在空白图形文档中，选择工具箱中的【椭圆】工具，在【颜色】面板中设置颜色 CMYK(40，30，36，0)，并按住 Alt+Shift 键拖动绘制圆形，如图 6-43 所示。

(2) 在刚绘制的图形上右击，在弹出的菜单中选择【变换】|【缩放】命令，打开【比例缩放】对话框，设置【比例缩放】数值为 99%，然后单击【复制】按钮，并将其填充颜色设置为白色，如图 6-44 所示。

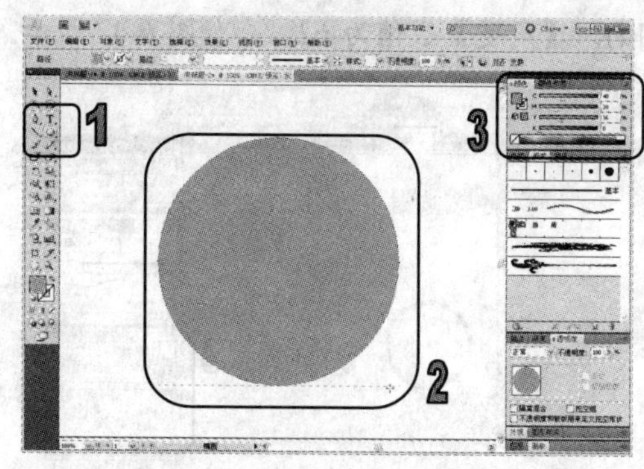

图 6-43　绘制图形

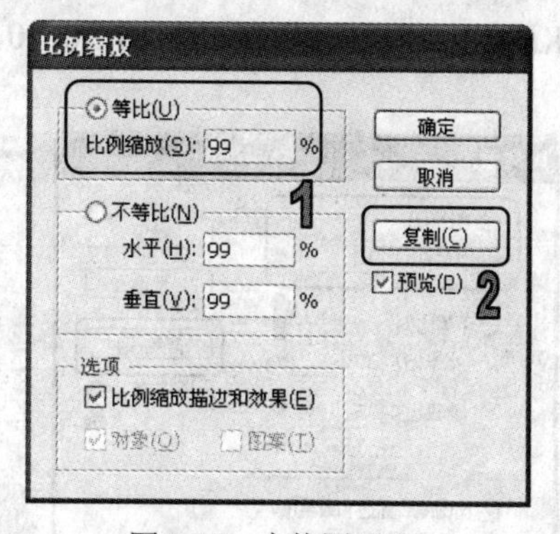

图 6-44　变换图形

(3) 在刚创建的图形上右击，在弹出的菜单中选择【变换】|【缩放】命令，打开【比例缩放】对话框，设置【比例缩放】数值为 96%，然后单击【复制】按钮，并在【渐变】面板中设置渐变为 CMYK(12，8，7，0)至白色，如图 6-45 所示。

(4) 在刚创建的图形上右击，在弹出的菜单中选择【变换】|【缩放】命令，打开【比例缩放】对话框，设置【比例缩放】数值为 35%，然后单击【复制】按钮，并在【渐变】面板中设置渐变为 CMYK(58，80，0，0)至 CMYK(0，50，90，0)，如图 6-46 所示。

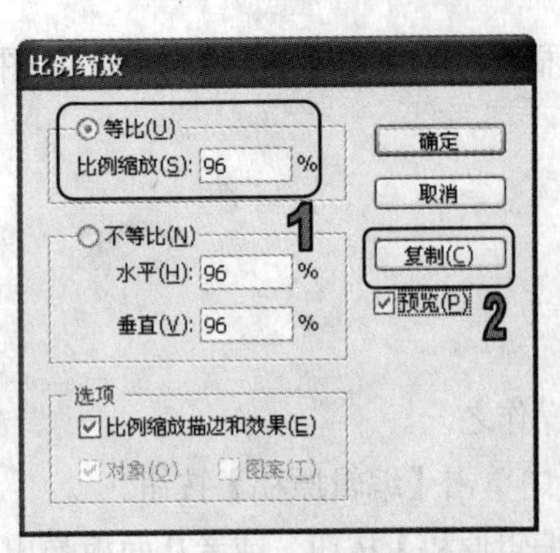

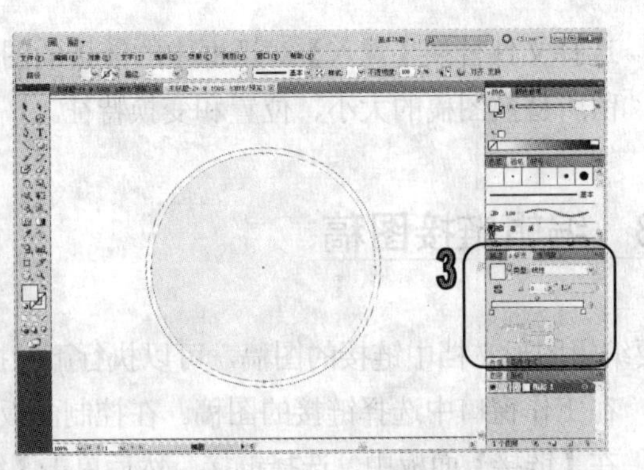

图 6-45 创建图形(1)

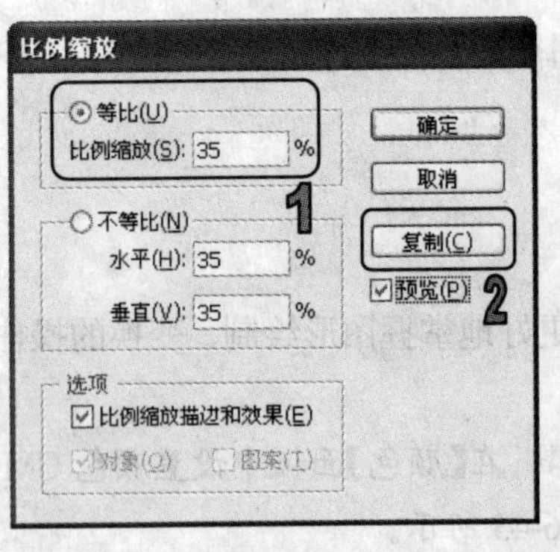

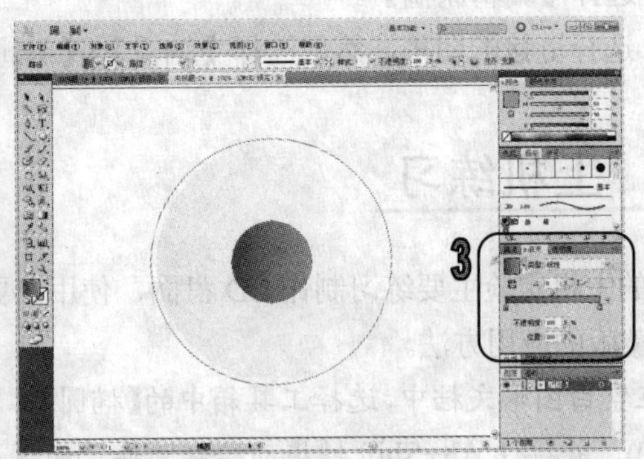

图 6-46 创建图形(2)

(5) 在刚创建的图形上右击，在弹出的菜单中选择【变换】|【缩放】命令，打开【比例缩放】对话框，设置【比例缩放】数值为 35%，然后单击【复制】按钮，并在【渐变】面板中设置渐变为 CMYK(0，0，0，10)至 CMYK (0，0，0，14)，【角度】数值为-62°，如图 6-47 所示。

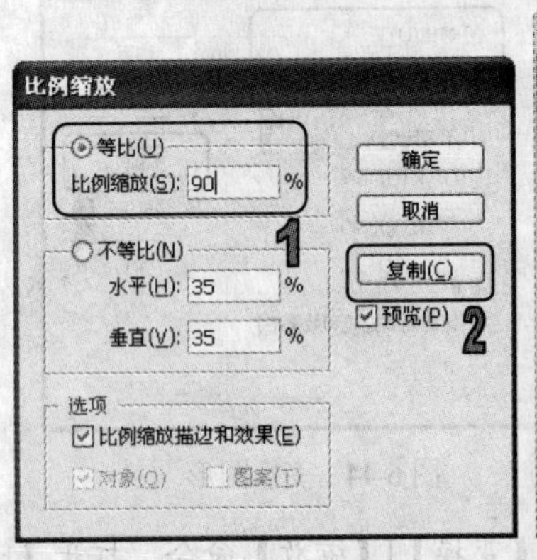

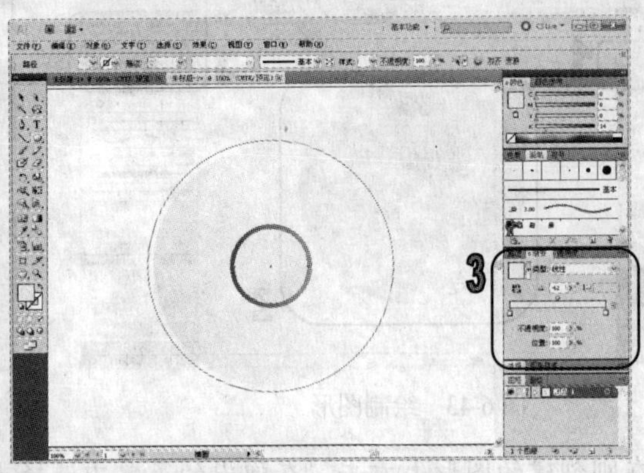

图 6-47 创建图形(3)

(6) 在刚创建的图形上右击，在弹出的菜单中选择【变换】|【缩放】命令，打开【比例缩放】对话框，设置【比例缩放】数值为 99%，然后单击【复制】按钮。右击，在弹出的菜单中选择【选择】|【下方的下一个对象】命令，并在【颜色】面板中设置 CMYK(30，23，22，0)，如图 6-48 所示。

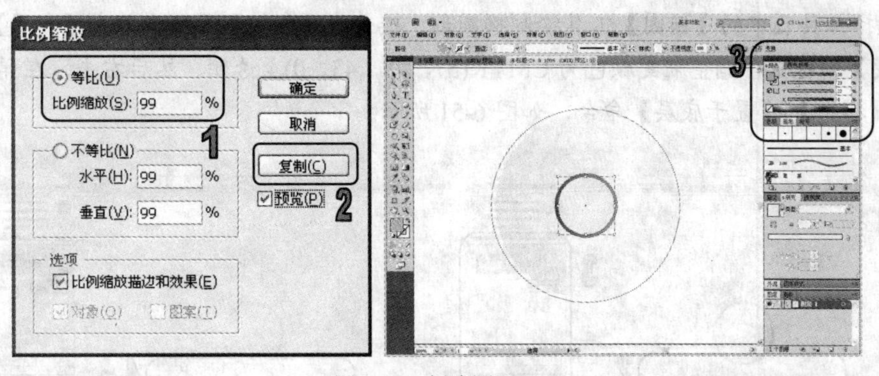

图 6-48　创建图形(4)

(7) 选中步骤(5)~步骤(6)中绘制的圆形，右击，在弹出的菜单中选择【变换】|【缩放】命令打开【比例缩放】对话框，设置【比例缩放】数值为 60%，然后单击【复制】按钮。使用【选择】工具，选中最上方的圆形，设置填充颜色为白色。右击，在弹出的菜单中选择【变换】|【缩放】命令打开【比例缩放】对话框，设置【比例缩放】数值为 96%，然后单击【确定】按钮。如图 6-49 所示。

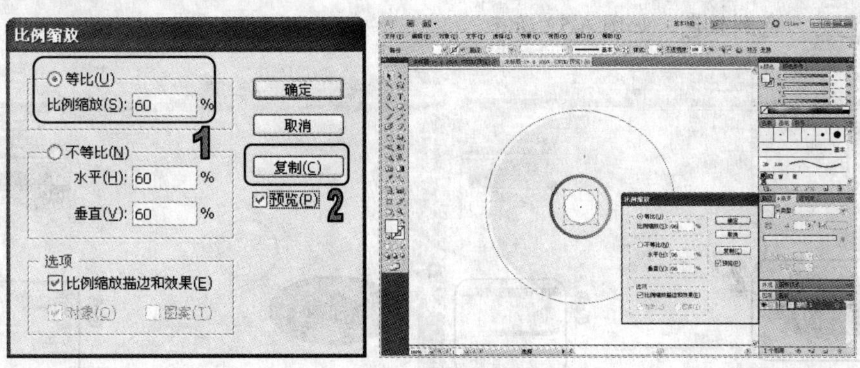

图 6-49　创建图形(5)

(8) 选中步骤(7)中编辑的两个圆形，右击，在弹出的菜单中选择【变换】|【缩放】命令，打开【比例缩放】对话框，设置【比例缩放】数值为 75%，然后单击【复制】按钮，如图 6-50 所示。

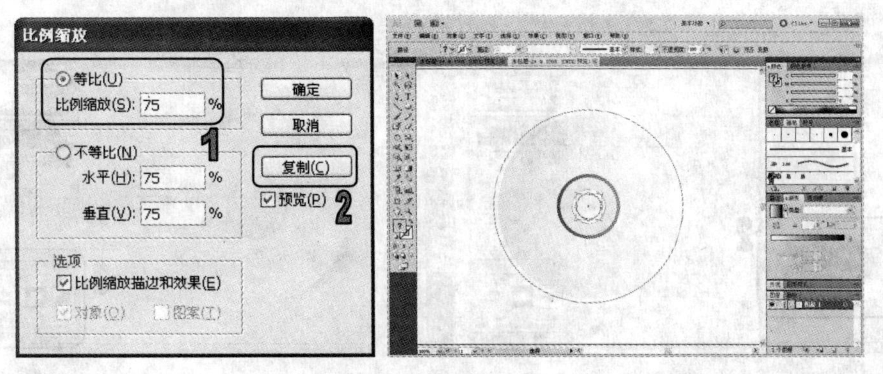

图 6-50　创建图形(6)

(9) 选择工具箱中的【椭圆】工具绘制椭圆形，接着在【色板】面板中单击【渐黑】色板，并在【渐变】面板中，调整渐变颜色为 CMYK(57，48，43，0)至透明。然后右击，在弹出的菜单中选择【排列】|【置于底层】命令，如图 6-51 所示。

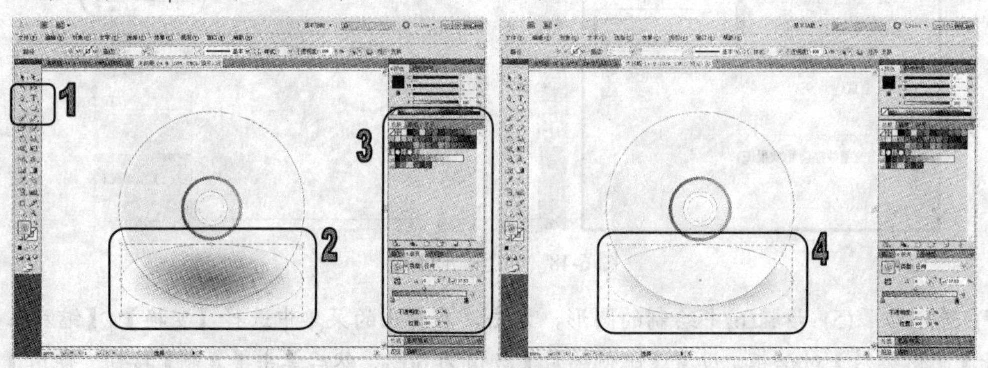

图 6-51　绘制图形(7)

(10) 继续使用【椭圆】工具在页面中绘制椭圆形，并在【渐变】面板中设置渐变颜色为 CMYK((81，79，76，61)至白色。然后按 Ctrl+C 复制，按 Ctrl+F 键粘贴图形，并在渐变面板中设置渐变颜色为白色到黑色，如图 6-52 所示。

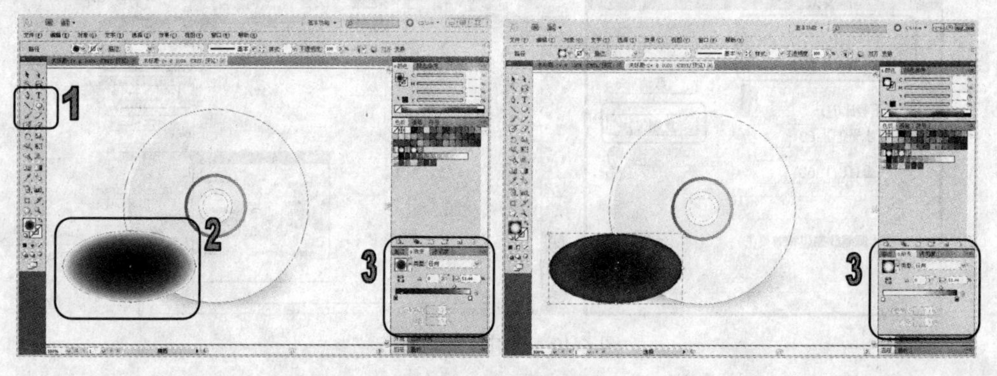

图 6-52　绘制图形(8)

(11) 使用【选择】工具选中两个椭圆形，在【透明度】面板中单击面板菜单按钮，在弹出的菜单中选择【建立不透明蒙版】命令，并取消【反相蒙版】复选框，如图 6-53 所示。

图 6-53　建立不透明蒙版　　图 6-54　调整图形

(12) 在图形对象上右击，在弹出的菜单中选择【排列】|【置于底层】命令，并移动、旋转图形对象，如图 6-54 所示。

(13) 选择【文件】|【置入】命令，在打开的【置入】对话框中选择需要置入的图像文件，然后单击【置入】按钮。然后选择单击控制面板上的【嵌入】按钮，将置入的图像嵌入到文档中，如图 6-55 所示。

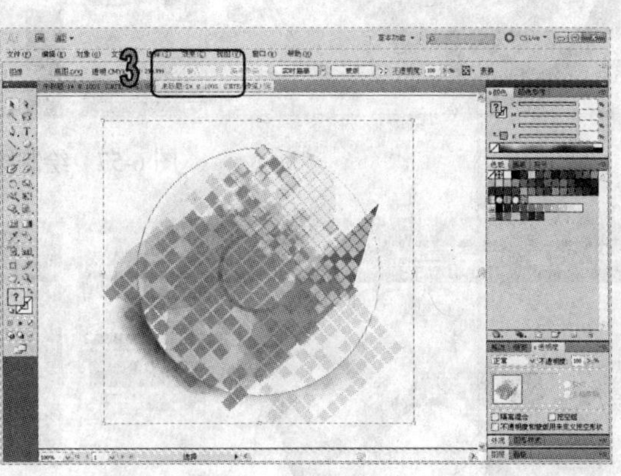

图 6-55　置入文档

(14) 按 Ctrl+[键多次排列图像文档，然后使用【选择】工具选中图形和置入的图像，右击鼠标，在弹出的菜单中选择【建立剪切蒙版】命令，如图 6-56 所示。

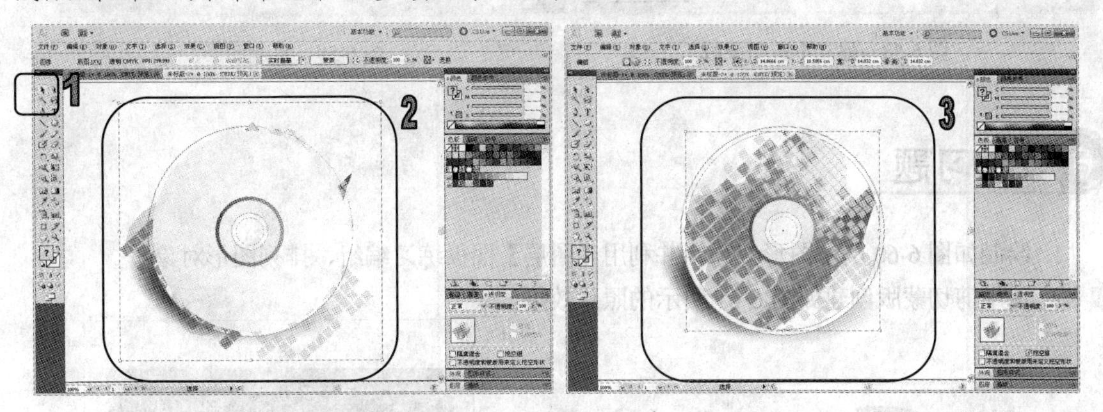

图 6-56　建立剪切蒙版

(15) 使用【椭圆】工具在页面中绘制圆形，并在【颜色】面板中设置填充颜色为白色。按 Ctrl+C 键复制，按 Ctrl+F 键粘贴图形，然后在【渐变】面板中设置渐变颜色为白色到黑色的径向渐变，如图 6-57 所示。

(16) 使用【选择】工具选中刚创建的两个椭圆形，在【透明度】面板中单击面板菜单按钮，在弹出的菜单中选择【建立不透明蒙版】命令，并取消【反相蒙版】复选框，如图 6-58 所示。

(17) 使用【选择】工具选中刚编辑的图形对象，按 Ctrl+C 键复制，按 Ctrl+F 键粘贴，并使用【选择】工具调整复制图形的位置及大小，如图 6-59 所示。

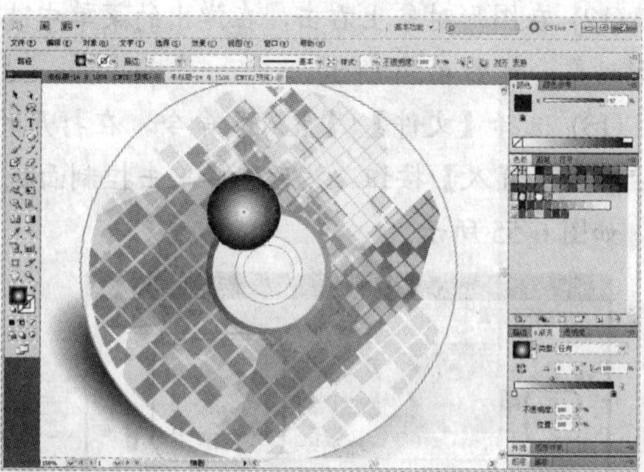

图 6-57　绘制图形

图 6-58　建立不透明蒙版

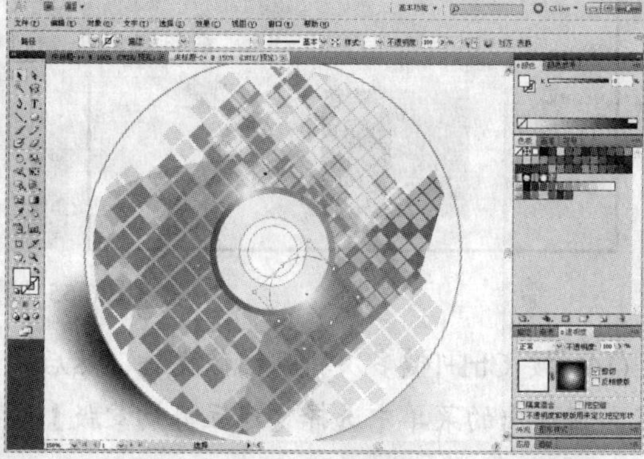

图 6-59　复制图形

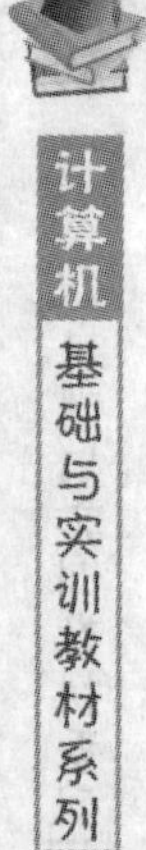

6.7　习题

1. 绘制如图 6-60 所示图形对象，并利用【图层】面板练习编组、排列图形对象。
2. 使用剪切蒙版创建如图 6-61 所示的照片效果。

图 6-60　绘制图形

图 6-61　制作照片效果

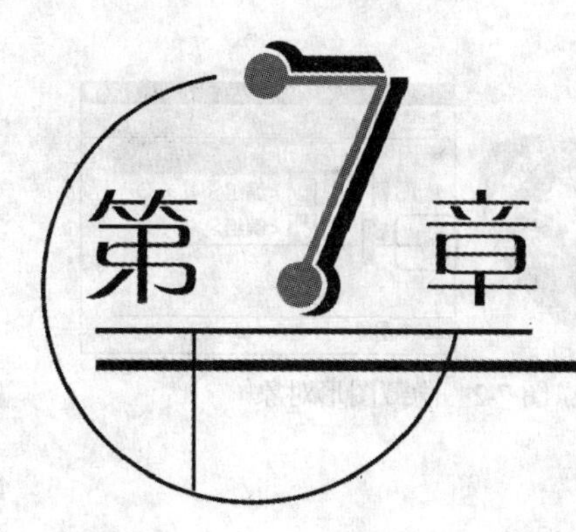

第7章 图形编辑

学习目标

Illustrator CS5 中，提供了很多方便对象编辑操作的功能和命令。用户可以根据需要显示、隐藏、组织对象或调整对象，用户还可以通过相应的命令对对象进行各种变换操作。

本章重点

- 设置段落的对齐方式
- 设置段落的缩进量
- 设置行、段间距
- 使用项目符号和编号

7.1 显示和隐藏对象

在处理复杂图形文档时，用户可以根据需要对操作对象进行隐藏和显示，以减少干扰因素。选择【对象】|【显示全部】命令可以显示全部对象。选择【对象】|【隐藏】命令可以在选择了需要隐藏对象后将其隐藏。

【例 7-1】在 Illustrator 中，隐藏和显示选定的对象。

(1) 选择【文件】|【打开】命令，在【打开】对话框中选择打开图形文档，并选择【窗口】|【图层】命令，显示【图层】面板，如图 7-1 所示。

(2) 在图形文档中，使用【选择】工具选中一个路径图形，然后选择【对象】|【隐藏】|【所选对象】命令，或在【图层】面板中单击图层中的可视按钮，即可隐藏所选对象，效果如图 7-2 所示。

(3) 选择【对象】|【显示全部】命令，即可将所有隐藏的对象显示出来。

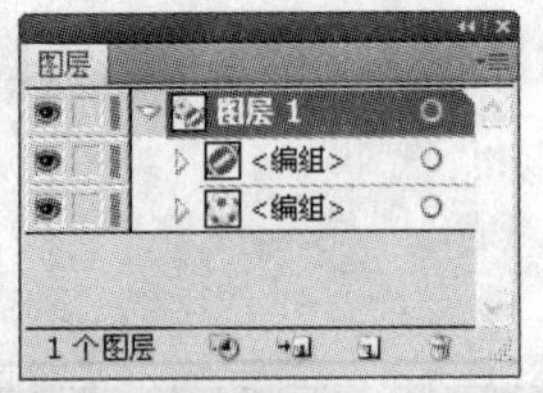

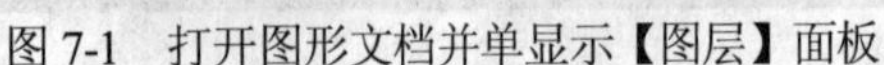
图 7-1　打开图形文档并单显示【图层】面板

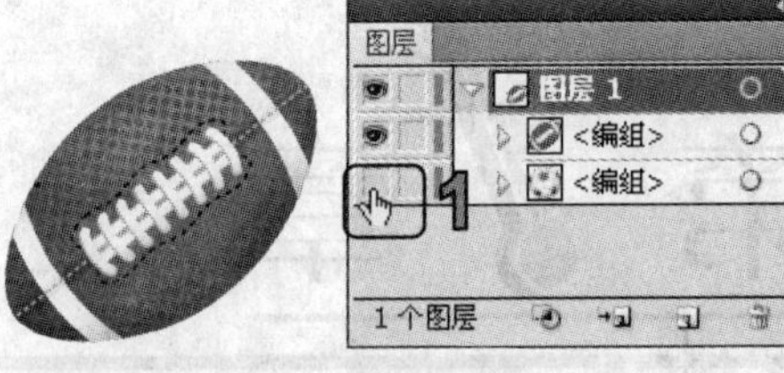

图 7-2　隐藏图形对象

7.2　锁定和解锁对象

在 Illustrator CS5 中，锁定对象可以使该对象避免修改或移动，尤其是在进行复杂的图形绘制时，可以避免误操作，提高工作效率。

在页面中使用【选择】工具选中需要锁定的对象，选择【对象】|【锁定】命令，或按快捷键 Ctrl+2 键可以锁定对象。当对象被锁定后，不能再使用【选择】工具进行选定操作，也不能移动、编辑对象。

如果需要对锁定的对象再次进行修改、编辑操作，必须将其解锁。选择【对象】|【全部解锁】命令，或按快捷键 Ctrl+Alt+2 键即可解锁对象。

7.3　创建、取消编组

在编辑过程中，为了操作方便将一些图形对象进行编组，分类操作，这样在绘制复杂图形时可以避免选择操作失误。当需要对编组中的对象进行单独编辑时，还可以将该组对象取消编组操作。

使用【选择】工具选定多个对象，然后选择【对象】|【编组】命令，或按快捷键 Ctrl+G 键即可将选择的对象创建成组。

当多个对象编组后，可以使用【选择】工具选定编组对象进行整体移动、删除、复制等操作。也可以使用【编组选择】工具选定编组中的单个对象进行单独移动、删除、复制等操作。如果从不同图层中选择对象进行编组，编组后的对象都将处于同一图层中。如果要取消编组对象，只要在选择编组对象后，选择【对象】|【取消编组】命令，或按 Shift+Ctrl+G 键即可。

【例 7-2】在 Illustrator 中，对选定的多个对象进行编组。

(1) 在图形文档中，选择工具箱中的【选择】工具，选中需要群组的对象，然后选择菜单栏中的【对象】|【编组】命令，或按 Ctrl+G 快捷键将选中对象进行编组，如图 7-3 所示。

(2) 双击【图层】面板中的【<编组>】名称，打开【选项】对话框，在【名称】文本框中输入“树叶”，然后单击【确定】按钮即可更改该编组名称，如图 7-4 所示。

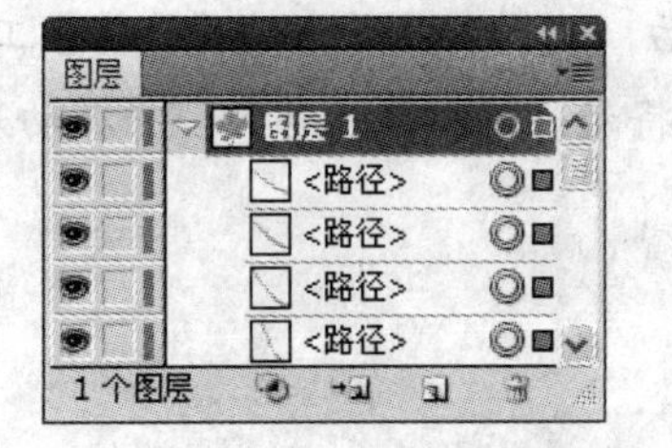

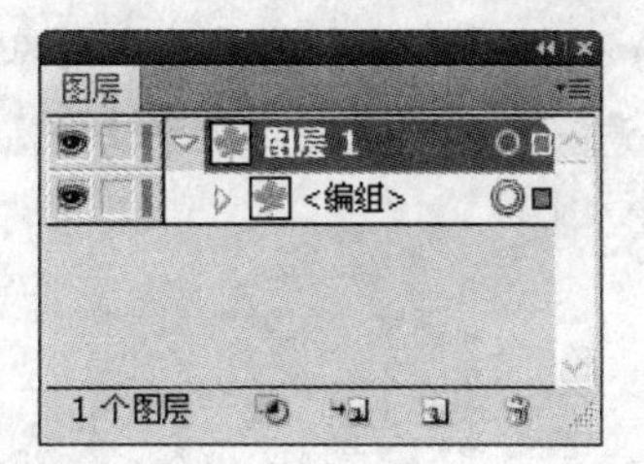

图 7-3　编组选中对象

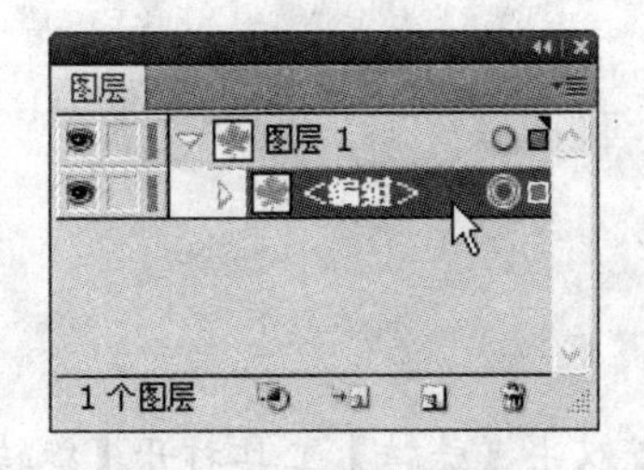

图 7-4　设置编组

7.4　变换形状工具

在图形软件中，变换形状工具的使用频率非常高。除了菜单中的变形命令外，工具箱中常备的变换形状工具还有【旋转】工具、【比例缩放】工具、【镜像】工具、【倾斜】工具以及【整形】工具等。

7.4.1　旋转工具

在 Illustrator 中，用户可以直接使用【旋转】工具旋转对象，还可以选择【对象】|【变换】|【旋转】命令，或双击【旋转】工具，打开【旋转】对话框准确设置旋转选中对象的角度，并且可以复制选中对象。

【例 7-3】在 Illustrator 中，使用工具或命令旋转选中图形对象。

(1) 在工具箱中选择【选择】工具，单击选中需要旋转的对象，然后将光标移动到对象的定界框手柄上，待光标变为弯曲的双向箭头形状↰时，拖动鼠标即可旋转对象，如图 7-5 所示。

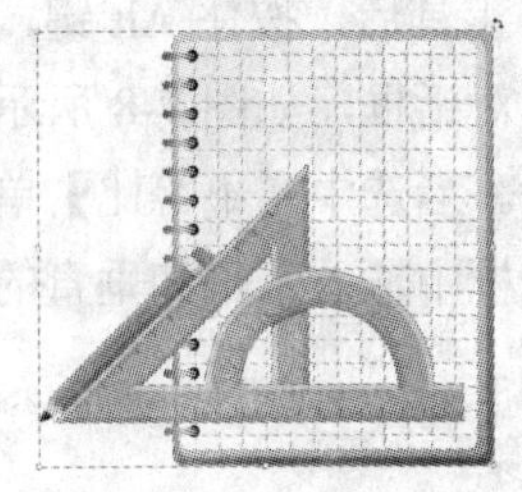

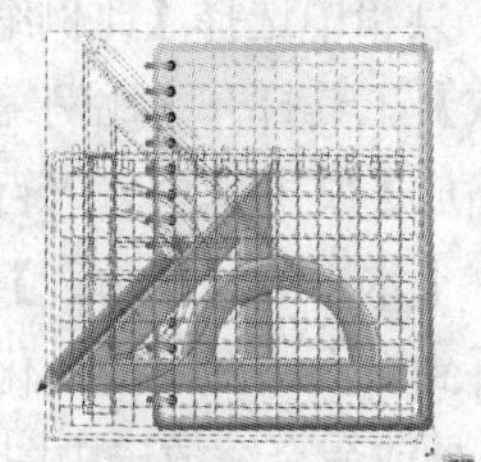

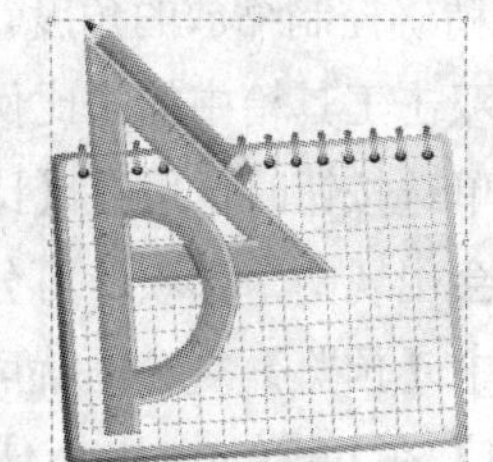

图 7-5　使用【选择】工具旋转对象

(2) 使用【选择】工具选中对象后，选择工具箱中的【旋转】工具，然后单击文档窗口中的任意一点，以重新定位参考点，将光标从参考点移开，并拖动光标作圆周运动，如图 7-6 所示。

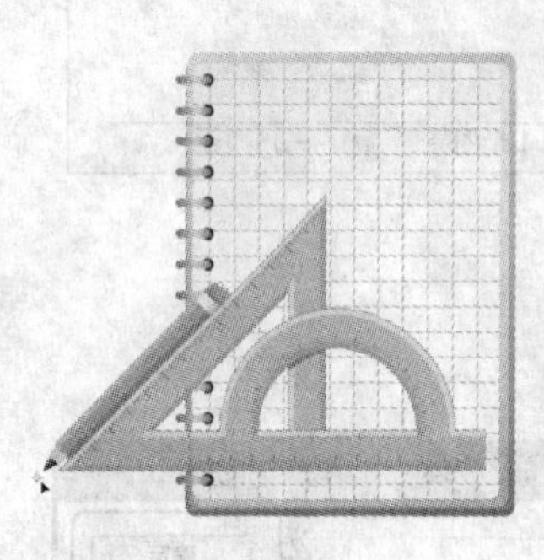
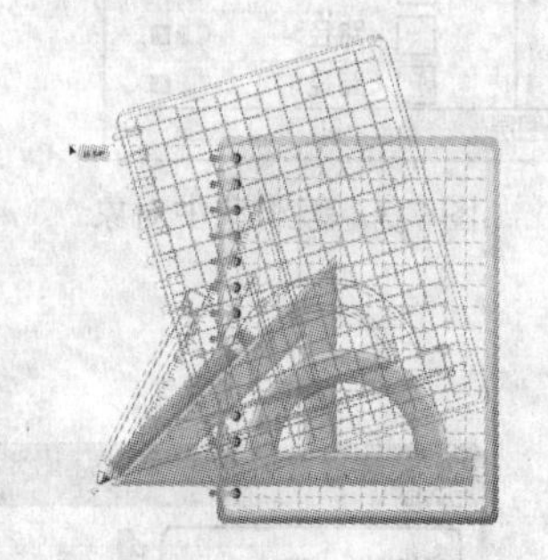
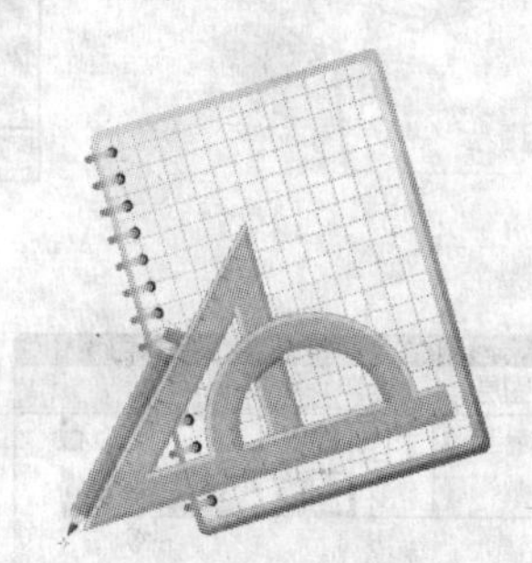

图 7-6　使用【旋转】工具

(3) 选择对象后，选择【对象】|【变换】|【旋转】命令，或双击【旋转】工具打开【旋转】对话框，在【角度】文本框中输入旋转角度 - 30° 。输入负角度可顺时针旋转对象，输入正角度可逆时针旋转对象。单击【确定】按钮，或单击【复制】按钮可以旋转并复制对象，如图 7-7 所示。

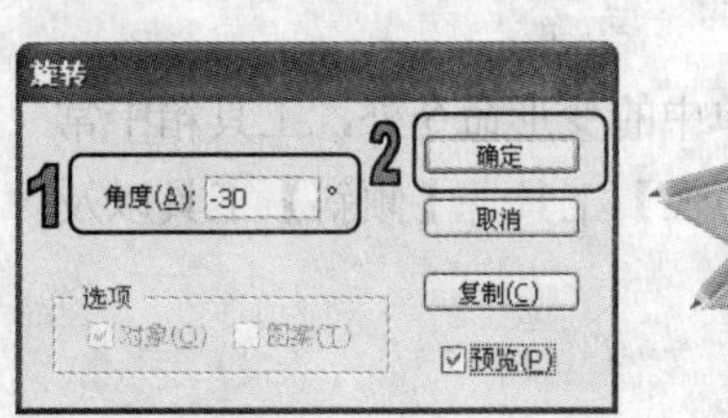

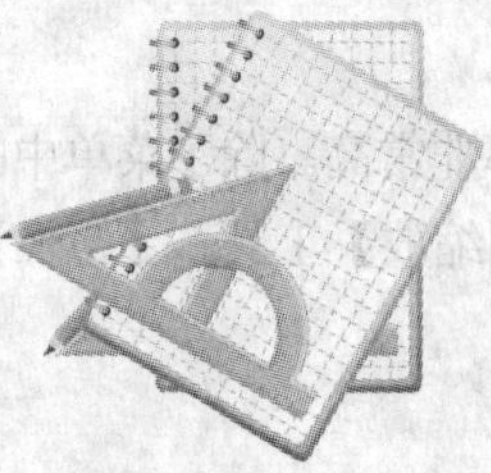

图 7-7　设置【旋转】对话框

> **提示**
> 如果对象包含图案填充，同时选中【图案】复选框以旋转图案。如果只想旋转图案，而不想旋转对象，取消选择【对象】复选框。

7.4.2　比例缩放工具

【比例缩放】工具可随时对 Illustrator 中的图形进行缩放，用户不但可以在水平或垂直方向放大和缩小对象，还可以同时在两个方向上对对象进行整体缩放，其操作方法与【旋转】工具类似。

如果要精确控制缩放的角度，在工具箱中选择【比例缩放】工具后，按住 Alt 键，然后单击鼠标，或双击工具箱中的【比例缩放】工具打开【比例缩放】对话框，如图 7-8 所示。当选中【等比】单选按钮时，可在【比例缩放】文本框中输入百分比。当选中【不等比】单选按钮时，在下面会出现两个选项，可分别在【水平】和【垂直】文本框中输入水平和垂直的缩放比例。如果选中【预览】复选框就可以看到页面中图形的变化。

【例 7-4】在 Illustrator 中，使用工具或命令缩放选中图形对象。

(1) 选择【文件】|【打开】命令，在【打开】对话框中选择打开图形文档，如图 7-9 所示。

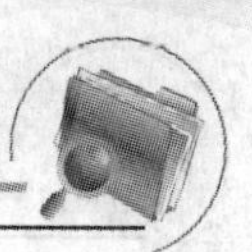

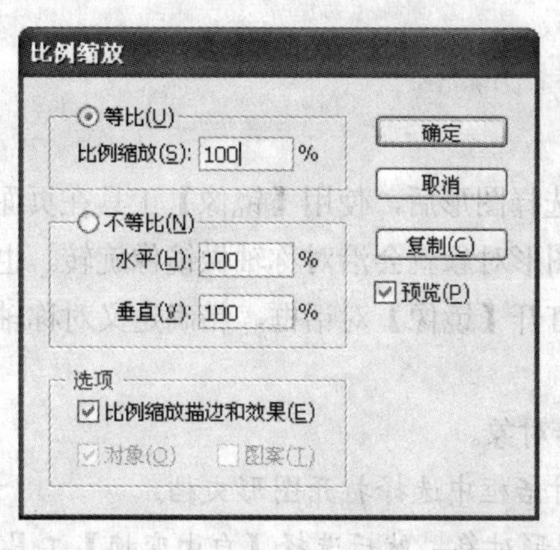

图 7-8　【比例缩放】对话框

提示

如果图形有描边或效果，并且描边或效果也要同时缩放，则可选中【比例缩放描边和效果】复选框。

(2) 默认情况下，描边和效果不能随对象一起缩放。要缩放描边和效果，选择【编辑】|【首选项】|【常规】命令，在打开的【首选项】对话框中选中【缩放描边和效果】复选框，如图 7-10 所示。

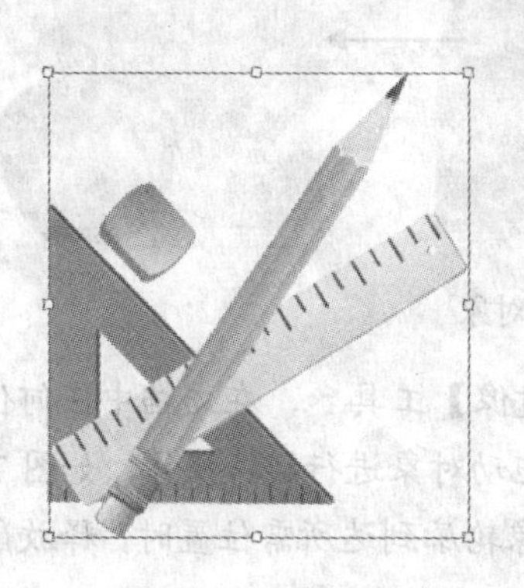

图 7-9　打开图形文档

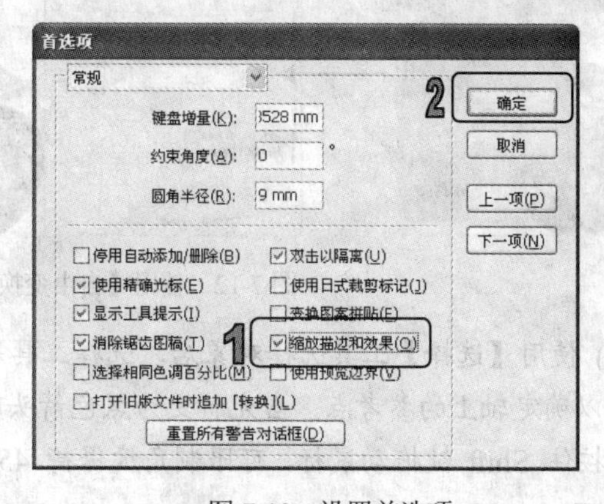

图 7-10　设置首选项

(3) 使用【选择】工具单击选中图形对象，然后选择【缩放】工具，使用鼠标单击文档窗口中要作为参考点的位置，然后将光标在文档中拖动，即可缩放，如图 7-11 所示。若要在对象进行缩放时保持对象的比例，在对角拖动时按住 Shift 键。若要沿单一轴缩放对象，在垂直或水平拖动时按住 Shift 键。

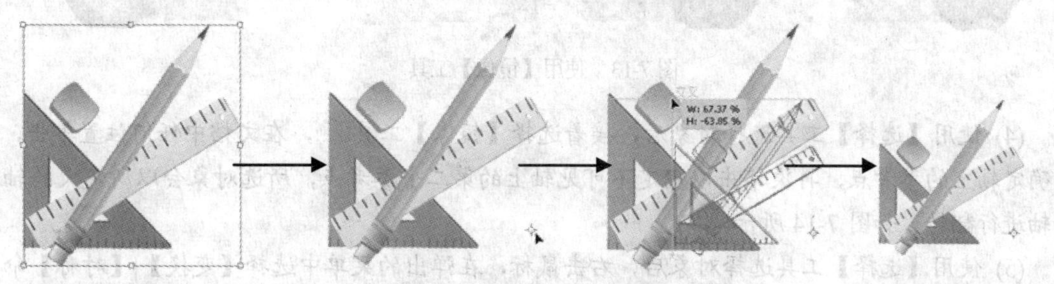

图 7-11　使用【缩放】工具缩放

7.4.3 镜像工具

使用【镜像】工具可以按照镜像轴旋转图形。选择图形后，使用【镜像】工具在页面中单击确定镜像旋转的轴心，然后按住鼠标左键拖动，图形对象就会沿对称轴做镜像旋转。也可以按住 Alt 键在页面中单击，或双击【镜像】工具，打开【镜像】对话框，精确定义对称轴的角度镜像对象。

【例 7-5】在 Illustrator 中，使用工具和命令翻转对象。

(1) 选择【文件】|【打开】命令，在【打开】对话框中选择打开图形文档。

(2) 选择工具箱中的【选择】工具，单击选中图形对象，然后选择【自由变换】工具，拖动定界框的手柄，使其越过对面的边缘或手柄，直至对象位于所需的镜像位置，如图 7-12 所示。若要维持对象的比例，在拖动角手柄越过对面的手柄时，按住 Shift 键。

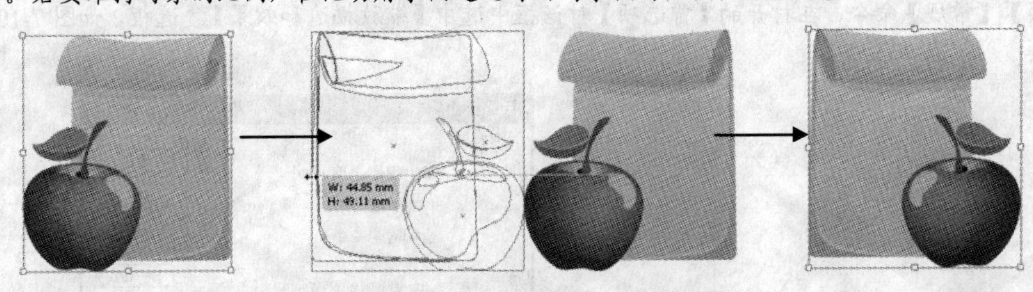

图 7-12　使用【自由变换】工具翻转对象

(3) 使用【选择】工具选择对象后，选择工具箱中的【镜像】工具，在文档中任何位置单击，以确定轴上的参考点。当光标变为黑色箭头时，即可拖动对象进行翻转操作，如图 7-13 所示。按住 Shift 键拖动鼠标，可限制角度保持 45° 。当镜像轮廓到达所需位置时，释放鼠标左键即可。

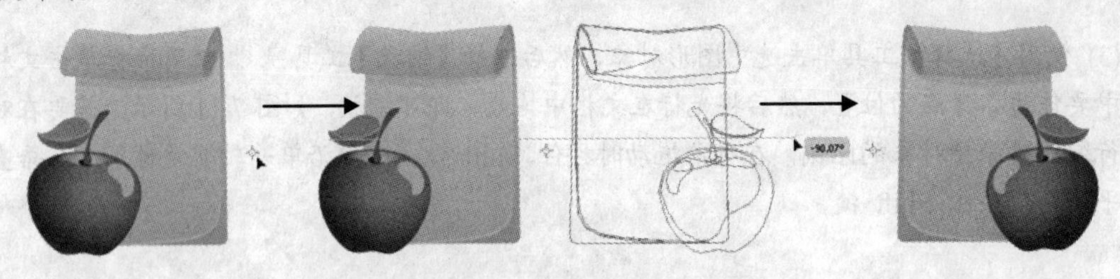

图 7-13　使用【镜像】工具

(4) 使用【选择】工具选择对象后，接着选择【镜像】工具，在文档中任何位置单击，以确定轴上的参考点，再次单击以确定不可见轴上的第二个参考点，所选对象会以所定义的轴为轴进行翻转，如图 7-14 所示。

(5) 使用【选择】工具选择对象后，右击鼠标，在弹出的菜单中选择【变换】|【对称】命令，在打开的【对称】对话框中输入角度-45° ，然后单击【复制】按钮，即可将所选对象进行翻转并复制，如图 7-15 所示。

图 7-14　按定义轴翻转

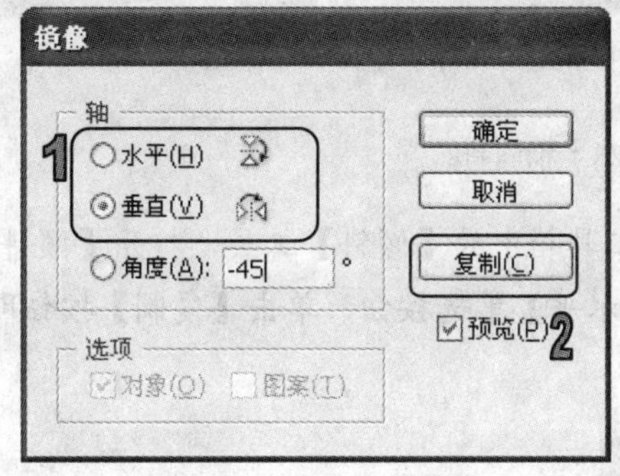

图 7-15　使用【对称】命令

7.4.4　倾斜工具

【倾斜】工具可以使图形发生倾斜。选择图形后，使用【倾斜】工具在页面中单击确定倾斜的固定点，然后按住鼠标左键拖动即可倾斜变形图形。倾斜的中心点不同，倾斜的效果也不同。拖拽的过程中，按住 Alt 键可以倾斜并复制图形对象。

如果要精确定以倾斜的角度，则按住 Alt 键在页面中单击，或双击工具箱中的【倾斜】工具打开【倾斜】对话框。在对话框的【倾斜角度】文本框中可输入相应的角度值。在【轴】选项组中有 3 个选项，分别为【水平】、【垂直】和【角度】。当选中【角度】单选按钮后，可在后面的文本框中输入相应的角度值。

【例 7-6】在 Illustrator 中，使用工具或命令倾斜对象。

(1) 选择【文件】|【打开】命令，在【打开】对话框中打开图形文档。

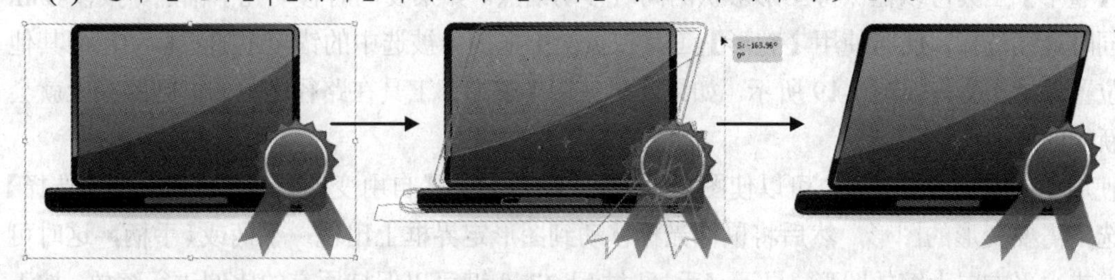

图 7-16　垂直轴倾斜

(2) 使用【选择】工具选择对象，接着选择工具箱中的【倾斜】工具，在文档窗口中的任意位置向左或向右拖动，即可沿对象的水平轴倾斜对象，如图 7-16 所示。

(3) 在文档窗口中的任意位置向上或向下拖动，即可沿对象的垂直轴倾斜对象，如图 7-17 所示。

图 7-17　水平轴倾斜

(4) 使用【选择】工具选中对象后，双击工具箱中的【倾斜】工具，打开【倾斜】对话框。在对话框中设置【倾斜角度】为 30°，选中【水平】单选按钮，单击【复制】按钮即可倾斜并复制所选对象，如图 7-18 所示。

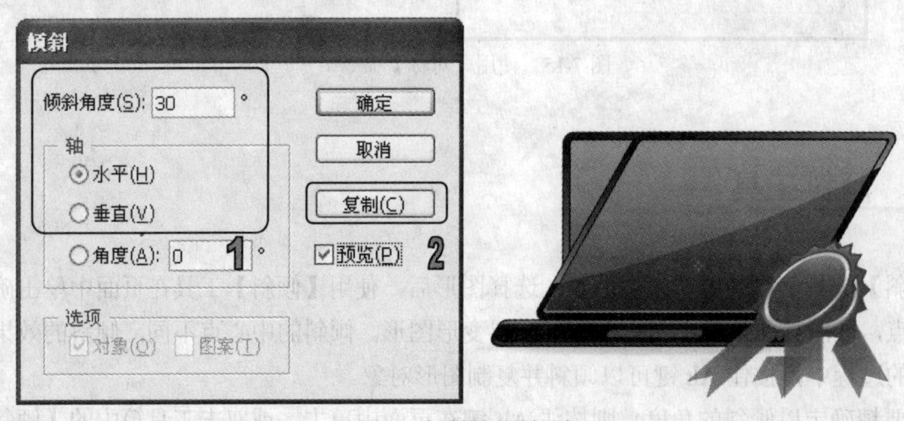

图 7-18　倾斜并复制对象

7.4.5　整形工具和自由变换工具

【整形】工具可以在保持图形形状的同时移动锚点。如果要同时移动几个锚点，按住 Shift 键的同时继续选择，此时使用【整形】工具在页面中拖拽，被选中的锚点也随着移动，而其他锚点位置保持不变，如图 7-19 所示。如果此时使用【整形】工具在路径上单击，则路径上就会出现新的曲线锚点。

使用【自由变换】工具也可以使图形发生倾斜。在使用【自由变换】工具前需要用【选择】工具选中需要变形的图形，然后将鼠标光标移动到图形定界框上出现↔手柄或↕手柄，这时可以垂直或水平方向上缩放图形，显示⤢手柄时按下 Shift 键可以保持原有的比例进行缩放，按下

Alt 键拖动可以从边框向中心进行缩放。光标形状变为↰之后再拖动鼠标旋转对象，如图 7-20 所示。

图 7-19　使用【整形】工具

知识点

选择图形后，在拖动过程中按住 Ctrl 键可以对图形进行一个角的变形处理；按住 Shift+Alt+Ctrl 键可以对图形进行透视处理。使用【自由变换】工具也可以镜像图形。

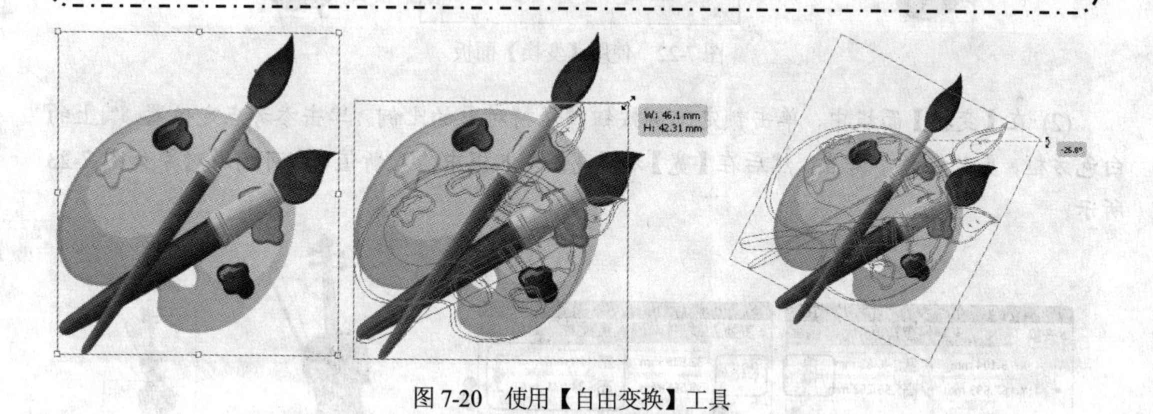

图 7-20　使用【自由变换】工具

7.4.6　【变换】面板

使用【变换】面板同样可以移动、缩放、旋转和倾斜图形，选择【窗口】|【变换】命令，可以打开【变换】面板，如图 7-21 所示。

对话框中的【宽】、【高】数值框里的数值分别表示图形的宽度和高度，改变这两个数值框中的数值，图形的大小也会随之发生变化。面板底部的两个数值框分别表示旋转角度值和倾斜的角度值，在这两个数值框中输入数值，可以旋转和倾斜选中的图形对象。

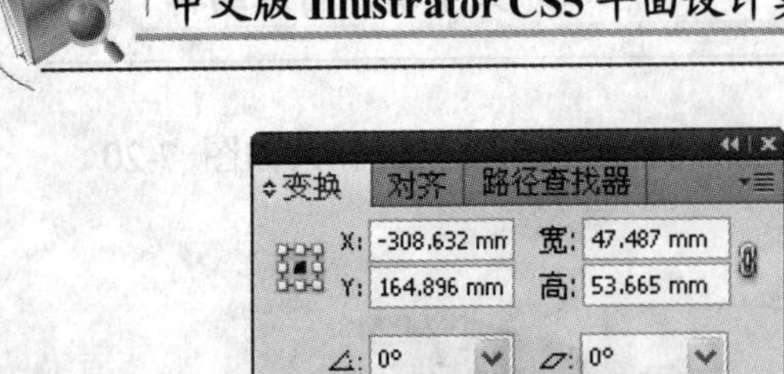

图 7-21 【变换】面板

知识点

面板左侧的图标表示图形外框。选择图形外框上不同的点，它后面的 X、Y 数值表示图形相应点的位置。同时，选中的点将成为后面变形操作的中心点。

【例 7-7】在 Illustrator 中，使用【变换】面板调整图形对象。

(1) 使用【选择】工具选中图形对象后，选择【窗口】|【变换】命令显示【变换】面板。在【变换】面板中，单击面板中的参考点定位器上的一个白方块，使对象围绕其参考点旋转，并在【角度】选项中输入旋转角度 30° ，如图 7-22 所示。

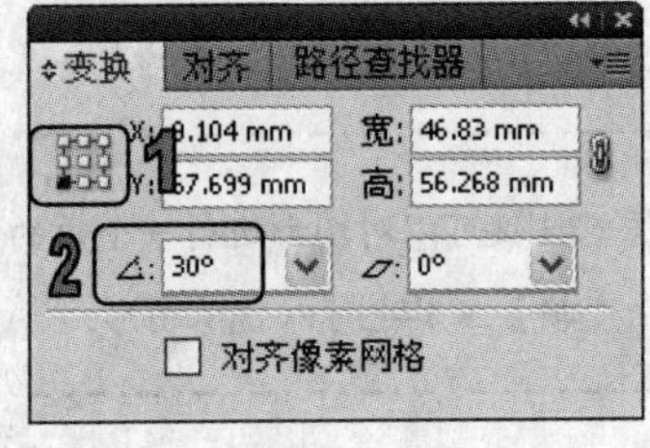

图 7-22 使用【变换】面板

(2) 在【变换】面板中，单击锁定比例按钮保持对象的比例。单击参考点定位器上的白色方框，更改缩放参考点，然后在【宽】和【高】文本框中输入新值，即可缩放对象如图 7-23 所示。

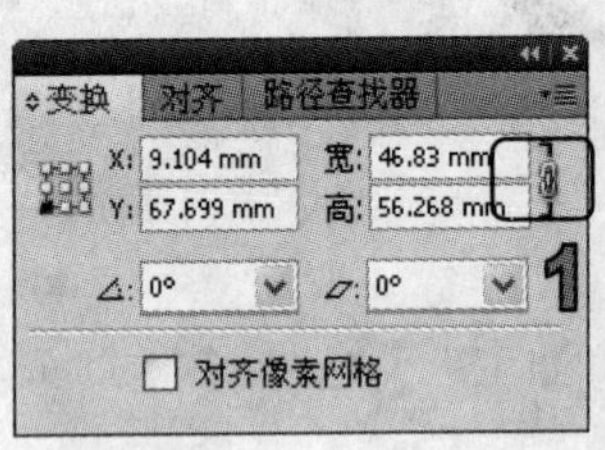

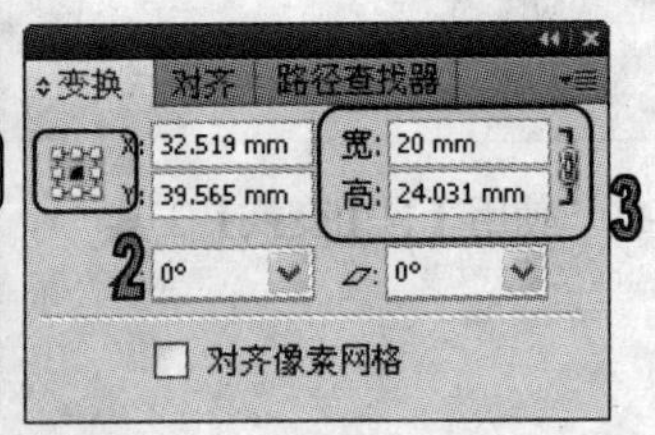

图 7-23 使用【变换】面板缩放对象

(3) 在【变换】面板的【倾斜】文本框中输入一个值，即可倾斜对象，如图 7-24 所示。

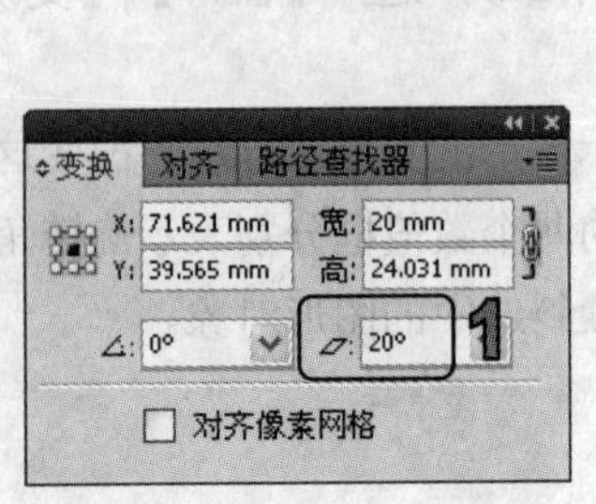

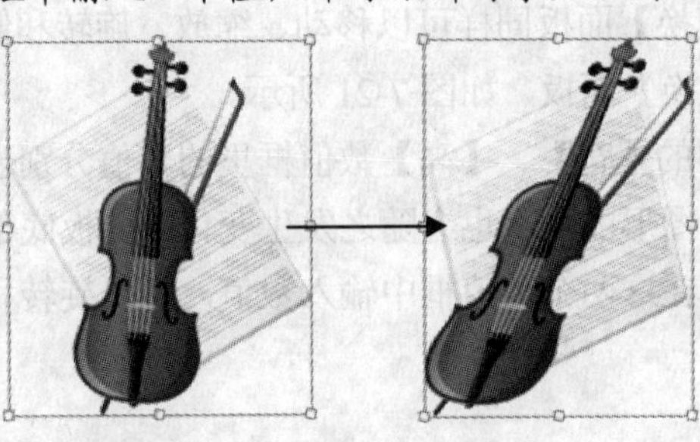

图 7-24 使用【变换】面板倾斜对象

7.5　变形工具的使用

Illustrator 中的即时变形工具可以使文字、图像和其他物体的交互变形变得轻松。这些工具的使用和 Photoshop 中的涂抹工具类似。不同的是，使用涂抹工具得到的结果是颜色的延伸，而即时变形工具可以实现从扭曲到极其夸张的变形。

7.5.1　变形工具

【变形】工具能够使对象的形状按照鼠标拖拽的方向产生自然的变形，从而可以自由地变换基础图形，如图 7-25 所示。双击工具箱中的【变形】工具，可以打开【变形工具选项】对话框，如图 7-26 所示。

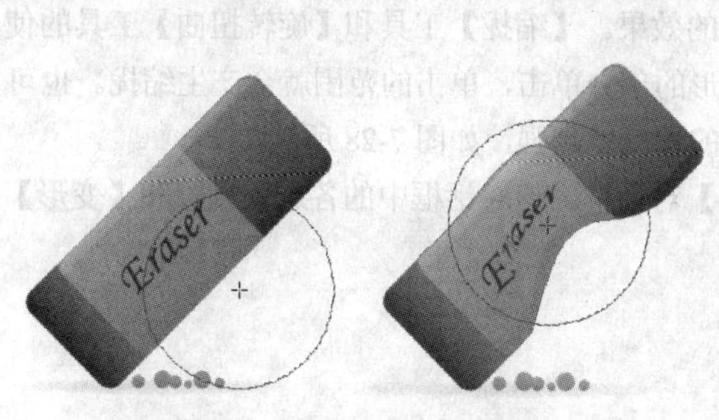

图 7-25　使用【变形】工具

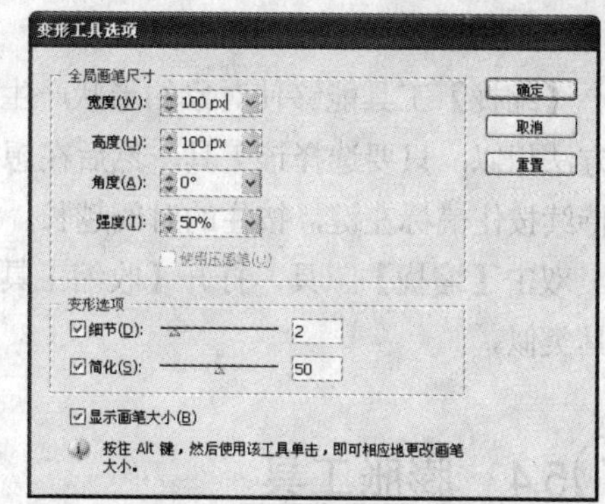

图 7-26　【变形工具选项】对话框

- 【宽度】：用于设置变形工具画笔水平方向的直径。
- 【高度】：用于设置变形工具画笔垂直方向的直径。
- 【角度】：用于设置变形工具画笔的角度。
- 【强度】：用于设置变形工具的画笔按压的力度。
- 【细节】：用于设置变形工具得以应用的精确程度，设置范围是 1~10，数值越高，表现得越细致。
- 【简化】：用于设置变形工具得以应用的简单程度，设置范围是 0.2~100。
- 【显示画笔大小】：选中该复选框就会显示应用相应设置的画笔形状。

7.5.2　旋转扭曲工具

【旋转扭曲】工具能够使对象形成涡旋的形状。该工具的使用方法很简单，只要选择该工具，然后在想要变形的部分单击，单击的范围就会产生涡旋。也可以持续按住鼠标左键，按住的时间越长，涡旋的程度就越强，如图 7-27 所示。

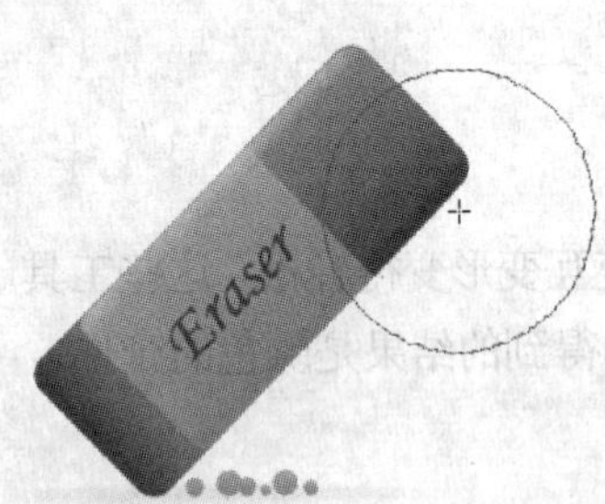

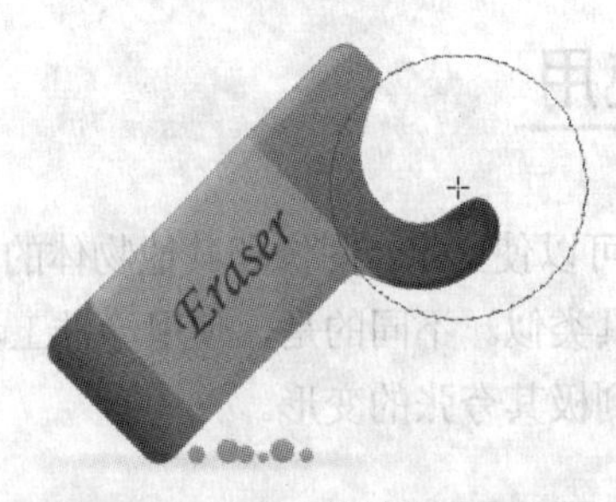

图 7-27　使用【旋转扭曲】工具

双击【旋转扭曲】工具，打开【旋转扭曲工具选项】对话框。该对话框中的各选项设置和【变形】工具类似。

7.5.3　缩拢工具

【缩拢】工具能够使对象的形状产生收缩的效果。【缩拢】工具和【旋转扭曲】工具的使用方法相似，只要选择该工具，然后在想要变形的部分单击，单击的范围就会产生缩拢。也可以持续按住鼠标左键，按住的时间越长，缩拢的程度就越强，如图 7-28 所示。

双击【缩拢】工具，打开【收缩工具选项】对话框。该对话框中的各选项设置和【变形】工具类似。

7.5.4　膨胀工具

【膨胀】工具的作用与【缩拢】工具的作用刚好相反，【膨胀】工具能够使对象的形状产生膨胀的效果。只要选择该工具，然后在想要变形的部分单击，单击的范围就会产生膨胀。也可以持续按住鼠标左键，按住时间越长，膨胀的程度就越强，如图 7-29 所示。

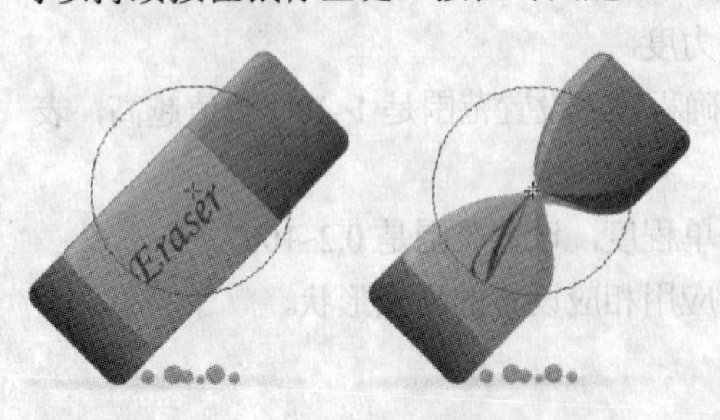

图 7-28　缩拢

图 7-29　膨胀

双击【膨胀】工具，打开【膨胀工具选项】对话框。该对话框中的各选项设置和【变形】工具类似。

7.5.5　扇贝工具

【扇贝】工具能够使对象表面产生贝壳外表波浪起伏的效果。选择该工具，然后在想要变形的部分单击，单击的范围就会产生波纹效果。也可以持续按住鼠标左键，按住的时间越长，波动的程度就越强，如图 7-30 所示。

7.5.6　晶格化工具

【晶格化】工具的作用和【扇贝】工具相反，它能够使对象表面产生尖锐外凸的效果。选择该工具，然后在想要变形的部分单击，单击的范围就会产生尖锐的凸起效果。也可以持续按住鼠标左键，按住的时间越长，凸起的程度就越强，如图 7-31 所示。

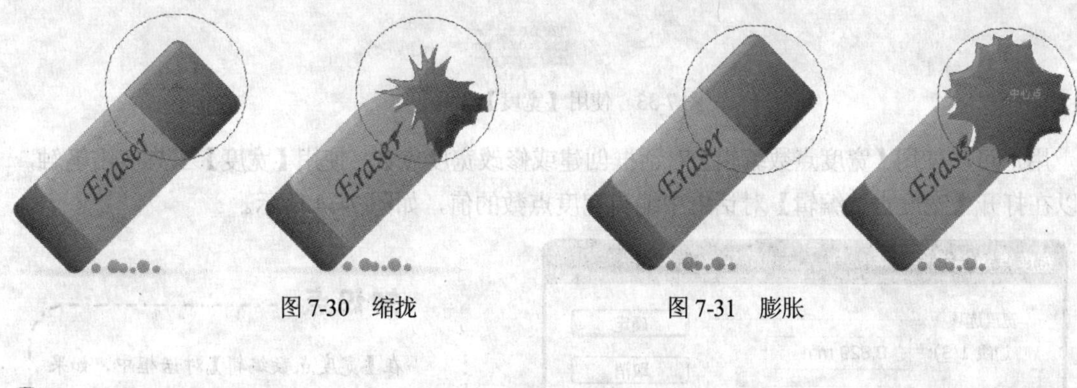

图 7-30　缩拢　　　　图 7-31　膨胀

7.5.7　褶皱工具

【褶皱】工具用来制作不规则的波浪，是改变对象形状的工具。选择该工具，然后在想要变形的部分单击，单击的范围就会产生波浪。也可以持续按住鼠标左键，按住的时间越长，波动的程度就越强烈，如图 7-32 所示。

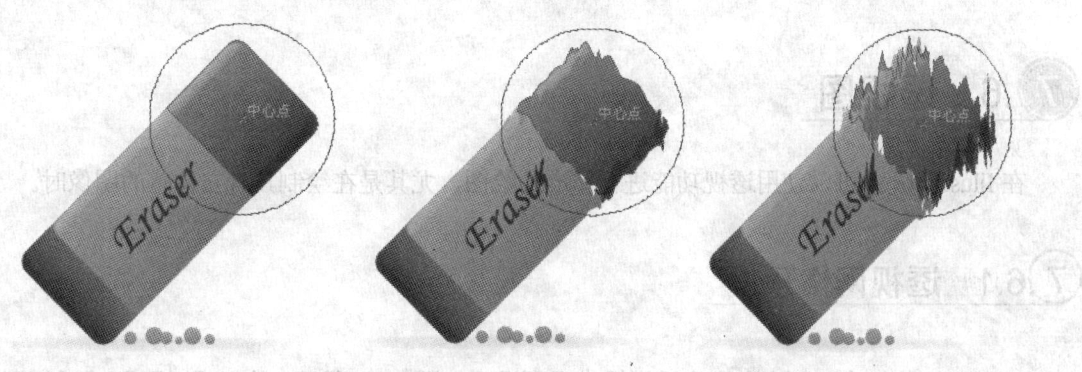

图 7-32　褶皱

7.5.8　宽度工具

宽度工具可以创建可变宽笔触并将宽度变量保存为可应用到其他笔触的配置文件。使用【宽度】工具滑过一个笔触时，控制柄将出现在路径上，可以调整笔触宽度、移动宽度点数、复制宽度点数和删除宽度点数，如图 7-33 所示。使用【宽度】工具可以把单一的线条描绘成富于变化的线条，以表达更加丰富的插画效果。

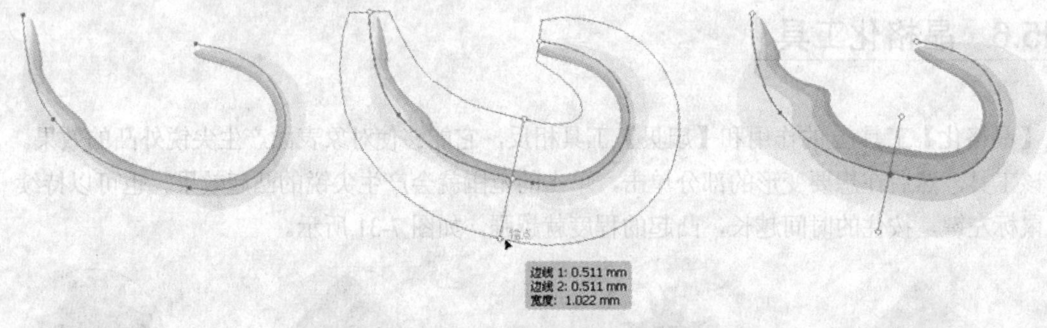

图 7-33　使用【宽度】工具

用户可以使用【宽度点数编辑】对话框创建或修改宽度点数。使用【宽度】工具双击笔触，可以在打开【宽度点数编辑】对话框中编辑宽度点数的值，如图 7-34 所示。

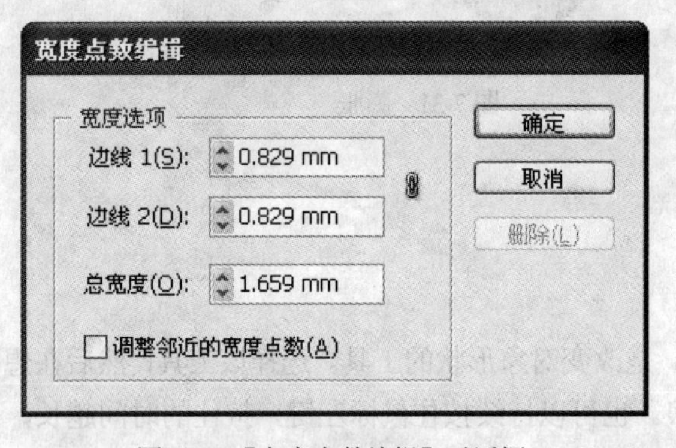

图 7-34 【宽度点数编辑】对话框

知识点

在【宽度点数编辑】对话框中，如果选中【调整邻近的宽度点数】复选框，则对已选宽度点数的更改将同样影响邻近的宽度点数。

7.6　透视图

在 Illustrator 中可以使用透视功能进行精准的绘图，尤其是在绘制具有立体感的图像时。

7.6.1　透视网格预设

Illustrator 为一点、两点和三点透视提供了预设，如图 7-35 所示。选择【视图】|【透视网格】命令，在弹出的子菜单中即可为网格选择预设。

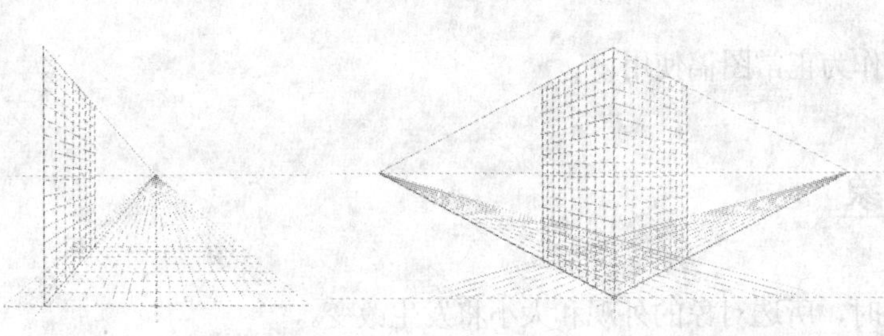

图 7-35　预设透视

7.6.2　在透视中绘制新对象

要在透视中绘制对象，可在网格可见时使用线段组工具或矩形组工具，如图 7-36 所示。在使用矩形组工具或线段组工具时，可以通过按住 Ctrl 键切换到【透视选区】工具。当在透视中绘制对象时，建议使用智能参考线使对象与其他对象对齐。对齐方式基于对象的透视几何形状。当对象接近其他对象的边缘或锚点时会显示参考线。

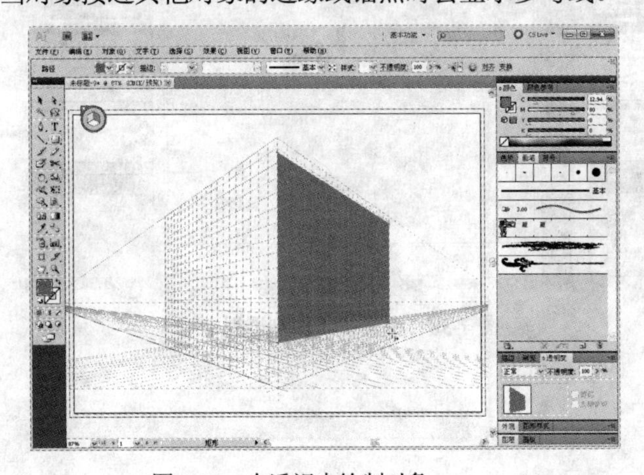

图 7-36　在透视中绘制对象

提示

使用线段组工具或矩形组工具在透视中绘制对象时，可以通过键盘快捷键 1(左平面)、2(水平面)和 3(右平面)来切换活动平面。

7.6.3　将对象附加到透视中

在平面上创建对象时，Illustrator 可将对象附加到透视网格的活动平面上。选择要置入对象的活动平面，可以使用键盘快捷键 1、2、3 或通过单击透视网格构件中的立方体的一个面来选择活动平面，然后选择【对象】|【透视】|【附加到现用平面】命令。

7.6.4　使用透视释放对象

如果要释放带透视视图的对象，选择【对象】|【透视】|【通过透视释放】命令，所选对象

将从相关的透视平面中释放，并可作为正常图稿使用。

7.6.5 在透视中引进对象

向透视中加入现有对象或图稿时，所选对象的外观和大小将发生改变。

【例 7-8】在 Illustrator 中，将文字对象添加到透视中。

(1) 在打开的图形文档中，选择【文字】工具，在控制面板中设置字体、字体大小，然后在文档中输入文字内容，如图 7-37 所示。

(2) 在工具箱中选择【透视选区】工具选择文字，通过键盘快捷键 1、2、3 或通过单击透视网格构件中的立方体的一个面来选择活动平面，将文字移入到网格中，此时文字显示出透视的效果，如图 7-38 所示。

图 7-37 输入文字

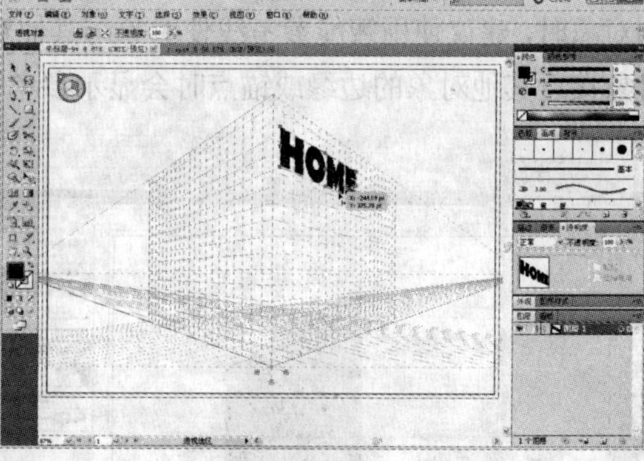

图 7-38 将文字添加到透视中

7.6.6 在透视中选择对象

使用【透视选区】工具在透视中选择对象。【透视选区】工具提供了一个使用活动平面设置选择对象的选框。

开始使用【透视选区】工具进行拖动后，可以在正常选框和透视选框之间选择，然后使用快捷键 1、2、3 或 4 在网格的不同平面间切换。

7.7 封套扭曲

封套扭曲是对选定对象进行扭曲和改变形状的工具。用户可以利用画板上的对象来制作封套，或者使用预设的变形形状或网格作为封套。可以在任何对象上使用封套，但图标、参考线和链接对象除外。

7.7.1 用变形建立

【用变形建立】命令可以通过预设的形状创建封套。选中图形对象后，选择【对象】|【封套扭曲】|【用变形建立】命令，打开【变形选项】对话框，如图 7-39 左图所示。在【样式】下拉列表中用户可以选择变形样式。图 7-39 右图所示为变形效果。

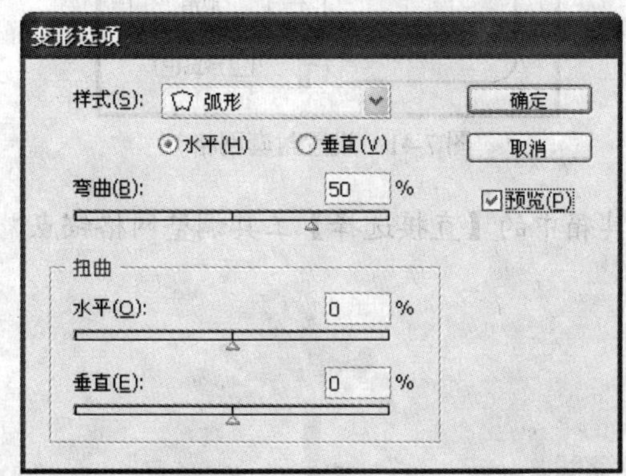

图 7-39 【变形选项】对话框与变形效果

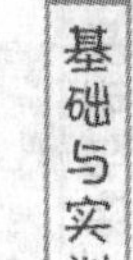

- 【样式】下拉列表：在该下拉列表中，选择不同的选项，可以定义不同的变形样式。在该下拉列表中可以选择【弧形】、【下弧形】、【上弧形】、【拱形】、【凸出】、【凹壳】、【凸壳】、【旗形】、【波形】、【鱼形】、【上升】、【鱼眼】、【膨胀】、【挤压】和【扭转】等选项。
- 【水平】、【垂直】单选按钮：选中【水平】、【垂直】单选按钮时，将定义对象变形的方向。
- 【弯曲】选项：调整该选项中的参数，可以定义扭曲的程度，绝对值越大，弯曲的程度越大。正值是向上或向左弯曲，负值是向下或向右弯曲。
- 【水平】选项：调整该选项中的参数，可以定义对象扭曲时在水平方向单独进行扭曲的效果。
- 【垂直】选项：调整该选项中的参数，可以定义对象扭曲时在垂直方向单独进行扭曲的效果。

7.7.2 用网格建立

设置一种矩形网格作为封套，可以使用【用网格建立】命令在【封套网格】对话框中设置行数和列数。选中图形对象后，选择【对象】|【封套扭曲】|【用网格建立】命令，打开【封套网格】对话框。设置完行数和列数后，可以使用【直接选择】工具和【转换锚点】工具对封套外观进行调整。

【例 7-9】在 Illustrator 中，对图形对象进行封套扭曲操作。

(1) 在图形文档输入文字，并使用工具箱中的【选择】工具选择文字对象，如图 7-40 所示。

(2) 使用【选择】工具选择对象后，选择【对象】|【封套扭曲】|【用网格建立】命令，打开【封套网格】对话框，设置【行数】和【列数】均为 3，如图 7-41 所示。

图 7-40 选择对象

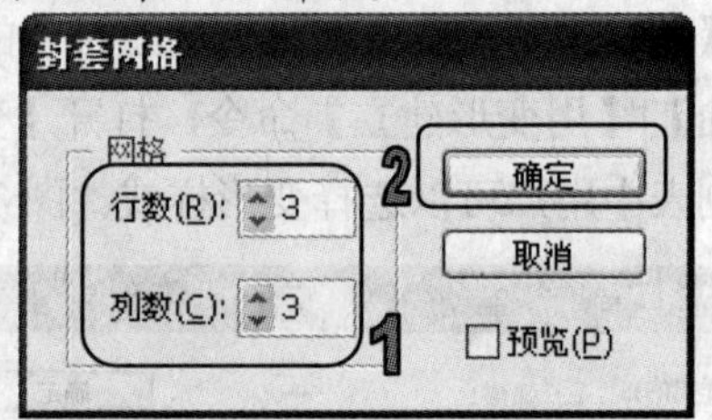

图 7-41 设置封套网格

(3) 设置完成后，单击【确定】按钮，并使用工具箱中的【直接选择】工具调整网格锚点位置，对对象进行封套网格扭曲，如图 7-42 所示。

图 7-42 用网格建立

7.7.3 用顶层对象建立

设置一个对象作为封套的形状，将形状放置在被封套对象的最上方，选择封套形状和被封套对象，然后选择【对象】|【封套扭曲】|【用顶层对象建立】命令。

【例 7-10】在 Illustrator 中，对图形对象进行封套扭曲操作。

(1) 选择【文件】|【打开】命令，打开一幅图形文档，如图 7-43 所示。

(2) 使用工具箱中的【钢笔】工具在图形文档中绘制如图 7-44 所示的图形对象。

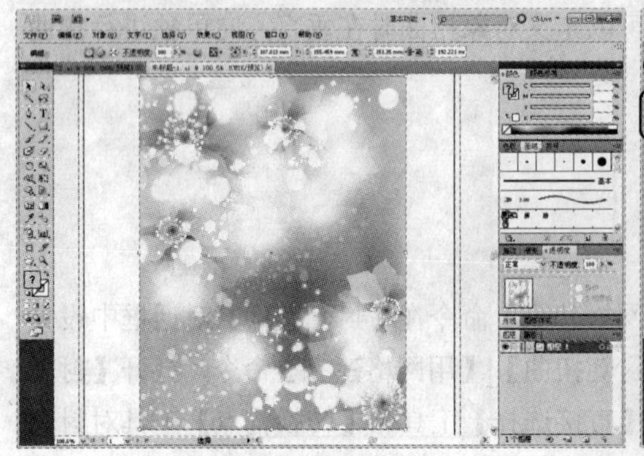

图 7-43 打开图形文档

图 7-44 绘制图形

(3) 使用【选择】工具选中全部对象，选择【对象】|【封套扭曲】|【用顶层对象建立】命令，即可对选中的图形对象进行封套扭曲，如图 7-45 所示。

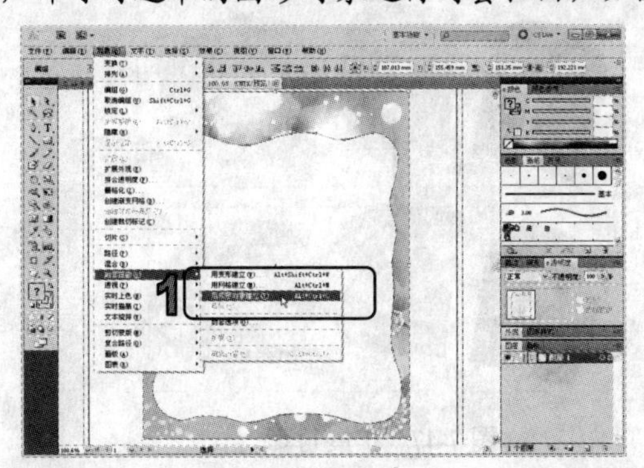

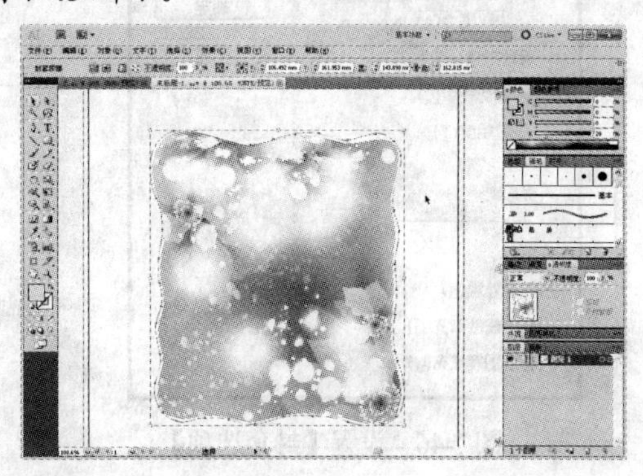

图 7-45 用顶层对象建立

7.7.4 编辑封套扭曲

对象进行封套扭曲后，将生成一个复合对象，该复合对象由封套和封套内容组成，并且可以通过设置与封套有关的选项，编辑、释放和扩展封套对象。

1. 控制封套

选择一个封套变形对象后，除了可以使用【直接选择】工具进行调整外，还可以选择【对象】|【封套扭曲】|【封套选项】命令，打开如图 7-46 所示的【封套选项】对话框控制封套。

- 【消除锯齿】：在用封套扭曲对象时，可使用此选项来平滑栅格。取消选择【消除锯齿】选项，可降低扭曲栅格所需的时间。
- 【保留形状，使用】：当用非矩形封套扭曲对象时，可使用此选项指定栅格应以何种形式保留其形状。选中【剪切蒙版】选项以在栅格上使用剪切蒙版，或选择【透明度】选项以对栅格应用 Alpha 通道。
- 【保真度】选项：调整该选项中的参数，可以指定使对象适合封套模型的精确程度。增加保真度百分比会向扭曲路径添加更多的点，而扭曲对象所花费的时间也会随之增加。
- 【扭曲外观】、【扭曲线性渐变】和【扭曲图案填充】复选框，分别用于决定是否扭曲对象的外观、线性渐变和图案填充。

2. 扩展封套

当一个对象进行封套变形后，该对象通过封套组件来控制对象外观，但不能对该对象进行其他的编辑操作。此时，选择【对象】|【封套扭曲】|【扩展】命令可以将作为封套的图形删除，只留下已扭曲变形的对象，且留下的对象不能再进行和封套编辑有关的操作，如图 7-47 所示。

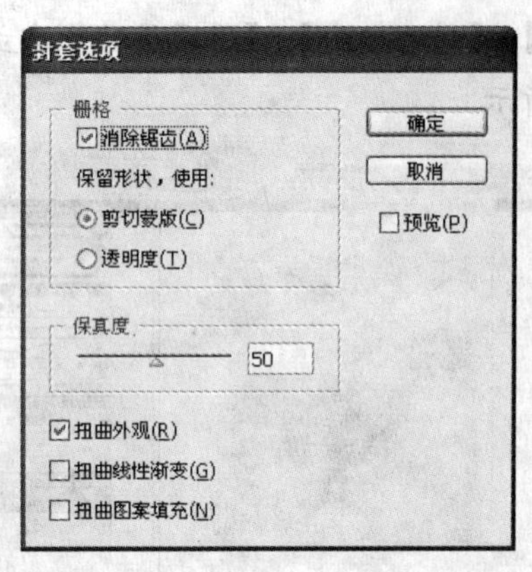

图 7-46 设置【封套选项】

图 7-47 扩展封套

3. 编辑内容

当对象进行了封套编辑后，使用工具箱中的【直接选择】工具或其他编辑工具对该对象进行编辑时，只能选中该对象的封套部分，而不能对该对象本身进行调整。

如果要对对象进行调整，选择【对象】|【封套扭曲】|【编辑内容】命令，或使用快捷键 Shift+Ctrl+P，将显示原始对象的边框，通过编辑原始图形可以改变复合对象的外观，如图 7-48 所示。编辑内容操作结束后，选择【对象】|【封套扭曲】|【编辑封套】命令，或使用快捷键 Shift+Ctrl+P，结束内容编辑。

4. 释放封套

当要将制作的封套对象恢复到操作之前的效果时，可以选择【对象】|【封套扭曲】|【释放】命令即可将封套对象恢复到操作之前的效果，而且还会保留封套的部分，如图 7-49 所示。

图 7-48 编辑内容

图 7-49 释放封套

7.8 混合效果

在 Illustrator 中可以混合对象以创建形状，并在两个对象之间平均分布形状，也可以在两个开放路径之间进行混合，在对象之间创建平滑的过渡；或者组合颜色和对象的混合，在特定对象形状中创建颜色过渡。

Illustrator 中的混合工具和混合命令，可以在两个或数个对象之间创建一系列的中间对象。可在两个开放路径、两个封闭路径、不同渐变之间产生混合。并且可以使用移动、调

整尺寸、删除或加入对象的方式，编辑与建立的混合。在完成编辑后，图形对象会自动重新混合。

7.8.1　创建混合

使用【混合】工具和【混合】命令可以为两个或两个以上的图形对象创建混合。选中需要混合的路径后，选择【对象】|【混合】|【建立】命令，或选择【混合】工具分别单击需要混合的图形对象，即可生成混合效果。

【例 7-11】在 Illustrator 中，绘制图形并创建混合。

(1) 在图形文档中，选择【钢笔】工具绘制如图 7-50 所示的图形对象，并分别填充蓝色和黄色。

(2) 选择工具箱中的【混合】工具，在绘制的两个图形上分别单击，创建混合，如图 7-51 所示。

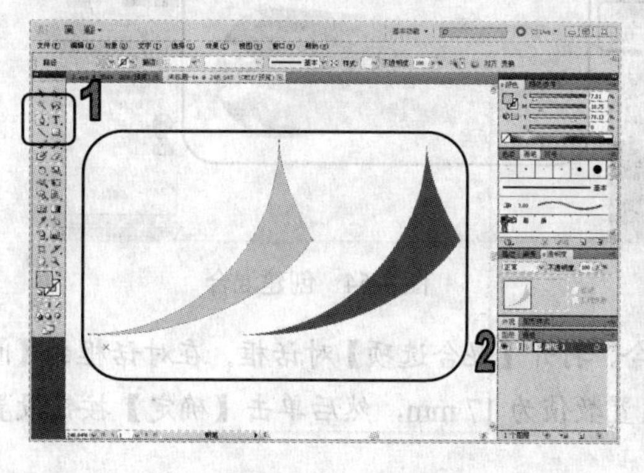

图 7-50　绘制图形

图 7-51　创建混合

7.8.2　混合选项

选择混合的路径后，双击工具箱中的【混合】工具，或选择【对象】|【混合】|【混合选项】命令，可以打开如图 7-52 所示的【混合选项】对话框。在对话框中可以对混合效果进行设置。

- 【间距】选项用于设置混合对象之间的距离大小，数值越大，混合对象之间的距离也就越大。其中包含 3 个选项，分别是【平滑颜色】、【指定的步数】和【指定的距离】选项。【平滑颜色】选项表示系统将按照要混合的两个图形的颜色和形状来确定混合步数。【指定的步数】选项可以控制混合的步数。【指定的距离】选项可以控制每一步混合间的距离。
- 【取向】选项可以设定混合的方向。按钮以对齐页面的方式进行混合，按钮以对齐路径的方式进行混合。

◉ 【预览】复选框被选中后，可以直接预览更改设置后的所有效果。

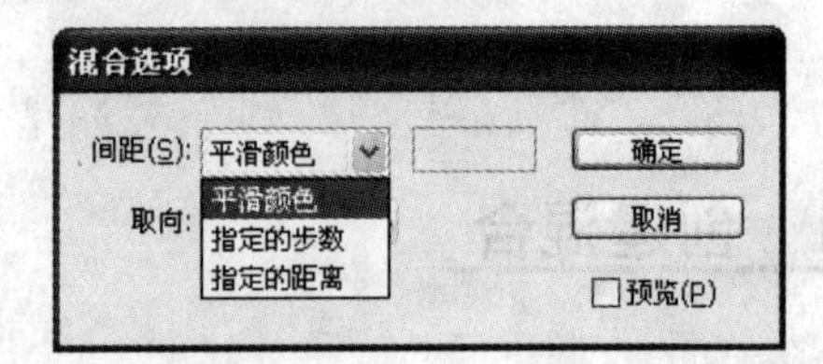

图 7-52 【混合选项】对话框

【例 7-12】在 Illustrator 中，创建混合对象并设置混合选项。

(1) 选择【文件】|【打开】命令，选择打开图形文档，如图 7-53 所示。

(2) 选择【混合】工具，在图形文档中的两个图形上分别单击，创建混合，如图 7-54 所示。

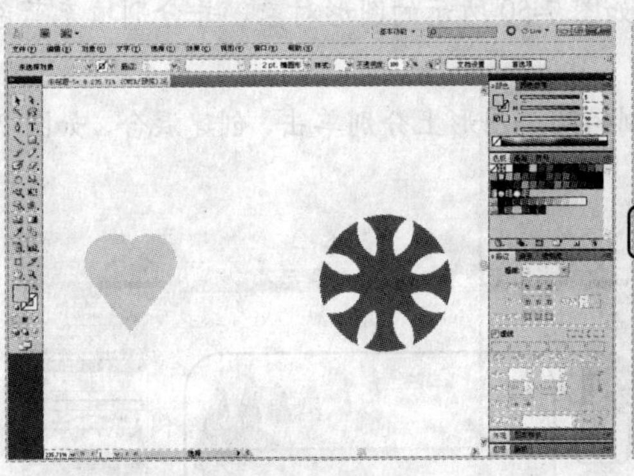

图 7-53 打开图形文档

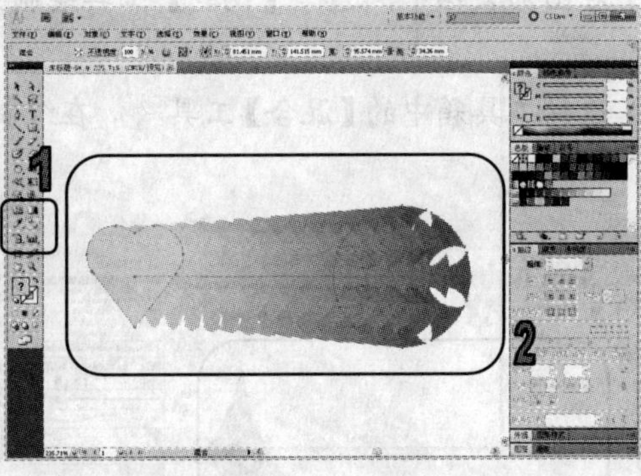

图 7-54 创建混合

(3) 选择【对象】|【混合】|【混合选项】命令，打开【混合选项】对话框。在对话框的【间距】下拉列表中选择【指定的距离】选项，并设置数值为 17 mm，然后单击【确定】按钮设置混合选项，如图 7-55 所示。

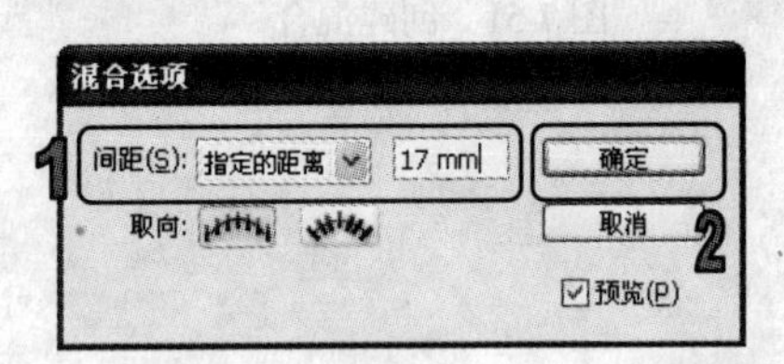

图 7-55 设置混合选项

7.8.3 编辑混合图形

Illustrator 的编辑工具能移动、删除或变形混合；也可以使用任何编辑工具来编辑锚点和路径或改变混合的颜色。当编辑原始对象的锚点时，混合也会随着改变。原始对象之间所混合的新对象不会拥有其本身的锚点。

【例 7-13】在 Illustrator 中，创建混合对象并编辑混合对象。

(1) 选择【文件】|【打开】命令，选择打开图形文档。选择【混合】工具，在图形文档中的两个图形上分别单击，创建混合，如图 7-56 所示。

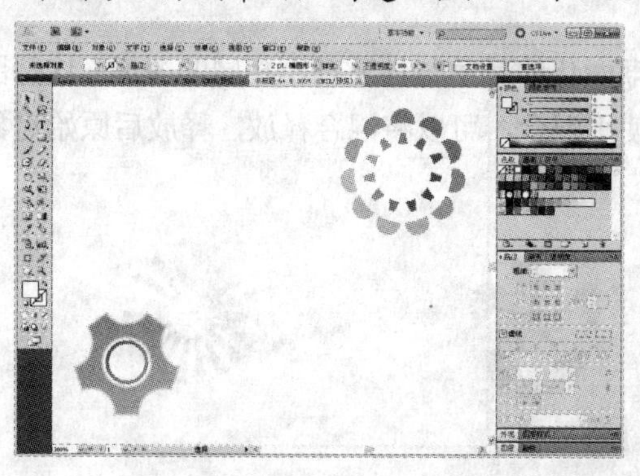

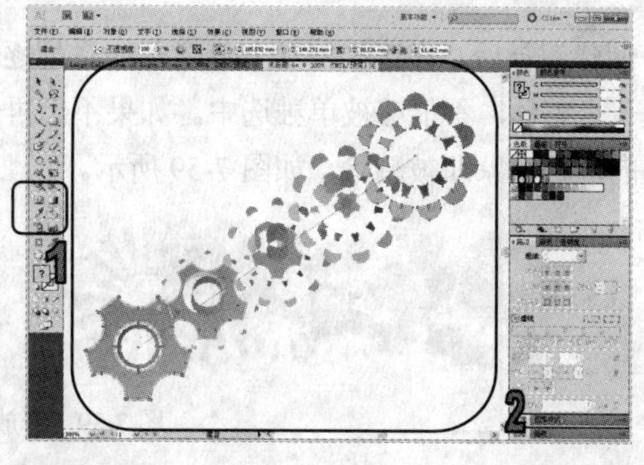

图 7-56　创建混合

(2) 选择【对象】|【混合】|【混合选项】命令，打开【混合选项】对话框。在对话框的【间距】下拉列表中选择【指定的步数】选项，并设置数值为 6，然后单击【确定】按钮设置混合选项，如图 7-57 所示。

图 7-57　设置混合选项

(3) 选择工具箱中的【转换锚点】工具，单击混合轴上锚点并调整混合轴路径，如图 7-58 所示。

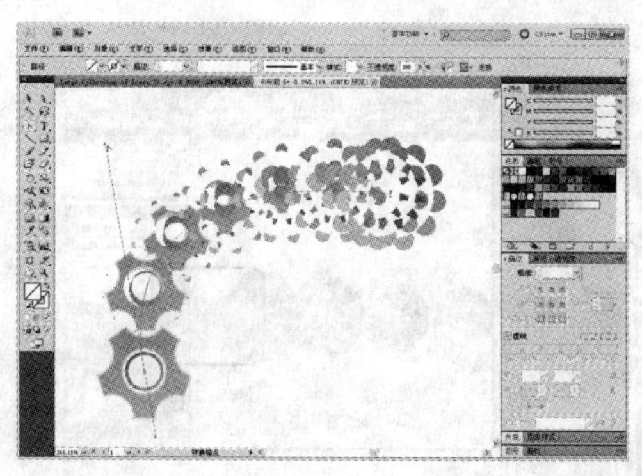

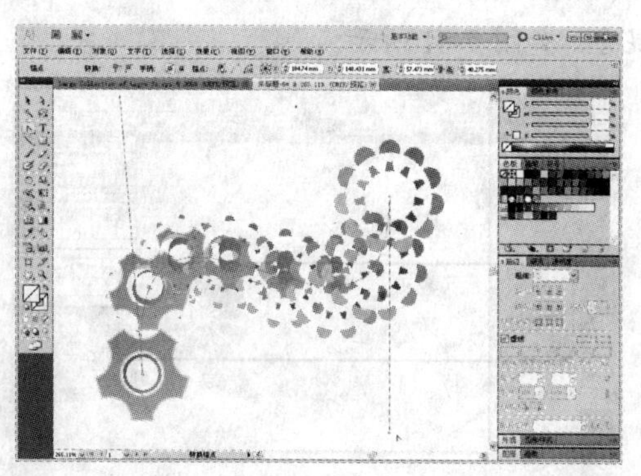

图 7-58　调整混合轴

7.8.4 释放与扩展混合对象

创建混合后，在连接路径上包含了一系列逐渐变化的颜色与性质都不相同的图形。这些图形是一个整体，不能够被单独选中。如果不想再使用混合，可以将混合释放，释放后原始对象以外的混合对象即被删除，如图 7-59 所示。

图 7-59　释放混合对象

如果要将相应的对象恢复到普通对象的属性，但又保持混合后的状态，可以选择【对象】|【混合】|【扩展】命令，此时混合对象将转换为普通的对象，并且保持混合后的状态，如图 7-60 所示。

图 7-60　扩展混合对象

7.8.5 替换混合轴

在 Illustrator 中，使用【对象】|【混合】|【替换混合轴】命令可以使需要混合的图形按照一条已经绘制好的开放路径进行混合，从而得到所需要的混合图形。

【例 7-14】在 Illustrator 中，创建混合对象并替换混合轴。

(1) 在 Illustrator 中，打开图形文档。选择【混合】工具在绘制的两个图形上分别单击，创建混合，如图 7-61 所示。

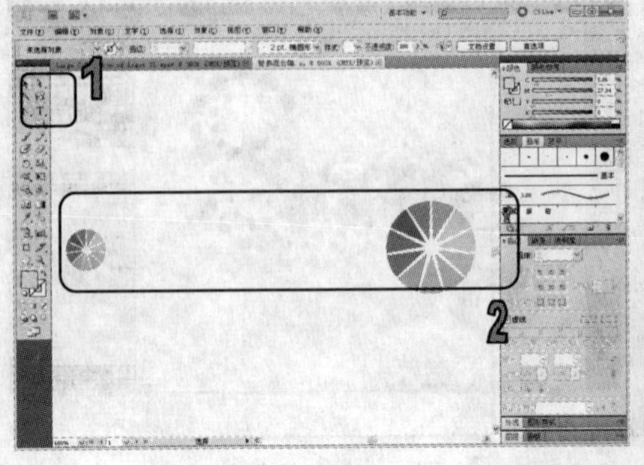

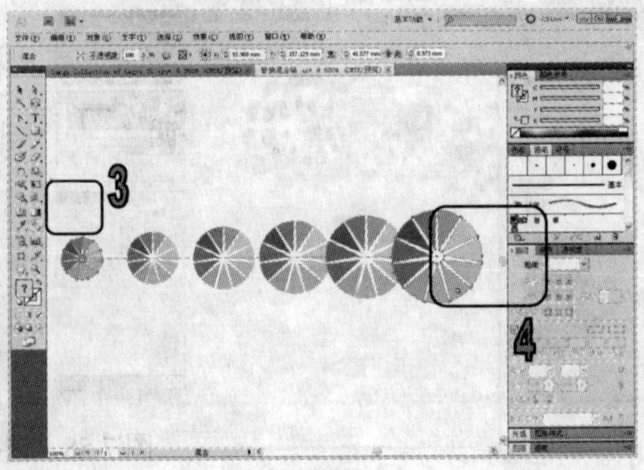

图 7-61　创建混合

(2) 选择【对象】|【混合】|【混合选项】命令，打开【混合选项】对话框。在对话框的【间距】下拉列表中选择【指定的步数】选项，并设置数值为 7，然后单击【确定】按钮，如图 7-62 所示。

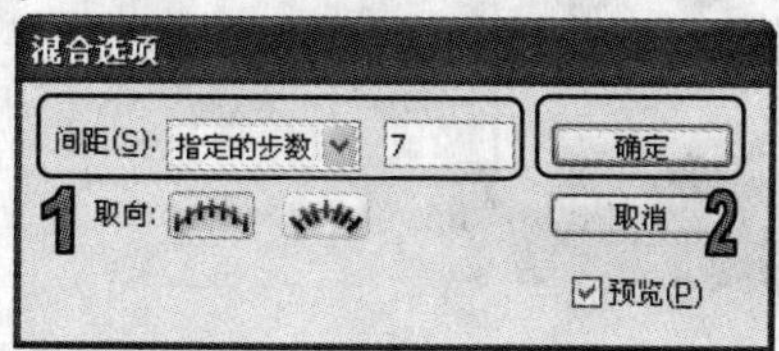

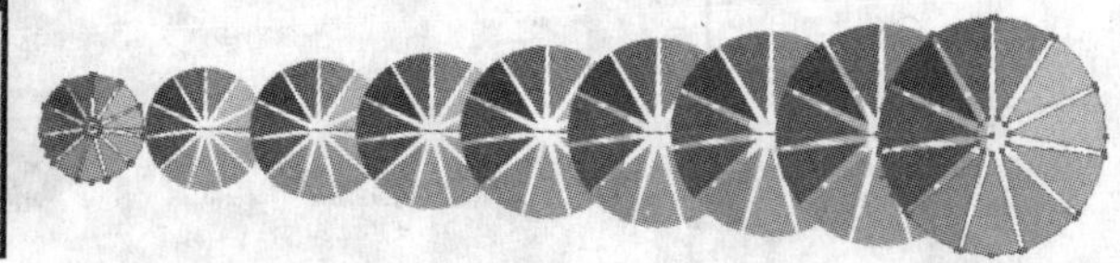

图 7-62　设置混合选项

(3) 双击工具箱中的【螺旋线】工具，打开【螺旋线】对话框。在对话框中，设置【半径】数值为 25 mm，【衰减】数值为 80%，【段数】数值为 8，然后单击【确定】按钮，如图 7-63 所示创建螺旋线。

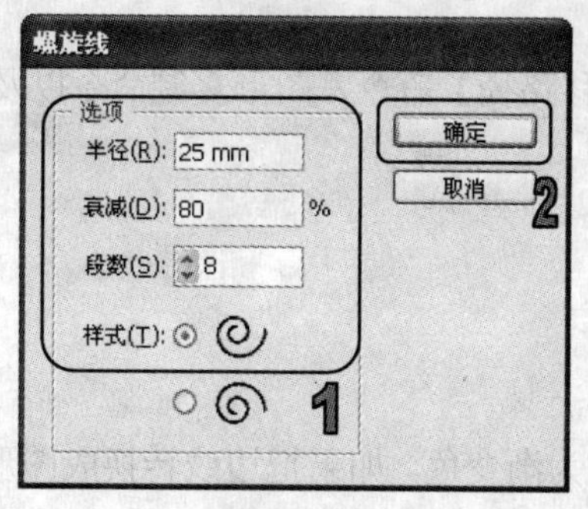

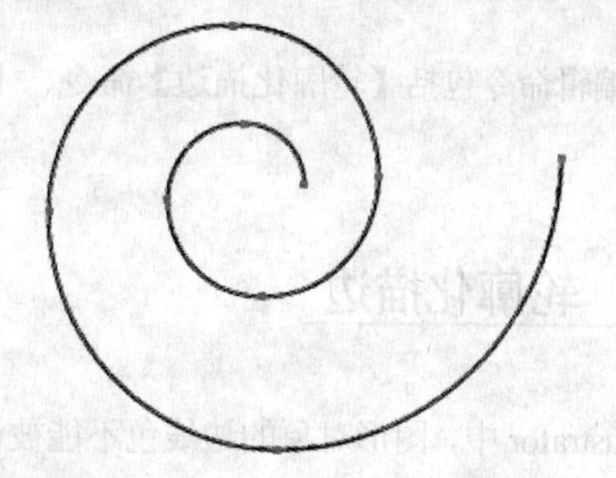

图 7-63　创建螺旋线

(4) 使用【选择】工具选中混合图形和路径，选择【对象】|【混合】|【替换混合轴】命令。这时，图形对象就会依据绘制的路径进行混合，如图 7-64 所示。

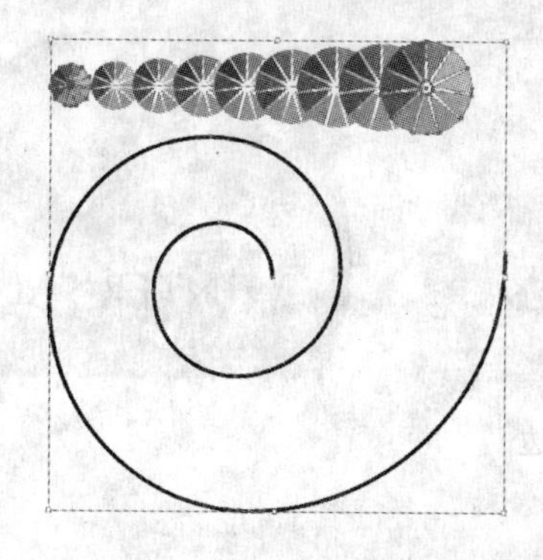
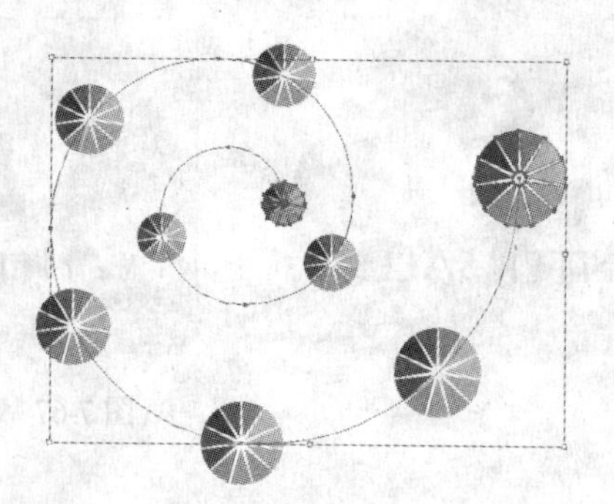

图 7-64　替换混合轴

知识点

使用选择工具选中混合图形，选择【对象】|【混合】|【反向混合轴】命令可以互换混合的两个图形位置，其效果类似于镜像功能，如图 7-65 所示。选择【对象】|【混合】|【反向堆叠】命令可以转换进行混合的两个图形的前后位置，如图 7-66 所示。【反向混合轴】命令转换的是两个混合图形的坐标位置，而【反向堆叠】命令转换的是两个混合图形的图层排列顺序。

图 7-65　反向混合轴

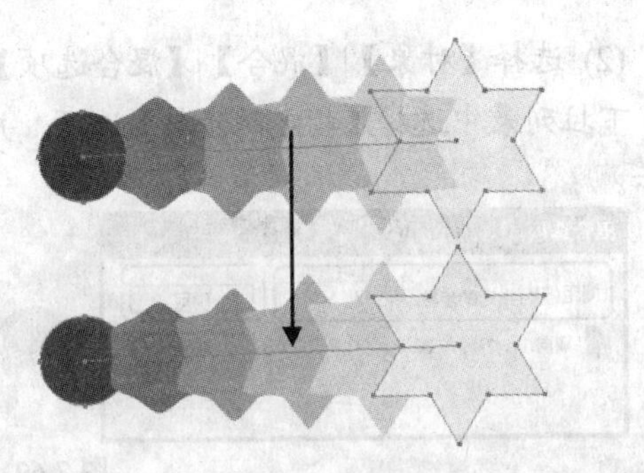

图 7-66　反向堆叠

7.9　其他编辑命令

其他编辑命令包括【轮廓化描边】命令、【偏移路径】命令、图形复制命令以及图形移动命令等。

7.9.1　轮廓化描边

在 Illustrator 中，图形对象的边线色不能被设定为渐变色。如果把边线转换成图形，就可以在这个区域内进行渐变填充，并且可以使用【直接选择】工具改变描边形状。选中图形对象后，选择【对象】|【路径】|【轮廓化描边】命令，选择的路径就变成了具有填充和边线属性的封闭图形，这时就可以对其填充渐变色，如图 7-67 所示。

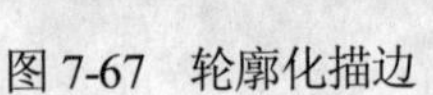

图 7-67　轮廓化描边

7.9.2　路径偏移

【偏移路径】命令可以原路径为中心生成新的封闭图形。绘制一条路径，然后选择【对象】|【路径】|【偏移路径】命令，打开【位移路径】对话框，如图 7-68 所示。

- 【位移】：用来输入位移量。

- 【连接】：下拉列表中有 3 个选项，分别为【斜接】、【圆角】和【斜角】。这 3 个选项用来定义路径拐角处的连接情况。
- 【斜接限制】：用来控制斜接的角度。数值越大，可容忍的角度越大。

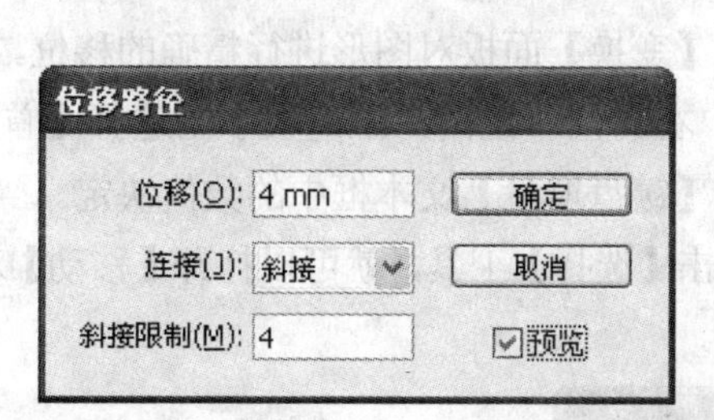

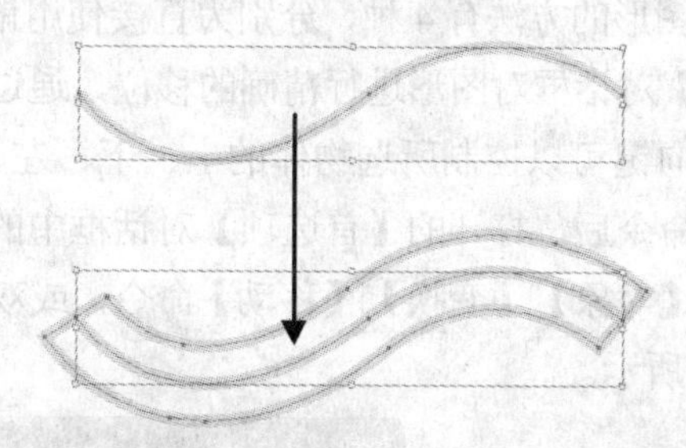

图 7-68　使用【位移路径】对话框

7.9.3　图形复制

在【编辑】菜单下包含一系列有关复制的命令，分别为复制、剪切、粘贴、贴在前面、贴在后面和清除等。

- 【复制】：使用这一命令可将当前选中的图形复制到剪贴板中进行保存，并且当前的图像不发生变化，其快捷键为 Ctrl+C 键。
- 【剪切】：此命令是将当前选中的物体剪切到剪贴板中，其快捷键为 Ctrl+X 键。
- 【粘贴】：执行这一命令，可把存放在剪贴板中的内容粘贴到工作页面的中心位置，其快捷键为 Ctrl+V 键。
- 【贴在前面】：将对象直接粘贴到所选对象的前面。
- 【贴在后面】：将对象直接粘贴到所选对象的后面。
- 【清除】：用于将选中的物体彻底清除。

提示

按 Ctrl+F 键可以粘贴在对象前面。按 Ctrl+B 键可以粘贴在对象后面。用户还可以在选中对象后，按住 Ctrl+Alt 键移送复制对象，如图 7-69 所示。

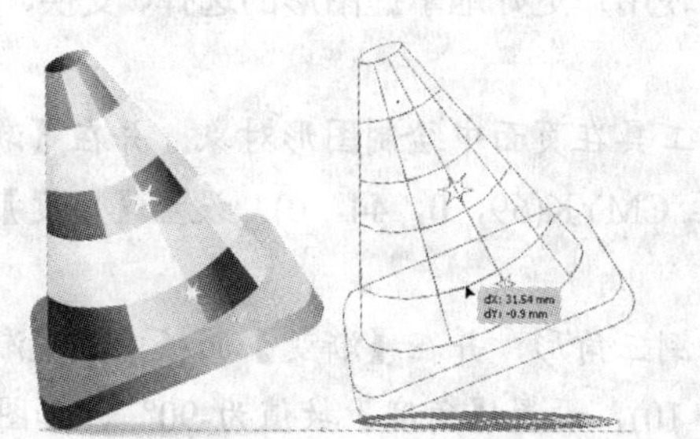

图 7-69　复制图形

计算机　基础与实训教材系列

7.9.4 图形移动

移动图形的方法有 4 种，分别为直接使用鼠标拖拽图形使之移动，使用键盘移动图形，通过【移动】对话框对图形进行精确的移位，通过【变换】面板对图形进行精确的移位。使用键盘上的方向键可以控制所选物体的上、下、左、右的位移距离，距离大小由选择【首选项】|【常规】命令后，打开的【首选项】对话框中的【键盘增量】文本框中的数值决定。

选择【对象】|【变换】|【移动】命令，或双击【选择】工具，就可以打开【移动】对话框，如图 7-70 所示。

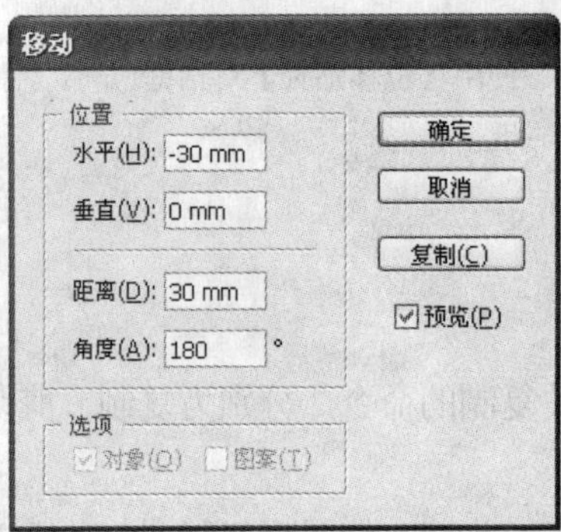

图 7-70　使用【移动】对话框

在对话框中的【水平】文本框中输入水平方向的位移量，在【垂直】文本框中输入垂直方向的位移量，也可以通过改变【距离】和【角度】文本框中的数值来移动图形对象，这两种方法得到的结果相同。当改变【水平】和【垂直】文本框中的数值时，【距离】和【角度】文本框中的数值也跟着改变，反之亦然。

选中【预览】复选框，用户可以随时观看移动后的结果。对话框中的【复制】按钮表示在保留原来图形对象的基础上复制一个新的图形对象，新复制的图形对象按照设定的数值进行移动，原图形对象的位置保持不变。

7.10 上机练习

本章的上机实验主要练习制作徽章图形对象，使用户更好地掌握图形的选择、变换、复制、对齐等基本操作方法和技巧。

(1) 在图形文档中，选择工具箱中的【钢笔】工具在页面中绘制图形对象。并在【渐变】面板中，设置渐变颜色为 CMYK(75，20，51，0)至 CMYK(69，0，44，0)，设置【角度】数值为 90°，如图 7-71 所示。

(2) 继续使用【钢笔】工具在页面中绘制一个倒三角形，并在【渐变】面板中设置渐变颜色为 CMYK(68，0，43，0)至 CMYK(62，0，10，10)，设置【角度】数值为-90°，如图 7-72 所示。

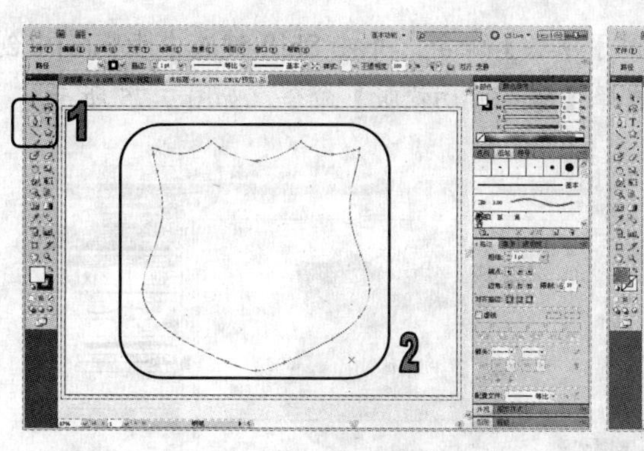

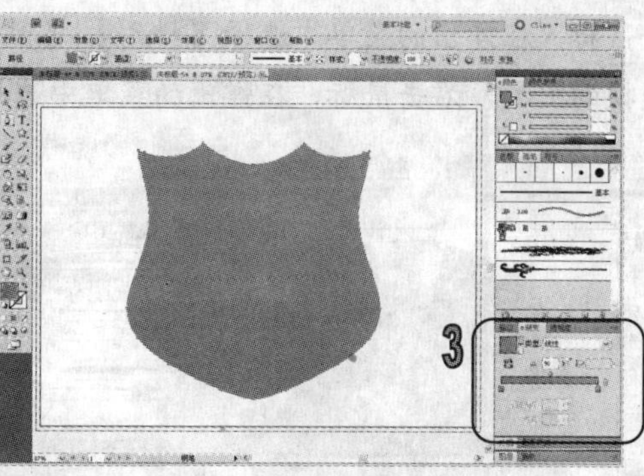

图 7-71　绘制图形(1)

(3) 选择【扭曲和变换】|【变换】命令，打开【变换效果】对话框。在对话框中，变换的设置为中心点变换，设置【角度】数值为 19°，份数为 19 份，然后单击【确定】按钮变换图形，如图 7-73 所示。

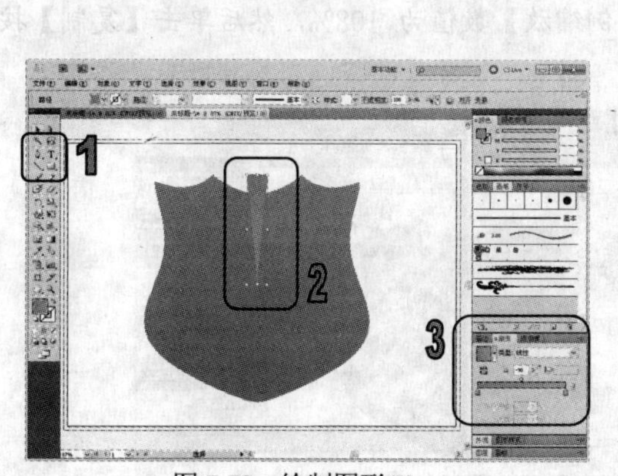

图 7-72　绘制图形(2)

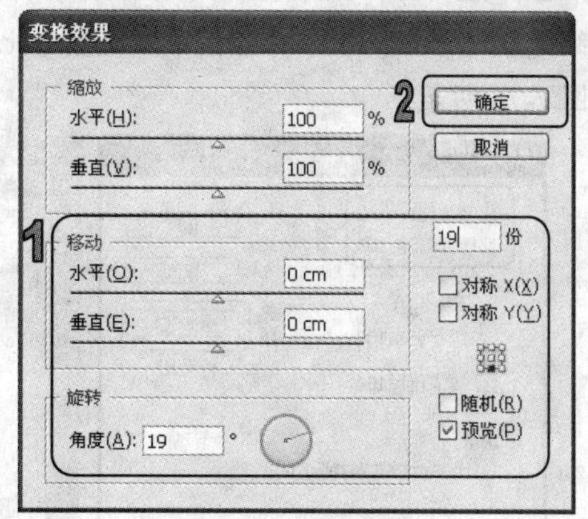

图 7-73　变换图形

(4) 在变换后的图形对象上右击鼠标，在弹出的菜单中选择【变换】|【缩放】命令，打开【比例缩放】对话框。在该对话框中，设置【比例缩放】数值为 140%，然后单击【确定】按钮，如图 7-74 所示。

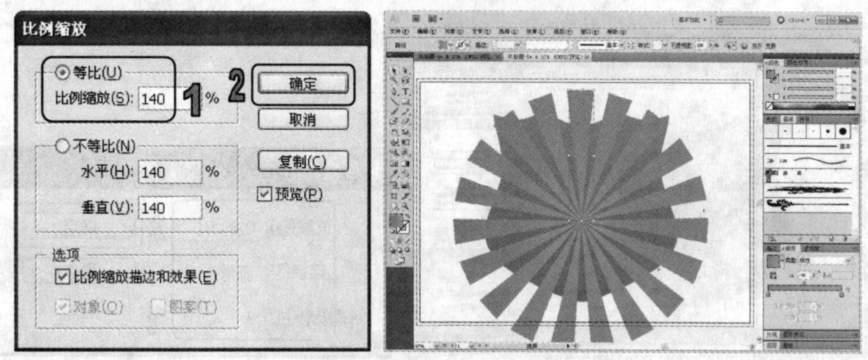

图 7-74　缩放图形

(5) 选中步骤(1)中绘制的图形，按 Ctrl+C 键复制，按 Ctrl+F 粘贴，然后在复制的图形对象

上右击鼠标，在弹出的菜单中选择【排列】|【置于顶层】命令，并按 Shift 键选中步骤(3)中创建的变换的图形，右击鼠标，在弹出的菜单中选择【建立剪切蒙版】命令，如图 7-75 所示。

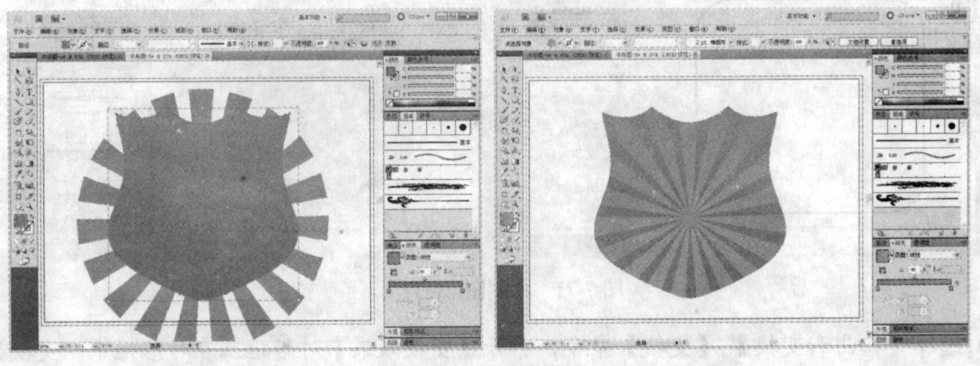

图 7-75　建立剪切蒙版

(6) 选中步骤(1)中绘制的图形，右击，在弹出的菜单中选择【变换】|【缩放】命令，打开【比例缩放】对话框。在该对话框中，设置【比例缩放】数值为 108%，然后单击【复制】按钮，如图 7-76 所示。

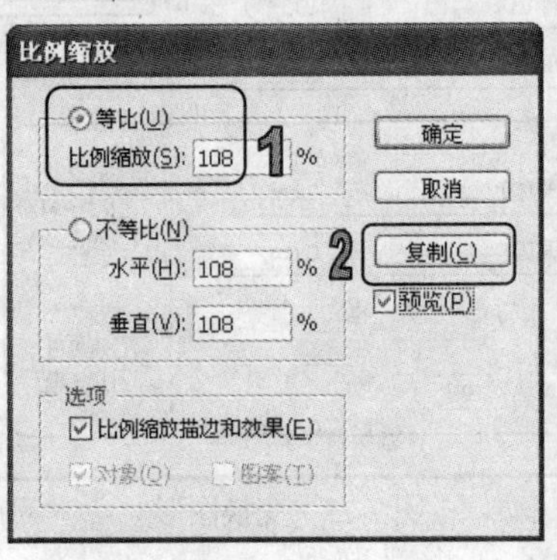

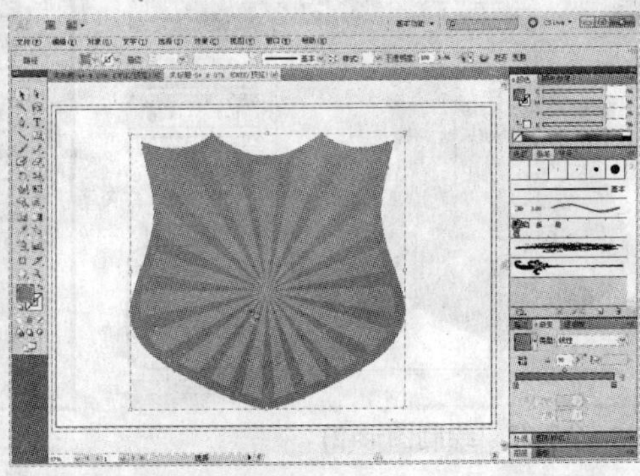

图 7-76　变换并复制图形

(7) 在刚复制的图形对象上右击，在弹出的菜单中选择【排列】|【置于底层】命令，并在【颜色】面板中设置填充为白色，如图 7-77 所示。

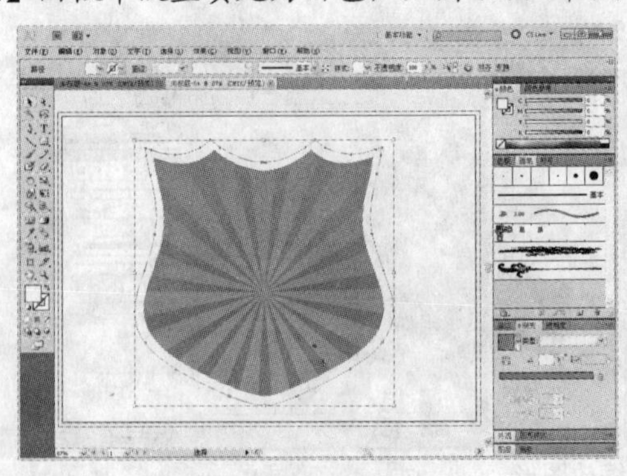

图 7-77　调整图形

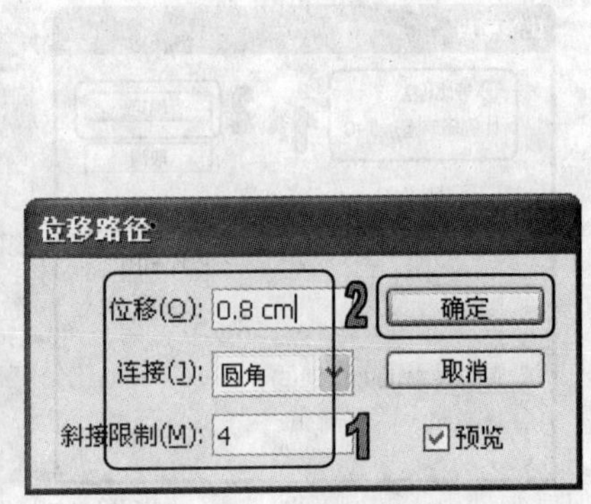

图 7-78　位移路径

(8) 选择【对象】|【路径】|【偏移路径】命令，打开【位移路径】对话框。在对话框中，设置【位移】数值为 0.8 cm，在【连接】下拉列表中选择【圆角】选项，然后单击【确定】按钮应用，如图 7-78 所示。

(9) 在【渐变】面板中，设置渐变颜色为 CMYK(68，0，43，0)至 CMYK(62，0，10，10)，【角度】数值为 90°，填充路径，然后使用【选择】工具选中所有图形，按 Ctrl+G 键群组图形对象，如图 7-79 所示。

(10) 选择工具箱中的【钢笔】工具绘制如图 7-80 所示的图形对象，并在【颜色】面板中填充白色。

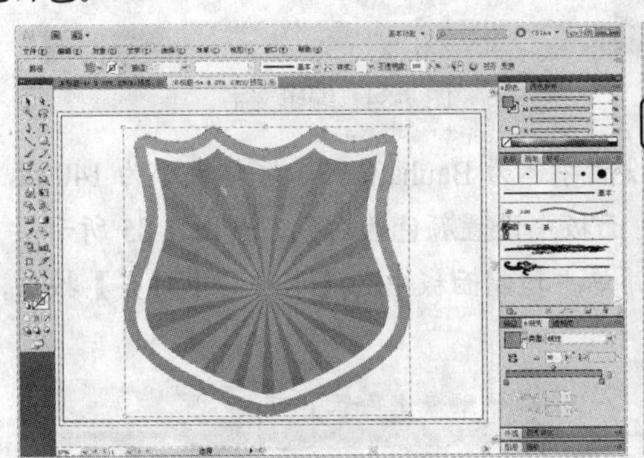

图 7-79　编辑图形

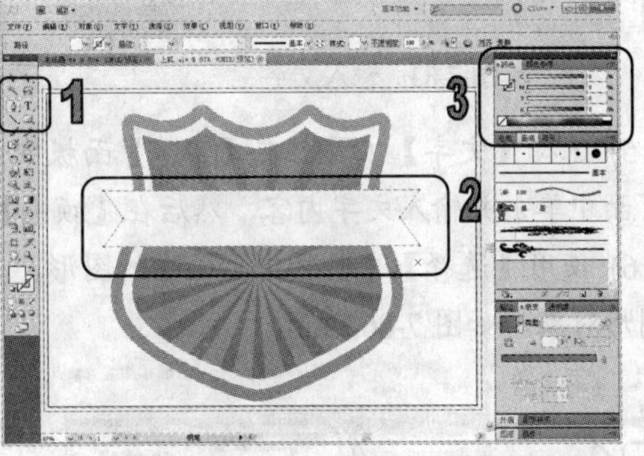

图 7-80　绘制图形

(11) 选择【对象】|【路径】|【偏移路径】命令，打开【位移路径】对话框。在对话框中，设置【位移】数值为 0.6 cm，【连接】下拉列表中选择【斜接】选项，然后单击【确定】按钮，如图 7-81 所示。

(12) 在【渐变】面板中，设置渐变颜色为 CMYK(75，20，51，0)至 CMYK(68，0，44，0)，【角度】数值为 90°，如图 7-82 所示。

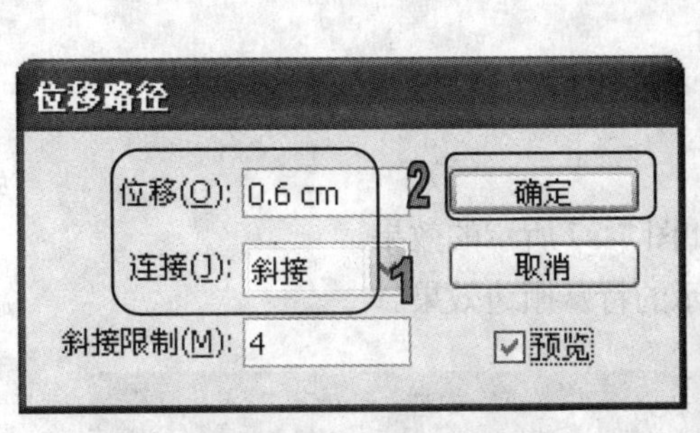

图 7-81　偏移路径

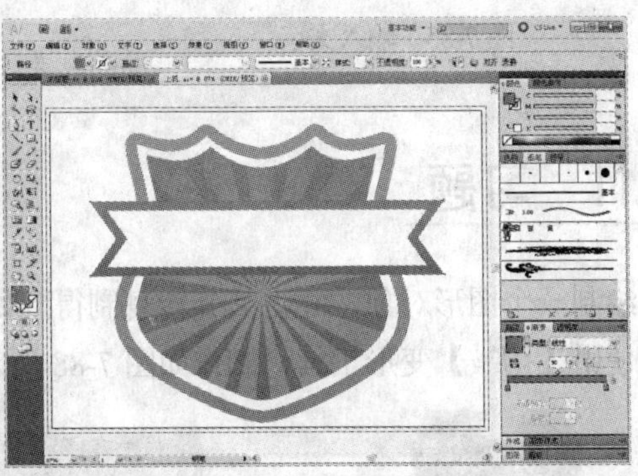

图 7-82　编辑图形

(13) 选择工具箱中的【文字】工具，在【字符】面板中设置字体为 Bauhaus 93，字体大小为 90 pt，然后使用【文字】工具在页面中单击并输入文字内容，如图 7-83 所示。

(14) 选择工具箱中【选择】工具，选择【文字】|【创建轮廓】命令将文字转换为图形，并在【渐变】面板中设置渐变填充为 CMYK(75，20，51，0)至 CMYK(68，0，44，0)，角度为

90°，如图 7-84 所示。

图 7-83　输入文字

图 7-84　编辑文字

(15) 选择【文字】工具，在【字符】面板中设置字体为 Bauhaus 93，字体大小为 140 pt，并在页面中单击并输入文字内容，然后在【颜色】面板中设置颜色为白色，如图 7-85 所示。

(16) 使用【选择】工具选中页面中的图形，并单击控制面板中的【水平居中对齐】按钮，对齐图形对象，如图 7-86 所示。

图 7-85　输入文字

图 7-86　对齐图形对象

7.11　习题

1. 绘制一个图形对象，并将其旋转复制得到如图 7-87 所示的效果。
2. 使用【褶皱】变形工具，制作如图 7-88 所示的特殊撕边效果。

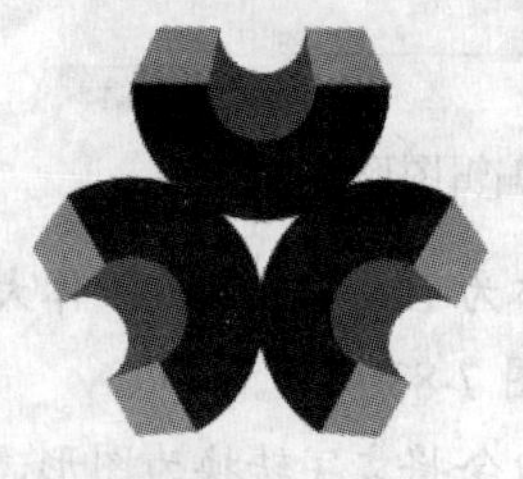

图 7-87　绘制图形

图 7-88　特殊撕边效果

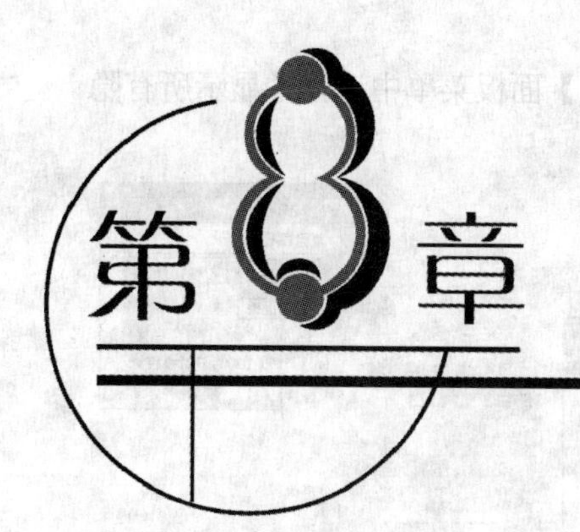

第8章 艺术效果外观

学习目标

Illustrator CS5 中提供了多种滤镜、效果和图形样式，其中滤镜还包含了 Photoshop 中的大部分滤镜。合理使用这些滤镜和效果可以模拟和制作摄影、印刷与数字图像中的多种特殊效果，制作出丰富多彩的画面，改变图形对象的外观效果。

本章重点

- 外观属性
- 使用效果
- 扭曲和变换
- 图形样式

8.1 外观属性

外观属性是一组在不改变对象基础结构的前提下影响对象外观的属性。外观属性包括填色、描边、透明度和效果。如果把一个外观属性应用于某个对象后又编辑或删除这个属性，则该基本对象以及任何应用于该对象的其他属性都不会改变。

1. 编辑外观属性

用户可以使用【外观】面板来查看和调整对象、组或图层的外观属性。选择【窗口】|【外观】命令，打开【外观】面板。在【外观】面板中，填充和描边将按堆栈顺序列出，面板中从上到下的顺序对应于图稿中从前到后的顺序，各种效果按其在图稿中的应用顺序从上到下排列，如图 8-1 所示。

在属性行中，单击带下划线的文本可以在打开的面板中重新设定参数值。要启用或禁用单个属性，可单击该属性旁的可视图标。可视图标呈灰色时，即切换到不可视状态。如果有多个被隐藏的属性，要想同时启用所有隐藏的属性，可在【外观】面板菜单中选择【显示所有隐藏的属性】命令。

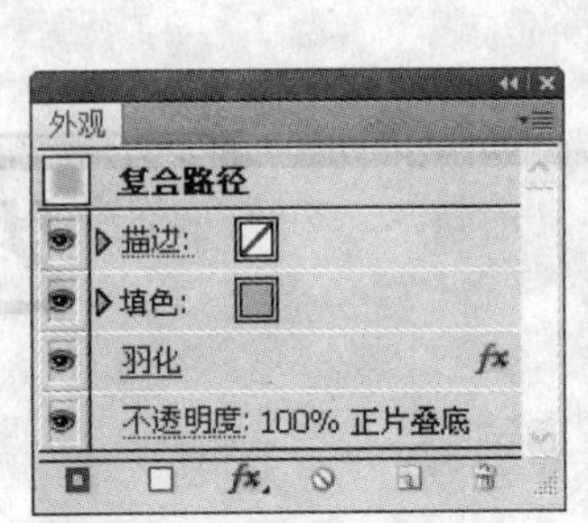

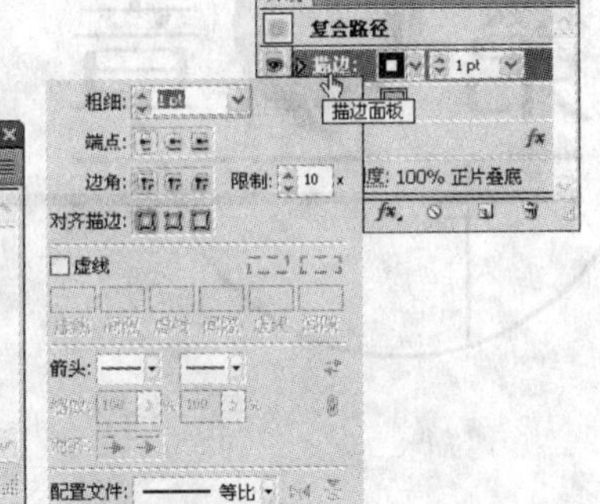

图 8-1 【外观】面板

若要删除所有的外观属性，可单击【外观】面板中的【清除外观】按钮，或在面板菜单中选择【清除外观】命令，如图 8-2 所示。

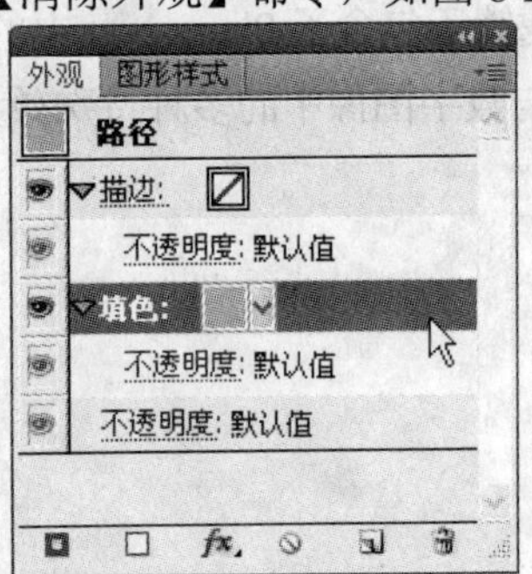

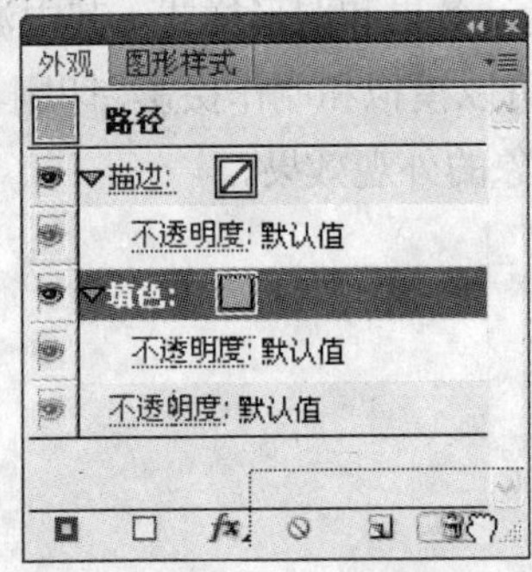

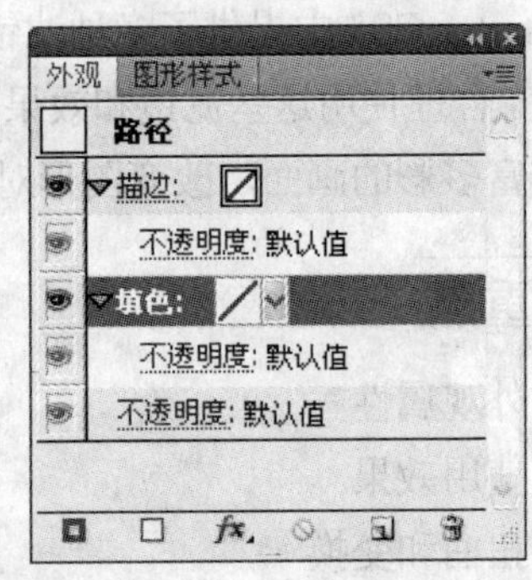

图 8-2 删除外观属性

在【外观】面板中向上或向下拖动外观属性可以更改外观属性的堆栈顺序，如图 8-3 所示。当所拖动的外观属性的轮廓出现在所需位置时，释放鼠标即可更改外观属性的堆栈顺序。

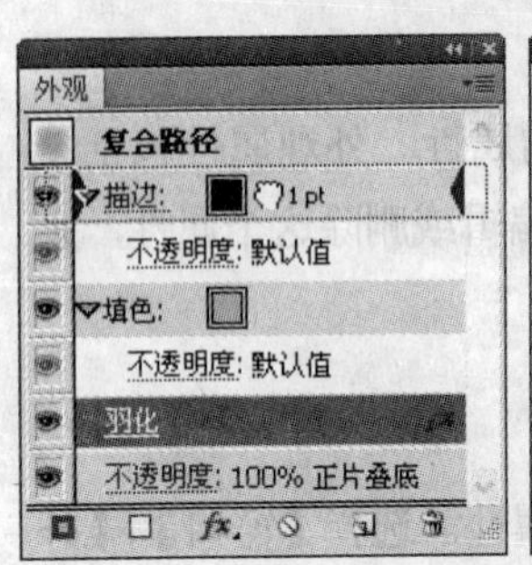

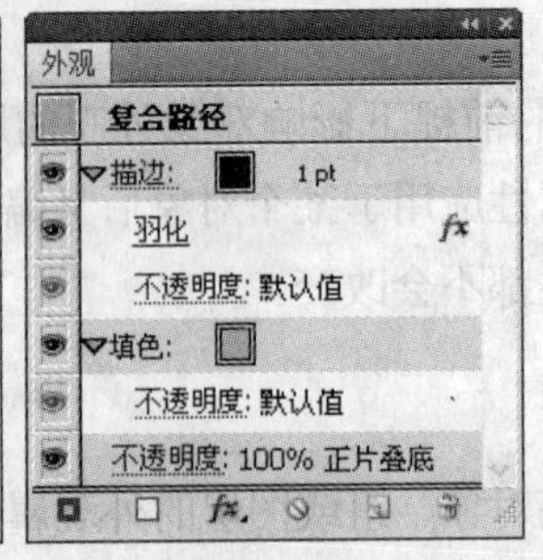

图 8-3 更改外观属性堆栈顺序

提示

当已经为现有的某一图形调整好外观属性，并希望将它直接应用于接下来要绘制的新图形对象时，可取消选择【外观】面板菜单中的【新建图稿具有基本外观】命令。

【例 8-1】在 Illustrator 中，使用【外观】面板编辑图形外观。

(1) 选择【文件】|【打开】命令，打开图形文件，并打开【外观】面板，如图 8-4 所示。

(2) 使用【选择】工具选中图形对象，在【外观】面板中，双击【填色】属性，打开【色

板】面板选中颜色色板，更改对象外观填充颜色，如图 8-5 所示。

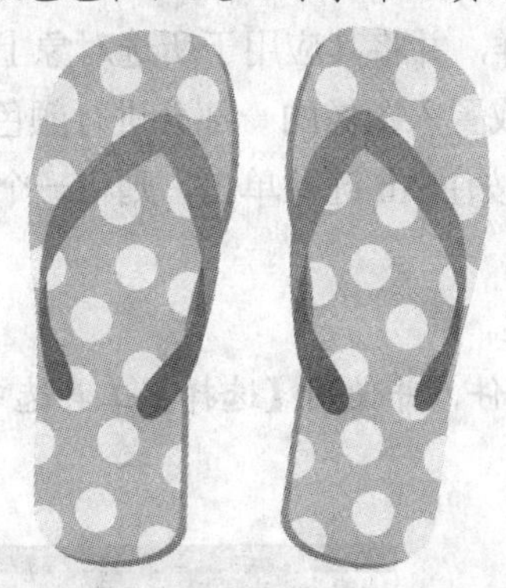

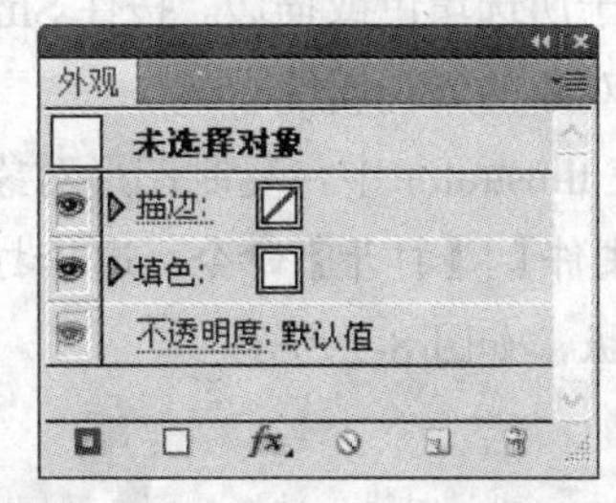

图 8-4　打开图形文件

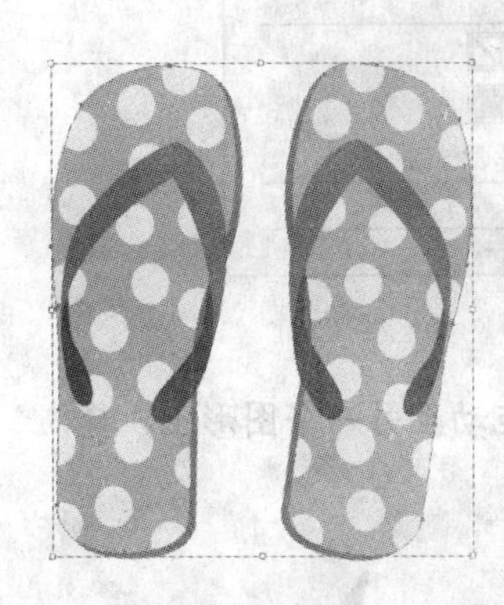

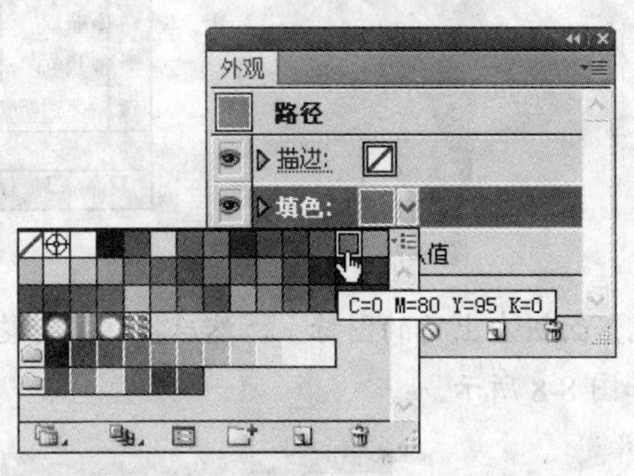

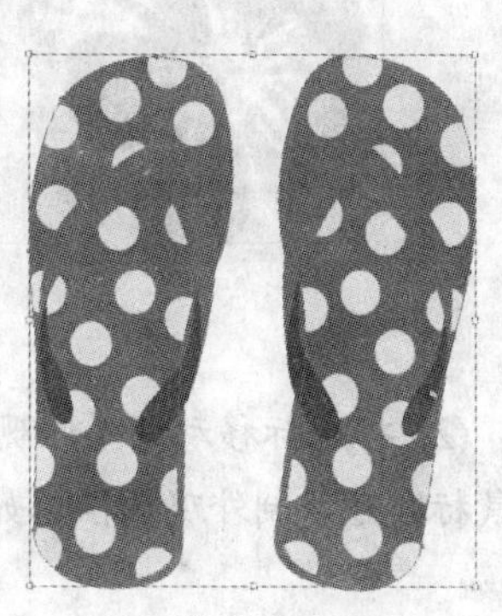

图 8-5　设置外观

(3) 在【外观】面板中，单击【不透明度】属性，打开【透明度】面板，选择混合模式【变亮】，【不透明度】数值为 70%，更改对象外观，如图 8-6 所示。

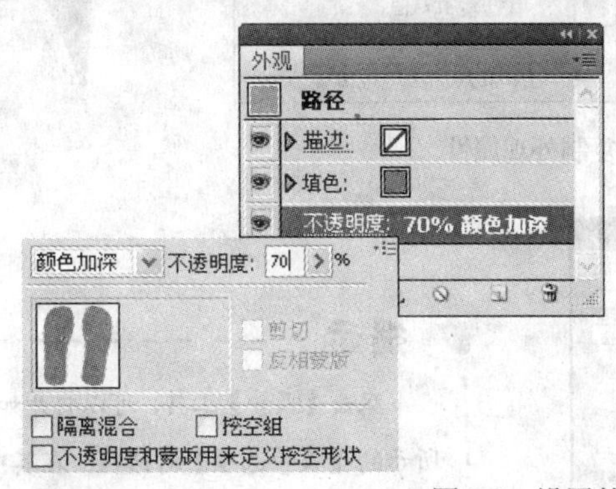

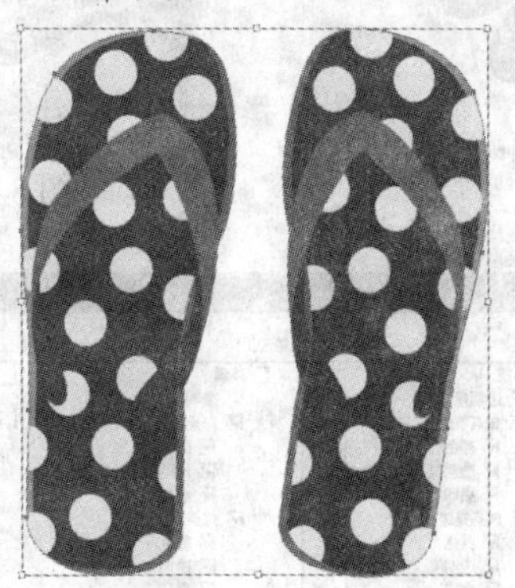

图 8-6　设置外观

2. 复制外观属性

在【外观】面板中选择一种属性，然后单击面板中的【复制所选项目】按钮，或在面板菜单中选择【复制项目】命令，或将外观属性拖动到面板的【复制所选项目】按钮上，以复制外观属性。

使用【吸管】工具也可以在对象间复制外观属性，其中包括文字对象的字符、段落、填色和描边属性。单击【吸管】工具以对所有外观属性取样，并将其应用于所选对象上。或者在按住 Shift 键的同时单击，则仅对渐变、图案、网格对象或置入图像的一部分进行颜色取样，并将所选取颜色应用于所选填色或描边。按住 Shift 键，再按住 Alt 键并单击，则将一个对象的外观属性添加到所选对象的外观属性中。

【例 8-2】在 Illustrator 中，复制图形对象外观属性。

(1) 选择【文件】|【打开】命令，选择打开图形文件，并使用【选择】工具选中一个图形，打开【外观】面板，如图 8-7 所示。

图 8-7　选中图形

(2) 将光标移动到【外观】面板左上角的图标上，然后按住鼠标拖动至另一个图形上，释放鼠标即可复制外观属性，如图 8-8 所示。

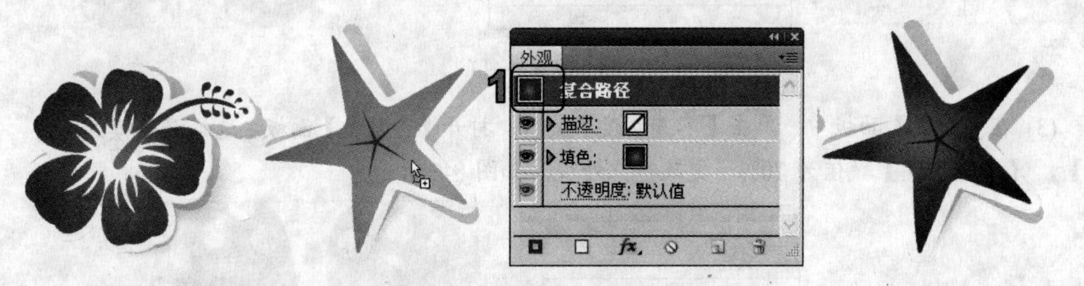

图 8-8　复制外观属性

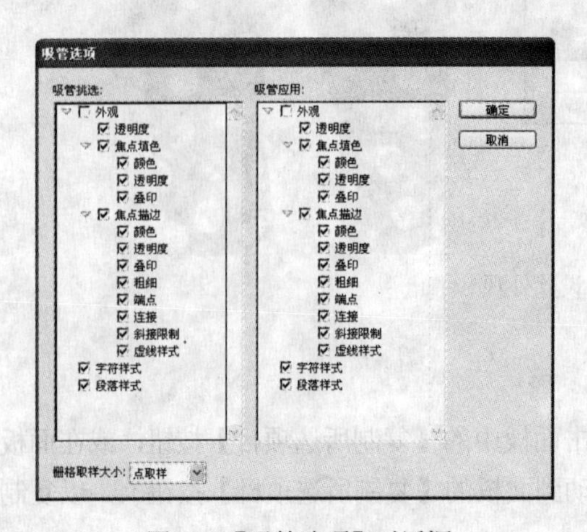

图 8-9　【吸管选项】对话框

提示

双击【吸管】工具，可以打开如图 8-9 所示的【吸管选项】对话框。在其中可以设置【吸管】工具可取样的外观属性。如果要更改栅格取样大小，还可以从【栅格取样大小】下拉列表中选择取样大小区域

8.2 使用效果

在 Illustrator 中，效果是实时的，给对象应用一个效果后，可以使用【外观】面板随时编辑、移动、复制该效果的选项或删除该效果。【效果】菜单中，上半部分是 Illustrator 效果，下半部分是 Photoshop 效果。

8.2.1 应用效果

如果想对一个对象的特定属性应用效果，则选择该对象，并在【外观】面板中选择该属性，然后在【效果】菜单中选择一个命令，或单击【外观】面板中的【添加新效果】按钮，然后在弹出的菜单中选择一种效果。如果打开对话框，则可在设置相应的选项后单击【确定】按钮。

【例 8-3】在 Illustrator 中，应用效果。

(1) 选择【文件】|【打开】命令，选择打开图形文档，并使用【选择】工具选中图形对象，打开【外观】面板，如图 8-10 所示。

(2) 单击【外观】面板下方的【添加新效果】按钮，在弹出的菜单中选择【风格化】|【投影】命令，如图 8-11 所示。

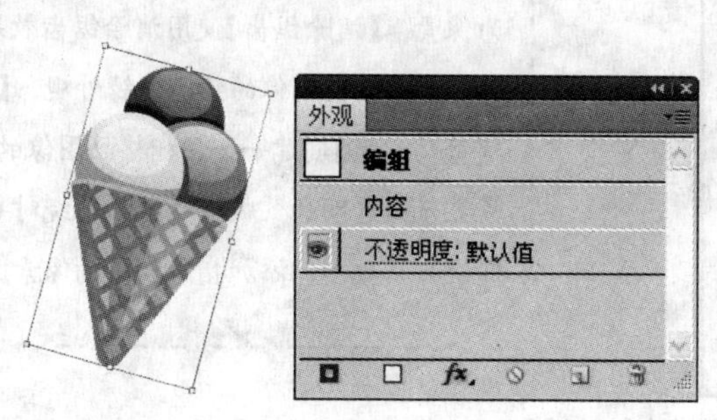

图 8-10 选中图形

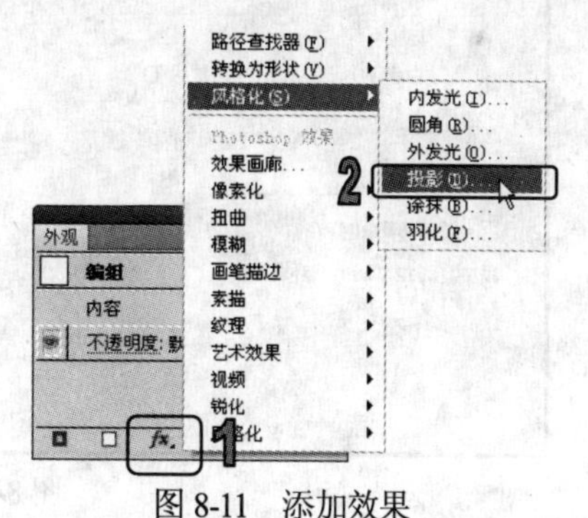

图 8-11 添加效果

(3) 在打开的【投影】对话框中，设置【模糊】数值为 0mm，【不透明度】为 50%，单击【颜色】色块，在弹出的【拾色器】对话框中选择一种颜色，然后单击【确定】按钮应用效果，如图 8-12 所示。

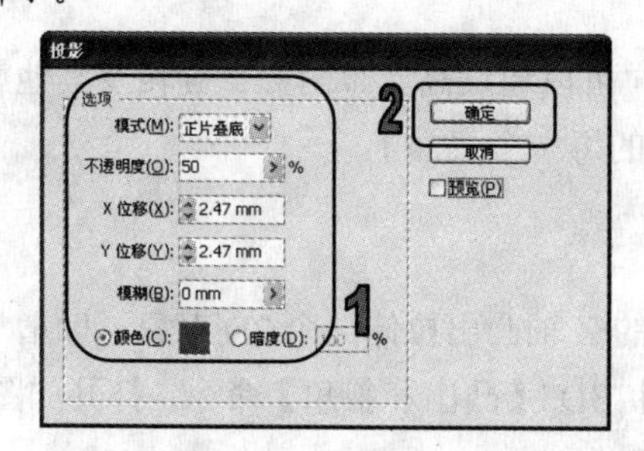

图 8-12 【投影】效果

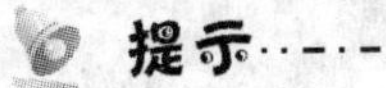

提示

要应用上次使用的效果和设置，可以选择【效果】|【应用“效果名称”】命令，要应用上次使用的效果并设置其选项，则选择【效果】|【效果名称】命令。

8.2.2 栅格化效果

在 Illustrator 中，栅格化是将矢量图转换为位图图像的过程。在栅格化过程中，Illustrator 会将图形路径转换为像素。选择【效果】|【栅格化】命令可以栅格化单独的矢量对象，也可以通过将文档导入为位图格式来栅格化文档。打开或选择好需要进行栅格化的图形，选择【效果】|【栅格化】命令，打开如图 8-13 所示的【栅格化】对话框。

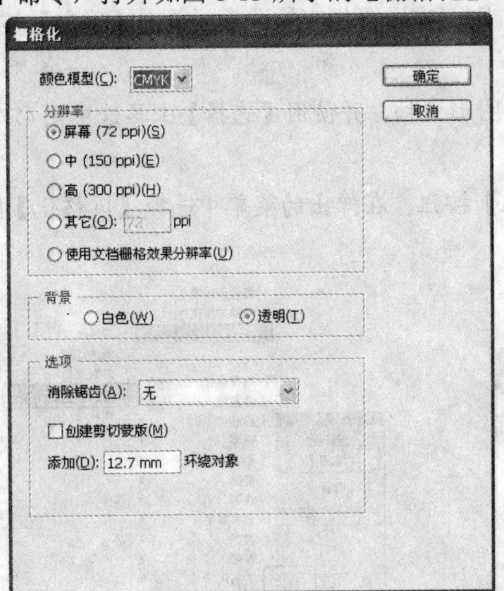

图 8-13 【栅格化】对话框

提示

【颜色模型】用于确定在栅格化过程中所用的颜色模式。【分辨率】用于确定栅格化图像中的每英寸像素数。【背景】用于确定矢量图形的透明区域如何转换为像素。【消除锯齿】使用消除锯齿效果，以改善栅格化图像的锯齿边缘外观。【创建剪切蒙版】创建一个使栅格画图像的背景显示为透明的蒙版。【添加环绕对象】围绕栅格化图像添加指定数量的像素。

8.2.3 3D 效果

3D 效果可用来从二维图稿创建三维对象，可以通过高光、阴影、旋转及其他属性来控制 3D 对象的外观，还可以将图稿贴到 3D 对象中的每一个表面上。

1. 凸出和斜角效果

通过使用【凸出和斜角】命令可以沿对象的 Z 轴凸出拉伸一个 2D 对象，以增加对象的深度。选中要执行该效果的对象后，选择【效果】|3D|【凸出和斜角】命令，打开如图 8-14 所示的【3D 凸出和斜角选项】对话框进行设置即可。

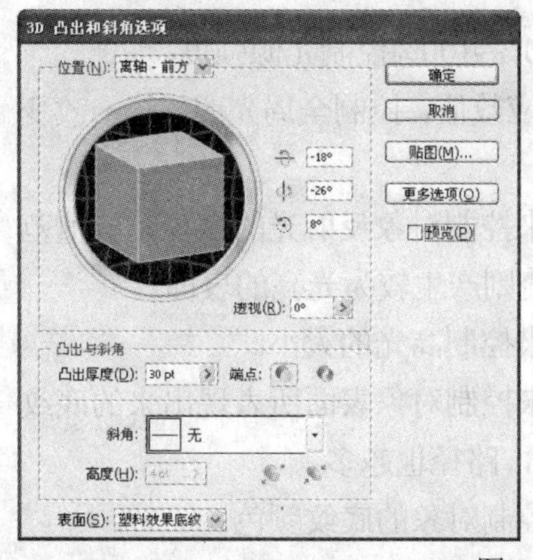

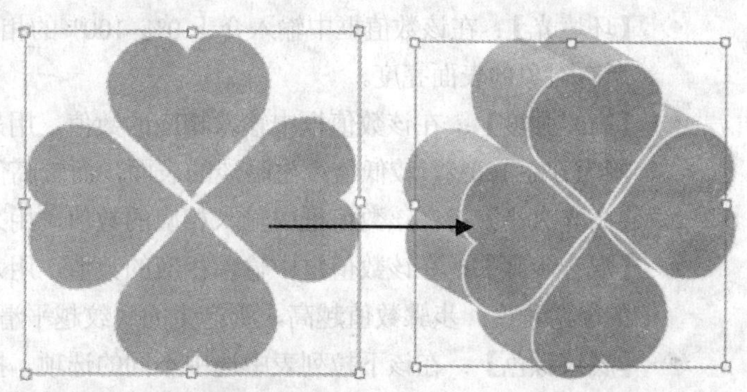

图 8-14 【3D 凸出和斜角选项】对话框

◉ 【位置】：在该下拉列表中选中不同的选项以设置对象如何旋转，以及观看对象的透视角度。在该下拉列表中提供了一些预置的位置选项，也可以通过右侧的 3 个数值框进行不同方向的旋转调整，还可以直接使用鼠标，在示意图中进行拖拽，调整相应的角度，如图 8-15 所示。

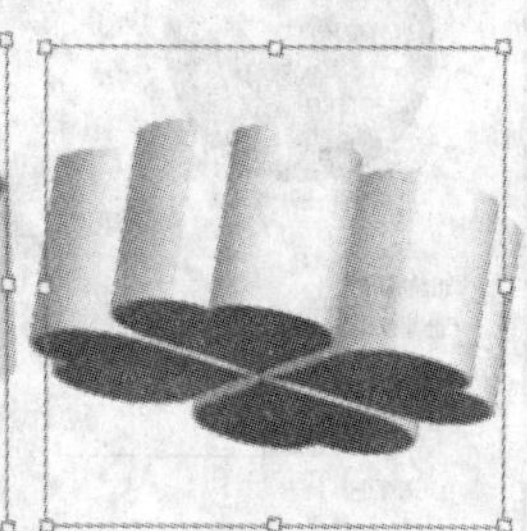

图 8-15　不同位置的效果

◉ 【透视】：通过调整该选项中的参数，调整该 3D 对象的透视效果，数值为 0° 时没有任何效果，角度越大透视效果越明显。

◉ 【凸出厚度】：调整该选项中的参数，定义从 2D 图形凸出为 3D 图形时，凸出的尺寸，数值越大凸出的尺寸越大。

◉ 【端点】：在该选项区域中单击不同的按钮，定义该 3D 图形是空心还是实心的。

◉ 【斜角】：在该下拉列表中选中不同的选项，定义沿对象的深度轴(Z 轴)应用所选类型的斜角边缘。

◉ 【高度】：在该选项的数值框中设置介于 1~100 的高度值。如果对象的斜角高度太大，则可能导致对象自身相交，产生不同的效果。

◉ 【斜角外扩】：通过单击按钮，将斜角添加至对象的原始形状。

◉ 【斜角内缩】：通过单击按钮，从对象的原始形状中砍去斜角。

◉ 【表面】：在该下拉列表中选中不同的选项，定义不同的表面底纹。

当要对对象材质进行更多的设置时，可以单击【3D 凸出和斜角选项】对话框中的【更多选项】按钮，展开更多的选项，如图 8-16 所示。

- 【光源强度】：在该数值框中输入相应的数值，在 0%~100%控制光源强度。
- 【环境光】：在该数值框中输入介于 0%~100%的相应数值，控制全局光照，统一改变所有对象的表面亮度。
- 【高光强度】：在该数值框中输入相应的数值，用来控制对象反射光的多少，取值范围为 0%~100%。较低值产生暗淡的表面，而较高值则产生较为光亮的表面。
- 【高光大小】：在该数值框中输入相应的数值，用来控制高光的大小。
- 【混合步骤】：在该数值框中输入相应的数值，用来控制对象表面所表现出来的底纹的平滑程度。步骤数值越高，所产生的底纹越平滑，路径也越多。
- 【底纹颜色】：在该下拉列表中选中不同的选项，控制对象的底纹颜色。

单击【3D 凸出和斜角选项】对话框中的【贴图】按钮，可以打开如图 8-17 所示的【贴图】对话框，用户可以为对象设置贴图效果。

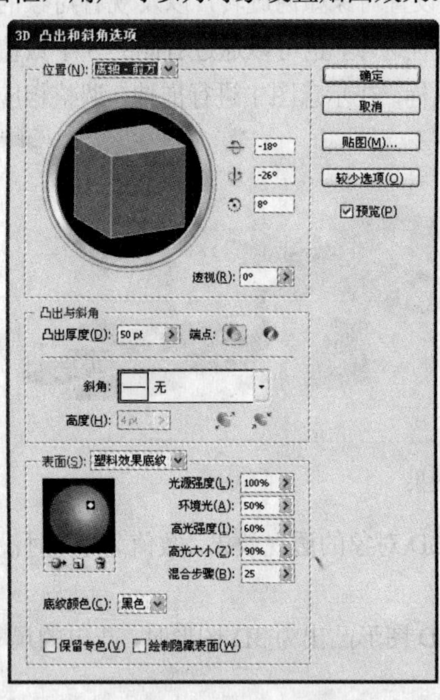

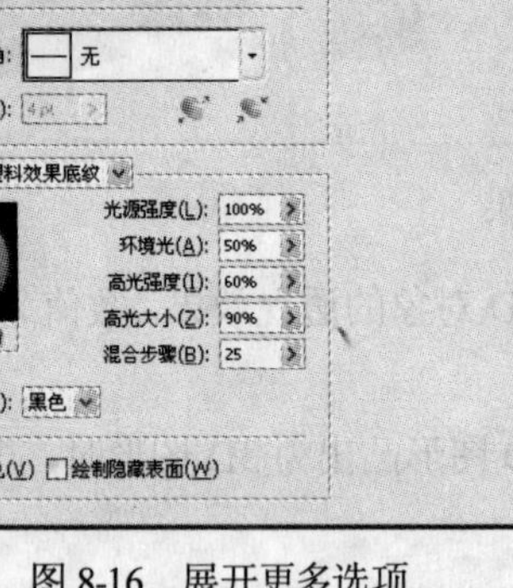

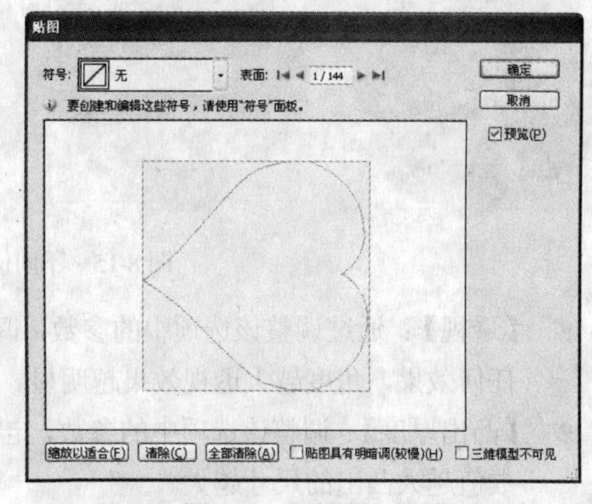

图 8-16　展开更多选项　　　　图 8-17 【贴图】对话框

- 【符号】：在该下拉列表中选中不同的选项，定义在选中表面上的粘贴图形。
- 【表面】：在该选项区域中的单击不同的按钮，可以查看 3D 对象的不同表面。
- 【变形】：在中间的缩略图区域中，可以对图形的尺寸、角度和位置进行调整。
- 【缩放以合适】：通过单击该按钮，可以直接调整该符号对象的尺寸和表面的尺寸相同。
- 【清除】：通过单击该按钮，可以将认定的符号对象清除。
- 【贴图具有明暗调】：当选中该复选框时，将在符号图形上出现相应的光照效果。
- 【三维模型不可见】：当选中该复选框时，将隐藏 3D 对象。

【例 8-4】在 Illustrator 中，创建 3D 对象，并对创建的 3D 对象进行编辑修改。

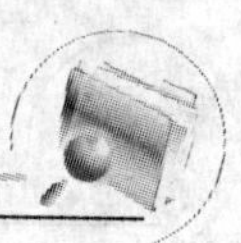

(1) 在图形文档中，使用【选择】工具选中图形，如图 8-18 所示。

(2) 选择【效果】| 3D |【凸出和斜角】命令，打开【3D 凸出和斜角选项】对话框。在对话框中设置【凸出厚度】为 30 pt，表面为【线框】，单击【确定】按钮应用设置，如图 8-19 所示。

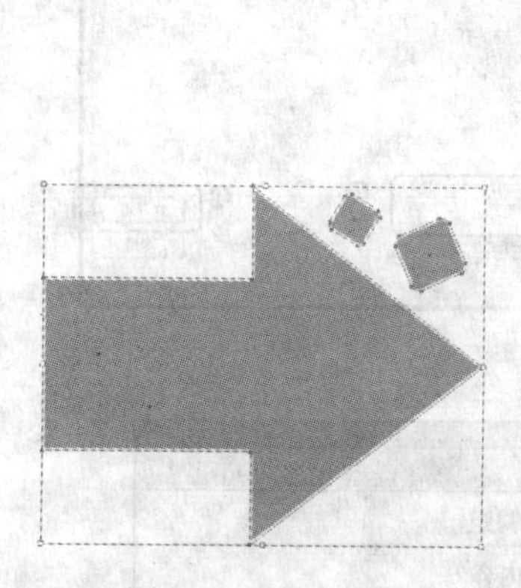

图 8-18　输入文字

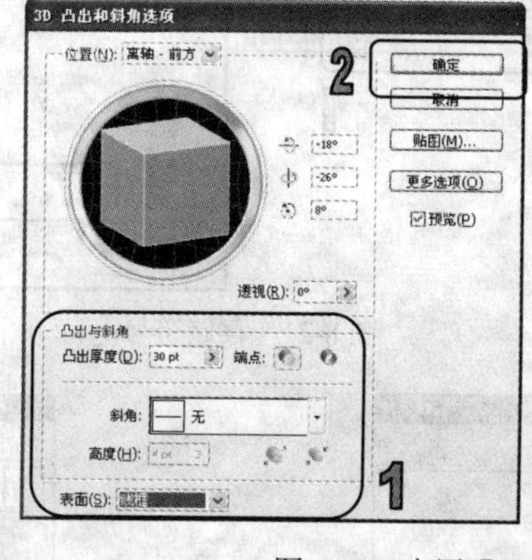

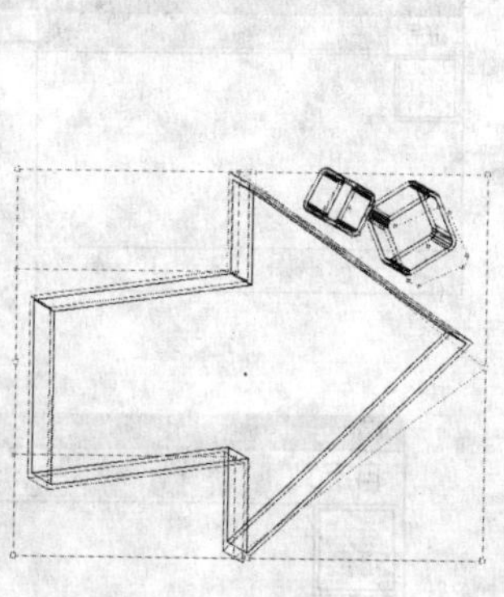

图 8-19　应用【凸出和斜角】

(3) 选择【文件】|【打开】命令，打开图形文档。并选中图形，在【符号】面板中，单击【新建符号】按钮，打开【符号选项】对话框。在对话框的【类型】下拉列表中选择【图形】选项，并在【名称】文本框中输入“爱心”，然后单击【确定】按钮创建符号，如图 8-20 所示。

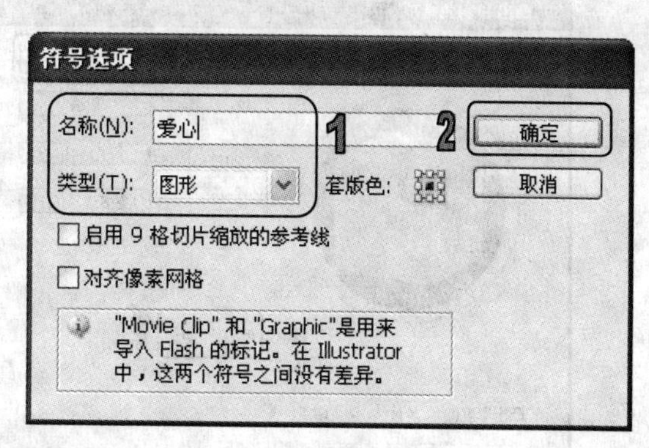

图 8-20　新建符号

(4) 在【符号】面板中，单击面板菜单按钮，在弹出的菜单中选择【存储符号库】命令，打开【将符号存储为库】对话框。在对话框的【文件名】文本框中输入“自定义”，然后单击【保存】按钮，如图 8-21 所示。

(5) 返回文字图形文件，选择【窗口】|【符号库】|【用户定义】|【自定义】命令，打开用户定义的符号库，单击选择刚创建的符号，如图 8-22 所示。在【外观】面板中单击【3D 凸出和斜角】链接，打开【3D 凸出和斜角选项】对话框。

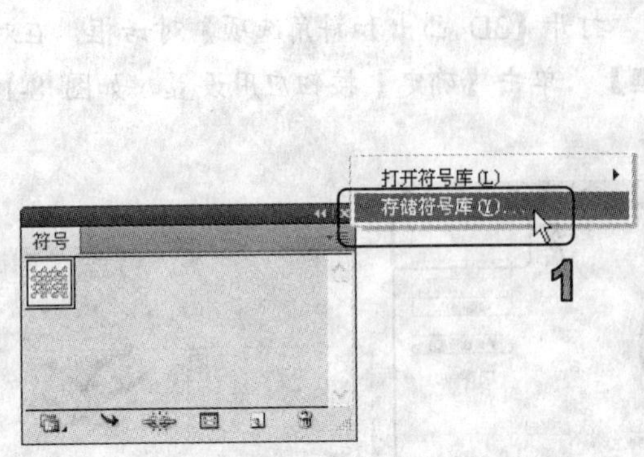

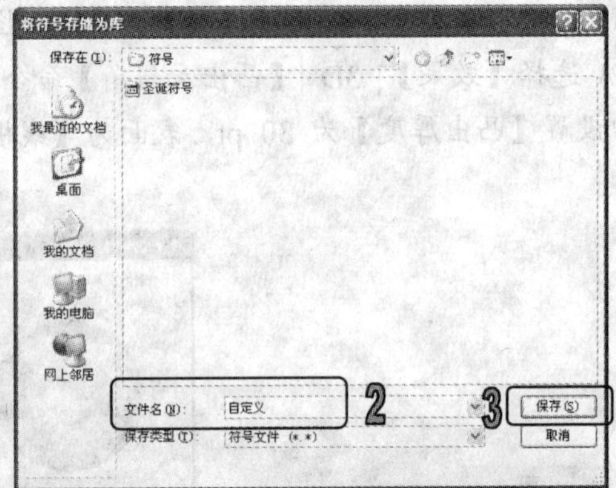

图 8-21　存储符号

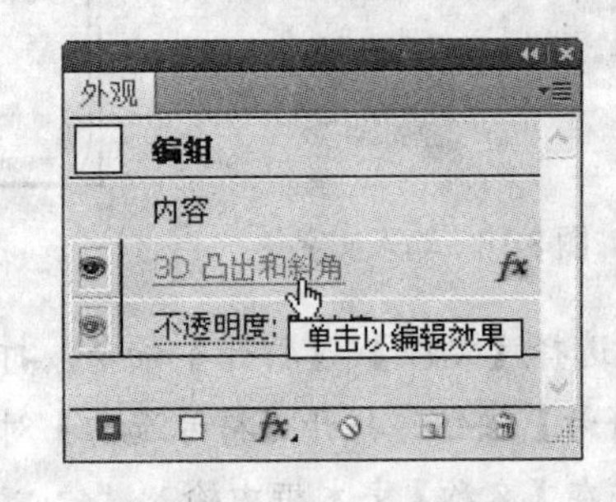

图 8-22　添加符号

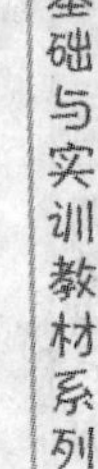

(6) 在打开的【3D 凸出和斜角选项】对话框中，将【表面】设置为【塑料效果底纹】，如图 8-23 所示。

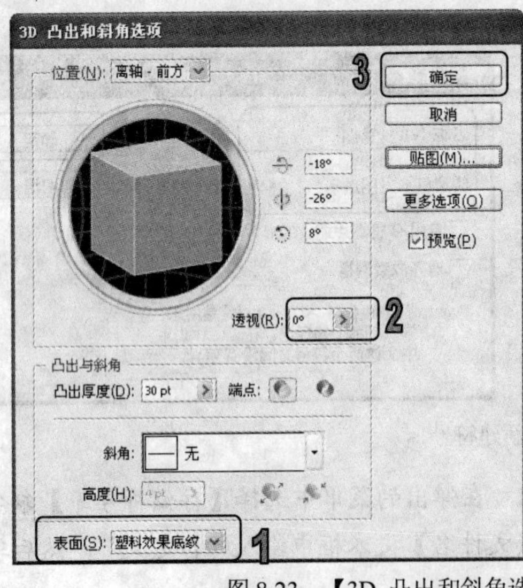

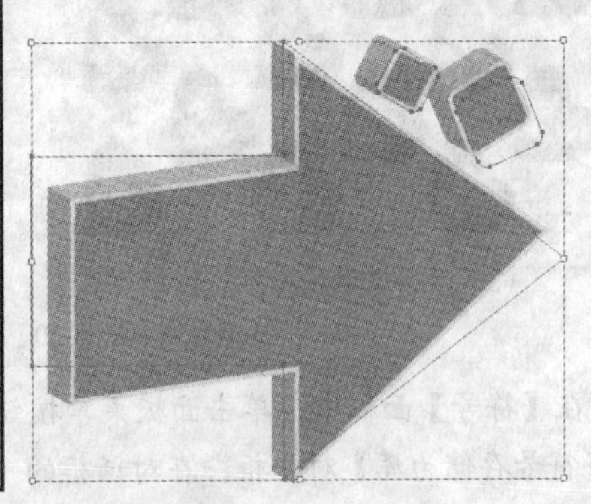

图 8-23　【3D 凸出和斜角选项】对话框和设置效果

(7) 在打开的对话框中，单击【贴图】按钮，打开【贴图】对话框。在【贴图】对话框中，通过【表面】选项框旁的三角箭头选择需要贴图的表面，选中的表面以红色线框显示，如图 8-24 所示。

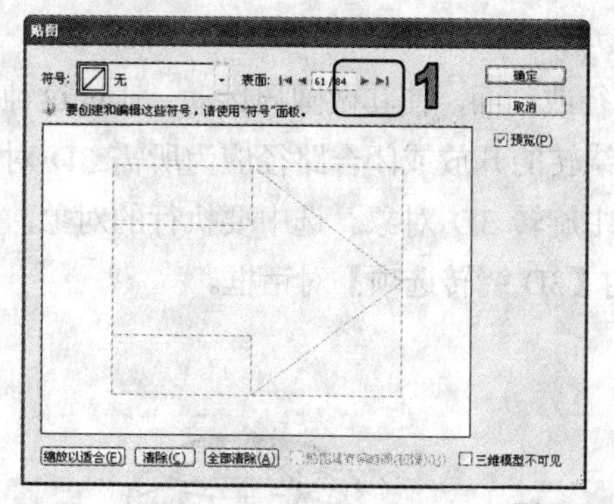

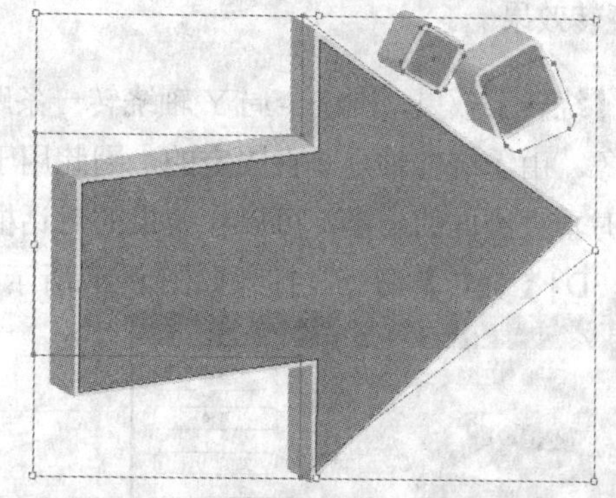

图 8-24　选中表面

(8) 在【符号】下拉列表中选择先前制作的【爱心】符号，并单击【缩放以合适】按钮，选择【贴图具有明暗调(较慢)】复选框，即可得到效果如图 8-25 所示。

(9) 在【贴图】对话框中，通过【表面】选项框旁的三角箭头选择需要贴图的表面，选中的表面以红色线框显示，如图 8-26 所示。

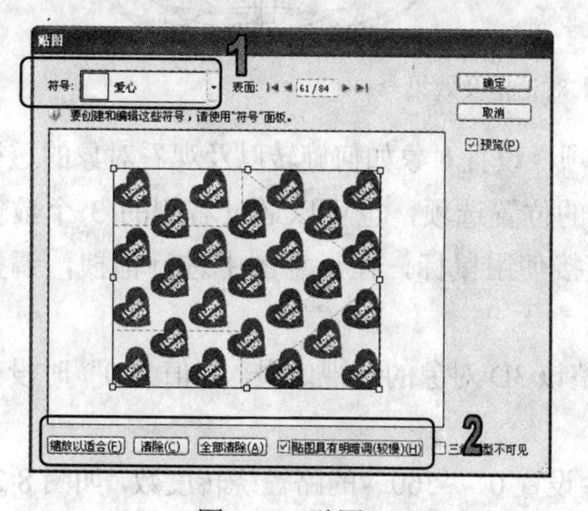

图 8-25　贴图

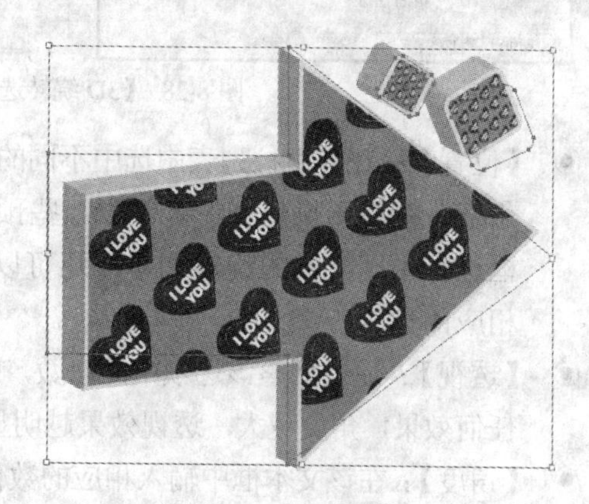

图 8-26　选择表面

(10) 使用步骤(7)~步骤(9)的操作方法，为 3D 对象的其他表面，进行贴图，然后单击【确定】按钮应用贴图。贴图完成后，单击【确定】按钮返回【3D 凸出和斜角选项】对话框。在预览区中旋转 3D 对象，即可改变 3D 对象的方向效果，如图 8-27 所示。

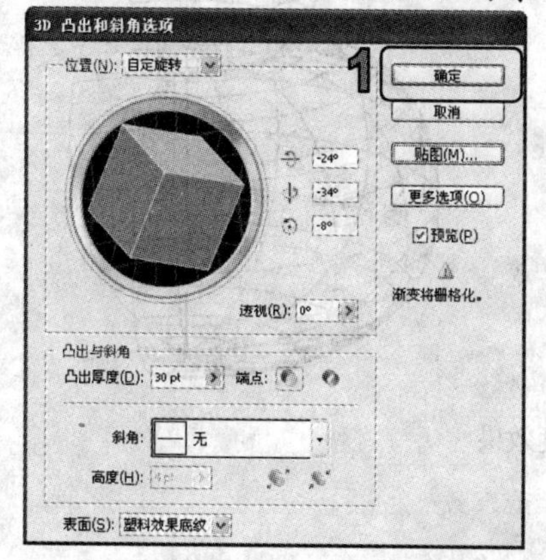

图 8-27　旋转 3D 对象

2. 绕转效果

使用【绕转】效果，围绕全局 Y 轴绕转一条路径或剖面，使其做圆周运动，通过这种方法来创建对象。由于绕转轴是垂直固定的，因此用于绕转的开放或闭合路径应为所需 3D 对象面向正前方时垂直剖面的一半；可以在效果的对话框中旋转 3D 对象。选中要执行的对象，选择【效果】|3D|【绕转】命令，打开如图 8-28 所示的【3D 绕转选项】对话框。

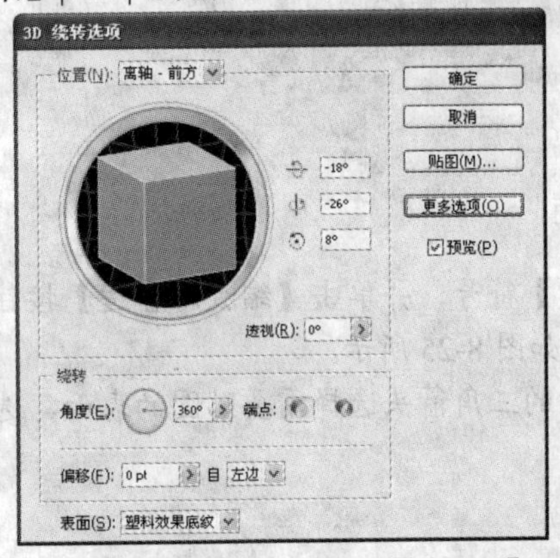

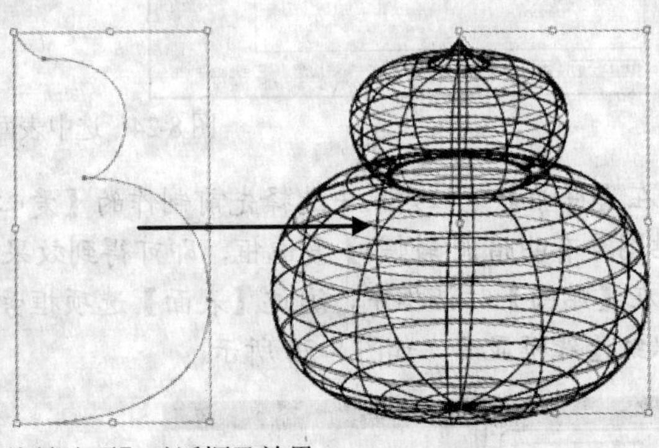

图 8-28 【3D 绕转选项】对话框及效果

- 【位置】：在该下拉列表中选中不同的选项，设置对象如何旋转以及观看对象的透视角度。在该下拉列表中提供了一些预置的位置选项，也可以通过右侧的 3 个数值框进行不同方向的旋转调整，还可以直接使用鼠标，在示意图中进行拖拽，调整相应的角度。
- 【透视】：通过调整该选项中的参数，调整该 3D 对象的透视效果，数值为 0° 时没有任何效果，角度越大，透视效果越明显。
- 【角度】：在该文本框中输入相应的数值，设置 0°~360° 的路径绕转度数，如图 8-29 所示。

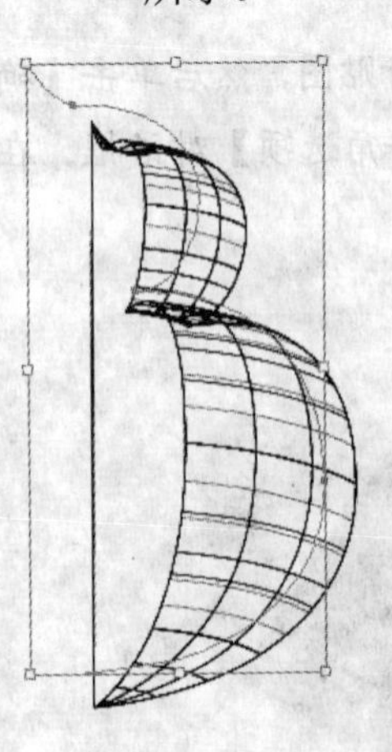

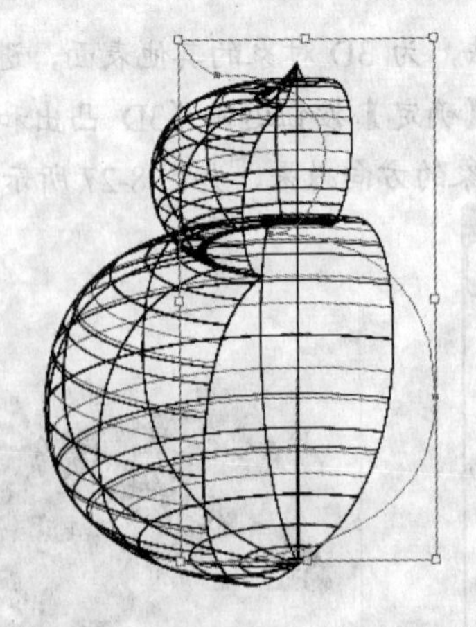

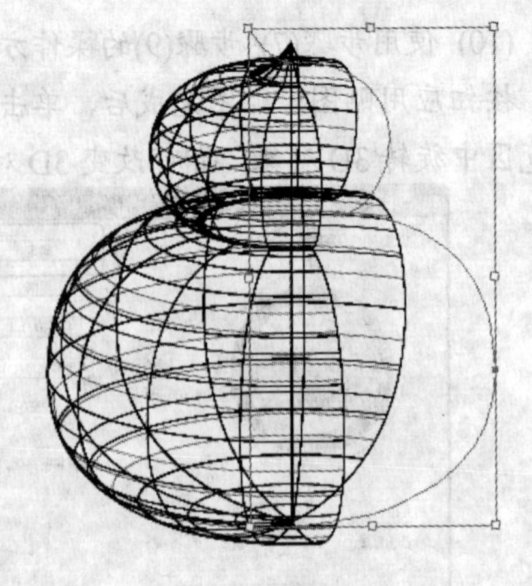

图 8-29 不同的角度效果

3. 旋转对象

在 Illustrator CS5 中，使用【旋转】命令可以使 2D 图形在 3D 空间中进行旋转，从而模拟出透视的效果。该命令只对 2D 图形有效，不能像【绕转】命令那样对图形进行绕转，也不能产生 3D 效果。

该命令的使用和【绕转】命令基本相同。绘制好一个图形，并选择【效果】| 3D |【旋转】命令，打开【3D 旋转选项】对话框。可以设置图形围绕 X 轴、Y 轴和 Z 轴进行旋转的度数，使图形在 3D 空间中进行旋转，也可以设置【透视】选项来调整图形透视的角度。

8.2.4 SVG 滤镜

在 Illustrator 中，【SVG 滤镜】子菜单中有很多比较特殊的命令，如暗调、木纹、磨蚀和高斯模糊等。使用这些命令可以创建出比较特殊的效果。

1. 暗调

在 Illustrator 中，使用【暗调】滤镜可以创建出阴影的效果，如图 8-30 所示。该效果的操作比较简单，创建或者选择图形后，在【效果】菜单中选择该滤镜即可。

2. 木纹

使用【木纹】滤镜可以创建出类似木纹的效果。该效果的操作比较简单，创建或者选择图形后，在【效果】菜单中选择该滤镜即可。如图 8-31 所示。

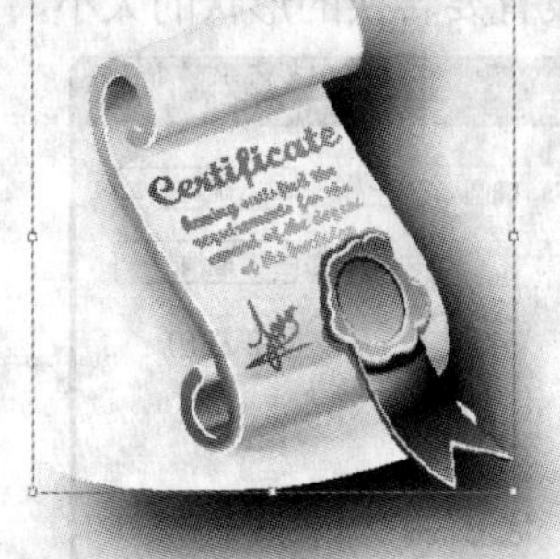

图 8-30 暗调

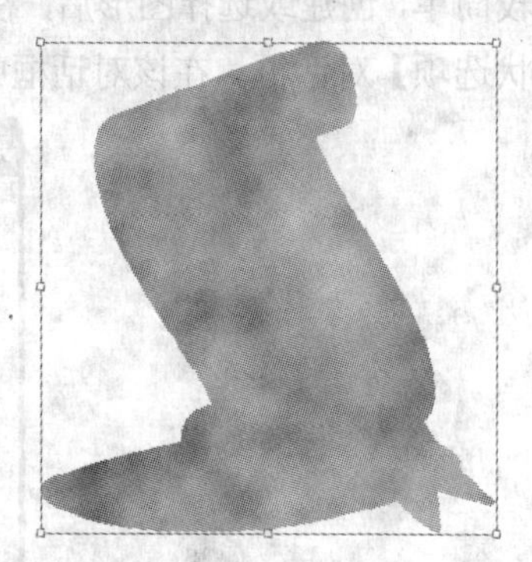

图 8-31 木纹

3. 湍流

使用【湍流】滤镜可以创建出类似噪波或者杂纹的效果。该效果的操作比较简单，创建或者选择图形后，在效果菜单中选择该滤镜即可。如图 8-32 所示。

4. 磨蚀

使用【磨蚀】滤镜可以创建出类似油墨画的效果。该效果的操作比较简单，创建或者选择

图形后，在【效果】菜单中选择该滤镜即可。如图 8-33 所示。

5. 高斯模糊

使用【高斯模糊】滤镜可以创建出模糊的效果。该效果的操作比较简单，创建或选择图形后，在【效果】菜单中选择该滤镜即可。如图 8-34 所示。

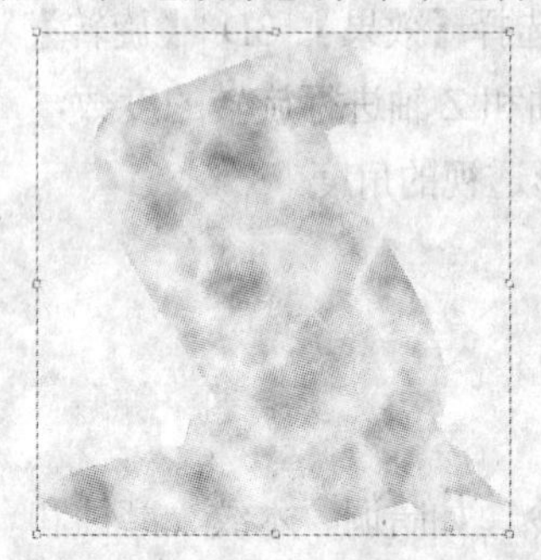
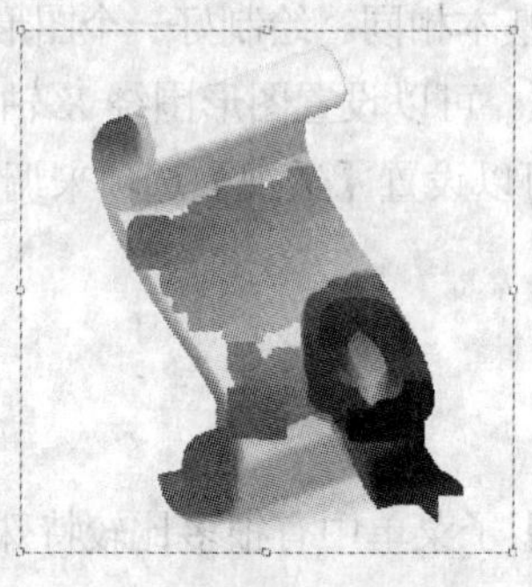

图 8-32　湍流　　图 8-33　磨蚀　　图 8-34　高斯模糊

8.2.5　使用效果改变对象形状

【转换为形状】命令子菜单中共有 3 个命令，分别是【矩形】、【圆角矩形】、【椭圆】命令。使用这些命令可以把一些简单的图形转换为前面列举的这 3 种形状。

使用【转换为形状】子菜单中的【椭圆】命令可以把其他一些形状转换为椭圆，其操作比较简单，创建或选择图形后，在【转换为形状】子菜单中选择【椭圆】命令，将会打开一个【形状选项】对话框。在该对话框中，可以设置要转换的形状的大小，如图 8-35 所示。

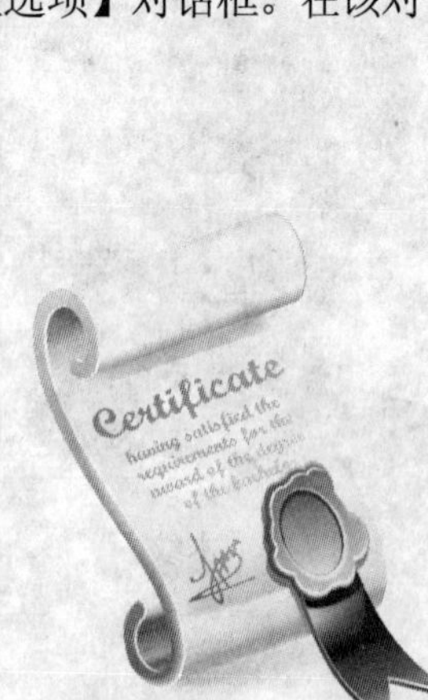

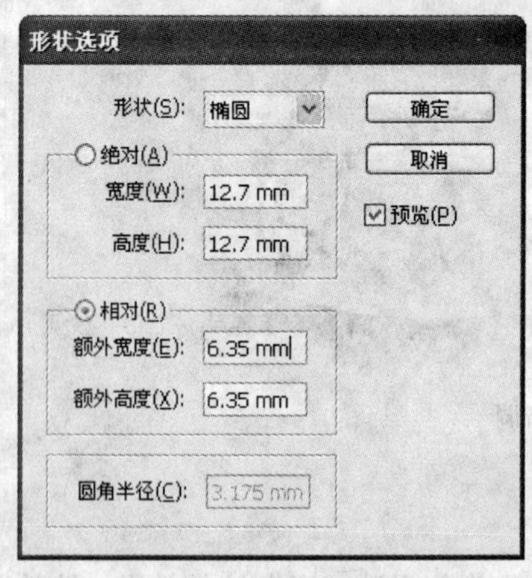

图 8-35　转换为形状

在【形状选项】对话框中设置好参数之后，单击【确定】按钮即可生成需要的形状。在【形状选项】对话框中也可以设置要改变的其他形状，如矩形或圆角矩形。需要注意的是，不能把一些复杂的图形转换为矩形或者其他形状。

8.2.6　扭曲和变换

使用【扭曲和变换】效果组可以方便地改变对象形状。在【扭曲和变换】效果组中提供了【变换】、【扭拧】、【扭转】、【收缩和膨胀】、【波纹】、【粗糙化】和【自由扭曲】7种特效。

1. 变换效果

使用【变换】效果，通过重设大小、旋转、移动、镜像和复制的方法来改变对象形状。选中要添加效果的对象，选择【效果】|【扭曲和变换】|【变换】命令，打开如图 8-36 所示的【变换效果】对话框。

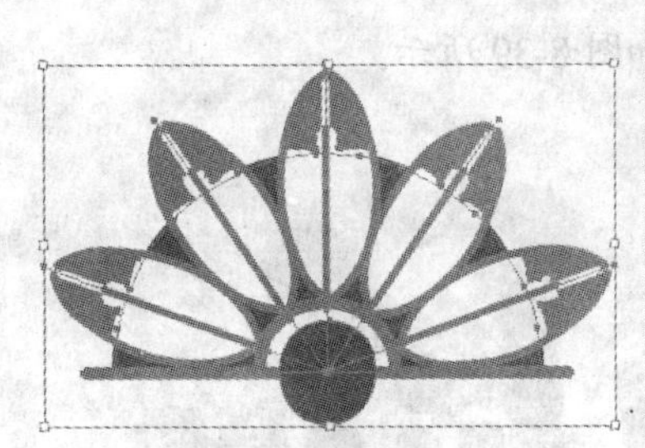

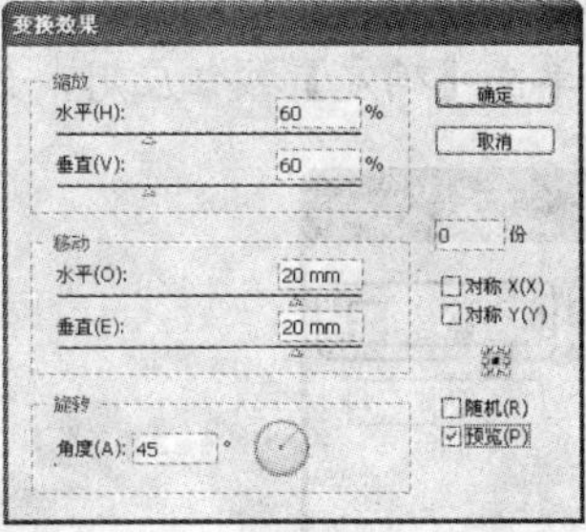

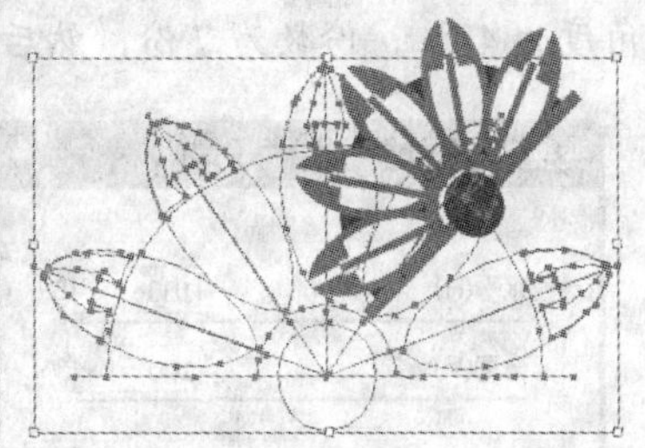

图 8-36 【变换效果】对话框

- 【缩放】：在该选项区域中分别调整【水平】和【垂直】文本框中的参数，定义缩放的比例。
- 【移动】：在该选项区域中分别调整【水平】和【垂直】数值框中的参数，定义移动的距离。
- 【角度】：在该数值框中输入相应的数值，定义旋转的角度，正值为顺时针旋转，负值为逆时针旋转，也可以拖拽右侧的控制柄，进行旋转的调整。
- 对称 X、Y：当选中【对称 X(X)】或【对称 Y(Y)】选项时，可对对象进行镜像处理。
- 定位器：在▦选项区域中，通过单击相应的按钮，可以定义变换的中心点。
- 【随机】：当选中该选项时，将对调整的参数进行随机的变换，而且每一个对象的随机数值并不相同。
- 【份】：在该数值框中输入相应的数值，对变换对象复制相应的份数。

【例 8-5】 在 Illustrator 中，使用【变换】命令创建图案效果。

(1) 在图形文档中，选择【椭圆】工具在图形文档中绘制两个圆形，并分别填充橘黄和红色，然后选择【混合】工具分别单击两个圆形，创建混合如图 8-37 所示。

图 8-37　创建混合

(2) 选择【对象】|【混合】|【混合选项】命令，打开【混合选项】对话框。在对话框的【间距】下拉列表中选择【指定的步数】选项，并设置数值为 2，然后单击【确定】按钮应用，如图 8-38 所示。

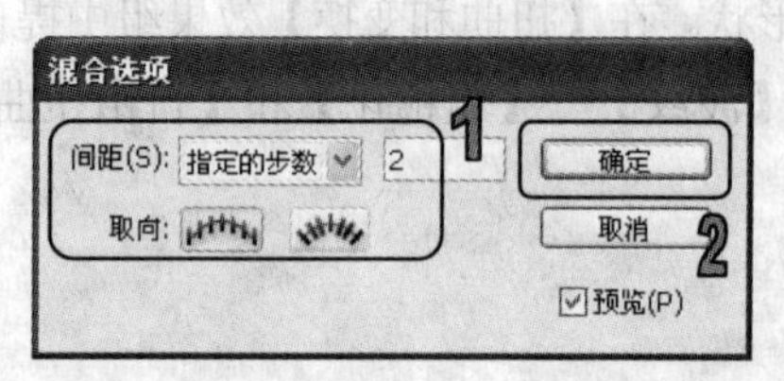

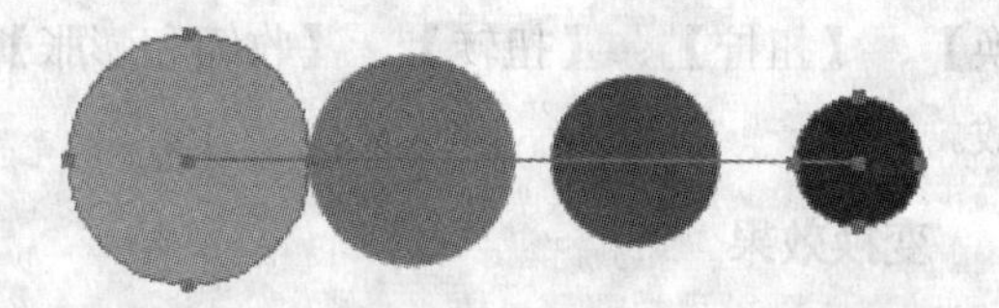

图 8-38　编辑混合

(3) 选择【对象】|【混合】|【扩展】命令，扩展混合对象。选择【效果】|【扭曲和变换】|【变换】命令，打开【变换】对话框。在对话框中设置【移动】水平为 35 mm，垂直为-35 mm，旋转角度为 45°，份数为 7 份，然后单击【确定】按钮应用，如图 8-39 所示。

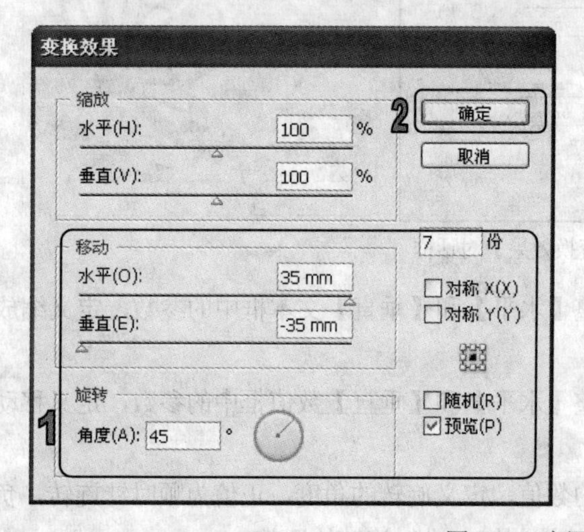

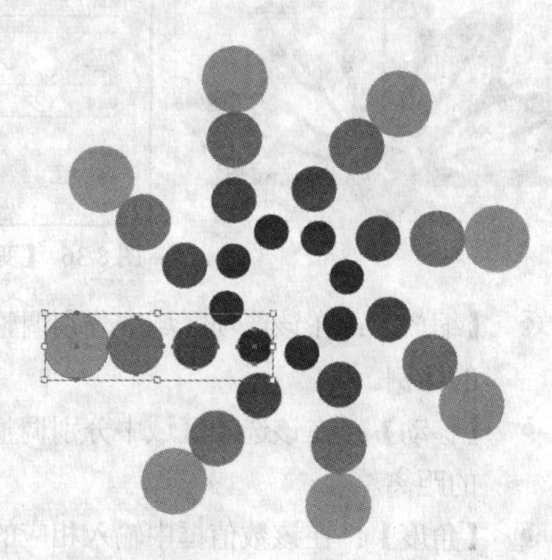

图 8-39　应用变换

2. 扭拧效果

使用【扭拧】效果，可以随机地向内或向外弯曲或扭曲路径段，使用绝对量或相对量设置垂直和水平扭曲，指定是否修改锚点、移动通向路径锚点的控制点(【导入】控制点、【导出】控制点)。选中要添加效果的对象，选择【效果】|【扭曲和变换】|【扭拧】命令，打开如图 8-40 所示的【扭拧】对话框。

- 【水平】：通过调整该选项中的参数，定义该对象在水平方向的扭拧幅度。
- 【垂直】：通过调整该选项中的参数，定义该对象在垂直方向的扭拧幅度。
- 【相对】：当选中该选项时，将定义调整的幅度为原水平的百分比。
- 【绝对】：当选中该选项时，将定义调整的幅度为具体的尺寸。
- 【锚点】：当选中该选项时，将修改对象中的锚点。
- 【“导入”控制点】：当选中该选项时，将修改对象中的“导入”控制点。

◉ 【“导出”控制点】：当选中该选项时，将修改对象中的“导出”控制点。

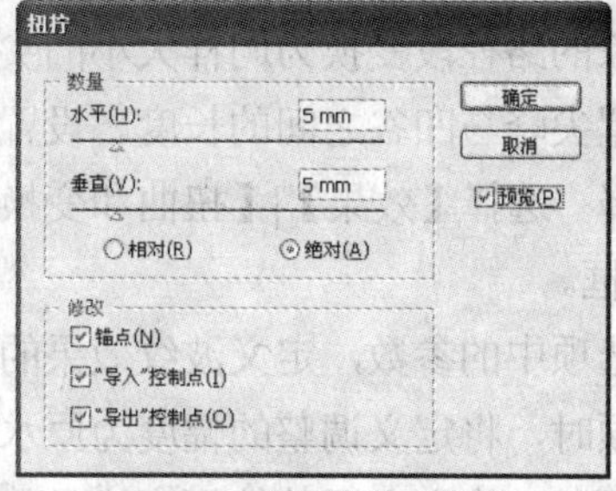

图 8-40 【扭拧】对话框

3. 扭转效果

使用【扭转】效果旋转一个对象，中心的旋转程度比边缘的旋转程度大。输入一个正值将顺时针扭转，输入一个负值将逆时针扭转。选中要添加效果的对象，选择【效果】|【扭曲和变换】|【扭转】命令，打开如图 8-41 所示的【扭转】对话框。在对话框的【角度】数值框中输入相应的数值，可以定义对象扭转的角度。

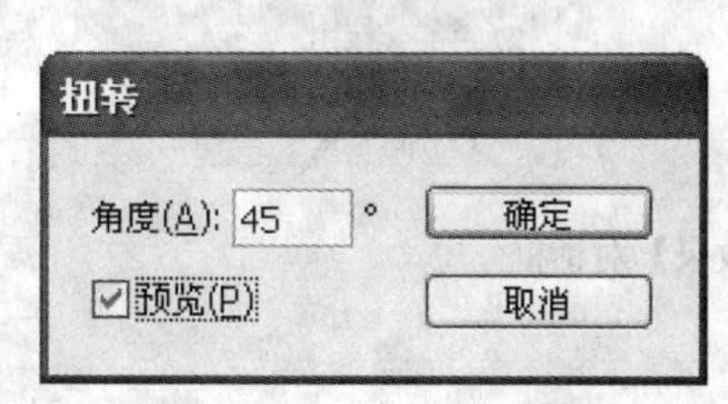

图 8-41 【扭转】对话框

4. 收缩和膨胀效果

使用【收缩和膨胀】效果，在将线段向内弯曲(收缩)时，向外拉出矢量对象的锚点；或将线段向外弯曲(膨胀)时，向内拉入锚点。这两个选项都可相对于对象的中心点来拉伸锚点。选中要添加效果的对象，选择【效果】|【扭曲和变换】|【收缩和膨胀】命令，打开如图 8-42 所示的【收缩和膨胀】对话框。在对话框的【收缩/膨胀】数值框中输入相应的数值，对对象的膨胀或收缩进行控制，正值使对象膨胀，负值使对象收缩。

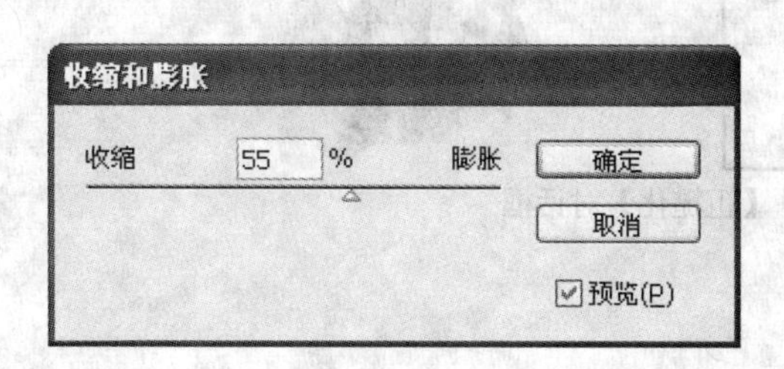

图 8-42 【收缩和膨胀】对话框

5. 波纹效果

使用【波纹效果】，可将对象的路径段变换为同样大小的尖峰和凹谷形成的锯齿和波形数组。使用绝对大小或相对大小设置尖峰与凹谷之间的长度。设置每个路径段的脊状数量，并在波形边缘或锯齿边缘之间做出选择。选择【效果】|【扭曲和变换】|【波纹效果】命令，打开如图 8-43 所示的【波纹效果】对话框。

- 【大小】：通过调整该选项中的参数，定义波纹效果的尺寸。
- 【相对】：当选中该选项时，将定义调整的幅度为原水平的百分比。
- 【绝对】：当选中该选项时，将定义调整的幅度为具体的尺寸。
- 【每段的隆起数】：通过调整该选项中的参数，定义每一段路径出现波纹隆起的数量。
- 【平滑】：当选中该选项时，将使波纹的效果比较平滑。
- 【尖锐】：当选中该选项时，将使波纹的效果比较尖锐。

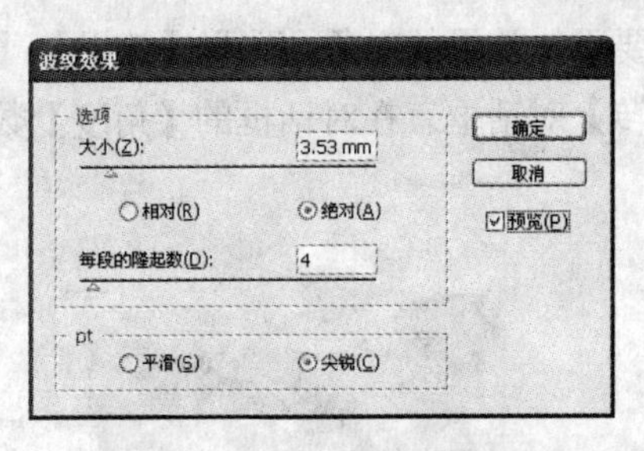

图 8-43 【波纹效果】对话框

6. 粗糙化效果

使用【粗糙化】效果，可将矢量对象的路径段变形为各种大小的尖峰和凹谷的锯齿数组。使用绝对大小和相对大小设置路径段的最大长度。设置每英寸锯齿边缘的密度，并在圆滑边缘和尖锐边缘之间选择。选中要添加效果的对象，选择【效果】|【扭曲和变换】|【粗糙化】命令，打开如图 8-44 所示的【粗糙化】对话框。对话框中的参数设置与波纹效果设置类似，【细节】数值框用于定义粗糙化细节每英寸出现的数量。

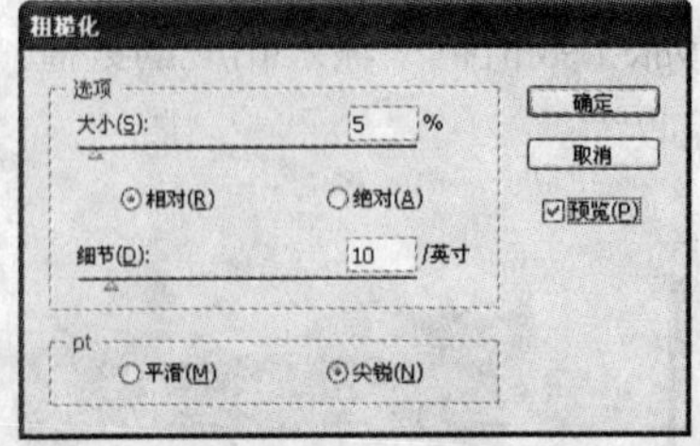

图 8-44 【粗糙化】对话框

7. 自由扭曲效果

使用【自由扭曲】效果，可以通过拖动 4 个角中任意控制点的方式来改变矢量对象的形状。选中要添加效果的对象，选择【效果】|【扭曲和变换】|【自由扭曲】命令，打开如图 8-45 所

示的【自由扭曲】对话框。在该对话框中的缩略图中拖拽 4 个角上的控制点，从而调整对象的变形。单击【重置】按钮可以恢复原始的效果。

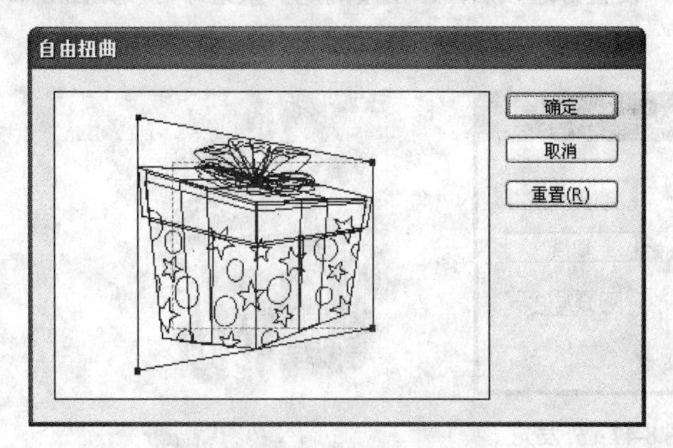

图 8-45　【自由扭转】对话框

8.2.7　风格化

在 Illustrator CS5 中，【风格化】子菜单中有几个比较常用的效果命令，如【内发光】、【外发光】、【羽化】等命令。

1．内发光与外发光

在 Illustrator CS5 中，使用【内发光】命令可以模拟在对象内部或者边缘发光的效果。选中需要设置内发光的对象后，选择【效果】|【风格化】|【内发光】命令，打开【内发光】对话框，设置好选项后，单击【确定】按钮即可，如图 8-46 所示。

- 【模式】：指定发光的混合模式。
- 【不透明度】：指定所需发光的不透明度百分比。
- 【模糊】：指定要进行模糊处理之处到选区中心或选区边缘的距离。
- 【中心】：使用从选区中心向外发散的发光效果。
- 【边缘】：使用从选区内部边缘向外发散的发光效果。

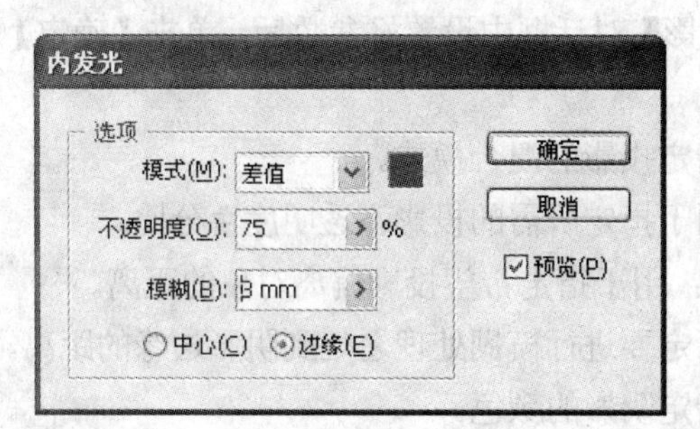

图 8-46　内发光

外发光命令的使用与内发光命令相同，只是产生的效果不同而已。选择【效果】|【风格化】|【外发光】命令，打开【外发光】对话框，设置好选项后，单击【确定】按钮即可，如图 8-47 所示。

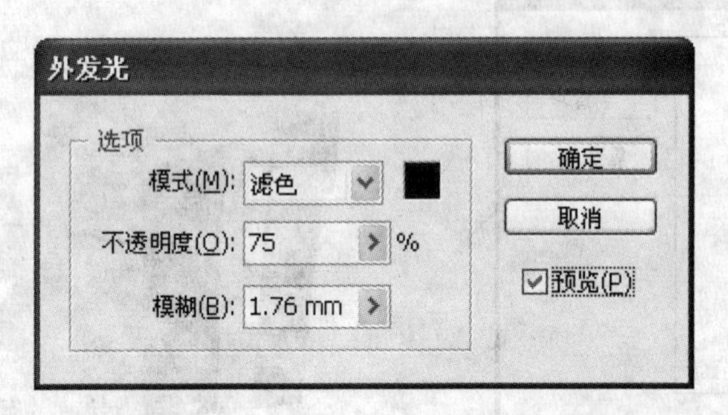

图 8-47　外发光

2. 圆角

在 Illustrator CS5 中，使用【圆角】命令可以使带有锐角边的图形产生圆角效果，从而获得一种更加自然的效果。其操作非常简单，绘制好图形或选择需要修改为圆角的图形后，选择【效果】|【风格化】|【圆角】命令，打开【圆角】对话框，并根据需要设置好参数，如图 8-48 所示。在【圆角】对话框中设置好参数后，单击【确定】按钮即可获得圆角效果。

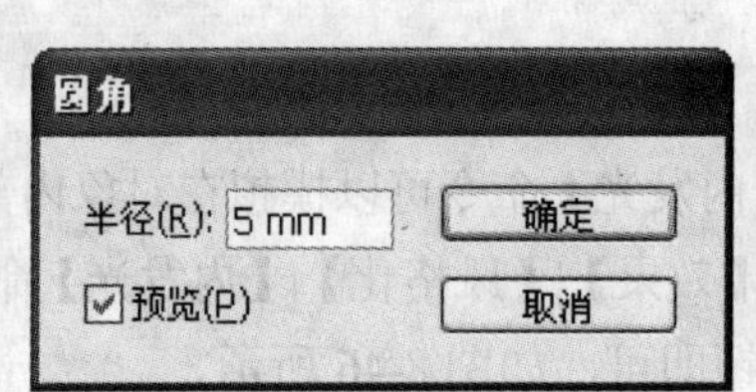

图 8-48　圆角

3. 投影

使用【投影】命令可以在一个图形的下方产生投影效果。其操作非常简单，绘制好图形或选择需要投影的形状后，选择【效果】|【风格化】|【投影】命令，打开【投影】对话框，并根据需要设置好参数。在【投影】对话框中设置好参数后，单击【确定】按钮即可获得投影效果。如图 8-49 所示。

- 【模式】：用于指定投影的混合模式。
- 【不透明度】：用于指定所需的投影不透明度百分比。
- X 位移和 Y 位移：用于指定希望投影偏离对象的距离。
- 【模糊】：用于指定要进行模糊处理之处到阴影边缘的距离。
- 【颜色】：用于指定阴影的颜色。
- 【暗度】：用于指定希望为投影添加的黑色深度百分比。

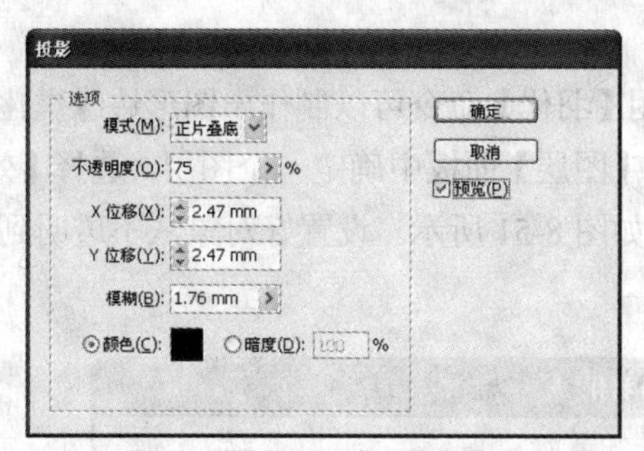

图 8-49　投影

4．涂抹

在 Illustrator CS5 中，涂抹效果也是经常使用到的一种效果。使用该命令可以把图形转换成各种形式的草图或涂抹效果。添加该效果后，图形将以不同的颜色和线条形式来表现原来的图形。选择好需要进行涂抹的对象或组，或在【图层】面板中确定一个图层。选择【效果】|【风格化】|【涂抹】命令，打开【涂抹选项】对话框。设置好后，单击【确定】按钮即可，如图 8-50 所示。

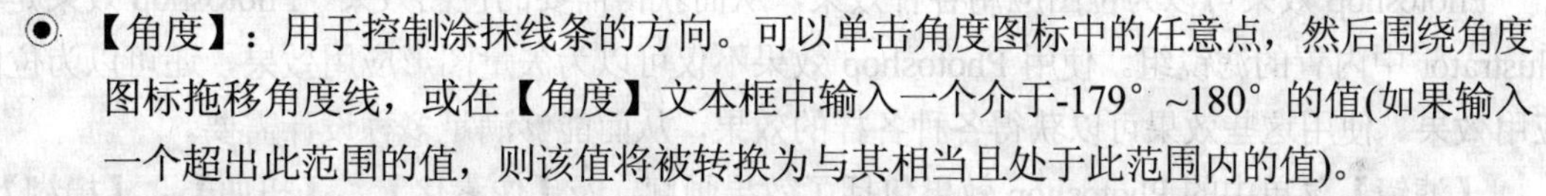

- 【角度】：用于控制涂抹线条的方向。可以单击角度图标中的任意点，然后围绕角度图标拖移角度线，或在【角度】文本框中输入一个介于-179°~180°的值(如果输入一个超出此范围的值，则该值将被转换为与其相当且处于此范围内的值)。
- 【路径重叠】：用于控制涂抹线条在路径边界内部距路径边界的量或路径边界外距路径边界的量。负值表示将涂抹线条控制在路径边界内部，正值表示将涂抹线条延伸至路径边界外部。
- 【变化】(适用于路径重叠)：用于控制涂抹线条彼此之间的相对长度差异。
- 【描边宽度】：用于控制涂抹线条的宽度。
- 【曲度】：用于控制涂抹曲线在改变方向之前的曲度。
- 【变化】(适用于曲度)：用于控制涂抹曲线之间的相对曲度差异大小。
- 【间距】：用于控制涂抹线条之间的折叠间距量。
- 【变化】(适用于间距)：用于控制涂抹线条之间的折叠间距差异量。

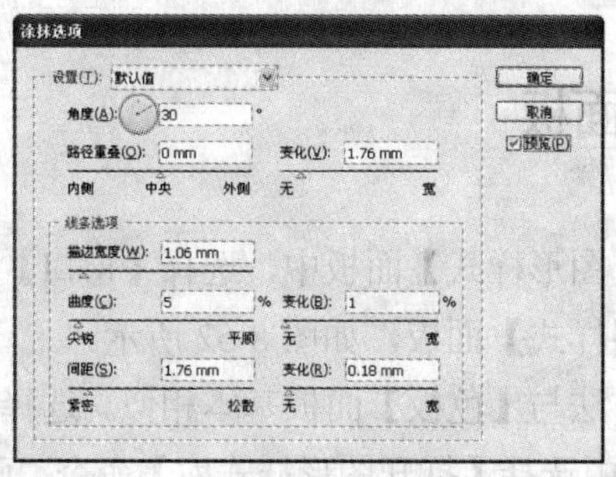

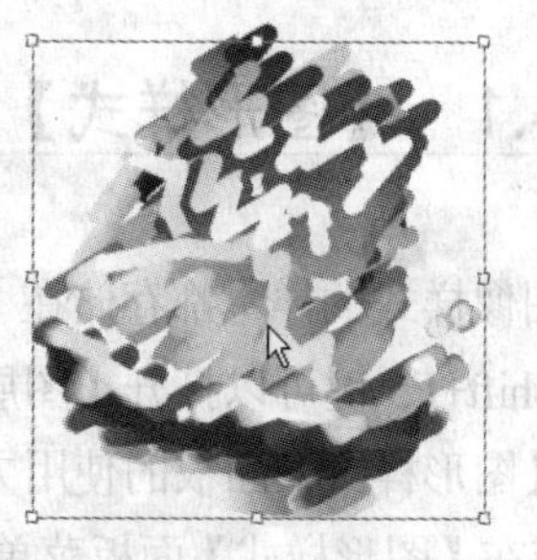

图 8-50　涂抹

计算机　基础与实训教材系列

5. 羽化

在 Illustrator CS5 中，使用【羽化】命令可以制作出图形边缘虚化或过渡的效果。选择好需要进行羽化的对象或组，或在【图层】面板中确定一个图层，选择【效果】|【风格化】|【羽化】命令，打开【羽化】对话框，如图 8-51 所示。设置好对象从不透明到透明的中间距离，并单击【确定】按钮即可。

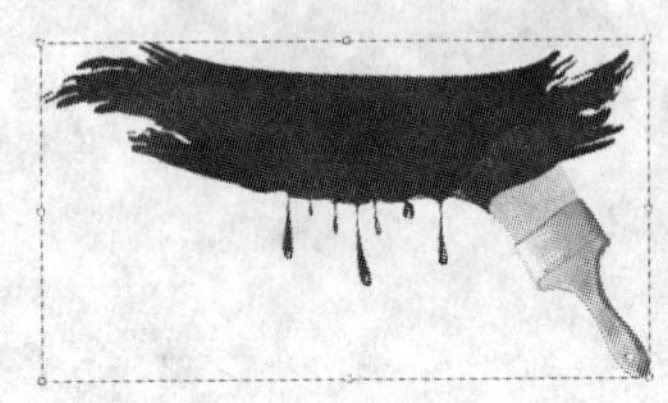

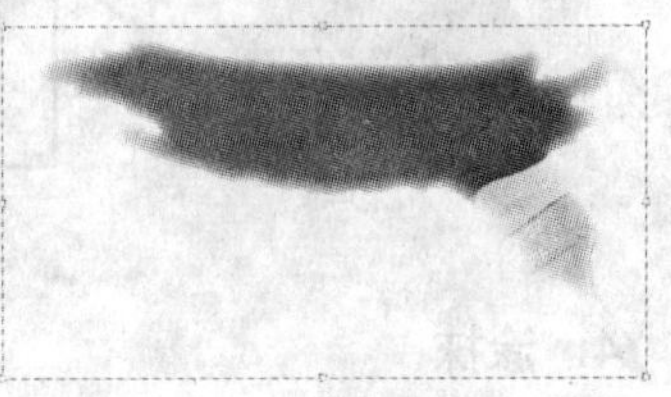

图 8-51　羽化

8.3　Photoshop 效果

Photoshop 效果可以为位图应用各种效果，从而获得需要的位图效果。Photoshop 效果是在 Illustrator 中内置的滤镜组。使用 Photoshop 效果不仅可以为矢量图形应用效果，还可以为位图应用效果。使用这些效果可以获得各种各样的效果，从而能够满足多种设计需要。

【滤镜】菜单中的 Photoshop 效果包括了效果画廊，及【像素化】、【扭曲】、【模糊】、【画笔描边】、【素描】、【纹理】、【艺术效果】、【视频】、【NTSC 颜色】、【锐化】和【风格化】11 个滤镜组。在滤镜库命令中，包含了常用的 6 个滤镜组，其用法与 Photoshop 中的滤镜使用方法一致。

8.4　图形样式

在 Illustrator 中，图形样式是一组可反复使用的外观属性。图形样式可以快速更改对象、组合图层的外观。将图形样式应用于组或图层时，组和图层内的所有对象都具有图形样式的属性。

8.4.1　【图形样式】面板

图像样式的样本都存储在【图形样式】面板中，选择【窗口】|【图形样式】命令，或按快捷键 Shift+F5 键可以打开【图层样式】面板，如图 8-52 所示。

【图形样式】面板的使用方法与【色板】面板基本相似。选择【窗口】|【图形样式库】命令，或在【图形样式】面板菜单中选择【打开图形样式库】命令，可以打开一系列图形样式库，如图 8-53 所示。

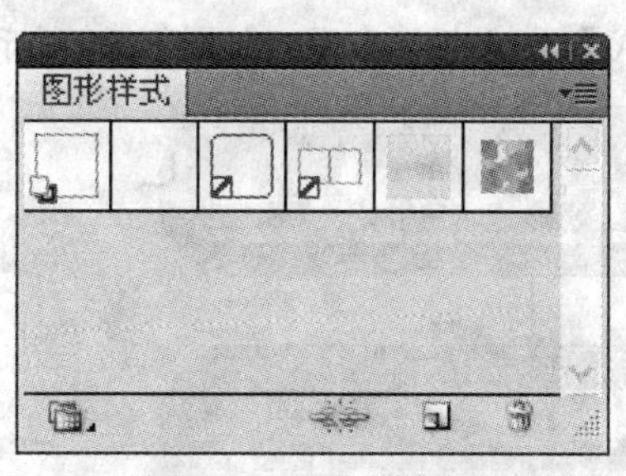

图 8-52 【图形样式】面板

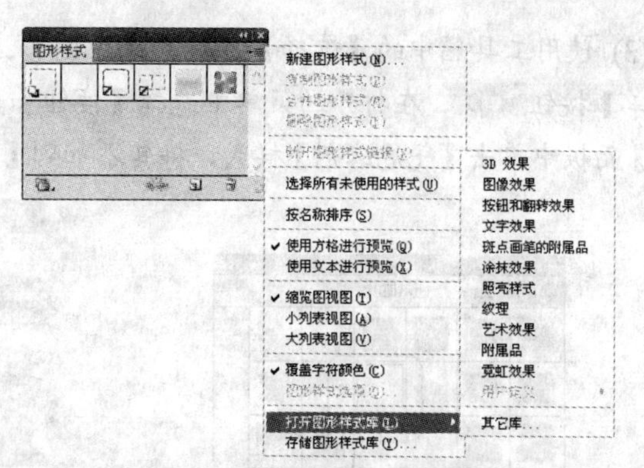

图 8-53 图形样式库

要使用图形样式，可以选择一个对象或对象组后，从【图形样式】面板或图形样式库中选择一个样式，或将图形样式拖动到文档窗口中的对象上即可。

【例 8-6】在 Illustrator 中，使用【图形样式】面板和图形样式库改变所选图形对象效果。

(1) 选择菜单栏中的【文件】|【打开】命令，在【打开】对话框中选择打开图形文档，并选择【窗口】|【图形样式】命令，打开【图形样式】面板，如图 8-54 所示。

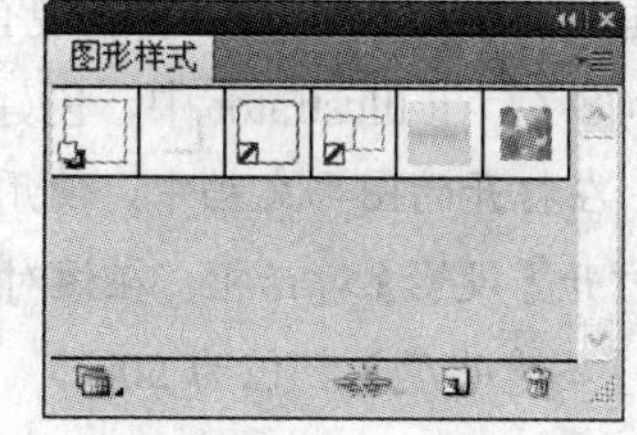

图 8-54 打开图形文档

知识点

使用图形样式时，若要保留文字的颜色，需要从【图形样式】面板菜单中取消选择【覆盖字符颜色】选项。

(2) 使用工具箱中的【选择】工具，选中图形。在【图形样式】面板中，单击【图形样式库菜单】按钮 ，在打开的菜单中选择【照亮样式】图形样式库。并在【照亮样式】面板中单击【火焰箭头拱形高光】样式，将其添加到【图形样式】面板中并应用，如图 8-55 所示。

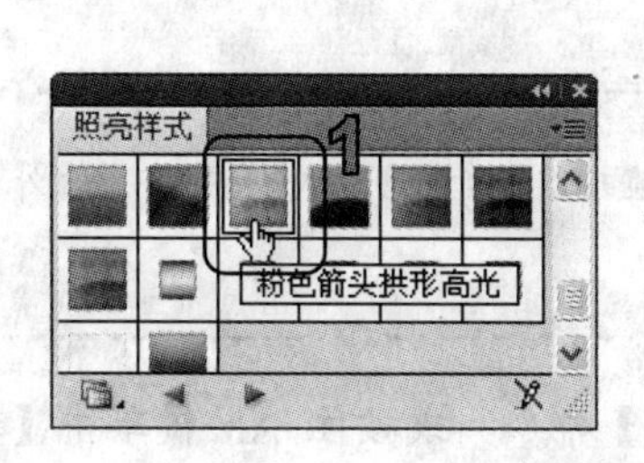

图 8-55 添加图形样式

(3) 使用工具箱中的【选择】工具，选中图形。在【图形样式】面板中，单击【图形样式库菜单】按钮，在打开的菜单中选择【按钮和翻转效果】图形样式库。并在【按钮和翻转效果】面板中单击【气泡溶剂】样式，将其添加到【图形样式】面板中并应用，如图 8-56 所示。

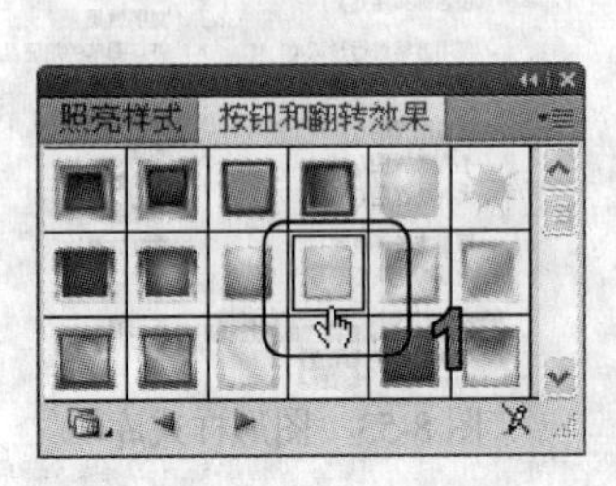

图 8-56　应用图形样式

8.4.2　创建图形样式

在 Illustrator 中，可以通过向对象应用外观属性从头开始创建图形，也可以基于其他图形样式来创建图形样式，也可以复制现有图形样式，还可以保存创建的新样式。

【例 8-7】在 Illustrator 中，创建新样式和图形样式库。

(1) 在打开的图形文档中，使用【选择】工具选中图形，选择【效果】|【风格化】|【投影】命令，打开【投影】对话框。在该对话框中，设置颜色为黑色，在【模式】下拉列表中选择【柔光】，【不透明度】数值为 50%，【X 位移】数值为 0.2 mm，【Y 位移】数值为 0 cm，【模糊】数值为 0.2 cm，然后单击【确定】按钮应用投影效果，如图 8-57 所示。

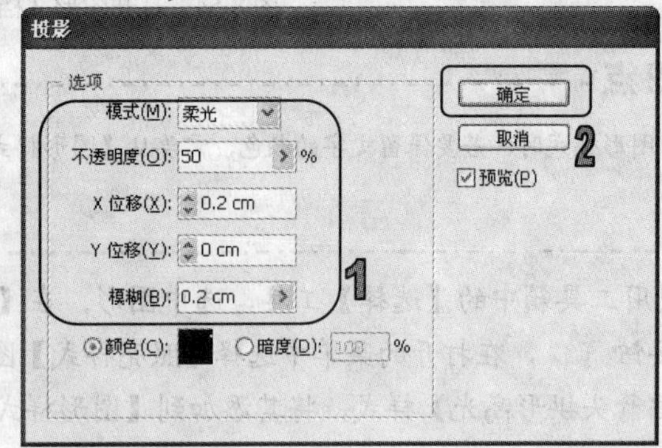

图 8-57　投影

知识点

要创建新图形样式，用户可以单击【新建图形样式】按钮直接创建新图形样式，也可以将【外观】面板中的缩览图直接拖动到【图形样式】面板中即可。

(2) 在【图形样式】面板菜单中选择【新建图形样式】命令，或按住 Alt 键单击【新建图形样式】按钮，在打开的【图形样式选项】对话框中输入图形样式名称，然后单击【确定】按钮即可，如图 8-58 所示。

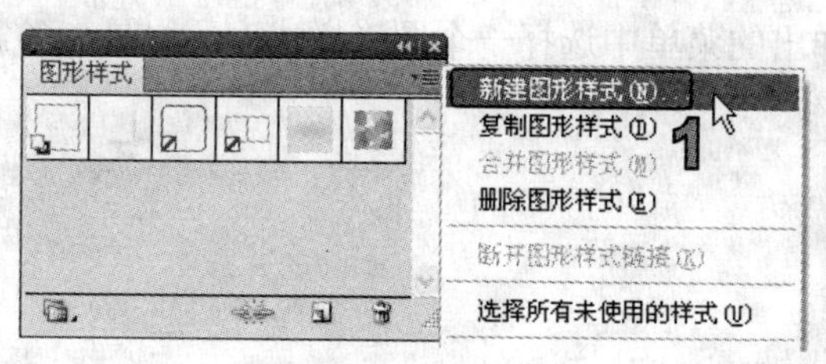

图 8-58　创建图形样式

(3) 从【图形样式】面板菜单中选择【存储图形样式库】命令，打开【将图形样式存储为库】对话框，如图 8-59 所示。在该对话框中，将库存储在默认位置，在重新启动 Illustrator CS5 时，库名称将出现在【图形样式库】和【打开图形样式库】子菜单中。

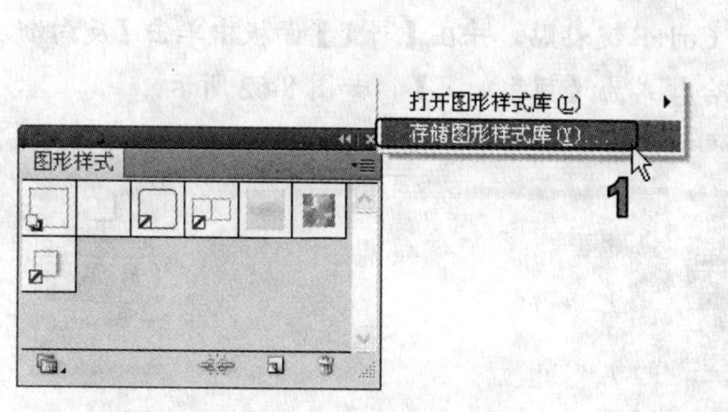

图 8-59　存储图形样式库

8.4.3　图形样式库

图形样式库是一组预设的图形样式集合。当打开一个图形样式库时，它会出现在一个新的面板中。可以对图形样式库中的项目进行选择、排序和查看，其操作方式与【图形样式】面板中的操作方式一样，不过不能在图形样式库中添加、删除或编辑项目。

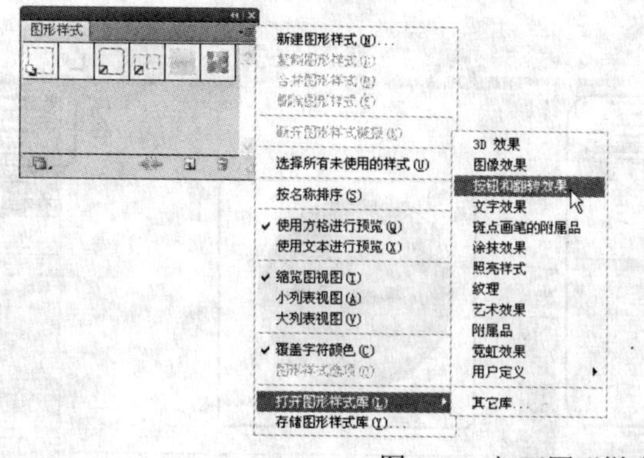

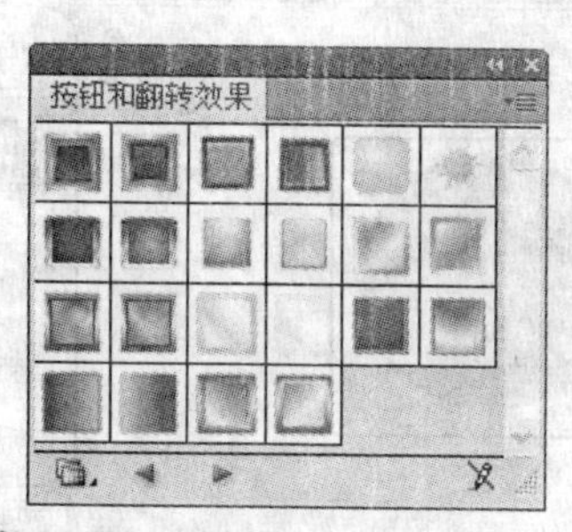

图 8-60　打开图形样式库

选择【窗口】|【图形样式库】命令，或【图形样式】面板菜单中的【打开图形样式库】命

令，或单击【打开图形样式库菜单】按钮，在弹出的菜单中选择一个图形样式库。如图 8-60 所示为单击【打开图形样式库菜单】按钮时的操作。

8.5 上机练习

本章上机练习通过制作花样相框效果，使用户更好地掌握效果命令的基本操作、应用和编辑方法。

(1) 在图形文档中，选择工具箱中的【矩形】工具绘制与页面同大的矩形，并在【渐变】面板的【类型】下拉列表中选择【径向】，设置渐变颜色为白色至 CMYK(72，64，62，17)，如图 8-61 所示。

(2) 按 Ctrl+C 键复制刚绘制的图形，按 Ctrl+F 键粘贴，并在【渐变】面板中单击【反向渐变】按钮，然后在【透明度】面板中设置混合模式为【颜色加深】，如图 8-62 所示。

图 8-61　绘制图形(1)

图 8-62　绘制图形(2)

(3) 选择工具箱中的【椭圆】工具绘制图形，并在【颜色】面板中设置描边为白色，填充颜色为 CMYK(75，0，100，0)，然后在【描边】面板中，设置【粗细】数值为 3 pt，如图 8-63 所示。

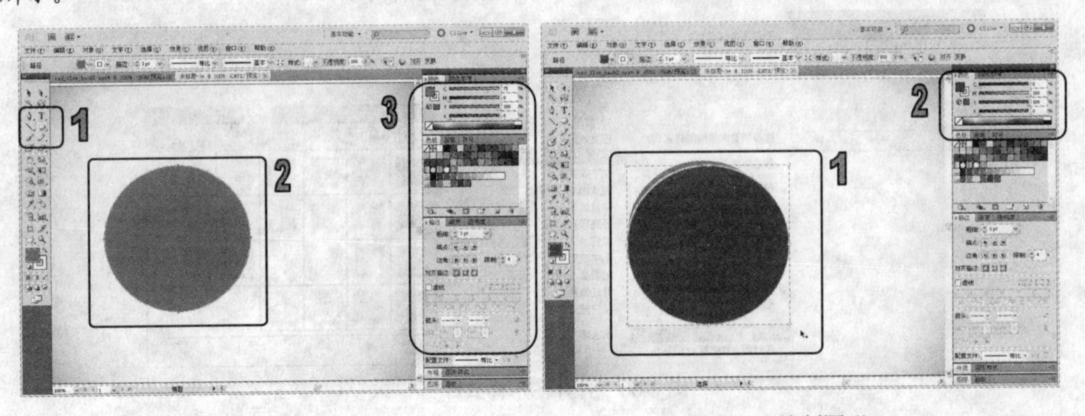

图 8-63　绘制图形(3)　　图 8-64　绘制图形(4)

(4) 按 Ctrl+C 键复制刚创建的图形，按 Ctrl+F 键粘贴，并在【颜色】面板中设置填充颜色为 CMYK(0，100，100，0)，然后使用【选择】工具调整图形，如图 8-64 所示。

(5) 按 Ctrl+C 键复制刚创建的图形，按 Ctrl+F 键粘贴，并在【颜色】面板中设置填充颜色为 CMYK(0，35，85，0)，然后使用【选择】工具调整图形，如图 8-65 所示。

(6) 按 Ctrl+C 键复制刚创建的图形，按 Ctrl+F 键粘贴，并在【颜色】面板中设置填充颜色为 CMYK(0，0，0，0)，然后使用【选择】工具调整图形，如图 8-66 所示。

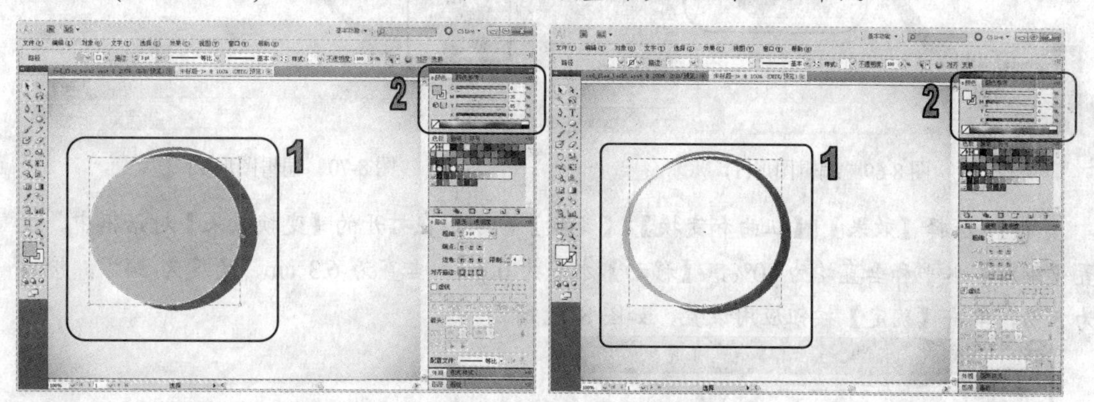

图 8-65　绘制图形(5)　　图 8-66　绘制图形(6)

(7) 选择工具箱中的【钢笔】工具绘制图形，并在【颜色】面板中设置填充颜色为 CMYK(10，96，100，0)，描边颜色为白色，然后在【描边】面板中设置描边【粗细】数值为 3pt，如图 8-67 所示。

(8) 选择工具箱中的【椭圆】工具，并按住 Alt+Shift 键拖动绘制圆形，如图 8-68 所示。

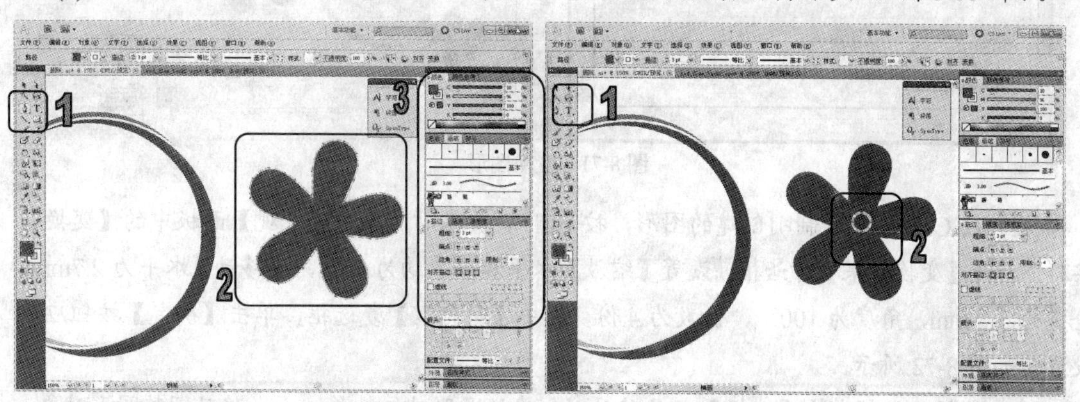

图 8-67　绘制图形(7)　　图 8-68　绘制图形(8)

(9) 使用【选择】工具选中两个图形，然后选择【窗口】|【路径查找器】命令，打开【路径查找器】对话框。在【路径查找器】对话框中单击【减去顶层】按钮。如图 8-69 所示。

(10) 按 Ctrl+C 键复制刚创建的图形，按 Ctrl+V 键粘贴。使用【选择】工具移动并缩小图形对象，然后在【颜色】面板中，取消图形描边色，设置填充颜色为 CMYK(88，46，100，9)，如图 8-70 所示。

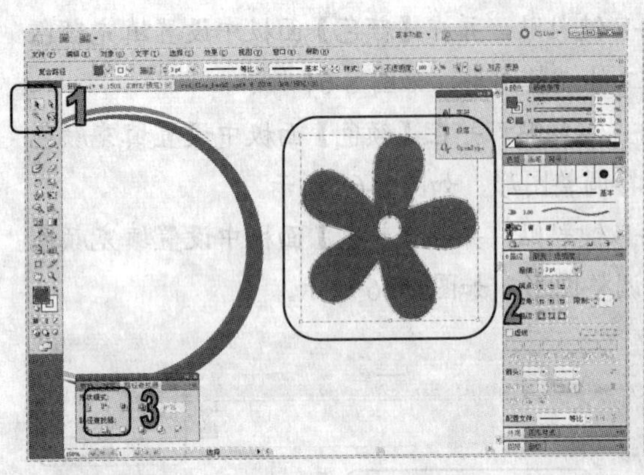

图 8-69　编辑图形(1)

图 8-70　编辑图形(2)

(11) 选择【效果】|【扭曲和变换】|【变换】命令，在打开的【变换效果】对话框中，设置【缩放】水平和垂直均为 80%，【移动】水平为 0 cm，垂直为-6.3 cm，角度为-34°，份数为 5 份，单击【确定】按钮应用设置，如图 8-71 所示。

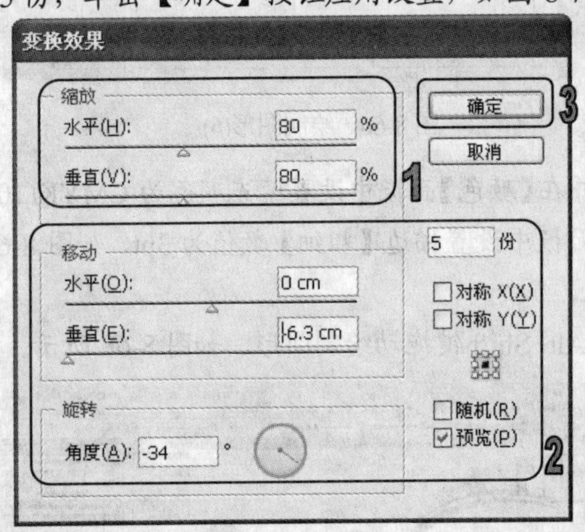

图 8-71　变换图形

(12) 按 Ctrl+C 键复制刚创建的图形，按 Ctrl+V 键粘贴。单击【外观】面板中的【变换】字样，打开【变换效果】对话框，设置【缩放】水平和垂直均为 60%，【移动】水平为 2.7mm，垂直为-5.8 mm，角度为 100°，份数为 4 份，选中【对称 X】复选框，单击【确定】按钮应用设置，如图 8-72 所示。

(13) 选择工具箱中的【选择】工具移动刚创建的图形对象，并缩小、移动调整图形对象，然后在【颜色】面板中设置填充颜色为 CMYK(100，96，100，0)，如图 8-73 所示。

(14) 选择工具箱中的【选择】工具在文档选中图形，并选择【效果】|【扭曲和变换】|【变换】命令，在打开的【变换效果】对话框中，设置【缩放】水平和垂直均为 60%，【移动】水平为 6.8 cm，垂直为-2 cm，角度为 64°，份数为 3 份，单击【确定】按钮应用设置，如图 8-74 所示。

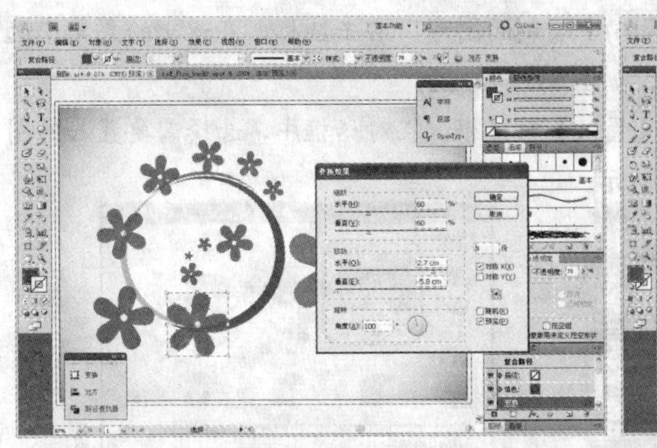

图 8-72　变换图形

图 8-73　编辑图形

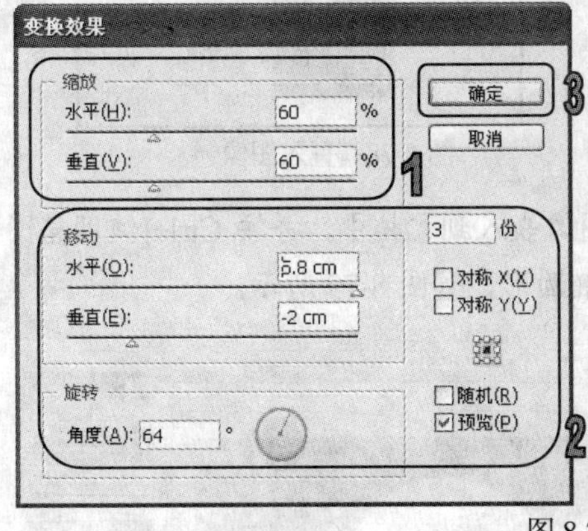

图 8-74　变换图形

(15) 按 Ctrl+C 键复制刚创建的图形，按 Ctrl+F 键粘贴。在【颜色】面板中，设置填充颜色为 CMYK(0，35，85，0)。在【透明度】面板中，设置【不透明度】数值为 78%。并使用【选择】工具调整图形位置与大小，如图 8-75 所示。

(16) 按 Ctrl+C 键复制刚创建的图形，按 Ctrl+F 键粘贴，单击【外观】面板中的【变换】链接，打开【变换效果】对话框，选中【对称 X】和【对称 Y】，拖动【移动】选项组中的【垂直】滑块，然后单击【确定】按钮应用变换，如图 8-76 所示。

图 8-75　编辑图形(1)

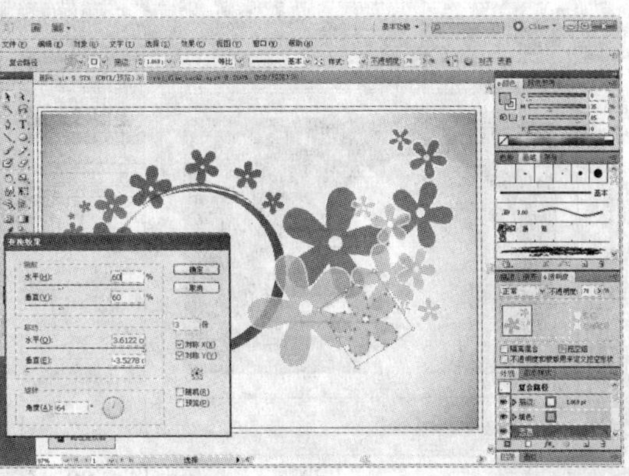

图 8-76　编辑图形(2)

(17) 使用【选择】工具选中步骤(3)~步骤(6)中绘制的图形，右击鼠标，在弹出的菜单中选择【排列】|【置于顶层】命令，并调整形状，如图 8-77 所示。

(18) 选择【文件】|【置入】命令，打开【置入】对话框。在对话框中，选择需要置入的图像文件，然后单击【置入】按钮，如图 8-78 所示。

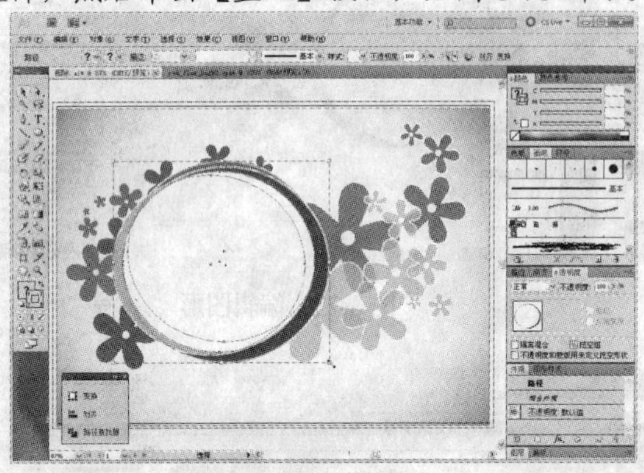

图 8-77 调整图形

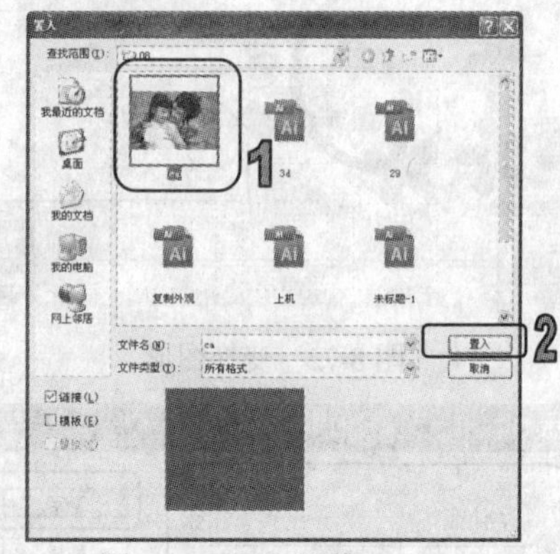

图 8-78 置入图像

(19) 单击控制面板上的【嵌入】按钮将置入的图像嵌入到文档中，并按 Ctrl+[键调整图像排列顺序，然后按住 Shift 键选中置入的图像和白色椭圆形，如图 8-79 所示。

图 8-79 调整图像

(20) 右击，在弹出的菜单中选择【建立剪切蒙版】命令，创建剪切蒙版，如图 8-80 所示。

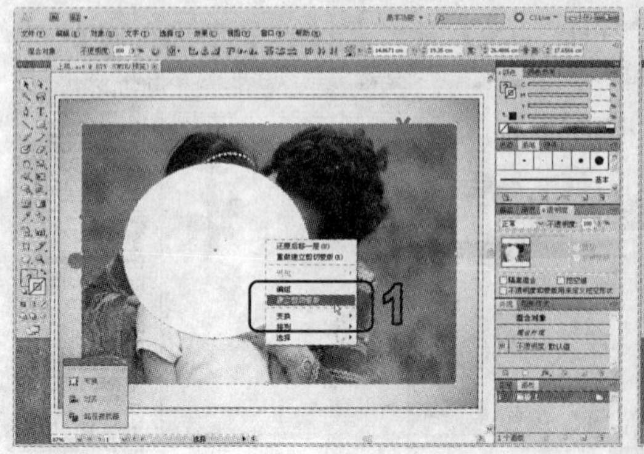

图 8-80 建立剪切蒙版

(21) 单击控制面板中的【编辑内容】按钮，调整置入图像大小，然后在页面空白处单击结束编辑，如图 8-81 所示。

图 8-81　编辑内容

(22) 使用【选择】工具选中剪切蒙版对象，选择【效果】|【风格化】|【内发光】命令，打开【内发光】对话框。在对话框的【模式】下拉列表中选择【滤色】选项，发光颜色为白色，设置【模糊】数值为 2.6 cm，然后单击【确定】按钮应用，如图 8-82 所示。

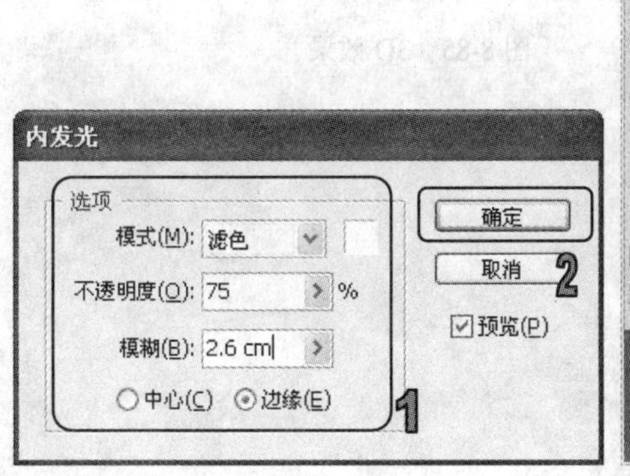

图 8-82　内发光

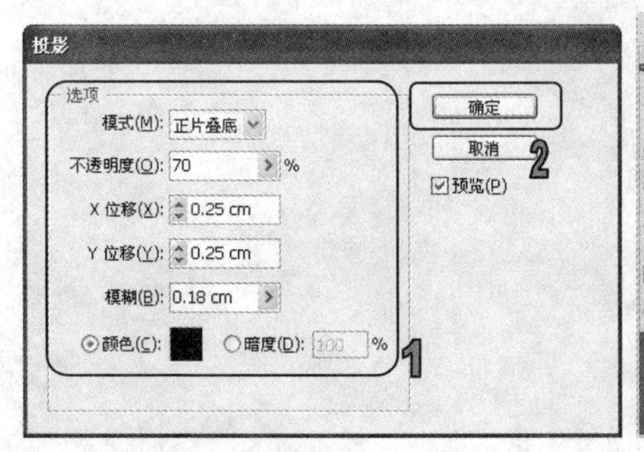

图 8-83　投影

(23) 选中剪切蒙版对象以外的图形，选择【效果】|【风格化】|【投影】命令，打开【投影】对话框。在对话框中，设置【不透明度】数值为 70%，【X 位移】和【Y 位移】数值均为 0.25 cm，【模糊】数值为 0.18 cm，然后单击【确定】按钮，如图 8-83 所示。

8.6 习题

1. 选择打开的图形对象，使用【投影】滤镜效果，制作如图 8-84 所示的效果。
2. 对输入的文字，使用 3D 滤镜，制作如图 8-85 所示的效果。

图 8-84　滤镜效果

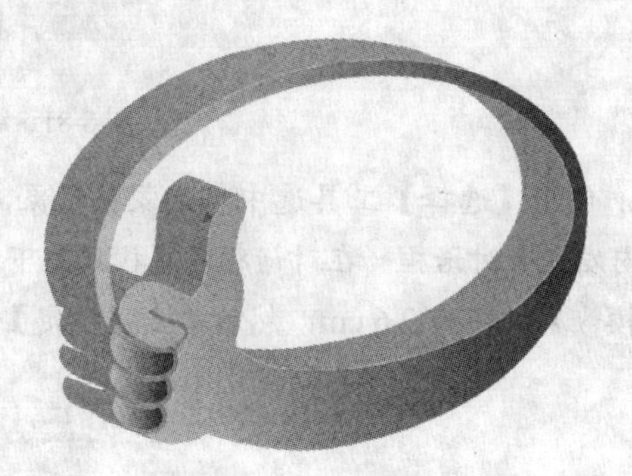

图 8-85　3D 效果

第9章 编辑文字效果

学习目标

Illustrator CS5 除了具有强大的图形绘制功能外，还具有强大的文字排版功能。使用这些功能可以快速更改文本、段落的外观效果，还可以将图形对象和文本组合编排，从而制作出丰富多样的文本效果。

本章重点

- 置入、输入文字
- 格式化文字
- 格式化段落
- 区域文字

9.1 文字工具

图形和文字是平面设计构图的两个重要因素。在 Illustrator 中，不仅可以绘制图形，还可以创建和导入文字内容，甚至编辑文字效果，借助文字效果来传递更多的信息内容。

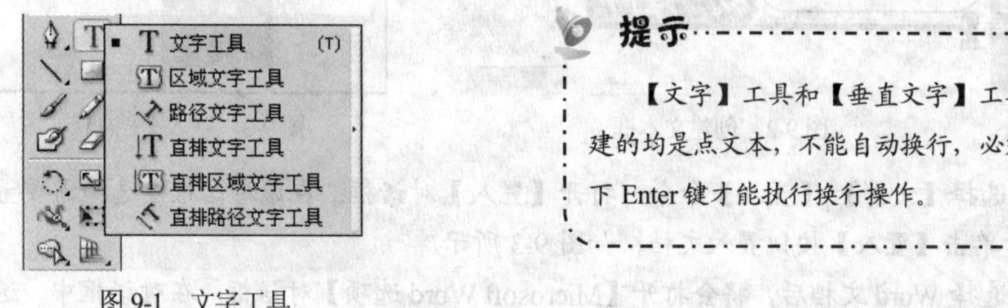

图 9-1　文字工具

> **提示**
>
> 【文字】工具和【垂直文字】工具创建的均是点文本，不能自动换行，必须按下 Enter 键才能执行换行操作。

Illustrator 在工具箱中提供了 6 种文字工具，其中包括【文字】工具、【区域文字】工具、【路径文字】工具、【直排文字】工具、【直排区域文字】工具和【直排路径文字】工具，如图 9-1 所示。

使用它们可以输入各种类型的文字，以满足不同的文字处理需求。使用【文字】工具和【直排文字】工具可以创建沿水平和垂直方向的文字。使用【区域文字】工具和【直排区域文字】工具可以将一条开放或闭合的路径变换成文本框，并在其中输入水平或垂直方向的文字。使用【路径文字】工具和【直排路径文字】工具可让文字按照路径的轮廓线方向进行水平和垂直方向排列。

9.2 置入、输入文字

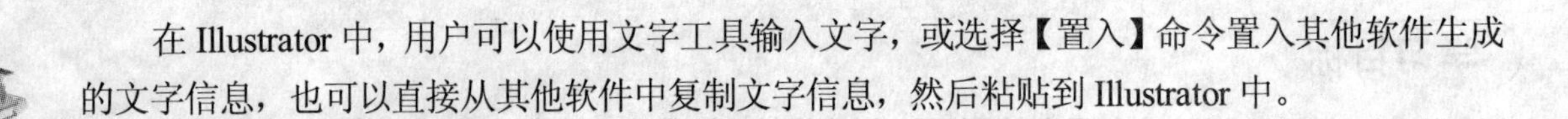

在 Illustrator 中，用户可以使用文字工具输入文字，或选择【置入】命令置入其他软件生成的文字信息，也可以直接从其他软件中复制文字信息，然后粘贴到 Illustrator 中。

9.2.1 置入文字

在 Illustrator 中，用户可以选择【文件】|【置入】命令将 Microsoft Word 文件(*.doc)、RFT 文件或纯文字文件置入到 Illustrator 中。

【例 9-1】在 Illustrator 中，置入文本。

(1) 在 Illustrator 中，使用【文字】工具在文档中单击并拖动创建文本框，如图 9-2 所示。

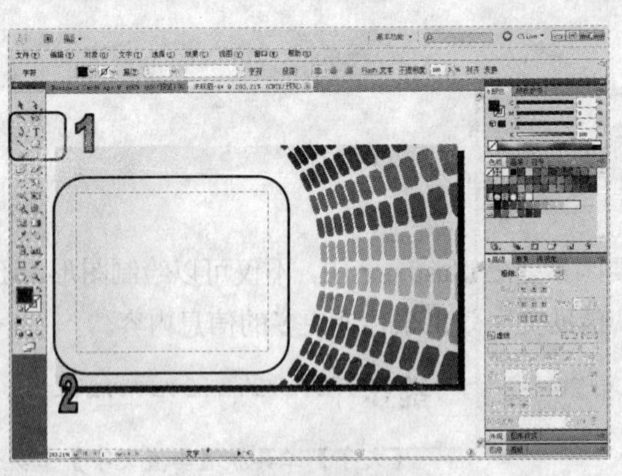

图 9-2 创建文本框

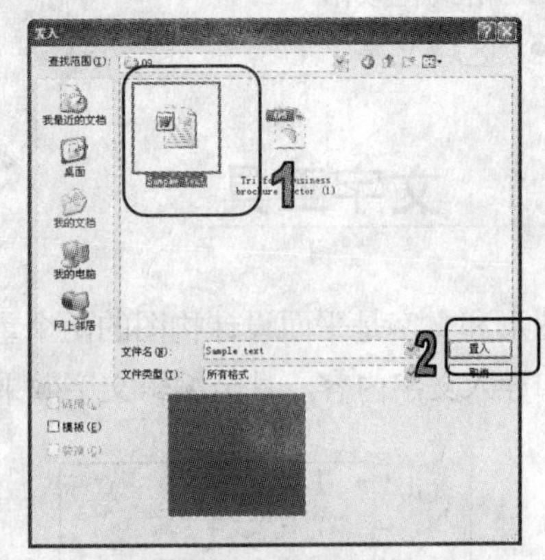

图 9-3 置入文档(1)

(2) 选择【文件】|【置入】命令，打开【置入】对话框。在该对话框中选择需要置入的文件，然后单击【置入】按钮置入文档，如图 9-3 所示。

(3) 选择 Word 文档后，将会打开【Microsoft Word 选项】对话框。在对话框中，选中需要置入的文本格式复选框，然后单击【确定】按钮，选中的文本将被置入到创建的文本框中，如图 9-4 所示。

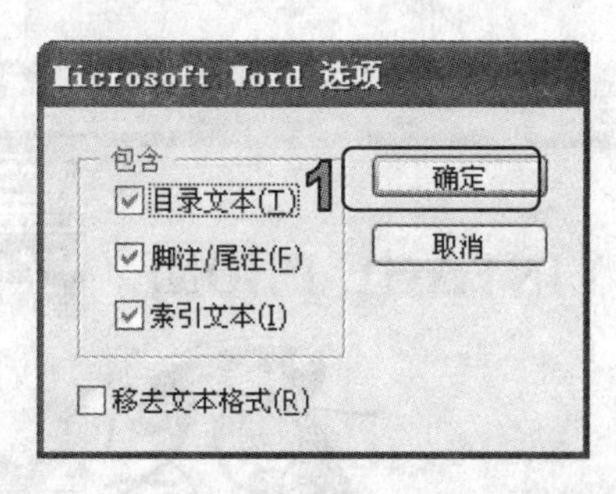

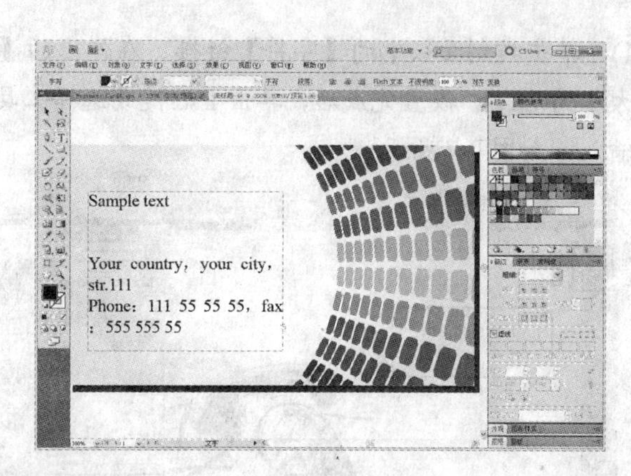

图 9-4　置入文档(2)

(4) 使用【文字】工具选中全部文本内容，并在控制面板中单击【字符】链接，在弹出的【字符】面板中，设置字体大小为 7 pt，如图 9-5 所示。

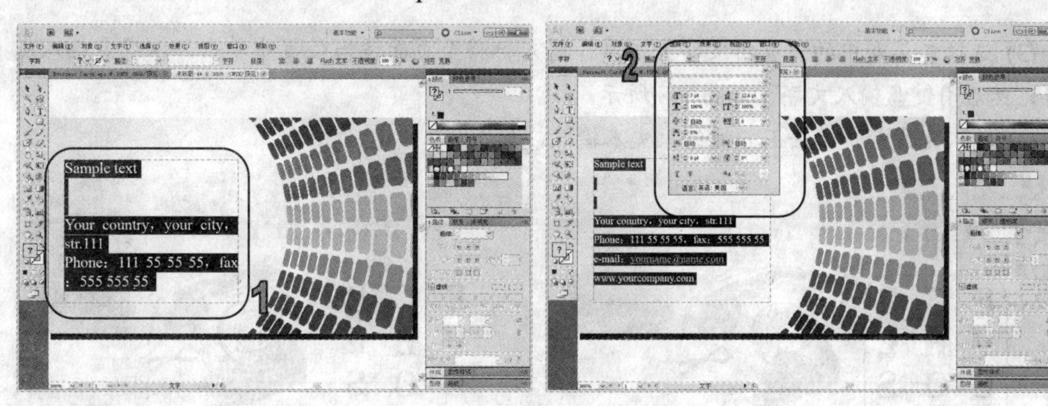

图 9-5　设置文档

9.2.2　输入文字

Illustrator 中创建的文字对象可以分为 3 类，即点文字、区域文字和路径文字。

1. 点文字

在 Illustrator 中，用户可以使用【文字】工具和【直排文字】工具将文本作为一个独立的对象输入或置入页面中。在工具箱中选取【文字】工具或【直排文字】工具后，将光标放置到画板中的任意位置单击确定文字内容的插入点，即可输入创建文本内容。

【例 9-2】在 Illustrator 中，使用文字工具创建点文字。

(1) 选择工具箱中的【文字】工具后，将光标移至页面适当位置单击，以确定插入点的位置，然后用键盘输入文字内容，如图 9-6 所示。

(2) 按 Ctrl+A 键全选输入的文字内容，在【颜色】面板中设置颜色为 CMYK(34，86，94，

1)，单击控制面板中的【字符】链接。在弹出的【字符】面板中，设置字体为 Algerian，字体大小为 28 pt。设置完成后，单击 Esc 键或选择工具箱中的任何一种其他工具，即可结束文本的输入，如图 9-7 所示。

图 9-6　输入文字

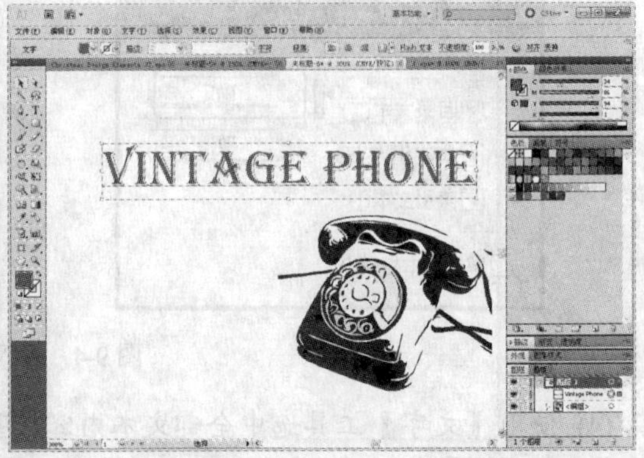

图 9-7　设置文字

(3) 选择工具箱中的【直排文字】工具，将光标移至页面适当位置中单击，以确定插入点位置，然后用键盘输入文字，如图 9-8 所示。

(4) 输入完成后，单击 Esc 键结束文本输入，如图 9-9 所示。

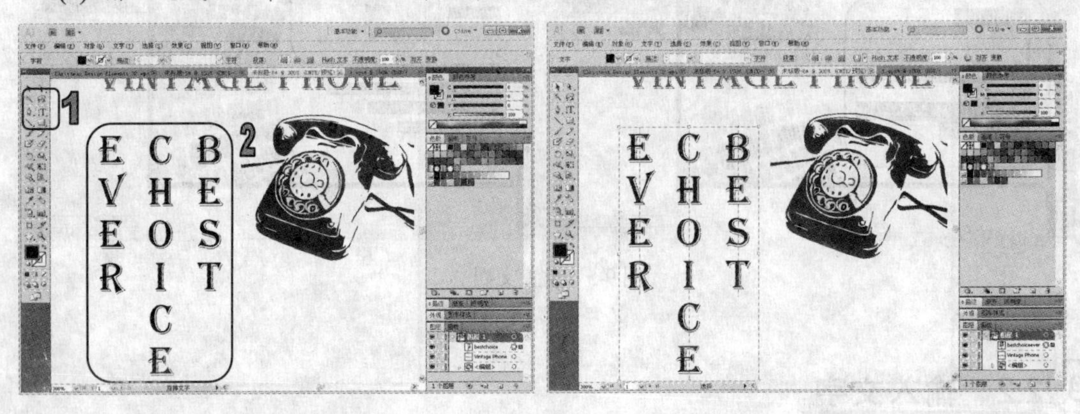

图 9-8　输入文字　　　　图 9-9　结束输入

2. 区域文字

在 Illustrator 中除了直接输入文本外，还可以通过文本框或形状创建区域文本。输入的文本会根据文本框的范围自动进行换行。

【例 9-3】在 Illustrator CS5 中，使用文字工具创建区域文本。

(1) 选择工具箱中的【选择】工具，选中图形，并按 Ctrl+C 键复制，按 Ctrl+F 键粘贴图形，如图 9-10 所示。

(2) 选择工具箱中的【直排区域文字】工具，将光标移动到绘制图形的路径上，当光标显示为⊕时单击，即可在形状内输入所需文字内容，如图 9-11 所示。

(3) 单击控制面板中的【字符】链接，在弹出的【字符】面板中，设置字体大小为 8 pt。

按住 Ctrl 键在文档空白处单击，结束文本输入，即可得到所绘形状的文字块，如图 9-12 所示。

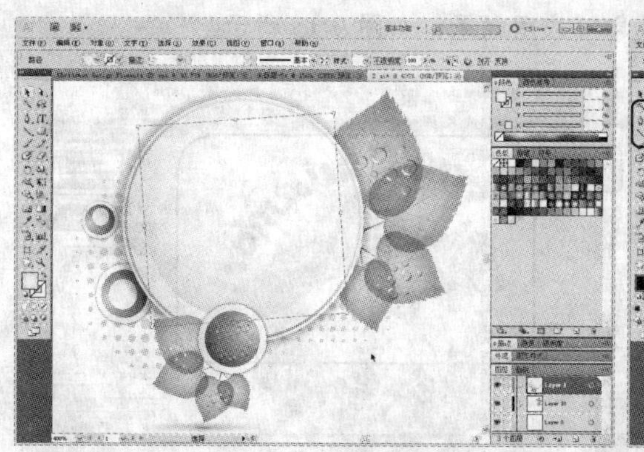

图 9-10 创建直排区域文字

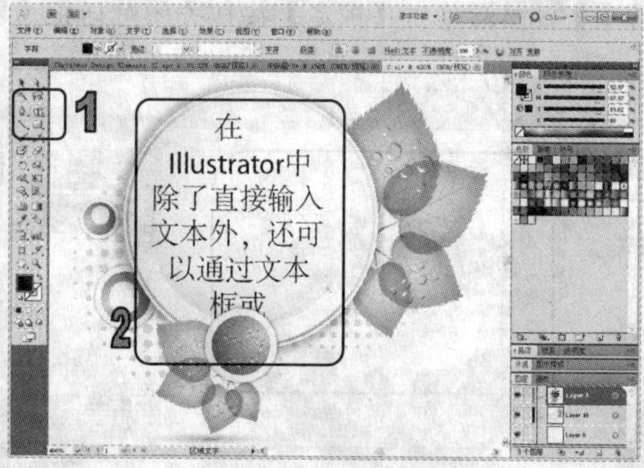

图 9-11 输入文字

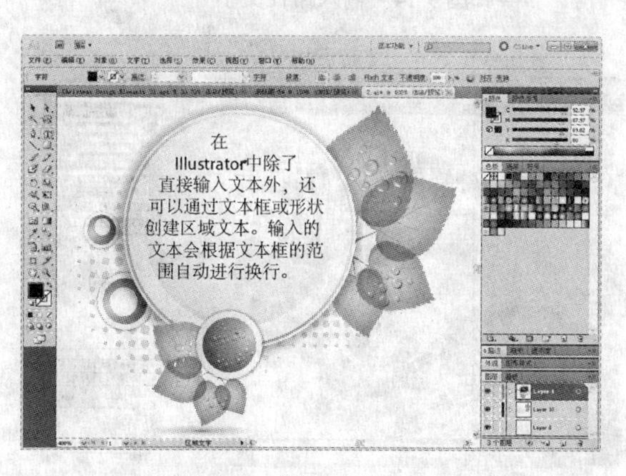

图 9-12 设置区域文本

知识点

输入完所需文本后，如果文本框右下方出现⊞图标，表示有文字未完全显示。此时，可选择工具箱中的【选择】工具，将光标移动到右下角控制点上，当光标变为双向箭头时按住左键向右下角拖动，将文本框扩大，即可将文字内容全部显现。

3. 路径文字

使用【路径文字】工具或【直排路径文字】工具可以使路径上的文字沿着任意或闭合路径进行排放。

将文字沿着路径输入后，还可以编辑文字在路径上的位置。选择工具箱中的【选择】工具选中路径文字对象，选中位于中点的竖线，当光标变为▶⊥时，可拖动文字到路径的另一边。也可以选择【文字】|【路径文字】|【路径文字选项】命令，打开【路径文字选项】对话框调整文字在路径上的位置。

【例 9-4】在 Illustrator 中，创建路径并使用【路径文字】工具创建路径文字。

(1) 选择工具箱中的【钢笔】工具，在图形文档拖动绘制路径，如图 9-13 所示。

(2) 选择工具箱中的【路径文字】工具，在路径上单击出现光标，然后输入所需的文字，如图 9-14 所示。

(3) 选择菜单栏中的【文字】|【路径文字】|【路径文字选项】命令，打开【路径文字选项】对话框。在该对话框中的【效果】下拉列表中选择，指定需要的路径文字效果。【对齐路径】

下拉列表中可以指定文字与路径的对齐方式。设置【效果】为【阶梯效果】，【对齐路径】为【居中】，然后单击【确定】按钮关闭对话框，即可应用效果，如图 9-15 所示。

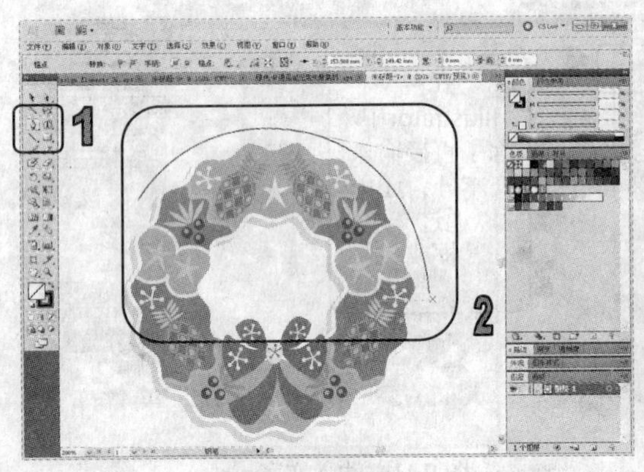

图 9-13　创建路径

图 9-14　输入路径文字

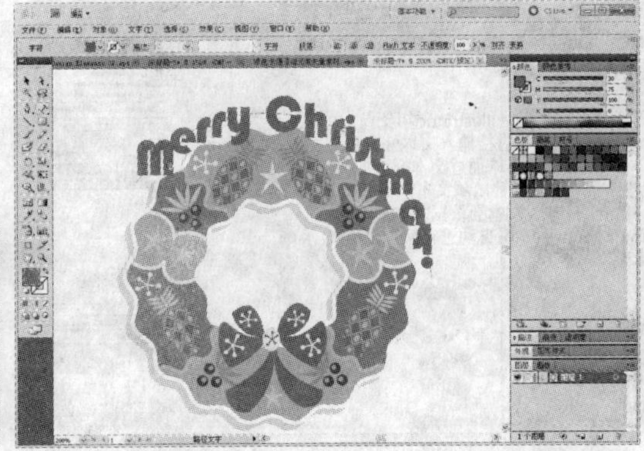

图 9-15　设置路径文字选项

知识点

【对齐路径】下拉列表中包含了 4 个选项。【字母上缘】选项按照当前字体最高点连线为基准。【字母下缘】选项按照当前字体最低点连线为基准。【居中】选项按照当前字体字母上缘和字母下缘间距的一半为基准。【基线】选项以字体基线为基准。

9.3　选择文字

在对文字进行编辑、格式修改、填充或描边属性修改等操作前，必须先对其进行选择。

9.3.1　选择字符

当选中字符对象后，【外观】面板中会出现【字符】字样。选中字符的方法有以下几种：

- 使用文字工具拖拽选择单个或多个字符，在按住 Shift 键的同时拖拽鼠标，可加选或减选字符。如果使用文字工具，在输入的文本中拖动并选中部分文字，选中的文字将高亮显示。此时，再进行的文字修改只针对选中的文字内容，如图 9-16 所示。
- 将光标插入到一个单词中，双击即可选中这个单词。
- 将光标插入到一个段落中，三击即可选中整段。
- 选择【选择】|【全部】命令，或按 Ctrl+A 键，可选中当前文字对象中包含的全部文字。

文本的选择　文本的选择

图 9-16　选择文本

9.3.2　选择文字对象

如果要对文字对象中的所有字符进行字符和段落属性的修改、填充和描边属性的修改以及透明属性的修改，甚至对文字对象应用效果和透明蒙版，可以首先选中整个文字对象。当选中文字对象后，【外观】面板中会出现【文字】字样。

选择文字对象的方法包括以下 3 种。

- 在文档窗口使用【选择】工具或【直接选择】工具单击文字对象进行选择，在按住 Shift 键的同时单击鼠标可以加选对象。
- 在【图层】面板中通过单击文字对象右边的圆形按钮进行选择，在按住 Shift 键的同时单击圆形按钮可进行加选或减选。
- 要选中文档中所有的文字对象，可选择【选择】|【对象】|【文本对象】命令。

9.3.3　选择文字路径

文字路径是路径文字排列和流动的依据，用户可以对文字路径进行填充和描边属性的修改。当选中文字对象路径后，【外观】面板中会出现【路径】字样，如图 9-17 所示。

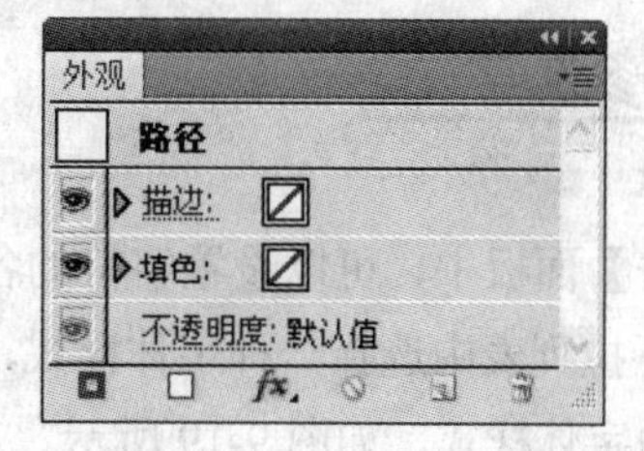

图 9-17　选中文字对象路径

选择文字路径的方法有以下两种。

- 较为简便的选择文字路径的方法是在【轮廓】模式下进行选择。
- 使用【直接选择】工具或【编组选择】工具单击文字路径，可以将其选中。

9.4 格式化文字

在 Illustrator 中输入文字内容时，可以在控制面板中设置文字格式，也可以通过【字符】面板更加精确地设置文字格式，从而获得更加丰富的文字效果。

9.4.1 【字符】面板

在 Illustrator 中可以通过【字符】面板来准确地控制文字的字体、字体大小、行距、字符间距、水平与垂直缩放等各种属性。用户可以在输入新文本前设置字符属性，也可以在输入完成后，选中文本重新设置字符属性来更改所选中的字符外观。

选择【窗口】|【文字】|【字符】命令，或按键盘快捷键 Ctrl+T 键，可以打开【字符】面板。单击【字符】面板的扩展菜单按钮，在打开的菜单中选择【显示选项】命令，可以在【字符】面板中显示更多的设置选项，如图 9-18 所示。

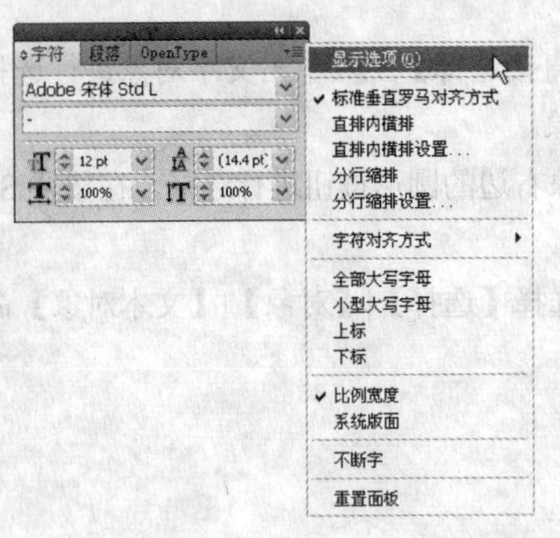

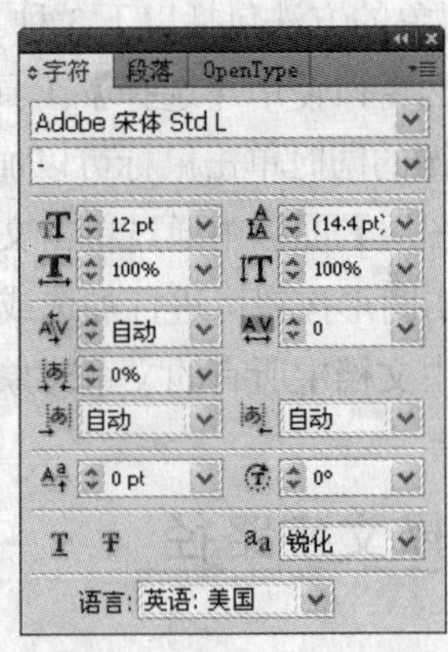

图 9-18 【字符】面板

9.4.2 修改字体

在【字符】面板中，可以设置字符的各种属性。单击【设置字体系列】文本框右侧的小三角按钮从下拉列表中选择一种字体样式，或选择【文字】|【字体】子菜单中的字体样式，即可设置字符的字体样式，如图 9-19 所示。

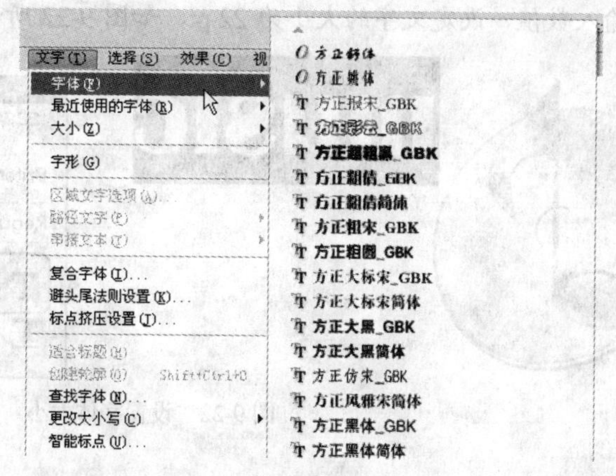

图 9-19　设置字体

9.4.3　文字大小

在 Illustrator CS5 中，字号是指字体的大小，表示字符的最高点到最低点之间的尺寸。用户可以单击【字符】面板中的【设置字体大小】数值框右侧的小三角按钮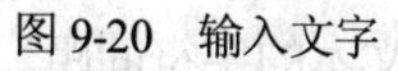，在弹出的下拉列表中选择预设的字号；也可以在数值框中，直接输入一个字号数值；或选择【文字】|【大小】命令，在打开的子菜单中选择字号。

【例 9-5】在 Illustrator 中，使用文字工具创建文字，并使用【字符】面板设置字体与大小。

(1) 在打开的图形文档中，选择工具箱中的【文字】工具，将光标移动到文档中单击出现光标，然后输入文字，如图 9-20 所示。

(2) 按 Ctrl+A 键选择所输入的文字，接着选择【窗口】|【文字】|【字符】命令，显示【字符】面板。在【字符】面板中，单击【字体】下拉列表，并从中选择 Britannic Bold 字体，即可更改文字的字体，如图 9-21 所示。

图 9-20　输入文字

图 9-21　设置字体

(3) 在【字符】面板的【字体大小】下拉列表中选择，即可设定文字的大小，也可在文本

框中直接输入数值，设定文字的大小为 22 pt，如图 9-22 所示。

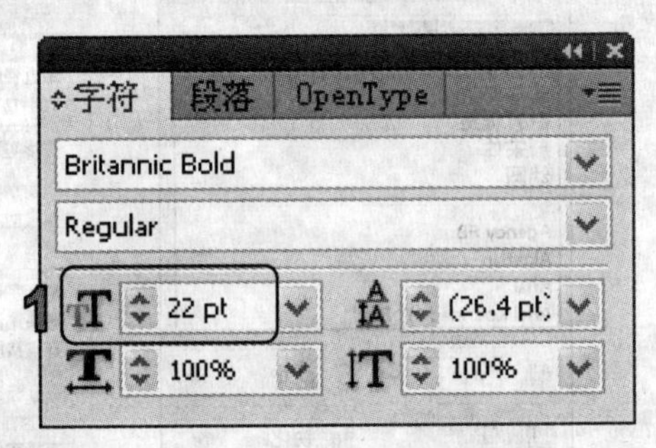

图 9-22　设置字体大小

9.4.4　行距

行距是指两行文字之间间隔距离的大小，是从一行文字基线到另一行文字基线之间的距离。用户可以在输入文本之前设置文本的行距，也可以在文本输入后，在【字符】面板的【设置行距】数值框中设置行距，如图 9-23 所示。

图 9-23　设置行距

提示

按 Alt+↑键可减小行距，按 Alt+↓键可增大行距。每按一次，系统默认量为 2 pt。要修改增量，可以选择【首选项】|【文字】命令，打开【首选项】对话框，修改【大小/行距】数值框中的数值。

9.4.5　字间距

字距微调是增加或减少特定字符对之间的间距的过程。字距调整是放宽或收紧所选文本或整个文本块中字符之间间距的过程。

【例 9-6】在 Illustrator 中，使用【字符】面板调整输入文本的字符间距。

(1) 选择工具箱中的【文字】工具，将光标移动到文档中单击出现光标，然后输入文字，

如图 9-24 所示。

(2) 按 Ctrl+A 键，选择所输入的文字，在【字符】面板中设置字体为 Berlin Sans FB Demi Bold，字符大小为 12 pt，如图 9-25 所示。

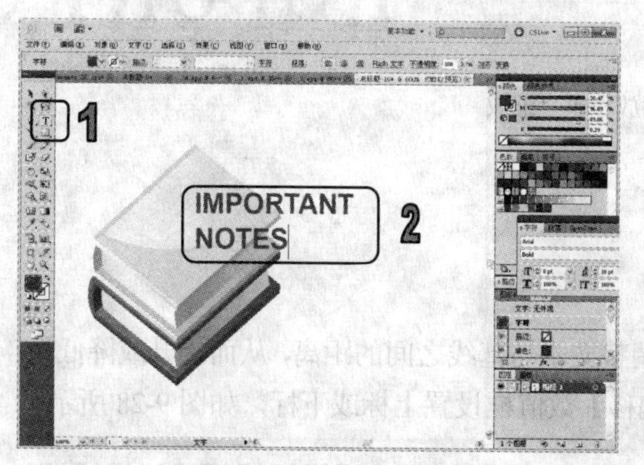

图 9-24　输入文字

图 9-25　设置字体和大小

(3) 【字符】面板中，单击【设置所选字符的字符间距调整】下拉列表，在弹出的下拉列表中选择数值或直接输入数值，即可调整字与字之间的间距，如图 9-26 所示。

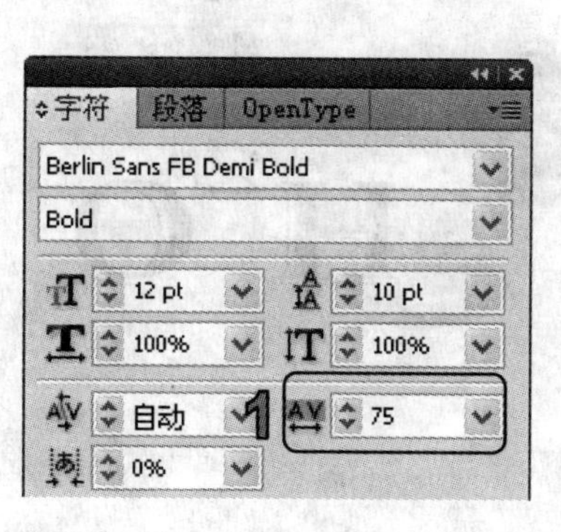

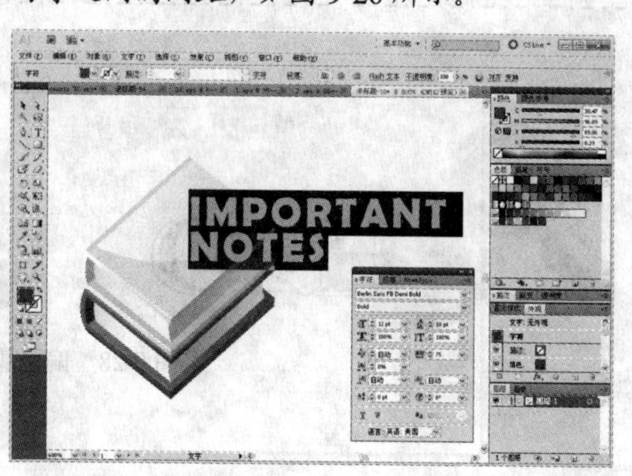

图 9-26　设置字符间距

提示

当光标在两个字符之间闪烁时，按 Alt+←键可减小字距，按 Alt+→键可增大字距。

9.4.6　字符缩放

在 Illustrator CS5 中，可以允许改变单个字符的宽度和高度，可以将文字压扁或拉长。【字符】面板中的【水平缩放】和【垂直缩放】数值框用来控制字符的宽度和高度，使选定的字符进行水平或垂直方向上的放大或缩小，如图 9-27 所示。

图 9-27　水平缩放和垂直缩放

9.4.7　基线偏移

在 Illustrator CS5 中，可以通过调整基线来调整文本与基线之间的距离，从而提升或降低选中的文本。使用【字符】面板中的【设置基线偏移】数值框设置上标或下标，如图 9-28 所示。

提示

按 Shift+Alt+↑键可以用来增加基线偏移，按 Shift+Alt+↓键可以减小基线偏移。要修改偏移量，可以选择【首选项】|【文字】命令，打开【首选项】对话框，修改【基线偏移】数值框中的数值。默认值为 2 pt。

图 9-28　偏移基线

9.4.8　字符旋转

在 Illustrator CS5 中，支持字符的任意角度旋转。在【字符】面板的【字符旋转】数值框中输入或选择合适的旋转角度，可以为选中的文字进行自定义角度的旋转，如图 9-29 所示。

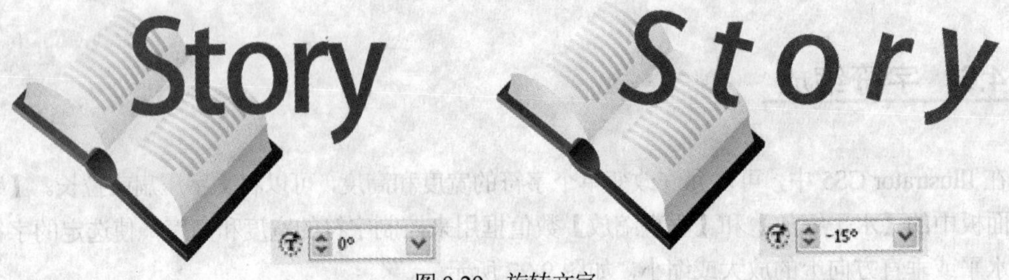

图 9-29　旋转文字

9.4.9　设置颜色

在 Illustrator 中，可以根据需要在工具箱、【颜色】面板或【色板】面板中设定文字的填充或描边颜色。

【例 9-7】在 Illustrator 中，对输入的文本颜色进行修改。

(1) 选择【文件】|【打开】命令，选择打开一幅图形文件。选择工具箱中的【选择】工具在文档中选中文字对象，如图 9-30 所示。

(2) 单击【色板】面板中的色板，即可改变字体颜色，如图 9-31 所示。

图 9-30　选中文字对象　　图 9-31　改变字体颜色

(3) 打开【颜色】面板，在面板中选中描边，设置描边颜色为 CMYK(0，13，85，0)，修改描边颜色，并设置【描边】面板中的描边粗细为 4 pt，如图 9-32 所示。

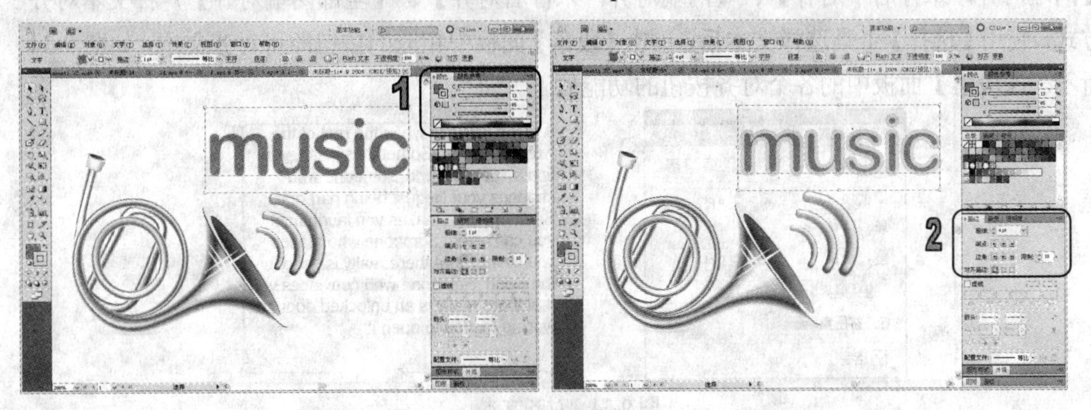

图 9-32　设置描边

9.5　格式化段落

在 Illustrator 中，可以通过【段落】面板更加准确地设置段落文本格式，从而获得更加丰富的段落效果。

9.5.1 【段落】面板

在 Illustrator 中处理段落文本时，可以使用【段落】面板设置文本对齐方式、首行缩进、段落间距等。选择【窗口】|【文字】|【段落】命令，即可打开【段落】面板。单击【段落】面板的扩展菜单按钮，在打开的菜单中选择【显示选项】命令，可以在【段落】面板中显示更多的设置选项，如图 9-33 所示。

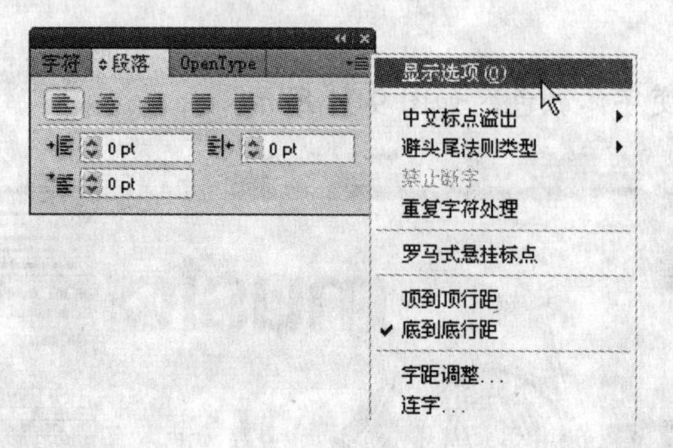

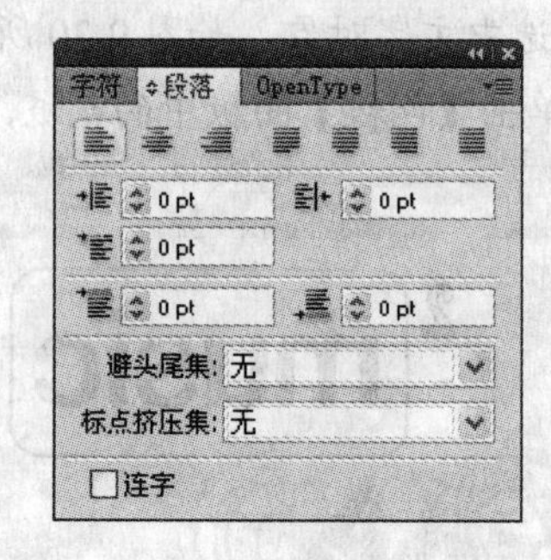

图 9-33 【段落】面板

9.5.2 对齐文本

Illustrator 中提供了【左对齐】、【居中对齐】、【右对齐】、【两端对齐，末行左对齐】、【两端对齐，末行居中对齐】、【两端对齐，末行右对齐】、【全部两端对齐】7 种文本对齐方式。使用【选择】工具选择文本后，单击【段落】面板中相应的按钮即可对齐文本，如图 9-34 所示。【段落】面板中的各个对齐按钮的功能如下。

图 9-34 对齐文本

- 左对齐：单击该按钮，可以使文本靠左边对齐。
- 居中对齐：单击该按钮，可以使文本居中对齐，如图 9-35 所示。
- 右对齐：单击该按钮，可以使文本靠右边对齐，如图 9-36 所示。
- 两端对齐，末行左对齐：单击该按钮，可以使文本的左右两边都对齐，最后一行左对齐，如图 9-37 所示。

A friend walks in when the rest of the world walks out Sometimes in life, you find a special friend, someone who changes your life just being part of it; Someone who makes you laugh until you can't stop; Someone who makes you believe that there really is good in the world; Someone who convinces you that there really is an unlocked door just waiting for you to open it.

图 9-35　居中对齐

A friend walks in when the rest of the world walks out Sometimes in life, you find a special friend, someone who changes your life just being part of it; Someone who makes you laugh until you can't stop; Someone who makes you believe that there really is good in the world; Someone who convinces you that there really is an unlocked door just waiting for you to open it.

图 9-36　右对齐

A friend walks in when the rest of the world walks out Sometimes in life, you find a special friend, someone who changes your life just being part of it; Someone who makes you laugh until you can't stop; Someone who makes you believe that there really is good in the world; Someone who convinces you that there really is an unlocked door just waiting for you to open it.

图 9-37　两端对齐，末行左对齐

- 两端对齐，末行居中对齐：单击该按钮，可以使文本的左右两边都对齐，最后一行居中对齐，如图 9-38 所示。
- 两端对齐，末行右对齐：单击该按钮，可以使文本的左右两边都对齐，最后一行右对齐，如图 9-39 所示。
- 全部两端对齐：单击该按钮，可以对齐所有文本，并强制段落中的最后一行也两端对齐，如图 9-40 所示。

A friend walks in when the rest of the world walks out Sometimes in life, you find a special friend, someone who changes your life just being part of it; Someone who makes you laugh until you can't stop; Someone who makes you believe that there really is good in the world; Someone who convinces you that there really is an unlocked door just waiting for you to open it.

图 9-38　两端对齐，末行居中对齐

A friend walks in when the rest of the world walks out Sometimes in life, you find a special friend, someone who changes your life just being part of it; Someone who makes you laugh until you can't stop; Someone who makes you believe that there really is good in the world; Someone who convinces you that there really is an unlocked door just waiting for you to open it.

图 9-39　两端对齐，末行右对齐

A friend walks in when the rest of the world walks out Sometimes in life, you find a special friend, someone who changes your life just being part of it; Someone who makes you laugh until you can't stop; Someone who makes you believe that there really is good in the world; Someone who convinces you that there really is an unlocked door just waiting for you to open it.

图 9-40　全部两端对齐

9.5.3　缩进

在【段落】面板中，【首行缩进】可以控制每段文本首行按照指定的数值进行缩进。使用【左缩进】和【右缩进】可以调节整段文字边界到文本框的距离，如图 9-41 所示。

当使用左对齐时，由于上、下边距或靠近标点和一些大写字母等问题，使得也变看起来很不整齐。要纠正这种不整齐，用户可以使用悬挂标点功能，将一段文字中行首的引号、行尾的标点符号及英文连字符悬浮至文字框或页边之外。如果要使用悬挂标点功能，则可选择【段落】面板菜单中的【罗马式悬挂标点】命令。

当使用左对齐时，由于上、下边距或靠近标点和一些大写字母等问题，使得也变看起来很不整齐。要纠正这种不整齐，用户可以使用悬挂标点功能，将一段文字中行首的引号、行尾的标点符号及英文连字符悬浮至文字框或页边之外。如果要使用悬挂标点功能，则可选择【段落】面板菜单中的【罗马式悬挂标点】命令。

0 pt　5 pt　20 pt

图 9-41　设置缩进

9.5.4　段落间距

使用【段前间距】和【段后间距】可以设置段落文本之间的距离，如图 9-42 所示。这是排版中分隔段落的专业方法。

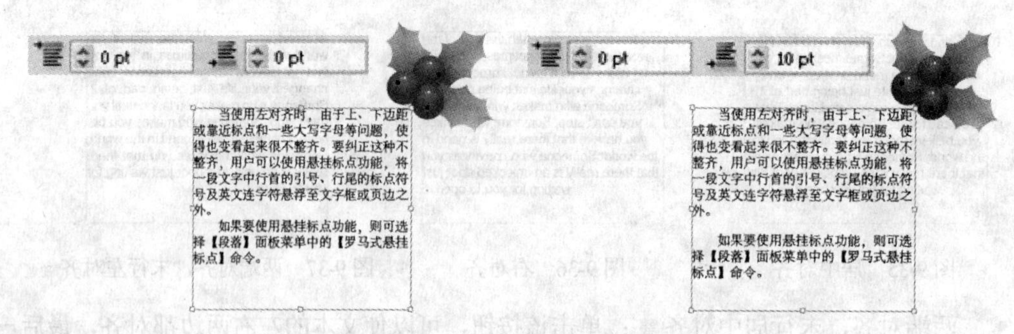

图 9-42　调整段落间距

9.5.5　标点悬挂

当段落文本使用左对齐时，由于上、下边距的设置或标点靠近文本框或一些大写字母排版等问题，使段落排版看起来很不整齐。要纠正这种不整齐效果，用户可以使用悬挂标点功能，将一段文字中行首的引号、行尾的标点符号及英文连字符悬浮至文字框或页边之外。如果要使用悬挂标点功能，可以选择【段落】面板菜单中的【罗马式悬挂标点】命令。

9.5.6　连字符

连字符是根据特定的规则在行末断行的单词间添加的标识符。只有在使用强制对齐时才会出现连字符，因为这时 Illustrator CS5 为了让左、右段落长度相同，不得不断开行末的长单词。Illustrator CS5 通过词典来决定连字符的位置，用户也可以自定义。

9.6　区域文字

对于创建的区域文字，除了可以使用【字符】面板编辑区域内文字的参数外，还可以对区域进行编辑设置。通过编辑可以创建更符合设计排版需求的区域文本。

9.6.1　改变区域文字的大小

在创建区域文字后，用户可以随时修改区域文字的形状和大小。使用【选择】工具选中文字对象，拖动定界框上的控制手柄可以改变文本框的大小，旋转文本框；或使用【直接选择】工具选择文字对象外框路径或锚点，并调整对象形状。如图 9-43 所示。

用户还可以使用【选择】工具或通过【图层】面板选择文字对象，选择【文字】|【区域文字选项】命令，在打开的对话框中输入合适的【宽度】和【高度】数值，然后单击【确定】按

钮。如果文字区域不是矩形，这里的【宽度】和【高度】定义的是文字对象定界框的尺寸。

图 9-43　调整文本框

提示

不能在选中文字对象时使用【变换】面板直接改变其大小，这样会同时改变文字对象中的内容。

9.6.2　区域文字选项

选中文字对象后，还可以选择【文字】|【区域文字选项】命令，并在打开的【区域文字选项】对话框中设置区域文字。

【例 9-8】在 Illustrator 中，编辑区域文字样式。

(1) 选择【文件】|【打开】命令，选择打开图形文档。

(2) 使用【选择】工具选中区域文字对象后，选择【文字】|【区域文字选项】命令，打开【区域文字选项】对话框，选中【预览】复选框。在【区域文字选项】对话框中，可以指定文字对象的分栏和分行。【行】、【列】指定分栏分行的数量，设置【列】选项组中的【数量】数值为 2。【间距】用于指定栏、行之间的间距，设置【间距】数值为 5 mm。如图 9-44 所示。

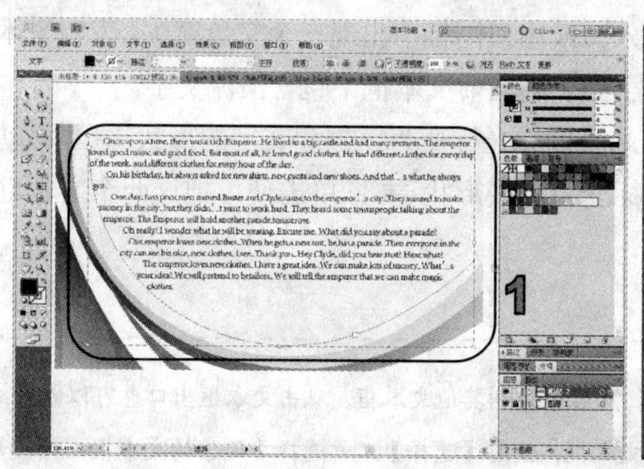

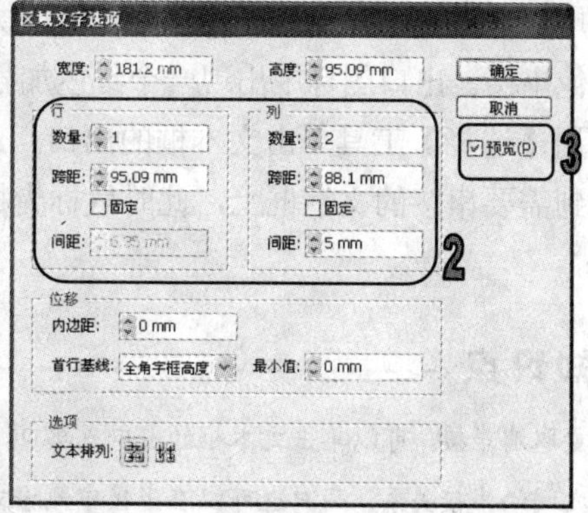

图 9-44　选中区域文本

(3) 在【区域文字选项】对话框中，【内边距】文本框可以定义文字的边缘与定界路径之间的间距。这里设置【内边距】数值为 2 mm。【首行基线】可以控制文字的第一行和文字对象顶

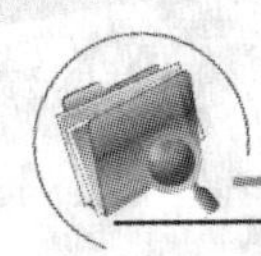

部的对齐方式，在下拉列表中选择【行距】选项，然后单击【确定】按钮应用，如图 9-45 所示。

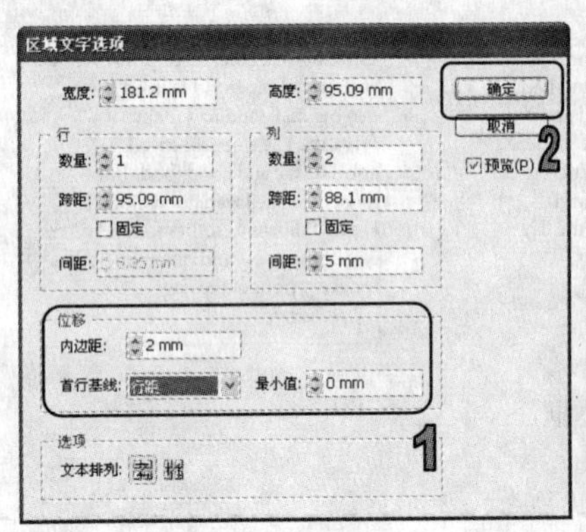

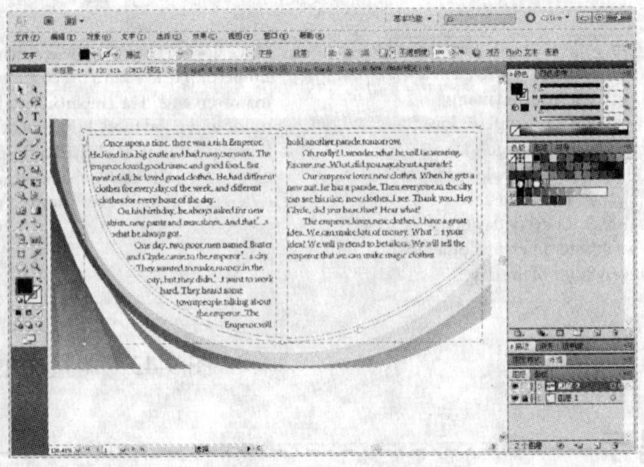

图 9-45 设置区域文字选项

提示

在对话框中，输入合适的【宽度】和【高度】数值，如果文字区域不是矩形，这里的宽度和高度指的是文字对象定界框的尺寸。【跨距】下拉列表用于指定多行或多列中单行或单列的宽度。选中【固定】复选框，在改变文本框大小后，栏宽保持不变。在对话框的【选项】选项组中，可以为多行、多列的文字指定文本排列的方向。按钮按行从左到右排列，按钮按行从右到左排列。

9.6.3 串接文字

文字在多个文本框保持串接的关系称为串接，用户可以选择【视图】|【显示文本串接】命令来查看串接的方式。串接文字可以跨页，但是不能在不同文档间进行。每个文本框都包含一个入口和一个出口。空的出口图标代表这个文本框是文章仅有的一个或最后一个，在文本框的文章末尾还有一个不可见的非打印字符#。在入口或出口图标中出现一个三角箭头，表明文本框已和其他串接。出口图标中出现一个红色加号(+)表明当前文本框中包含溢流文字。

使用【选择】工具单击文本框的出口，此时鼠标光标变为以加载文字的形状。移动鼠标指针到需要串接的文字框上，此时鼠标光标变为链接形状，单击便可把这两个文本框串接起来。

知识点

要取消串接，可以单击文本框的出口或路口，然后串接到其他文本框。双击文本框出口也可以断开文本框之间的串接关系。用户也可以在串接中删除文本框，使用【选择】工具选择要删除的文本框，按键盘上的 Delete 键即可删除文本框，其他文本框的串接不受影响。

【例 9-9】在 Illustrator 中，串接文字。

(1) 选择【文件】|【打开】命令，选择打开图形文档。

(2) 使用【选择】工具单击文本框的出口，然后把鼠标光标移动到需要添加的文本框上方并单击，或绘制一个新文本框，Illustrator会自动把文本框添加到串接中。如图9-46所示。

图9-46　串接文字

9.6.4　文本绕排

在Illustrator中，使用【文本绕排】命令，能够让文字按照要求围绕图形进行排列。此命令对于制作设计排版非常实用。绕排是由对象的堆叠顺序决定的，可以在【图层】面板中单击图层名称旁的三角形图标以查看其堆叠顺序。要在对象周围绕排文本，绕排对象必须与文本位于相同的图层中，并且在图层层次结构中位于文本的正上方。

【例9-10】在Illustrator中，对输入的段落文本和图形图像进行图文混排。

(1) 选择【文件】|【打开】命令，选择打开图形文档，使用【文字】工具，在图形文档中输入段落文本，如图9-47所示。

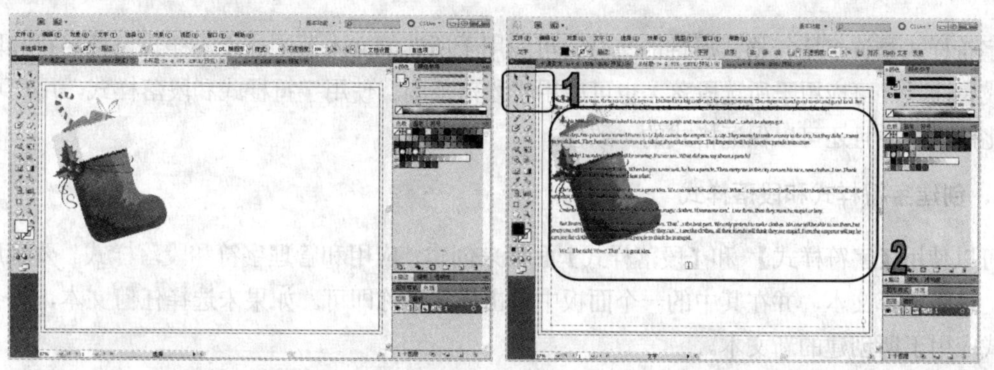

图9-47　输入文档

(2) 使用【选择】工具选中文本，将文本排列至最底层，接着按住Shift键选中要绕排的图形，然后选择【对象】|【文本绕排】|【建立】命令，即可建立文本绕排，如图9-48所示。

(3) 选择【对象】|【文本绕排】|【文本绕排选项】命令，打开【文本绕排选项】对话框，在对话框中设置【位移】数值为30 pt，单击【确定】按钮即可修改文本围绕的距离，如图9-49所示。

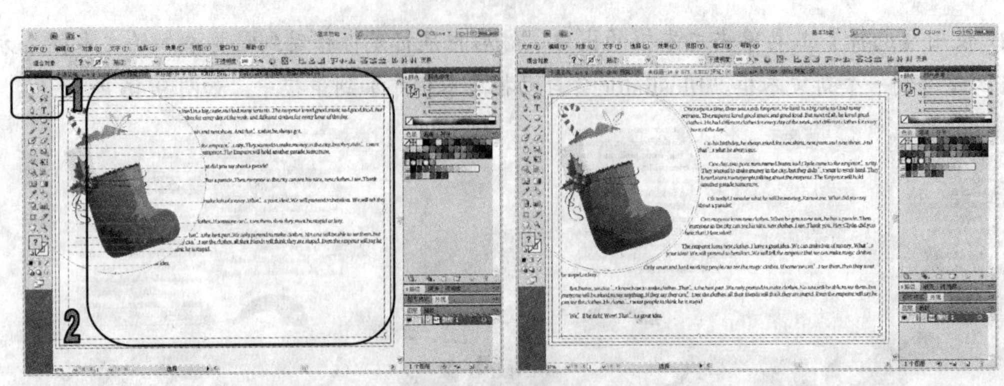

图 9-48　建立文本绕排

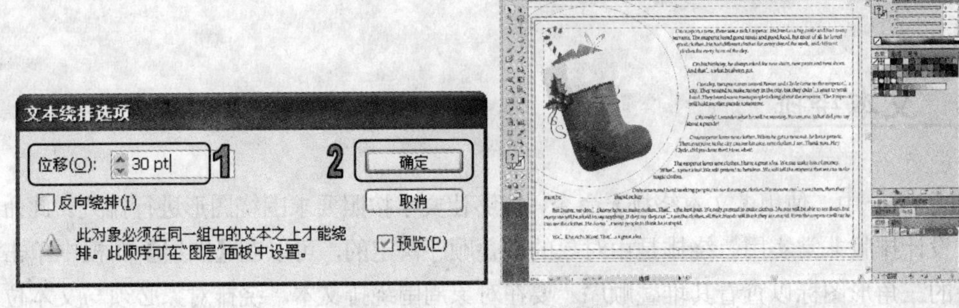

图 9-49　设置文本绕排

9.7　字符样式和段落样式

字符样式是许多字符格式属性的集合，可应用于所选的文本范围。段落样式包括字符和段落格式属性，并可应用于所选段落，也可应用于段落范围。使用字符样式和段落样式，用户可以简化操作，并且还可以保证格式的一致性。

1. 创建字符样式和段落样式

可以使用【字符样式】和【段落样式】面板来创建、应用和管理字符和段落样式。要应用样式，只需选择文本，并在其中的一个面板中单击样式名称即可。如果未选择任何文本，则会将样式应用于所创建的新文本。

【例 9-11】在 Illustrator 中，创建字符、段落样式。

(1) 在打开的图形文档中，使用【选择】工具选择文本，如图 9-50 所示。

(2) 选择【窗口】|【文字】|【字符样式】命令，打开【字符样式】面板。在面板中，单击【创建新样式】按钮，使用默认名称创建字符样式，如图 9-51 所示。

(3) 使用【选择】工具选中段落文本，显示【段落样式】面板。在面板菜单中选择【新建段落样式】命令。在打开的【新建段落样式】对话框的【样式名称】文本框中输入一个名称，

然后单击【确定】按钮，使用自定义名称创建样式，如图 9-52 所示。

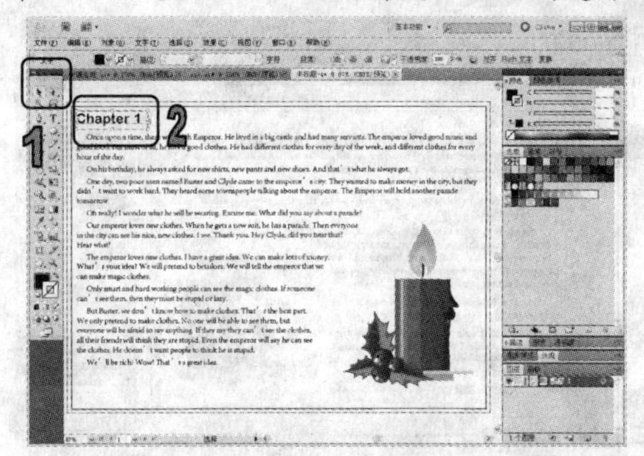

图 9-50　选择文本

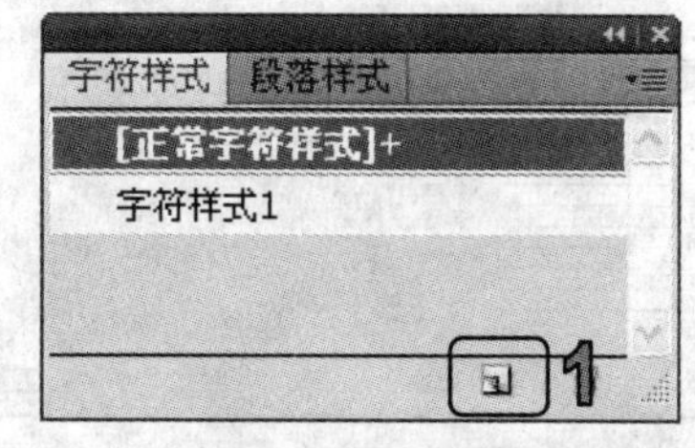

图 9-51　创建样式

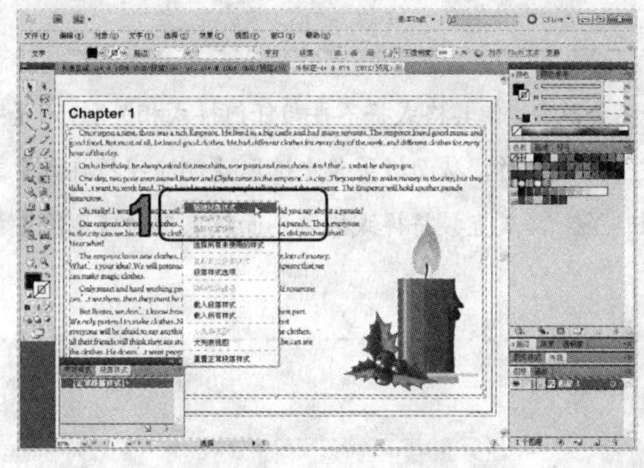

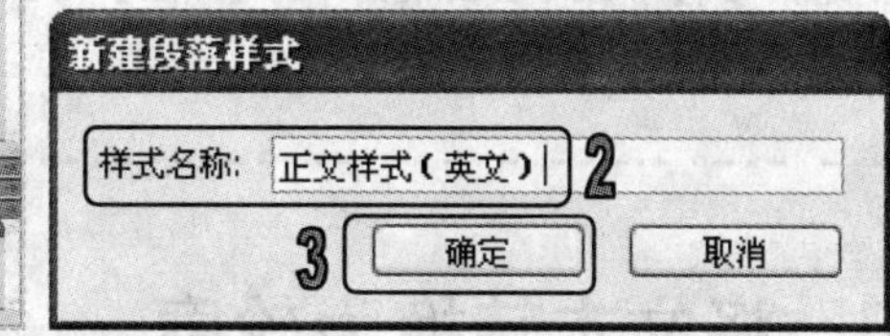

图 9-52　创建段落样式

2. 编辑字符样式和段落样式

在 Illustrator 中，可以更改默认字符和段落样式的定义，也可更改所创建的新字符和段落样式。在更改样式定义时，使用该样式设置格式的所有文本都会发生更改，与新样式定义相匹配。

【例 9-12】在 Illustrator 中，编辑已有的段落样式。

(1) 在【段落样式】面板菜单中双击段落样式名称，打开【段落样式选项】对话框，如图 9-53 所示。

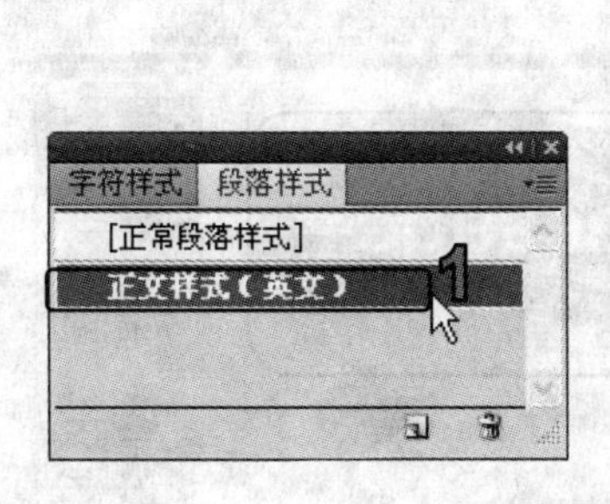

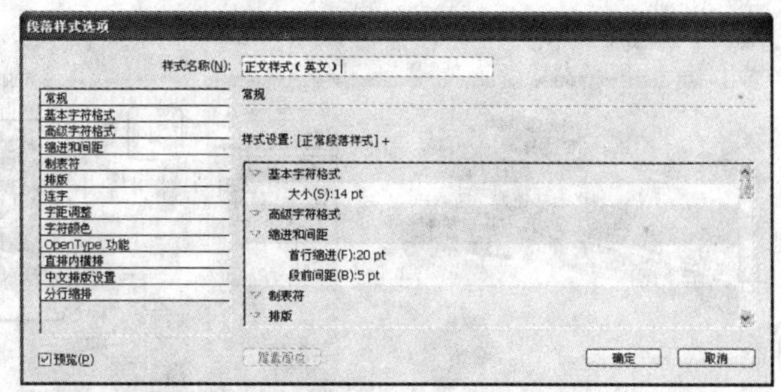

图 9-53　打开【段落样式选项】对话框

(2) 在对话框的左侧，选择某一类格式设置选项，并设置所需的选项。设置完选项后，单

击【确定】按钮即可更改段落样式，如图 9-54 所示。

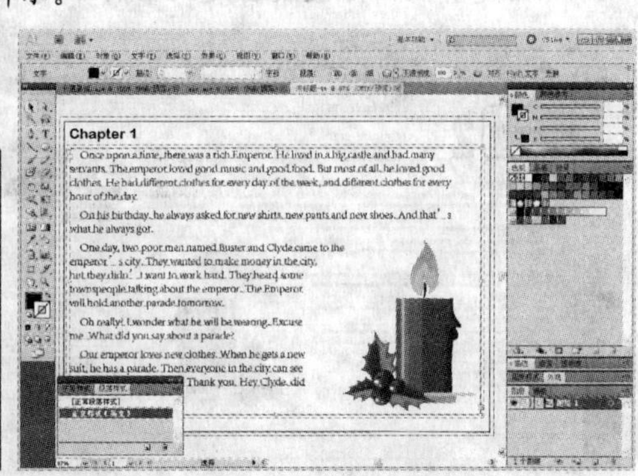

图 9-54　更改段落样式

知识点

在删除样式时，使用该样式的字符、段落外观并不会改变，但其格式将不再与任何样式相关联。在【字符样式】 面板或【段落样式】面板中选择一个或多个样式名称，从面板菜单中选取【删除字符样式】或【删除段落样式】，或单击面板底部的【删除】按钮，或直接将样式拖移到面板底部的【删除】按钮上释放，即可删除样式。

9.8　将文本转换为轮廓

使用【选择】工具选中文本后，选择【文字】|【创建轮廓】命令，或按快捷键 Shift+Ctrl+O 键即可将文字转化为路径。转换成路径后的文字不再具有文字属性，并且可以像编辑图形对象一样对其进行编辑处理。

【例 9-13】在 Illustrator 中，利用【创建轮廓】命令改变文字效果。

(1) 选择菜单栏中的【文件】|【打开】命令，选择打开图形文档，如图 9-55 所示。

(2) 选择工具箱中的【文字】工具，在文档中单击，并在【字符】面板中设置字体 Arial Rounded MT Bold，设置字体大小为 90 pt，然后输入文字内容，如图 9-56 所示。

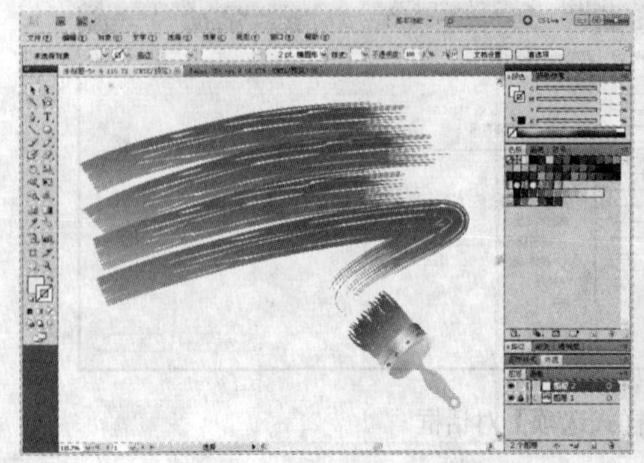

图 9-55　打开图形文档

图 9-56　输入文字

(3) 使用【选择】工具选中文字并旋转文字，然后选择菜单栏中的【文字】|【创建轮廓】命令，将文字转换为轮廓，如图9-57所示。

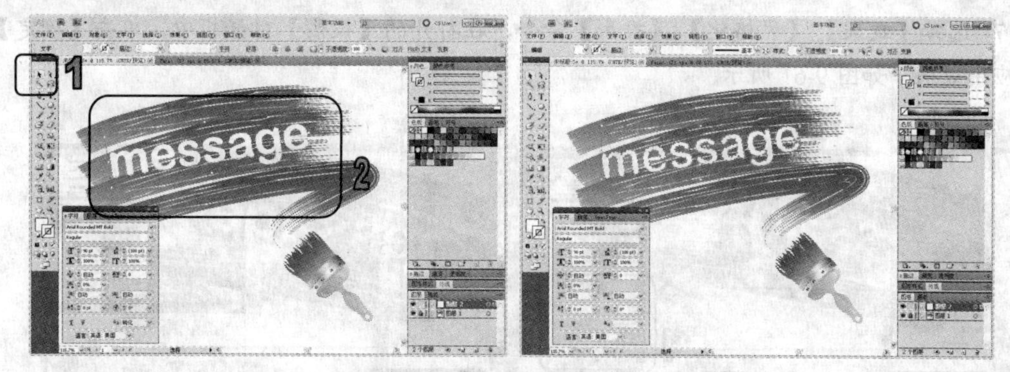

图9-57 转换为轮廓

(4) 选择【对象】|【路径】|【简化】命令，打开【简化】对话框，设置【曲线精度】数值为80%，然后单击【确定】按钮，如图9-58所示。

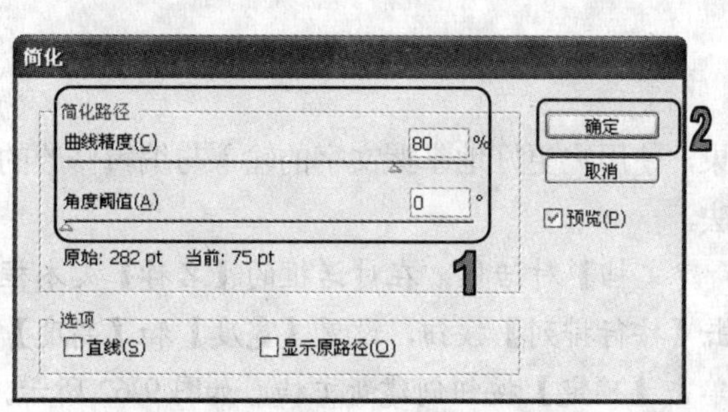

图9-58 简化路径

(5) 使用【钢笔】工具在文字图形上绘制图形，并使用【选择】工具选中全部图形。然后选择【窗口】|【路径查找器】命令，打开【路径查找器】面板，接着单击【联集】按钮组合图形，如图9-59所示。

图9-59 组合图形

(6) 在【渐变】面板的【类型】下拉列表中选择【线性】选项，设置【角度】数值为-115°，并设置渐变颜色为白色至橘红色渐变，如图 9-60 所示。

(7) 选择【效果】|【风格化】|【投影】命令，在打开的【投影】对话框中，单击【确定】按钮应用效果，如图 9-61 所示。

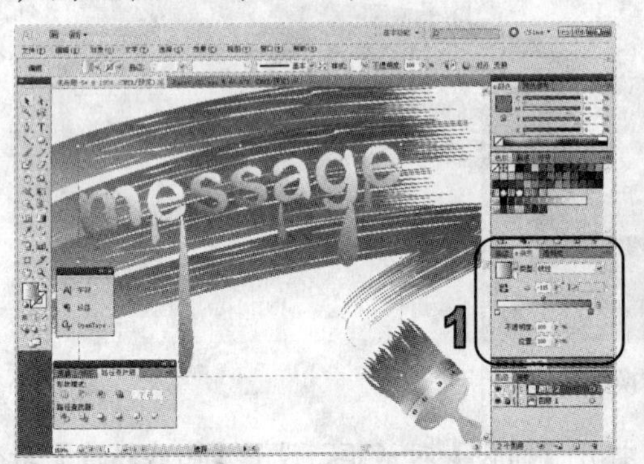

图 9-60　设置颜色

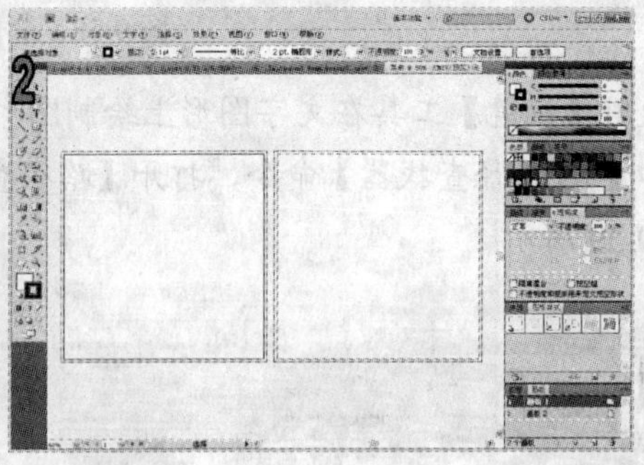

图 9-61　应用投影

9.9　上机练习

本章的上机实验主要练习制作菜单版式效果，使用户更好地掌握文字的输入与编辑修改的基本操作方法和技巧，以及段落文本的串接方法。

(1) 选择【文件】|【新建】命令，打开【新建文档】对话框。在对话框的【名称】文本框中输入“菜单”，设置【画板数量】为 2，单击【按行排列】按钮，设置【宽度】和【高度】数值为 200 mm，【出血】数值为 3 mm，然后单击【确定】按钮创建新文档，如图 9-62 所示。

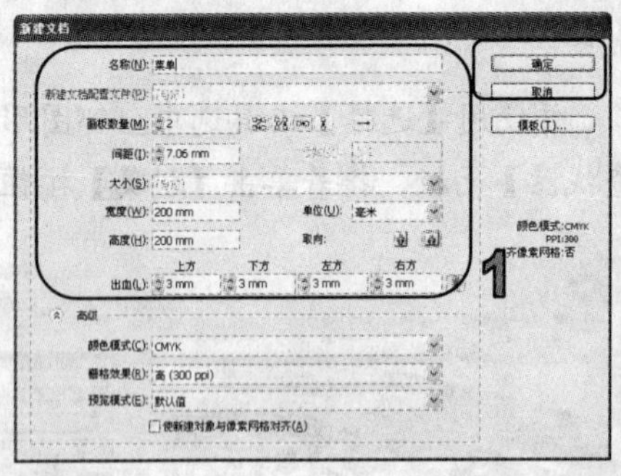

图 9-62　新建文档

(2) 选择工具箱中的【矩形】工具在画板 1 中拖动绘制，并在【颜色】面板中设置填充颜色 CMYK(25，25，40，0)。然后继续使用【矩形】工具绘制，并设置填充色为白色，如图 9-63 所示。

(3) 选择【效果】|【扭曲和变换】|【变换】命令，在打开的对话框中，设置【水平】数值为 2.8 mm，份数为 82 份，然后单击【确定】按钮，如图 9-64 左图所示。在【透明度】面板中设置混合模式为【柔光】，【不透明度】数值为 40%效果如图 9-64 右图。

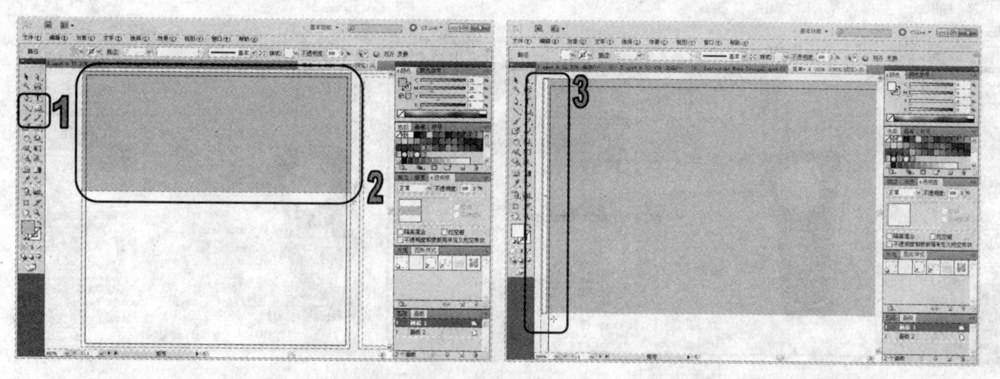

图 9-63　绘制矩形

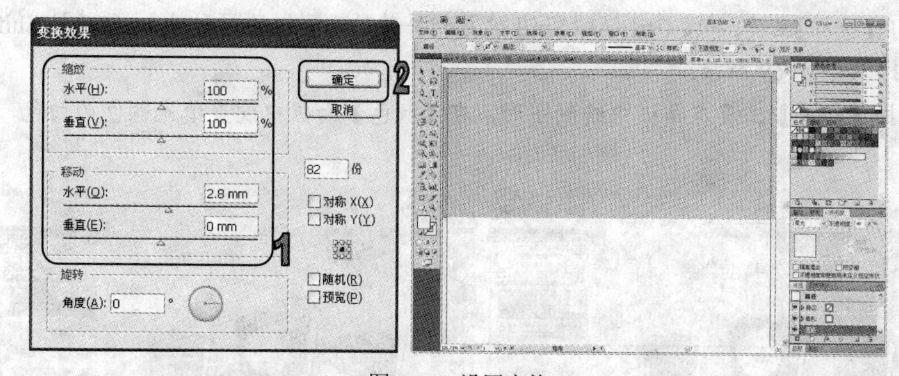

图 9-64　设置变换

(4) 选择【钢笔】工具在画板中绘制图形，并在【颜色】面板中设置填充颜色 CMYK(55，60，65，40)，如图 9-65 所示。

(5) 选择【钢笔】工具在画板中绘制图形，并在【颜色】面板中设置填充颜色为白色，如图 9-66 所示。

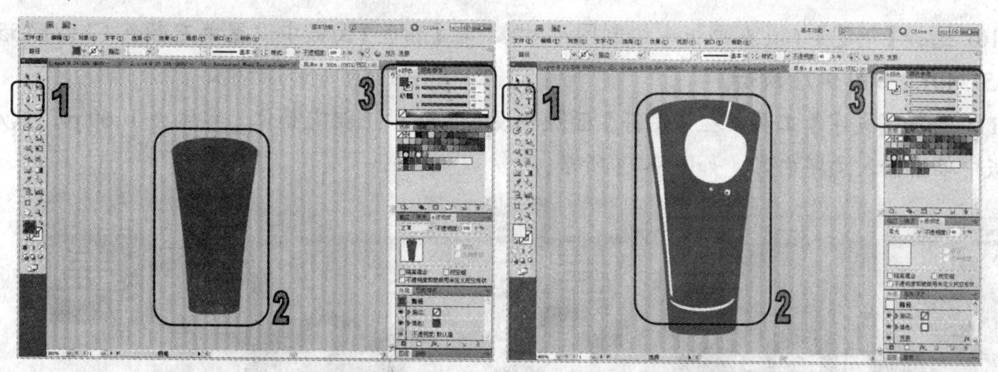

图 9-65　绘制图形　　　图 9-66　绘制图形

(6) 选择【钢笔】工具在画板中绘制图形，并在【颜色】面板中设置填充颜色 CMYK(55，60，65，40)，如图 9-67 所示。

(7) 选择【选择】工具，并按住 Shift 键选中图形，然后按 Ctrl+G 键群组对象，如图 9-68 所示。

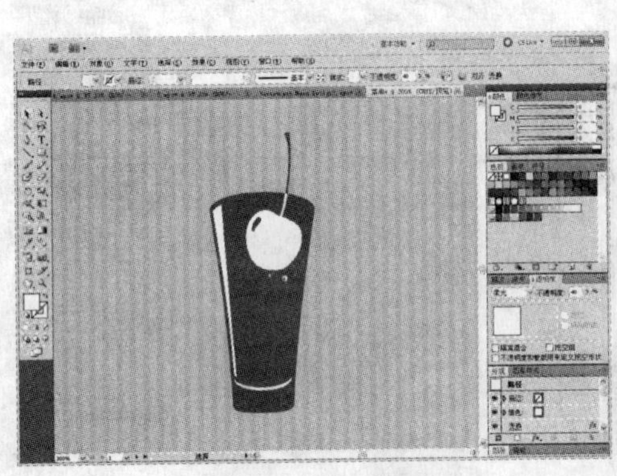

图 9-67 绘制图形

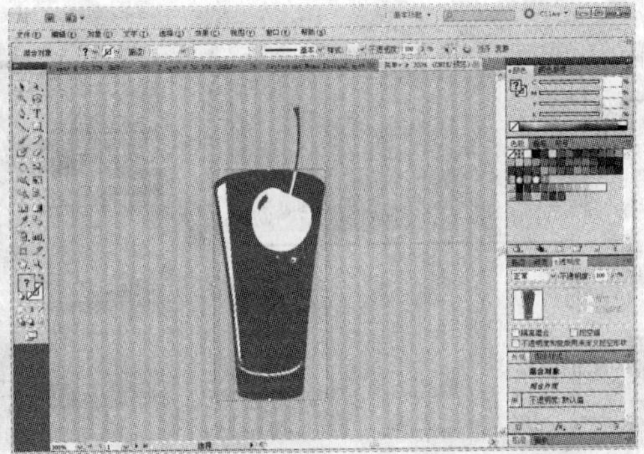

图 9-68 群组图形

(8) 使用【选择】工具，并按 Ctrl+Alt+Shift 键复制并移动已群组的图形对象，然后按 Shift+Alt 键缩小图形，如图 9-69 所示。

(9) 选择【钢笔】工具在画板中绘制图形，在【颜色】面板中设置填充颜色为白色，如图 9-70 所示。

图 9-69 调整图形

图 9-70 绘制图形

(10) 选择【钢笔】工具在画板中绘制图形对象，在【颜色】面板中设置填充颜色 CMYK(55，60，65，40)，如图 9-71 所示。

(11) 选择【文字】工具，在【字符】面板中设置字体方正粗宋简体，字体大小 69 pt，然后在画板中单击输入文字内容，如图 9-72 所示。

图 9-71 绘制图形

图 9-72 输入文字

(12) 使用【选择】工具选中文字，选择【文字】|【创建轮廓】命令，然后在【渐变】面板中设置渐变颜色为 CMYK(55，60，65，40)至 CMYK(25，25，40，25)，设置【角度】数值为 90°，如图 9-73 所示。

图 9-73　设置文字效果

(13) 使用【选择】工具并按 Shift 键选中图形对象，按 Ctrl+G 键群组对象，然后按 Ctrl+Alt 键移动复制图形对象，并按 Shift+Alt 键缩小图形对象，如图 9-74 所示。

图 9-74　调整图形

(14) 选择【椭圆】工具在画板中绘制圆形，并在【颜色】面板中设置填充颜色为 CMYK(25，25，40，0)，然后右击鼠标，在弹出的菜单中选择【变换】|【缩放】命令，打开【比例缩放】对话框。在该对话框中设置【比例缩放】数值为 90%，单击【复制】按钮复制图形对象。在【颜色】面板中取消填充颜色，设置描边色为 CMYK(55，60，65，40)，并在【描边】面板中设置【粗细】数值为 0.5 pt，如图 9-75 所示。

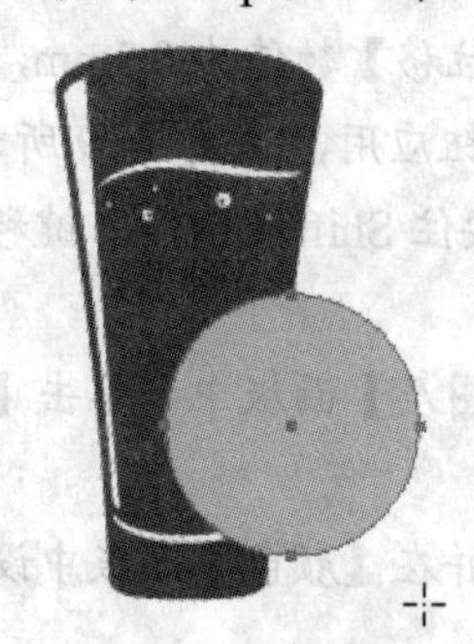

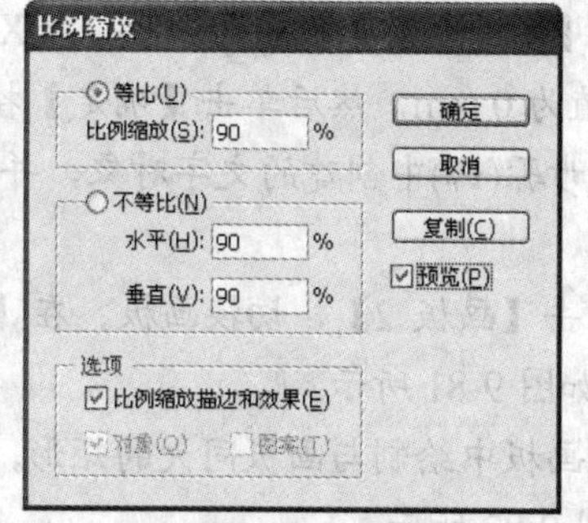

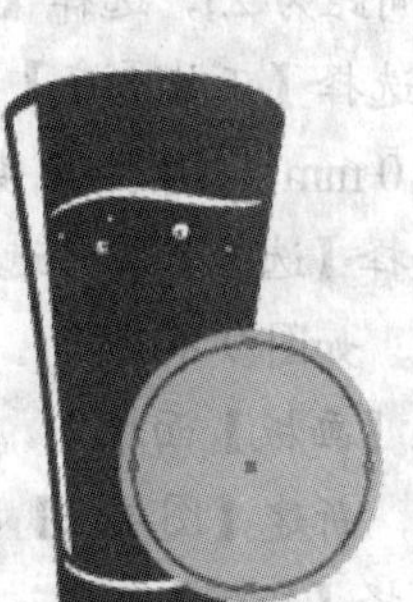

图 9-75　绘制图形

(15) 选择【文字】工具，在【字符】面板中设置字体大小为 12 pt，字符间距为-100，在【颜色】面板中设置颜色为 CMYK(50，70，80，70)，然后使用【文字】工具在画板中输入文字内容，如图 9-76 所示。

(16) 选择【选择】工具，选中步骤(13)和步骤(14)中绘制的图形和刚输入的文字内容，并按 Ctrl+G 键进行群组，然后按 Ctrl+Alt 键移动复制图形对象，如图 9-77 所示。

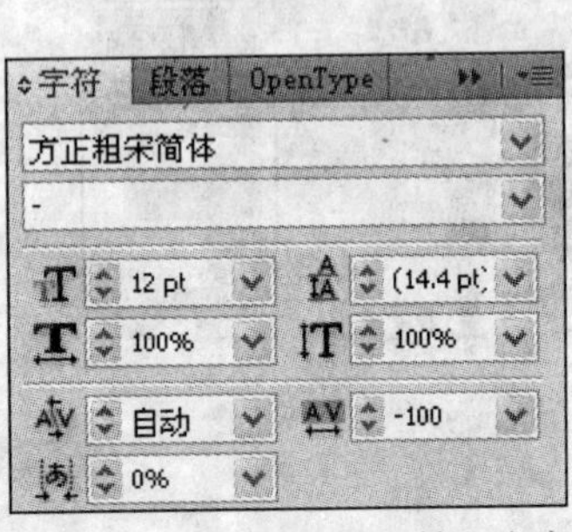

图 9-76　输入文字

图 9-77　调整图形

(17) 使用【文字】工具在画板中拖动创建文本框，并输入文字内容，然后在【颜色】面板中设置颜色为 CMYK(50，70，80，70)。使用【文字】工具选中文字，在【字符】面板中设置字体大小 22 pt，如图 9-78 所示。

图 9-78　输入文字

(18) 使用【文字】工具在文本框中选中文字，在【字符】面板中设置字体为 Baskerville old Face，字符间距为 25，选择【效果】|【风格化】|【投影】命令，在【投影】对话框的【模式】下拉列表中选择【正片叠底】，【不透明度】数值为 30%，【X 位移】数值为 0.3mm，【Y 位移】数值为 0 mm，【模糊】数值为 0 mm，然后单击【确定】按钮应用，如图 9-79 所示。

(19) 选择【选择】工具选中步骤(17)中创建的文字对象，并按住 Shift+Ctrl+Alt 键移动、复制文字对象，如图 9-80 所示。

(20) 在【画板】面板中，双击【画板 2】，切换画板。在【图层】面板中，单击【创建新图层】按钮，新建【图层 2】，如图 9-81 所示。

(21) 选择【矩形】工具，在画板中绘制与画板同大的矩形，并在【颜色】面板中设置填充为 CMYK(25，25，40，0)，如图 9-82 所示。

(22) 选择【钢笔】工具在画板中绘制图形，并在【颜色】面板中设置填充为白色，如图 9-83 所示。

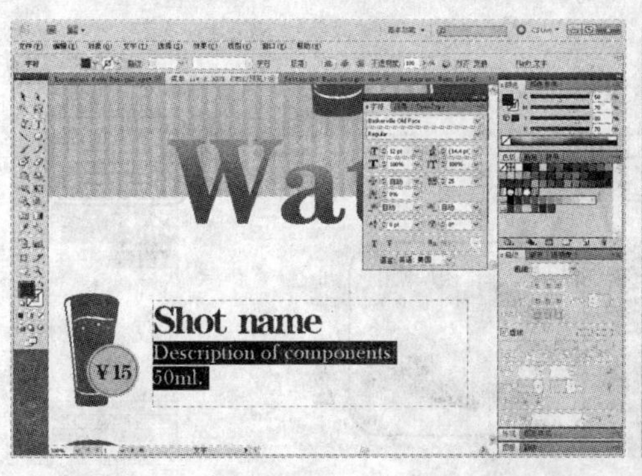

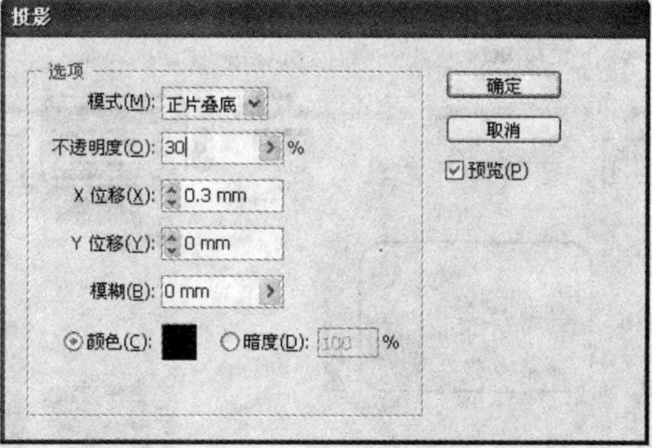

图 9-79 应用投影效果

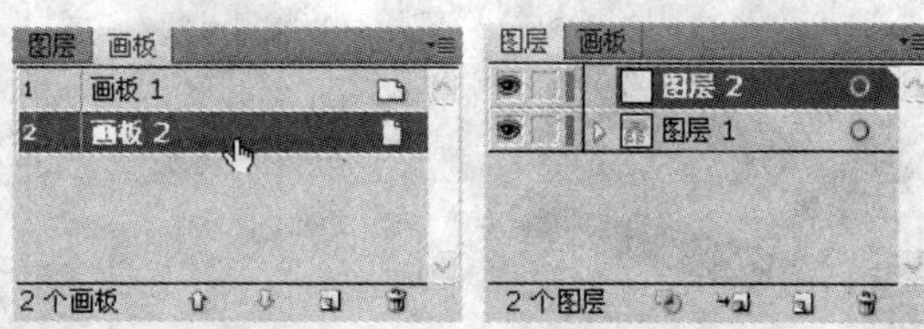

图 9-80 复制文字对象

图 9-81 新建图层

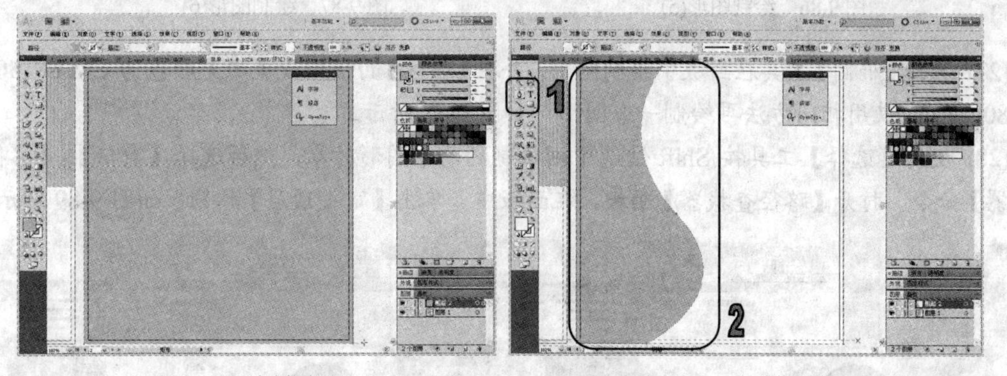

图 9-82 绘制图形(1)

图 9-83 绘制图形(2)

(23) 选择【钢笔】工具在画板中绘制图形，并在【颜色】面板中设置填充颜色为 CMYK(38，45，63，0)，如图 9-84 所示。

(24) 选择【钢笔】工具在画板中绘制图形，并在【颜色】面板中设置填充颜色为 CMYK(50，70，80，70)，如图 9-85 所示。

(25) 选择【钢笔】工具在画板中绘制图形，并在【颜色】面板中设置填充颜色为 CMYK(50，70，80，70)，如图 9-86 所示。

(26) 选择【钢笔】工具在画板中绘制图形，并在【颜色】面板中设置填充颜色为白色，并按 Ctrl+[键多次排列图形，然后使用【选择】工具选中步骤(23)~步骤(25)中绘制的图形，按 Ctrl+G 键群组，如图 9-87 所示。

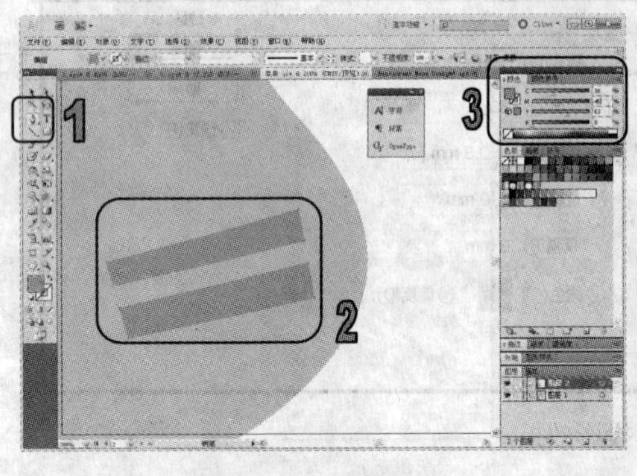

图 9-84　绘制图形(3)

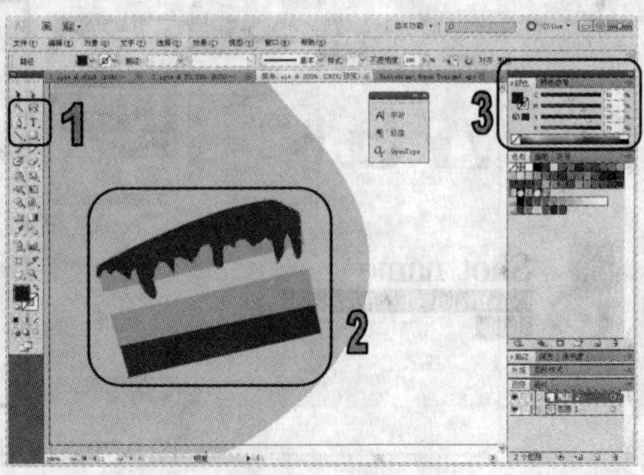

图 9-85　绘制图形(4)

图 9-86　绘制图形(5)

图 9-87　绘制图形(6)

(27) 选择【椭圆】工具在画板中绘制图形，并在【颜色】面板中设置填充颜色为 CMYK(50，70，80，70)。使用相同方法再绘制一个图形，如图 9-88 所示。

(28) 使用【选择】工具按 Shift 键选中刚绘制的两个图形对象，然后选择【窗口】|【路径查找器】命令，打开【路径查找器】面板。在面板中，单击【减去顶层】按钮，如图 9-89 所示。

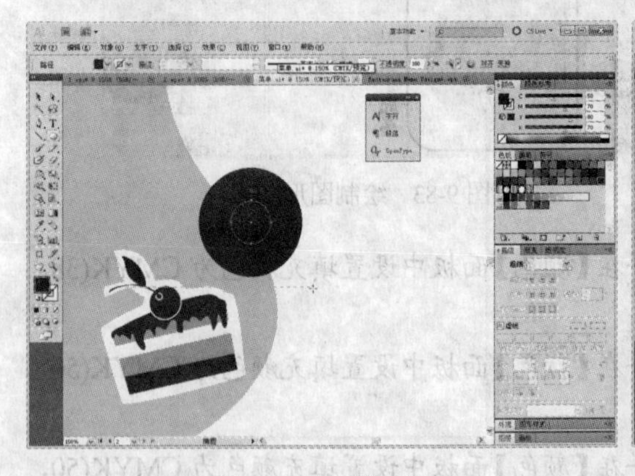

图 9-88　绘制图形(7)

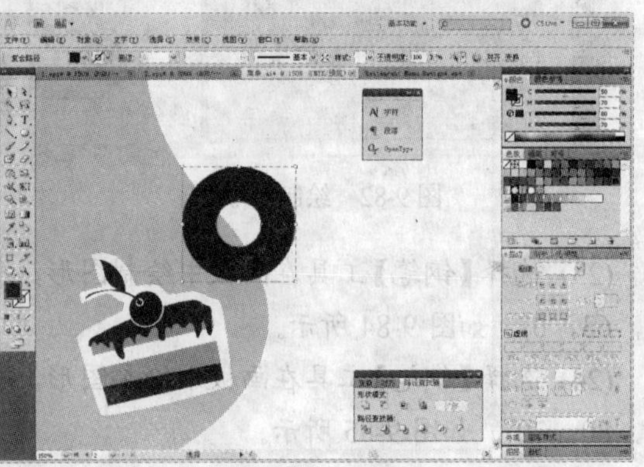

图 9-89　编辑图形

(29) 选择【斑点画笔】工具，在【颜色】面板中设置填充颜色为白色，并使用【斑点画笔】工具在画板上拖动绘制，如图 9-90 所示。

(30) 按 Ctrl+C 键复制图形，按 Ctrl+F 键粘贴图形，然后在【颜色】面板中设置填充颜色 CMYK(25，25，40，0)，最后按键盘方向键移动图形对象，如图 9-91 所示。

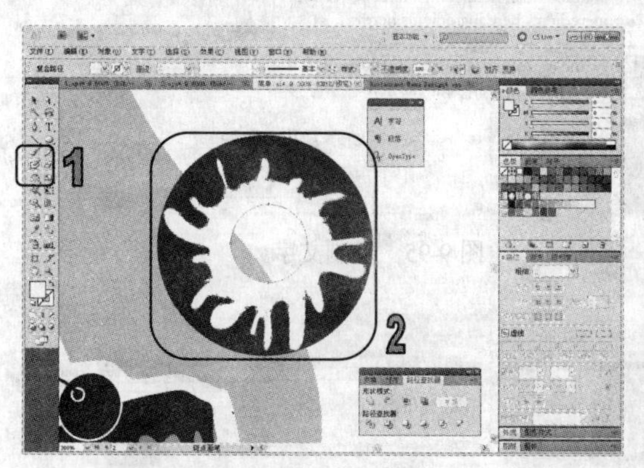

图 9-90　绘制图形

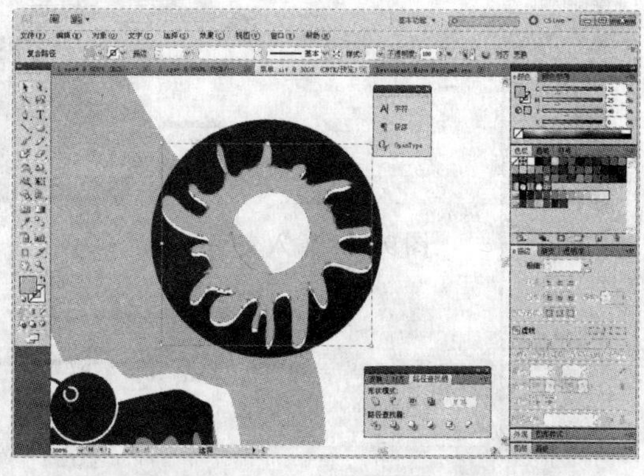

图 9-91　复制图形

(31) 选择【椭圆】工具绘制圆形，并在【颜色】面板中设置填充颜色为白色，然后按 Ctrl+[键调整图形堆叠顺序，再使用【选择】工具选中步骤(27)~步骤(31)绘制的图形，按 Ctrl+G 键群组对象，如图 9-92 所示。

(32) 使用【文字】工具输入文字，并在【颜色】面板中设置填充颜色为 CMYK(50，70，80，70)。在【字符】面板中设置字体大小 40 pt，字符间距为 0，如图 9-93 所示。

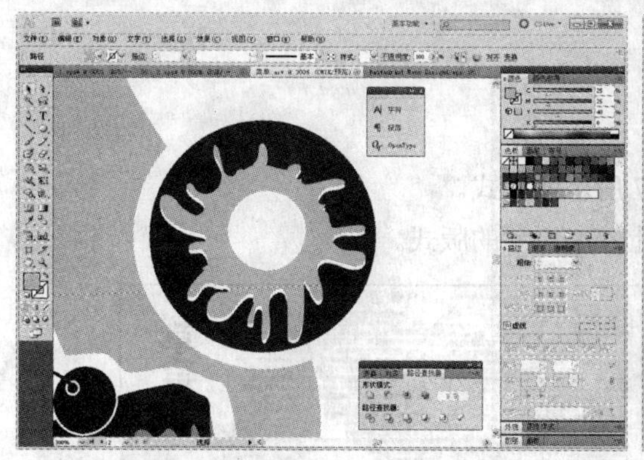

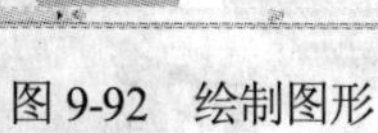

图 9-92　绘制图形

图 9-93　输入文字

(33) 使用【文字】工具创建文本框，在文本框中输入文字内容，并在【字符】面板中设置字体大小 12 pt，如图 9-94 所示。

(34) 使用【文字】工具选中文字内容，按 Ctrl+C 键复制文字，按 Ctrl+V 键粘贴文字，如图 9-95 所示。

(35) 使用【选择】工具单击文本框的出口，然后把鼠标光标移动到需要添加的文本框的上方并单击，或绘制一个新的文本框，Illustrator 会自动把文本框添加到串接中，如图 9-96 所示。

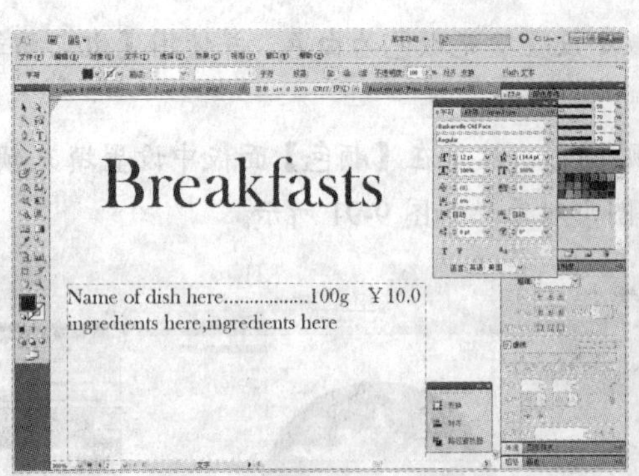

图 9-94 输入文字

图 9-95 复制文字

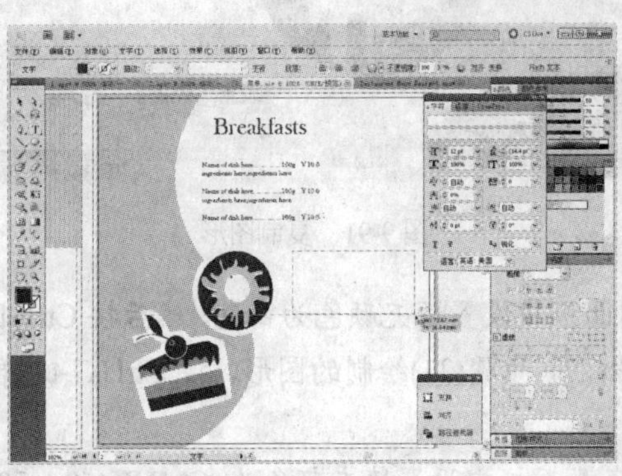

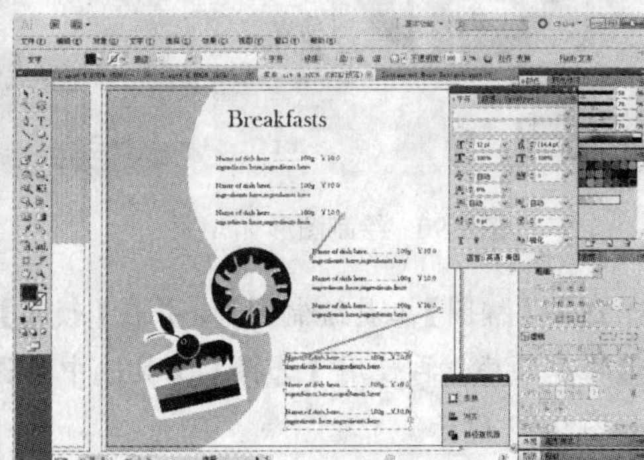

图 9-96 串接文本

9.10 习题

1. 使用区域文字和路径文字，制作如图 9-97 所示的版式。
2. 使用文本工具创建并编辑文本，制作如图 9-98 所示的版式。

图 9-97 版式(1)

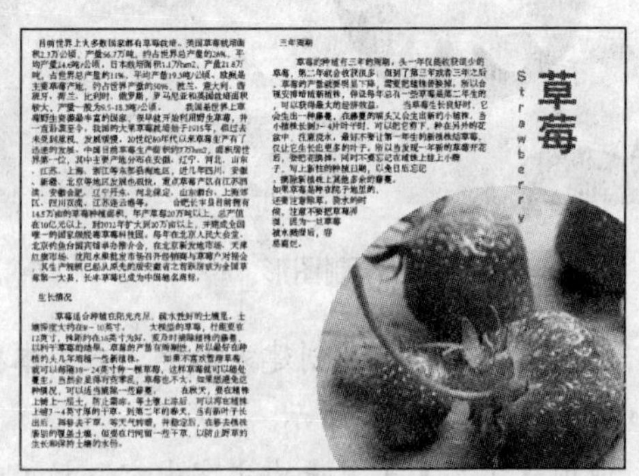

图 9-98 版式(2)

第10章 图表制作

学习目标

在 Illustrator CS5 中，可以根据提供的数据生成柱形图、条形图、折线图、面积图、饼图等种类的数据图表。这些图表在各种说明类的设计中具有非常重要的作用。除此之外，Illustrator CS5 还允许用户改变图表的外观效果，从而使图表具有更丰富的视觉效果。

本章重点

- 创建图表
- 图表类型
- 改变图表的表现形式
- 自定义图表

10.1 创建图表

在 Illustrator CS5 的工具箱中提供了【柱形图】工具、【堆积柱形图】工具、【条形图】工具、【堆积条形图】工具、【折线图】工具、【面积图】工具、【散点图】工具、【饼图】工具和【雷达图】工具 9 种图表创建工具，并且可以选择【对象】|【图表】命令子菜单设置图表的各种属性。

10.1.1 设定图表的宽度和高度

创建图表前，首先需要设定图表的宽度和高度。用户可以通过以下两种方法设定图表的宽度和高度。

◉ 在工具箱中选择任意一种图表工具，在页面上需要绘制图表处按住鼠标左键并拖动，拖动的矩形框大小即所创建图表的大小。
◉ 在工具箱中选择任意一种图表工具，在页面上需要绘制图表处单击鼠标左键，打开【图表】对话框。在此对话框中可以设置图表的宽度和高度。

10.1.2 图表数据输入框

在【图标】对话框中设定完图表的宽度和高度后，单击【确定】按钮，弹出符合设计形状和大小的图表和图表数据输入框，如图 10-1 所示。在弹出的图表数据框中输入相应的图表数据，即可创建图表。

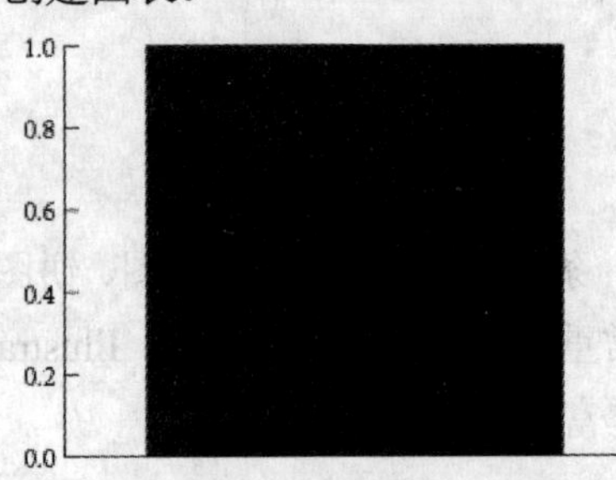

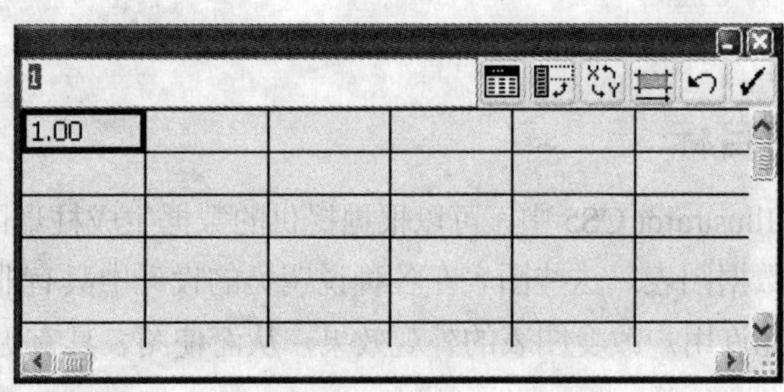

图 10-1 图表数据输入框

在图表数据输入框中，第一排除了数据输入栏之外，还有其他几个小按钮，从左至右分别为为以下各按钮。

◉ 【导入数据】按钮：用于输入其他软件产生的数据。
◉ 【换位行/列】按钮：用于转换横向和纵向数据。
◉ 【切换 X/Y】按钮：用于切换 X 轴和 Y 轴的位置。
◉ 【单元格样式】按钮：用于调整数据格大小和小数点位数。双击该按钮，打开【单元格样式】对话框，如图 10-2 所示，对话框中的【小数位数】文本框用于设置小数点的位数，【列宽度】文本框用于设置数据输入框中的栏宽。
◉ 【恢复】按钮：用于使数据输入框中的数据恢复到初始状态。
◉ 【应用】按钮：表示应用新设定的数据。

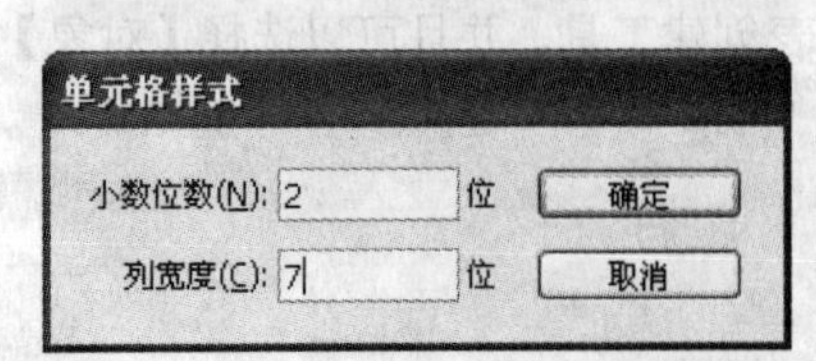

图 10-2 【单元格样式】对话框

提示

在数据输入框中输入数据有 3 种方式：直接在数据输入栏中输入数据。单击【导入数据】按钮导入其他软件产生的数据。使用复制和粘贴的方式从其他文件或图表中粘贴数据。

【例 10-1】在 Illustrator 中，根据设定创建图表。

(1) 选择【文件】|【新建】命令，在打开的【新建文档】对话框中设置创建新文档。

(2) 选择工具箱中的【堆积柱状图形】工具，然后在文档中按住左键拖曳出一个矩形框，该矩形框的长度和宽度即为图表的长度和宽度。或在工具箱中选择【堆积柱状图形】工具后，将鼠标放置到文档中单击左键，打开如图 10-3 所示的【图表】对话框，在该对话框中设置图表的长度和宽度值后，单击【确定】按钮。

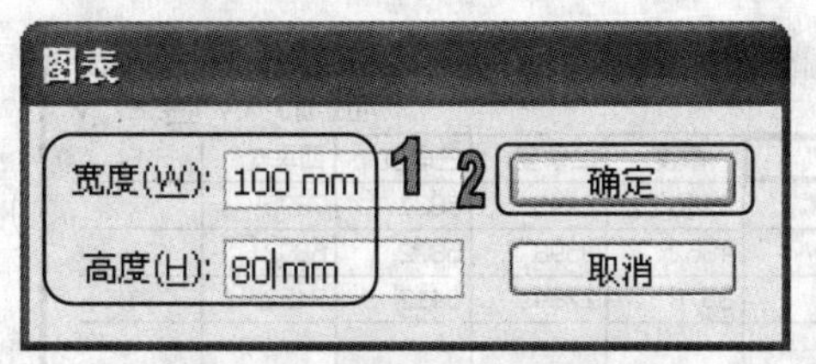

图 10-3 【图表】对话框

提示

在拖曳过程中，按住 Shift 键拖曳出的矩形框为正方形，即创建的图表长度与宽度值相等。按住 Alt 键，将从单击点向外扩张，单击点即为图表的中心。

(3) 确定图标宽度和高度设置后，打开图表数据输入框，在输入框中输入相应的图表数据，然后单击【应用】按钮✓即可创建相应图表，如图 10-4 所示。

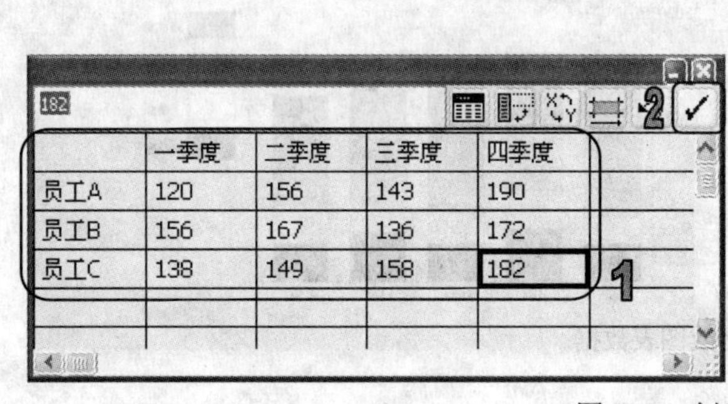

	一季度	二季度	三季度	四季度
员工A	120	156	143	190
员工B	156	167	136	172
员工C	138	149	158	182

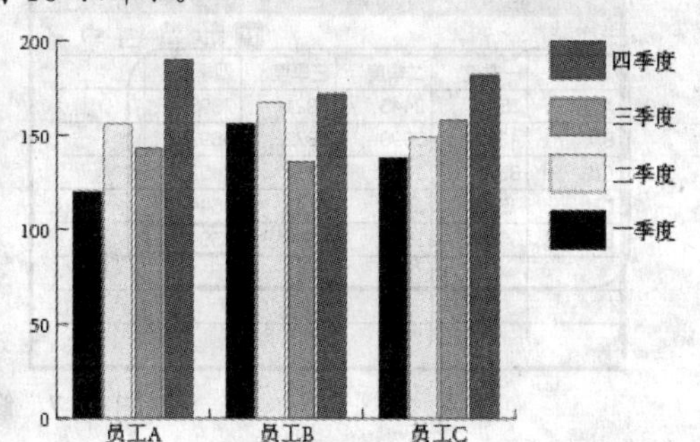

图 10-4　创建图表

10.1.3　图表数据的修改

图表制作完成后，若想修改其中的数据，首先要使用【选择】工具选中图表，然后选择【对象】|【图表】|【数据】命令，打开图表数据输入框。在此输入框中修改要改变的数据，还可以修改行、列进行互换，改变小数点后的位数，以及列宽等参数，然后单击输入框中的【应用】按钮✓完成图表的数据修改。

【例 10-2】在 Illustrator 中，对创建好的图表进行编辑修改。

(1) 选择工具箱中的【选择】工具后，选中需要编辑的图表，如图 10-5 所示。

(2) 选择【对象】|【图表】|【数据】命令，打开图表数据输入框，如图 10-6 所示。

(3) 在此输入框中重新设定图表数据即可对选中的图表进行数据修改，如图 10-7 所示。

(4) 在数据输入框中，单击【换位行/列】按钮，可以将行与列中的数据进行调换，如图 10-8 所示。

(5) 在图表数据输入框中，单击【单元格样式】按钮，打开【单元格样式】对话框。在对话框中设置【小数位数】为 0 位，【列宽度】为 4 位，单击【确定】按钮即可应用设置，如图 10-9 所示。

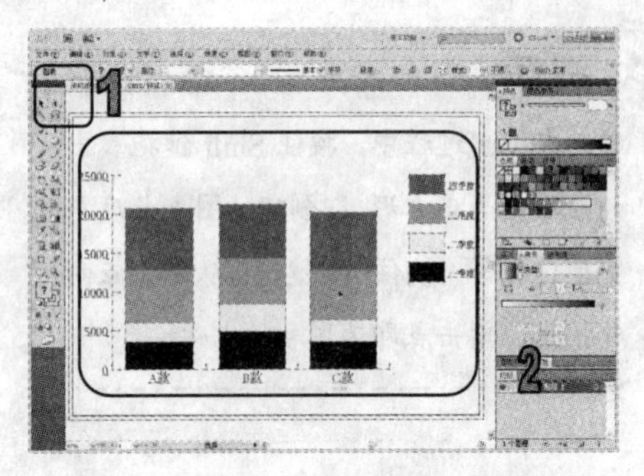

图 10-5　选择图表

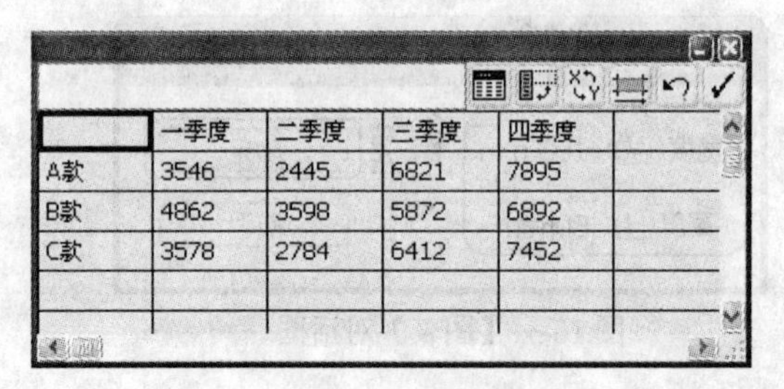

	一季度	二季度	三季度	四季度
A款	3546	2445	6821	7895
B款	4862	3598	5872	6892
C款	3578	2784	6412	7452

图 10-6　打开图表数据输入框

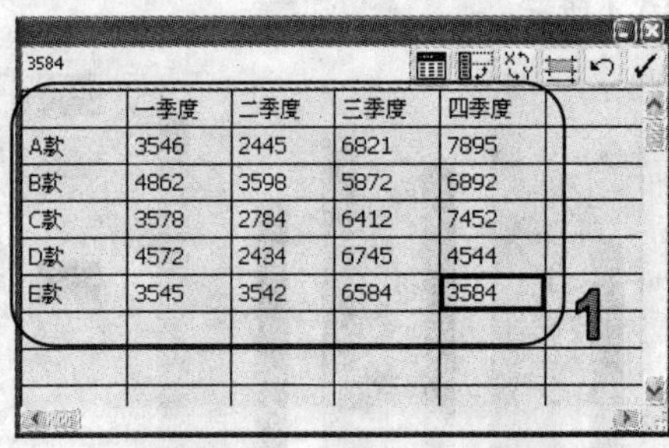

	一季度	二季度	三季度	四季度
A款	3546	2445	6821	7895
B款	4862	3598	5872	6892
C款	3578	2784	6412	7452
D款	4572	2434	6745	4544
E款	3545	3542	6584	3584

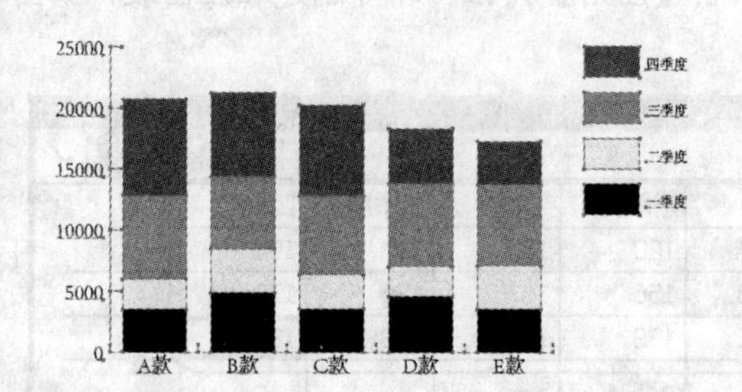

图 10-7　修改图表数据

	A款	B款	C款	D款	E款
一季度	3546	4862	3578	4572	3545
二季度	2445	3598	2784	2434	3542
三季度	6821	5872	6412	6745	6584
四季度	7895	6892	7452	4544	3584

图 10-8　换位行/列

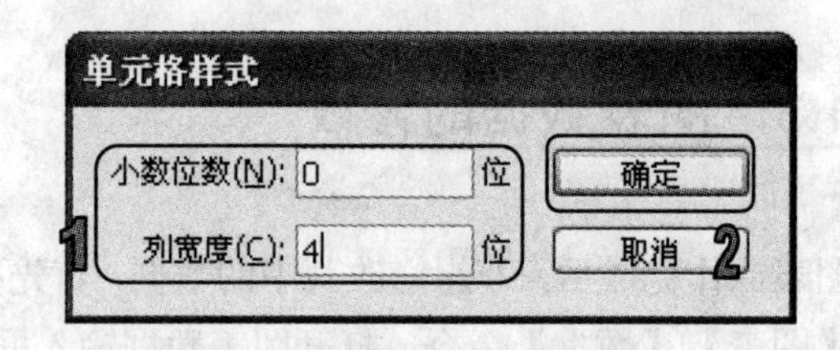

图 10-9　设置【单元格样式】

(6) 单击图表数据输入框右上角的【应用】按钮✓，然后关闭图标表据输入框，在文档中将生成如图 10-10 所示的图表。

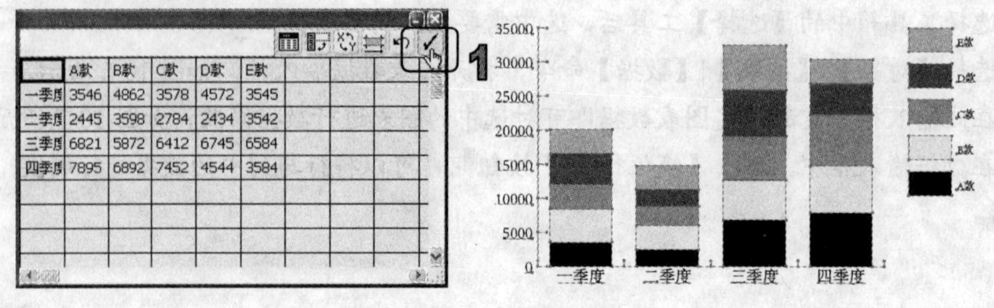

	A款	B款	C款	D款	E款
一季度	3546	4862	3578	4572	3545
二季度	2445	3598	2784	2434	3542
三季度	6821	5872	6412	6745	6584
四季度	7895	6892	7452	4544	3584

图 10-10　生成图表

10.2　图表类型

图表由数轴和导入的数据组成，Illustrator 提供了 9 种图表类型，如图 10-11 所示。双击工具箱中的图表工具或选择【对象】|【图表】|【类型】命令，可以打开【图表类型】对话框选择图表类型。

- 柱形图：柱形图是默认的图表类型。这种类型的图表是通过柱形长度与数据数值成比例的垂直矩形，以此表示一组或多组数据之间的相互关系，如图 10-12 所示。柱形图可以将数据表中的每一行数据放在一起，供用户进行比较。该类型的图表将事物随时间的变化趋势很直观地表现出来。

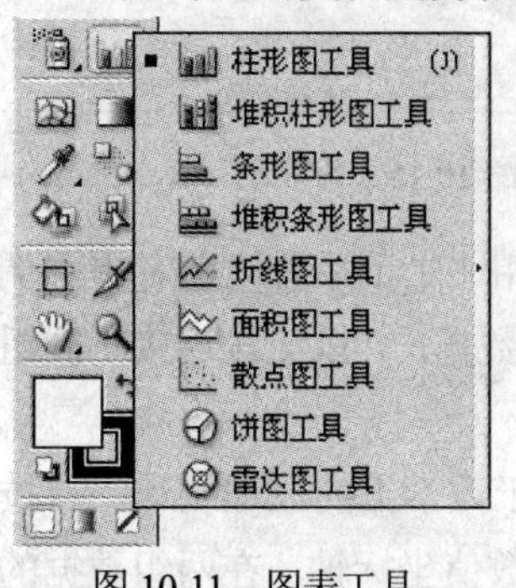

图 10-11　图表工具

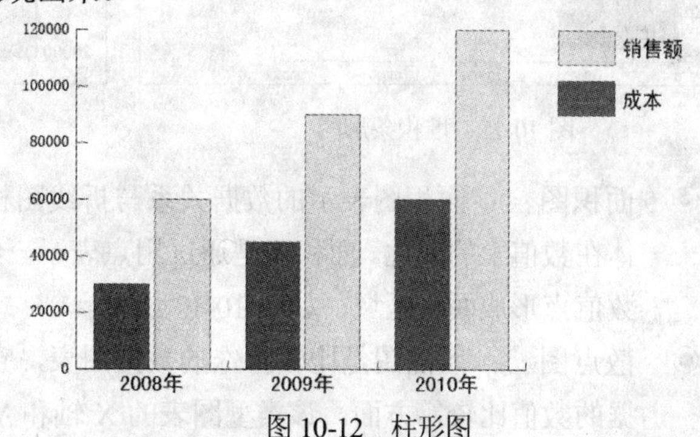

图 10-12　柱形图

- 堆积柱形图：堆积柱形图与柱形图相似，只是在表达数据信息的形式上有所不同。柱形图用于每一类项目中单个分项目数据的数值比较，而堆积柱形图则用于比较每一类项目中的所有分项目数据，如图 10-13 所示。从图形的表现形式上看，堆积柱形图是将同类中的多组数据，以堆积的方式形成垂直矩形进行类别之间的比较。
- 条形图：条形图与柱形图类似，都是通过条形长度与数据值成比例的矩形，表示一组或多组数据之间的相互关系。它们的不同之处在于，柱形图中的数据值形成的矩形是垂直方向的，而条形图中的数据值形成的矩形是水平方向的，如图 10-14 所示。

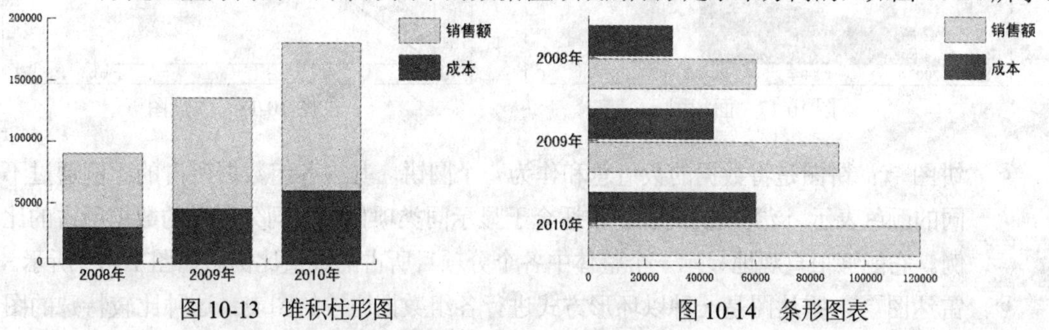

图 10-13　堆积柱形图　　　图 10-14　条形图表

- 堆积条形图：堆积条形图与堆积柱形图类似，都是将同类中的多组数据，以堆积的方式形成矩形进行类别之间的比较。它们的不同之处在于，堆积柱形图中的矩形是垂直方向的，而堆积条形图中的矩形是水平方向的，如图 10-15 所示。

◉ 折线图：折线图能够表现数据随时间变化的趋势，以帮助用户更好地把握事物发展的进程、分析变化趋势和辨别数据变化的特性和规律。这类型的图表将同项目中的数据以点的方式在图表中表示，再通过线段将其连接，如图 10-16 所示。通过折线图，不仅能够纵向比较图表中各个横向的数据，而且可以横向比较图表中的纵向数据。

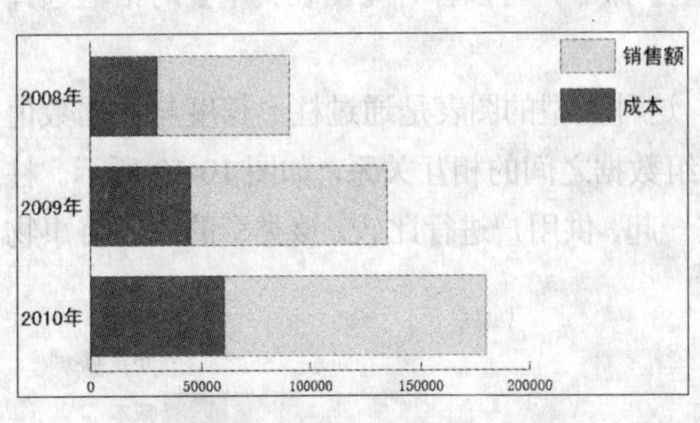

图 10-15　堆积条形图

图 10-16　折线图

◉ 面积图：面积图表示的数据关系与折线图相似，但相比之下后者比前者更强调整体在数值上的变化。面积图是通过用点表示一组或多组数据，并以线段连接不同组的数值点形成面积区域，如图 10-17 所示。

◉ 散点图：散点图是比较特殊的数据图表，它主要用于数学上的数理统计、科技数据的数值比较等方面。该类型图表的 X 轴和 Y 轴都是数值坐标轴，在两组数据的交汇处形成坐标点。每一个数据的坐标点都是通过 X 坐标和 Y 坐标进行定位的，各个坐标点之间用线段相互连接。用户通过散点图能够分析出数据的变化趋势，而且可以直接查看 X 和 Y 坐标轴之间的相对性，如图 10-18 所示。

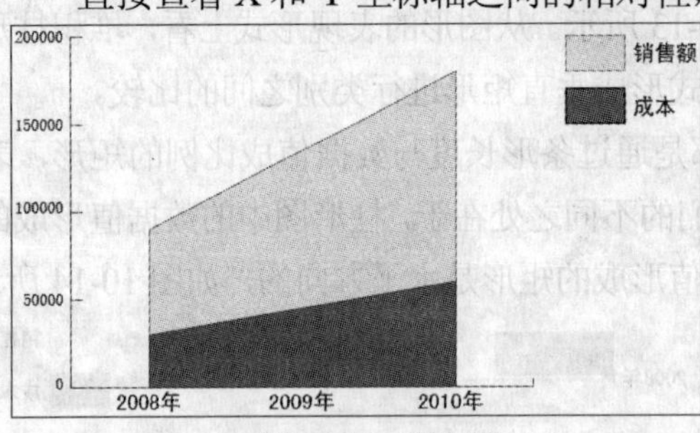

图 10-17　面积图

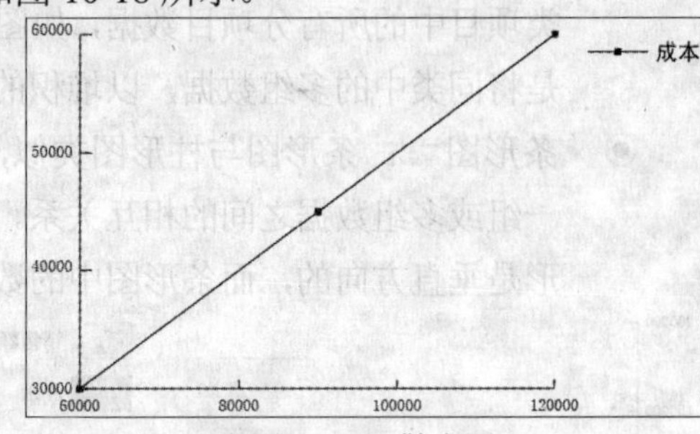

图 10-18　散点图

◉ 饼图：饼图是将数据的数值总和作为一个圆饼，其中各组数据所占的比例通过不同的颜色表示。该类型的图表非常适合于显示同类项目中不同分项目的数据所占的比例。它能够很直观地显示一个整体中各个分项目所占的数值比例，如图 10-19 所示。

◉ 雷达图：雷达图是一种以环形方式进行各组数据比较的图表。这种比较特殊的图表，能够将一组数据以其数值多少在刻度尺上标注成数值点，然后通过线段将各个数值点连接，这样用户可以通过所形成的各组不同的线段图形，判断数据的变化，如图 10-20 所示。

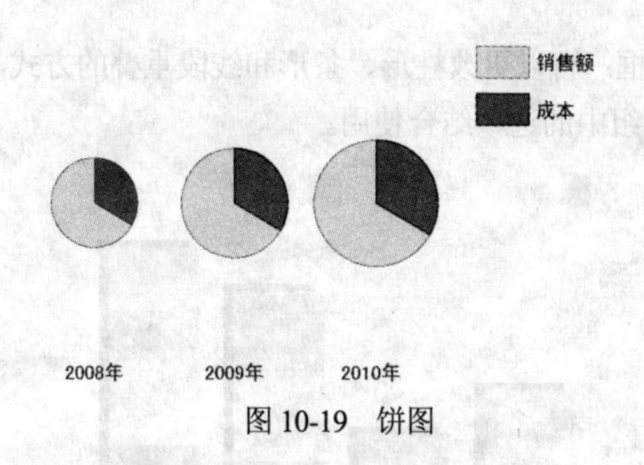

图 10-19　饼图

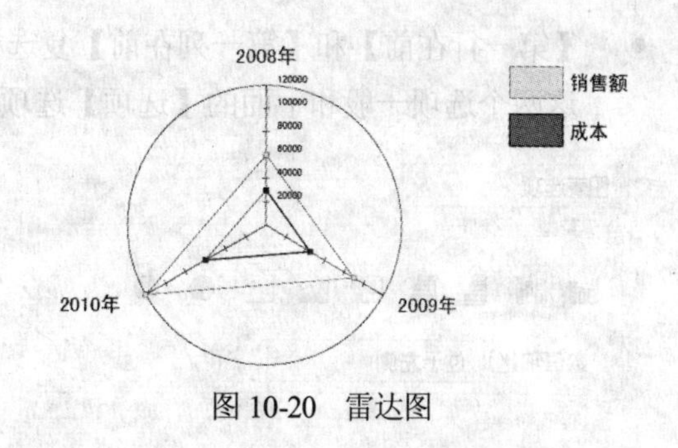

图 10-20　雷达图

10.3　改变图表的表现形式

用户选中图表后，可以在工具箱中双击图表工具，或选择【对象】|【图表】|【类型】命令，打开【图表类型】对话框。单击【图表选项】对话框中【图表选项】右侧的小三角按钮，在弹出的下拉列表中选择【图表选项】、【数值轴】以及【类别轴】选项可以改变图表的表现形式。

10.3.1　图表选项

在【图表类型】对话框中，选择【图表】选项。在对话框中，可以选择不同的图表类型。选择不同的图表类型后，【样式】选项组中包含的选项是一致的，【选项】选项组中包含的选项有所不同。

1. 样式

在【图表类型】对话框中，【样式】选项组可以用来改变图表的表现形式。

◉　【添加投影】：用于给图表添加投影。选中此复选框，绘制的图表中有阴影出现，如图 10-21 所示。

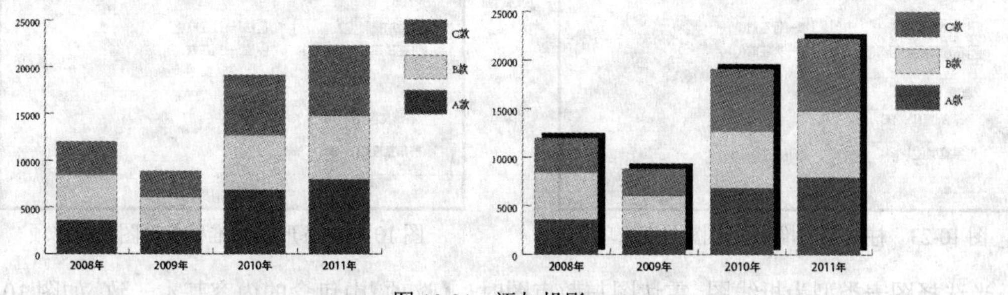

图 10-21　添加投影

◉　【在顶部添加图例】复选框：用于把图例添加在图表上边，如图 10-22 所示。如果不选中该复选框，图例将位于图表的右边。

- 【第一行在前】和【第一列在前】复选框：可以更改柱形、条形和线段重叠的方式，这两个选项一般和下面的【选项】选项组中的选项结合使用。

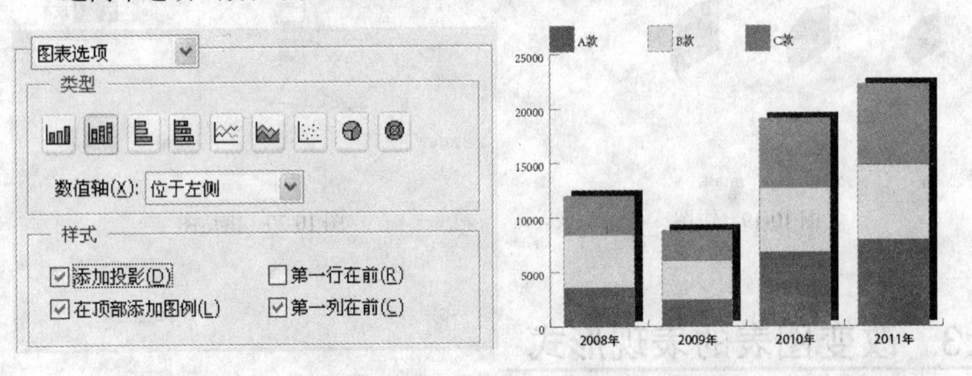

图 10-22　在顶部添加图例

2. 选项

在【图表类型】对话框中选择不同的图表类型，其【选项】区域中包含的选项各不相同。只有面积图图表没有附加选项可供选择。

当选择图表类型为柱形图和堆积柱形图时，【选项】中包含的内容一致，如图 10-23 所示。

- 【列宽】复选框：该选项用于定义图表中矩形条的宽度。
- 【群集宽度】复选框：该选项用于定义一组中所有矩形条的总宽度。所谓【群集】，就是指与图表数据输入框中一行数据相对应的一组矩形条。

当选择图表类型为条形图与堆积条形图时，【选项】中包含的内容一致，如图 10-24 所示。

- 【条形宽度】复选框：该选项用于定义图表中矩形横条的宽度。
- 【群集宽度】复选框：该选项用于定义一组中所有矩形横条的总宽度。

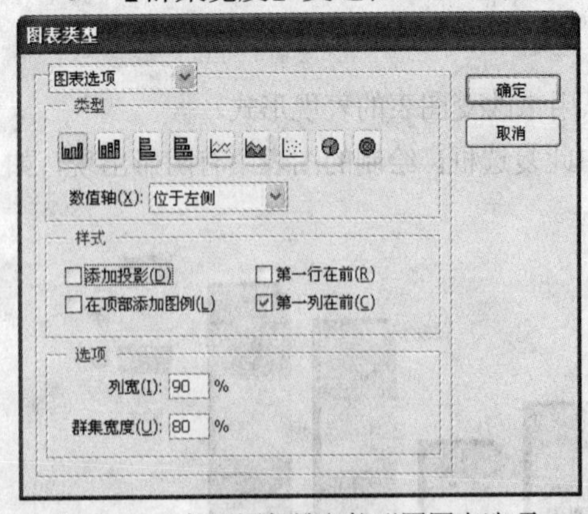

图 10-23　柱形图与堆积柱形图图表选项

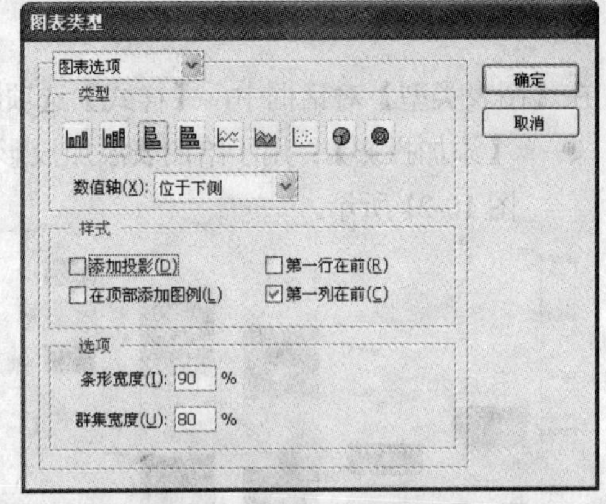

图 10-24　条形图与堆积条形图图表选项

当选择图表类型为折线图、雷达图与散点图时，【选项】中包含的内容基本一致，如图 10-25 所示。

- 【标记数据点】复选框：选择此选项，将在每个数据点处绘制一个标记点。

- 【连接数据点】复选框：选择此选项，将在数据点之间绘制一条折线，以更直观地显示数据。
- 【线段边到边跨 X 轴】复选框：选择此选项，连接数据点的折线将贯穿水平坐标轴。
- 【绘制填充线】复选框：选择此选项，将会用不同颜色的闭合路径代替图表中的折线。

当选择图表类型为饼图时，【选项】中包含的内容，如图 10-26 所示。

- 【图例】复选框：此选项决定图例在图表中的位置，其右侧的下拉列表中包含【无图例】、【标准图例】和【楔形图例】3 个选项。选择【无图例】选项时，图例在图表中将被省略。选择【标准图例】选项时，图例将被放置在图表的外围。选择【楔形图例】选项时，图例将被插入到图表中的相应位置。
- 【位置】复选框：此选项用于决定图表的大小，其右侧的下拉列表中包括【比例】、【相等】、【堆积】3 个选项。选择【比例】选项时，将按照比例显示图表的大小。选择【相等】选项时，将按照相同的大小显示图表。选择【堆积】选项时，将按照比例把每个饼形图表堆积在一起显示。
- 【排序】复选框：此选项决定了图表元素的排列顺序，其右侧的下拉列表中包括【全部】、【第一个】和【无】3 个选项。选择【全部】选项时，图表元素将被按照从大到小的顺序顺时针排列。选择【第一个】选项时，会将最大的图表元素放置在顺时针方向的第一位，其他的按输入的顺序顺时针排列。选择【无】选项时，所有的图表元素按照输入顺序顺时针排列。

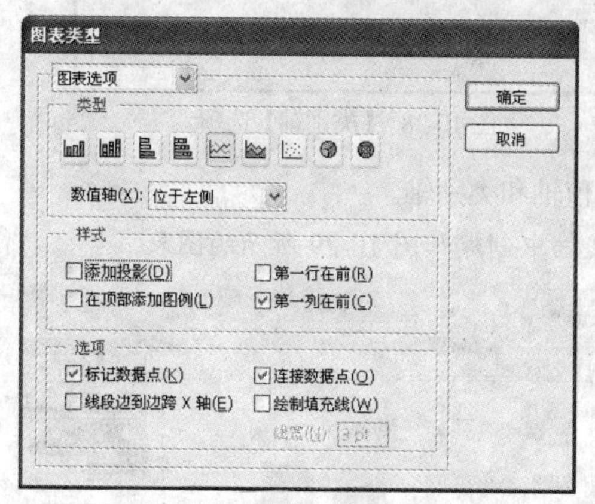

图 10-25　折线图图表选项

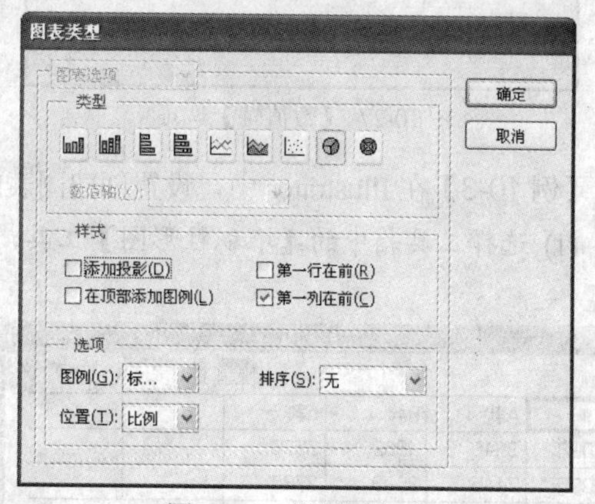

图 10-26　饼图图表选项

10.3.2　数值轴和类别轴

在【图表类型】对话框中，不仅可以指定数值坐标轴的位置，还可以重新设置数值坐标轴的刻度标记以及标签选项等。单击打开【图表类型】对话框左上角的 图表选项 下拉列表即可选择【数值轴】选项，显示相应的设置对图表进行设置，如图 10-27 所示。

◉ 刻度值：用于定义数据坐标轴的刻度值。默认状态下，不选中【忽略计算出的值】复选框，此时根据输入的数值自动计算数据坐标轴的刻度。如果选中此复选框，则下面3个选项变为可选项，此时即可输入数值设定数据坐标轴的刻度。其中，【最小值】表示原点数值；【最大值】表示数据坐标轴上最大的刻度值；【刻度】表示在最大和最小的数值之间分成几部分。

◉ 【刻度线】：用于设置刻度线的长度。在【长度】下拉列表中有3个选项，【无】表示没有刻度线；【短】表示有短刻度线；【全部】表示刻度线的长度贯穿图表。

◉ 【添加标签】：可以对数据轴上的数据加上前缀或者后缀。

【类别轴】选项在一些图表类型中并不存在，类别轴对话框中包含的选项内容也很简单，如图10-28所示。一般情况下，柱形、堆积柱形以及条形等图表由数据轴和名称轴组成坐标轴，而散点图表则由两个数据轴组成坐标轴。

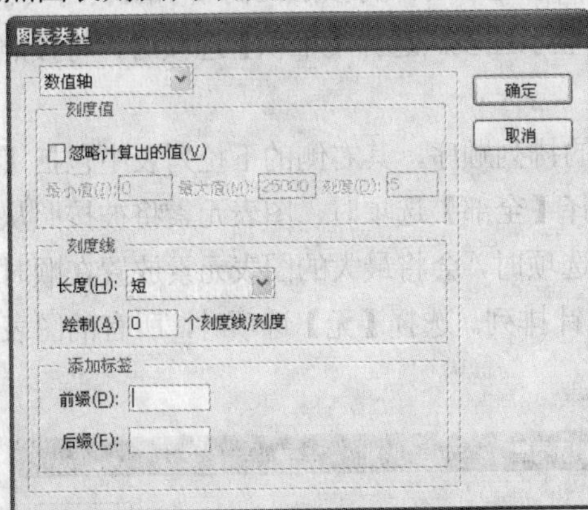

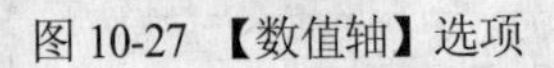
图 10-27 【数值轴】选项

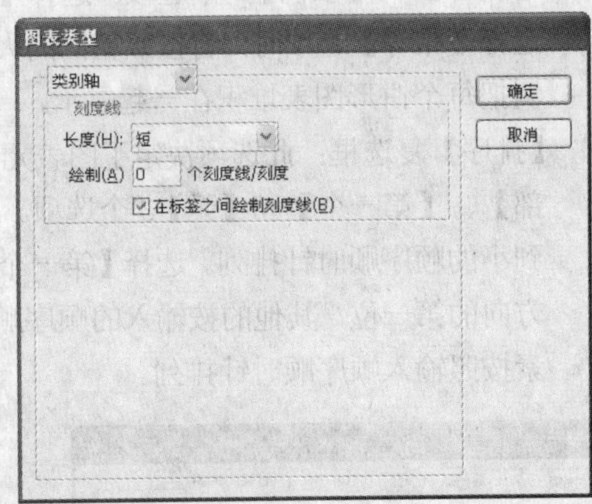

图 10-28 【类别轴】选项

【例 10-3】在 Illustrator 中，设置创建图表的数值轴和类别轴。

(1) 选择工具箱中的【堆积柱形图】工具，在文档中创建如图10-29所示的图表。

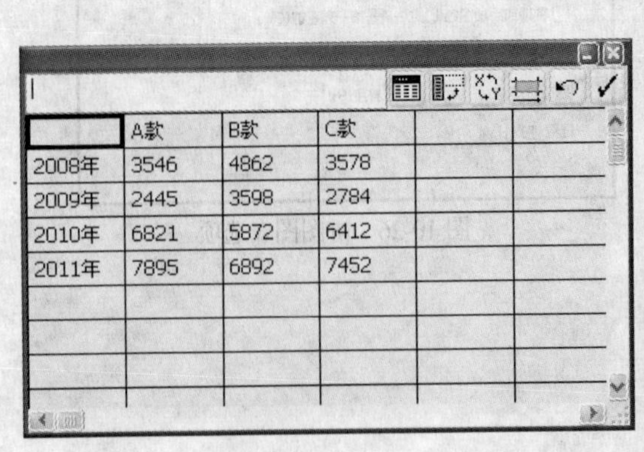

	A款	B款	C款
2008年	3546	4862	3578
2009年	2445	3598	2784
2010年	6821	5872	6412
2011年	7895	6892	7452

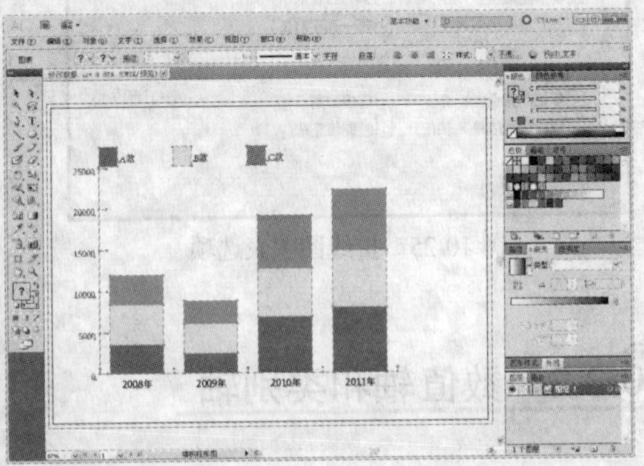

图 10-29 创建图表

(2) 双击工具箱中的图表工具，打开【图表类型】对话框。在对话框左上角 图表选项 下拉列表中选择【数值轴】选项，此时对话框将显示为如图10-30所示。

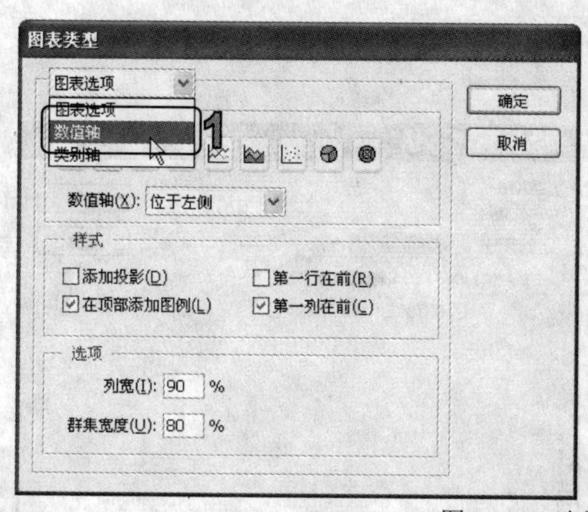

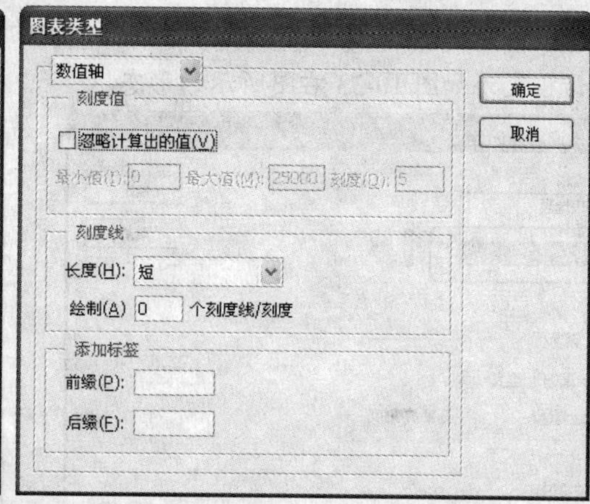

图 10-30　选择【数值轴】

(3) 在【刻度线】选项区域中的参数用来控制刻度标记的长度。【绘制】文本框用来设置在相邻两个刻度之间刻度标记的条数。在【刻度线】选项区域中设置【长度】为【全宽】，【绘制】文本框中的参数为 0，如图 10-31 所示。

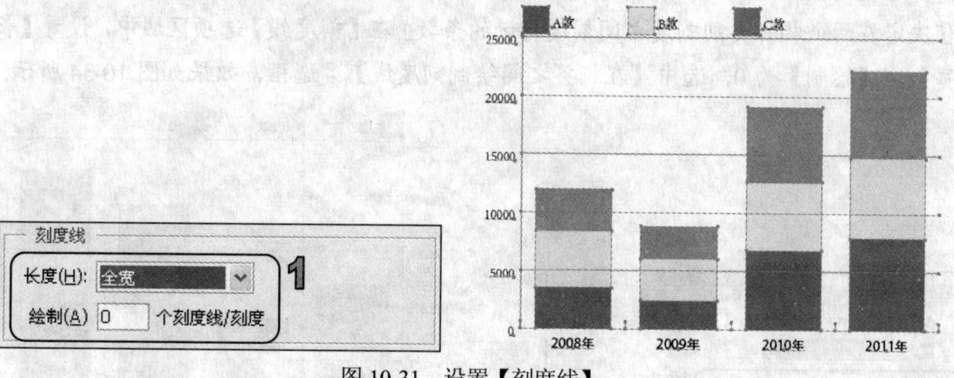

图 10-31　设置【刻度线】

(4) 在【添加标签】选项区域中可以为数值坐标轴上的数值添加前缀和后缀。在【后缀】文本框中输入“件”，效果如图 10-32 所示。

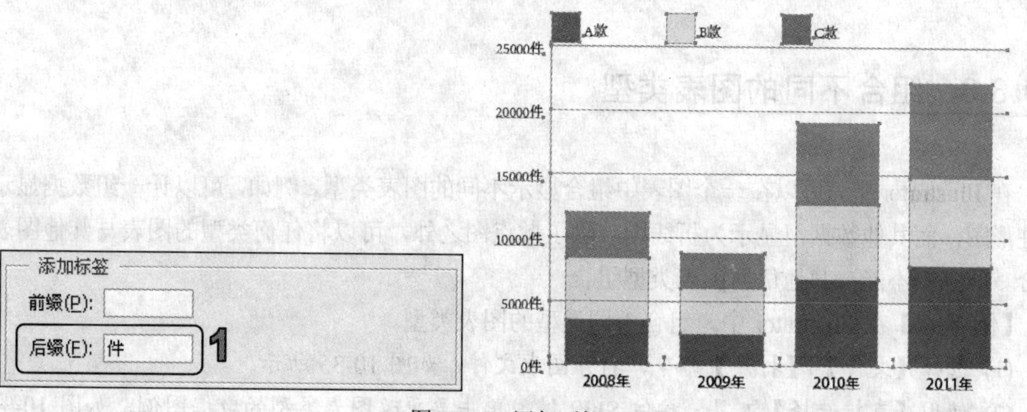

图 10-32　添加后缀

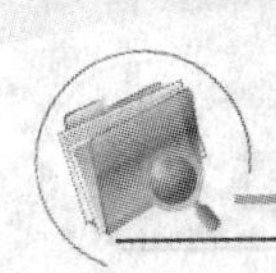

(5) 如图 10-33 左图所示，在对话框左上角的图表选项下拉列表中选择【类别轴】，此时对话框变为如图 10-33 右图所示的形态。

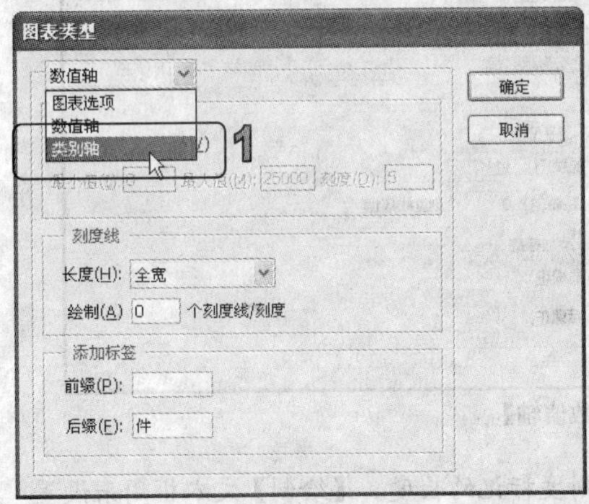

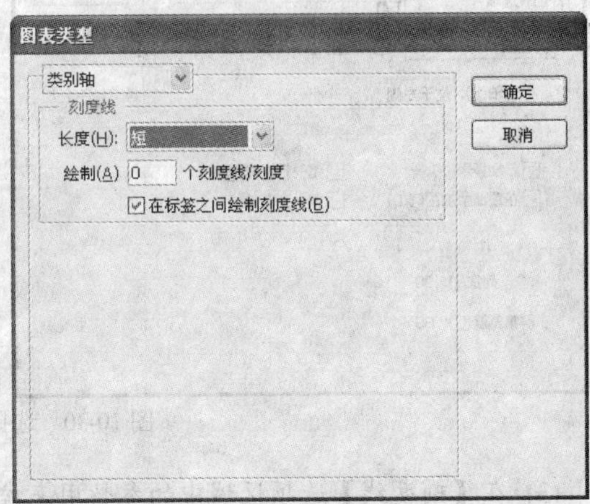

图 10-33 选择【类别轴】

(6) 在【刻度线】选项区域中可以控制类别刻度标记的长度。【绘制】选项右侧的文本框中的数值决定在两个相邻类别刻度之间刻度标记的条数。在【刻度线】选项区域中，设置【长度】为【全宽】，【绘制】为 0，选中【在标签之间绘制刻度线】复选框，效果如图 10-34 所示。

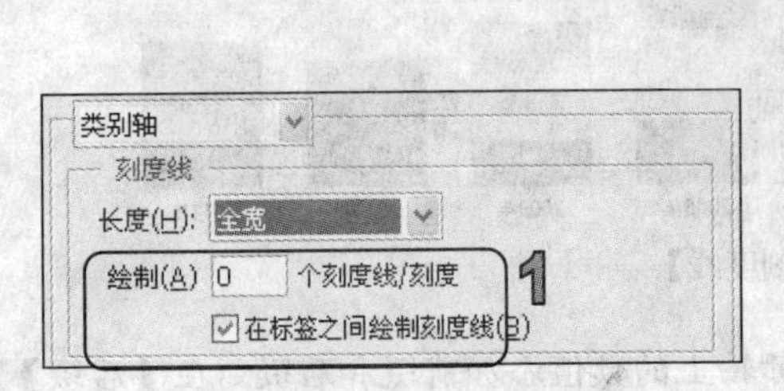

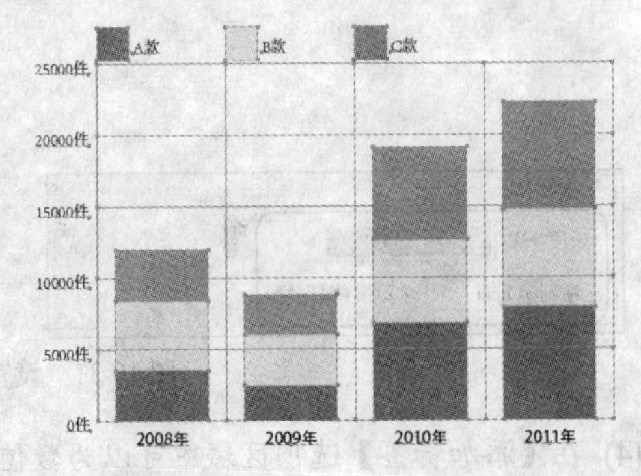

图 10-34 设置【刻度线】

10.3.3 组合不同的图表类型

在 Illustrator 中，可以在一个图表中组合显示不同的图表类型。例如，可以让一组数据显示为柱形图，而其他数据组显示为折线图。除了散点图之外，可以将任何类型的图表与其他图表组合。散点图不能与其他任何图表类型组合。

【例 10-4】 在 Illustrator 中，组合不同类型的图表类型。

(1) 选择【文件】|【打开】命令，打开图表文件，如图 10-35 所示。

(2) 使用【直接选择】工具，按住 Shift 键，单击要更改图表类型的数据图例，如图 10-36 所示。

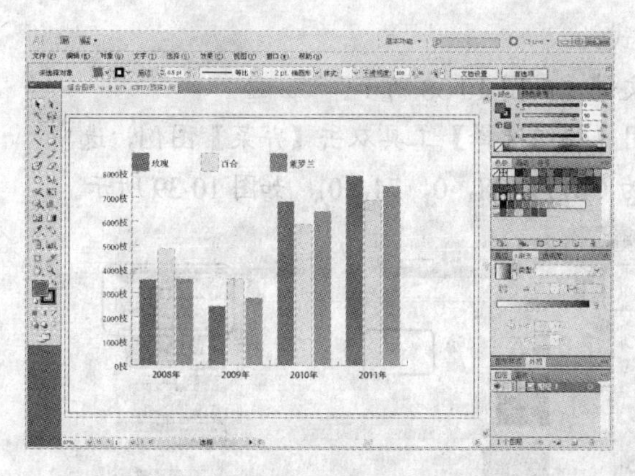

图 10-35　打开图表文件

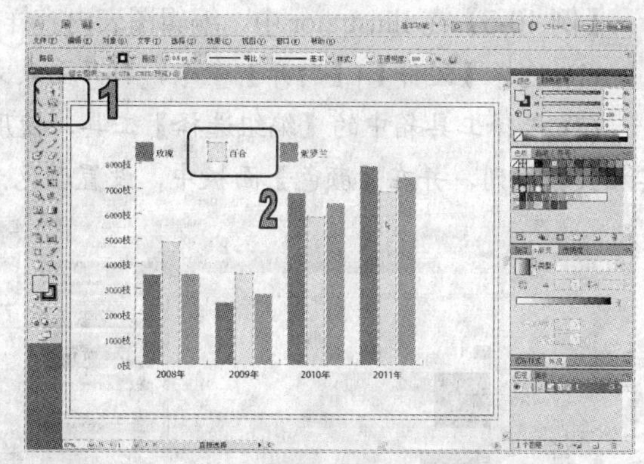

图 10-36　选择数据图例

(3) 选择【对象】|【图表】|【类型】命令，或者双击工具箱中的图表工具，打开【图表类型】对话框。在该对话框中选择所需的图表类型和选项。单击【折线图】按钮，然后单击【确定】按钮，如图 10-37 所示。

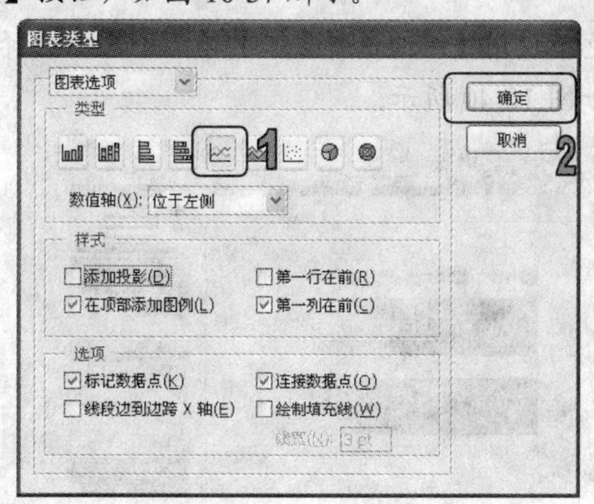

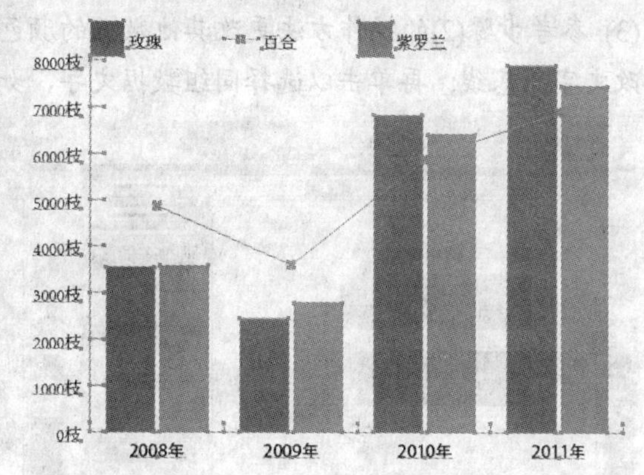

图 10-37　更改图表类型

10.4　自定义图表

图表制作完成后自动处于选中状态，并且自动成组。这时如果想改变图表的单个元素，使用【编组选择】工具即可以选择图表的一部分。也可以定义图表图案，使图表的显示更为生动。还可以对图表取消编组，但取消编组后的图表不能再更改图表类型。

10.4.1　改变图表的部分显示

为图表的标签和图例生成文本时，Illustrator 使用默认的字体和字体大小，用户可以轻松地选择、更改文字格式，还可以直接更改图表中图例的外观效果。

【例 10-5】在 Illustrator 中，编辑图表内容样式。

(1) 选择【文件】|【打开】命令，打开图表文件，如图 10-38 所示。

(2) 选择工具箱中的【编组选择】工具，使用【编组选择】工具双击【芹菜】图例，选中其相关数据列，并在【颜色】面板中，设置颜色为 CMYK(38，0，74，0)，如图 10-39 所示。

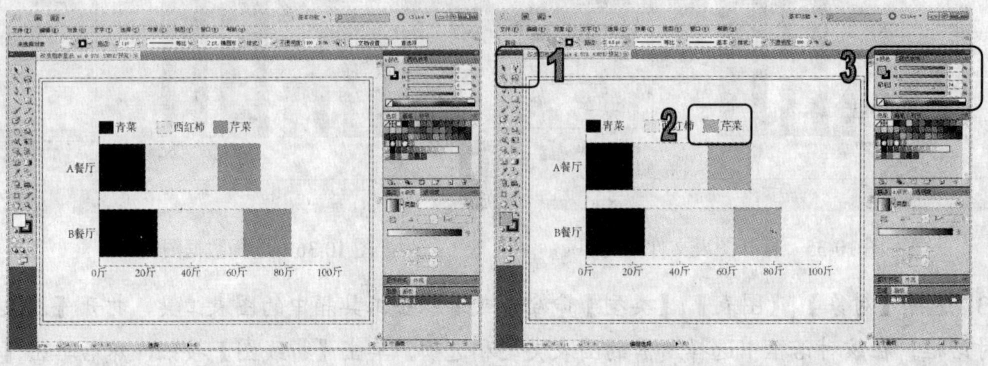

图 10-38　打开图表文件　　　　图 10-39　更改数据

(3) 参考步骤(2)的操作方法更改其他数据的颜色。使用【编组选择】工具单击一次以选择要更改文字的基线；再单击以选择同组数据文字，如图 10-40 所示。

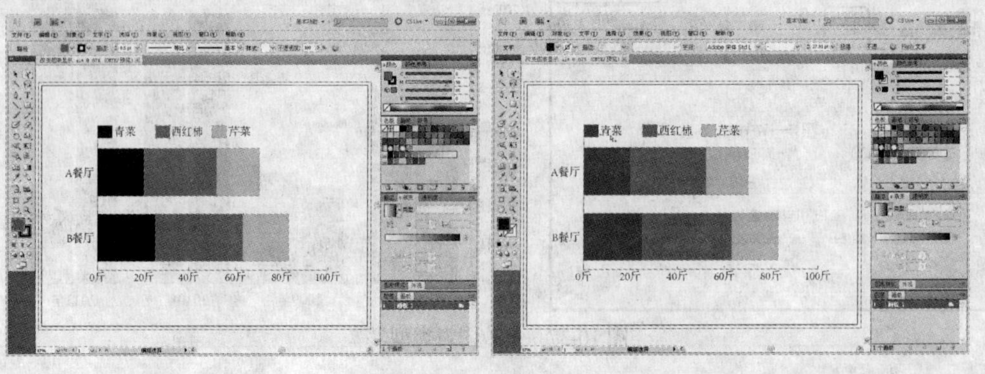

图 10-40　选择文字

(4) 在控制面板中，更改文字颜色、字体样式、字体大小等参数，如图 10-41 所示。

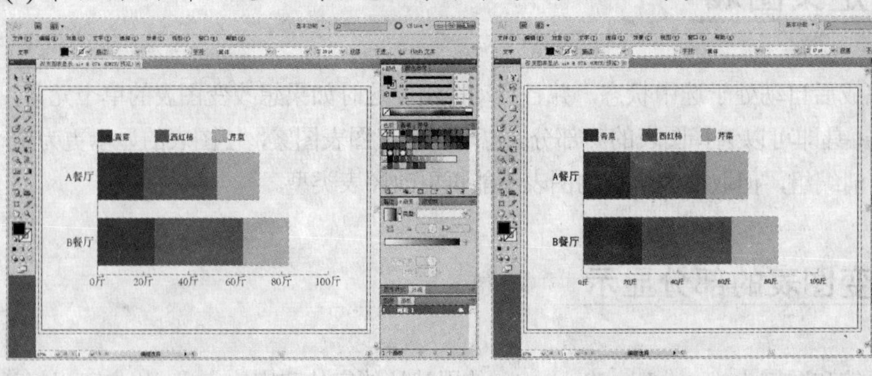

图 10-41　更改文字(1)　　　　图 10-42　更改文字(2)

(5) 使用步骤(3)~步骤(4)的操作方法，更改其他数据文字的字体样式、字体大小，如图 10-42 所示。

10.4.2　将图形添加到图表

在 Illustrator CS5 中，不仅可以给图表应用单色填充和渐变填充，还可以使用图案图形来创建图表效果。

【例 10-6】在 Illustrator 中，将图片添加到图表中。

(1) 在打开的图形文件中，使用【选择】工具选中图形，然后选择【对象】|【图表】|【设计】命令，打开【图表设计】对话框，如图 10-43 所示。

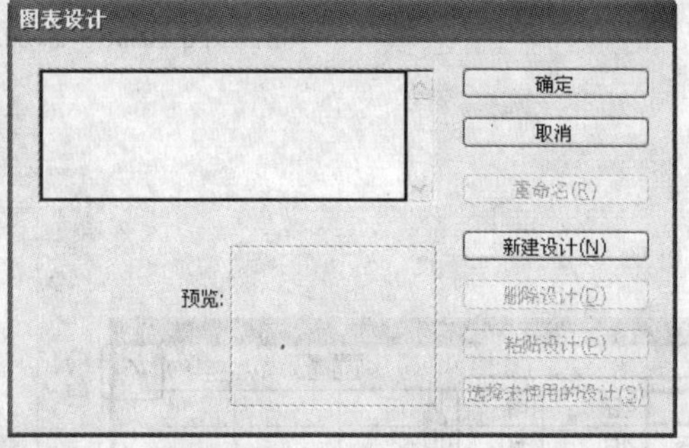

图 10-43　打开【图表设计】对话框

(2) 单击【新建设计】按钮，在上面的空白框中出现【新建设计】的文字，在预览框中出现了图形预览，如图 10-44 所示。

(3) 单击【重命名】按钮，打开【重命名】对话框，可以重新定义图案的名称。在【名称】文本框中输入文字“A 餐”，单击【确定】按钮，关闭【重命名】对话框，然后再单击【确定】按钮，关闭【图表设计】对话框，如图 10-45 所示。

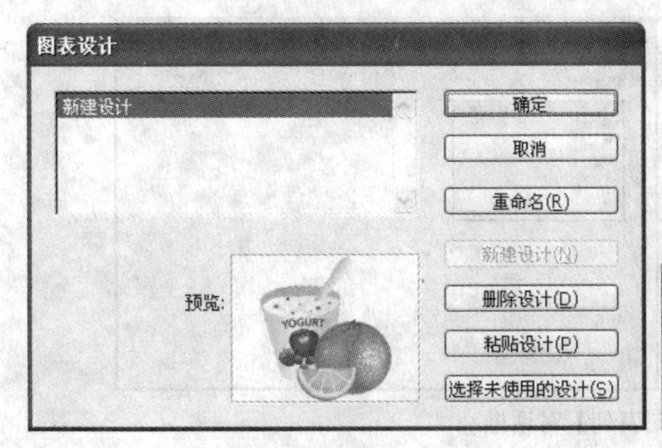

图 10-44　新建设计

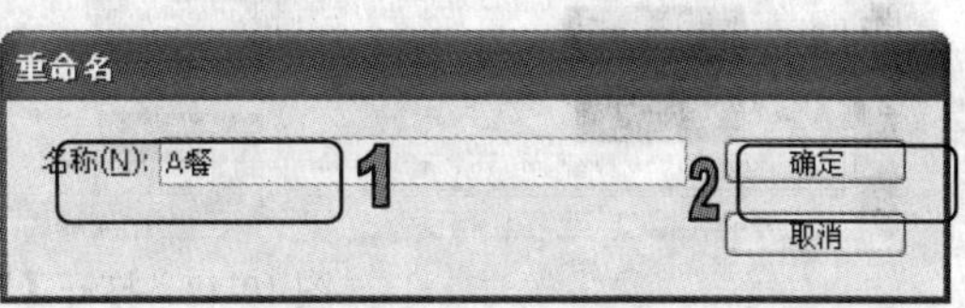

图 10-45　重命名

(4) 使用步骤(1)~步骤(3)的操作方法添加其他图形，如图 10-46 所示。

(5) 在工具箱中单击【堆积条形图】工具，在页面中拖动创建表格范围，打开图表数据输入框，在输入框中输入相应的图表数据，然后单击【应用】按钮✓即可创建相应图表，如图 10-47 所示。

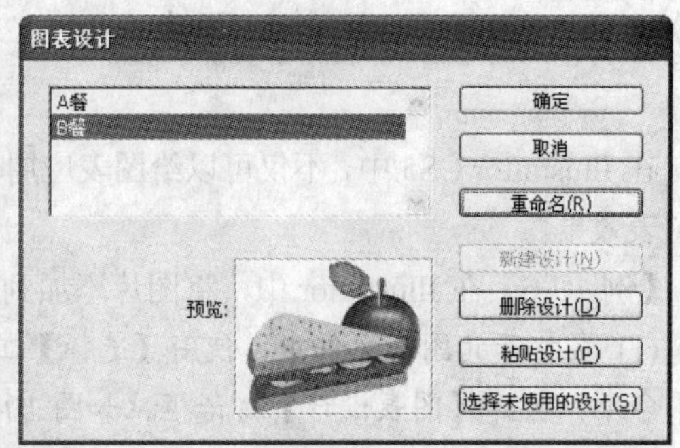

图 10-46　添加新设计

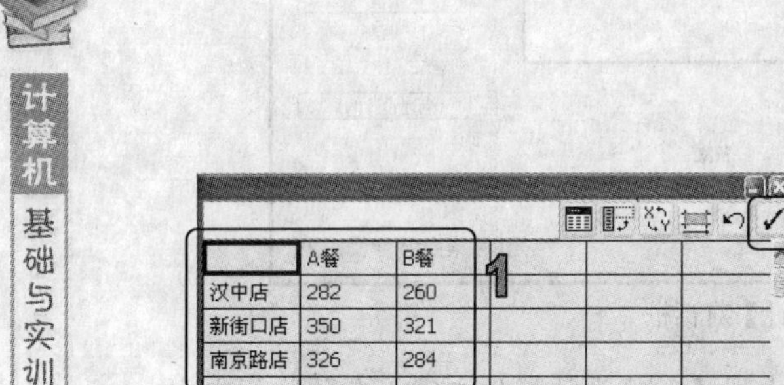

	A餐	B餐
汉中店	282	260
新街口店	350	321
南京路店	326	284

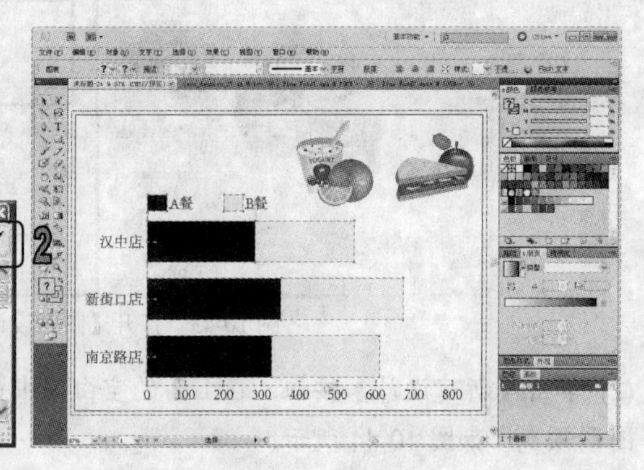

图 10-47　创建图表

(6) 选择工具箱中的【编组选择】工具，选中图表中对象，选择【对象】|【图表】|【柱形图】命令，将会打开柱形图的【图表列】对话框，如图 10-48 所示。

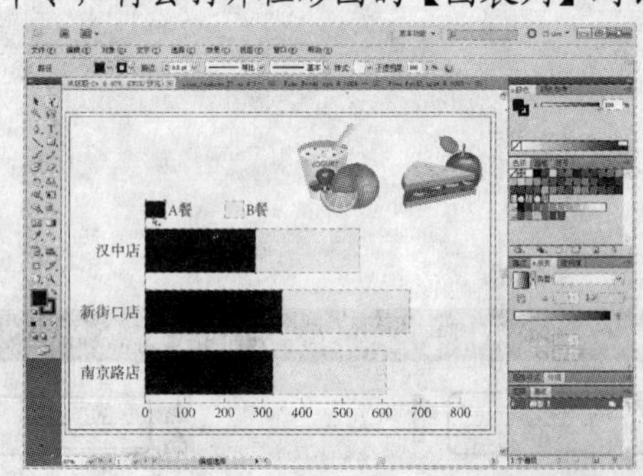

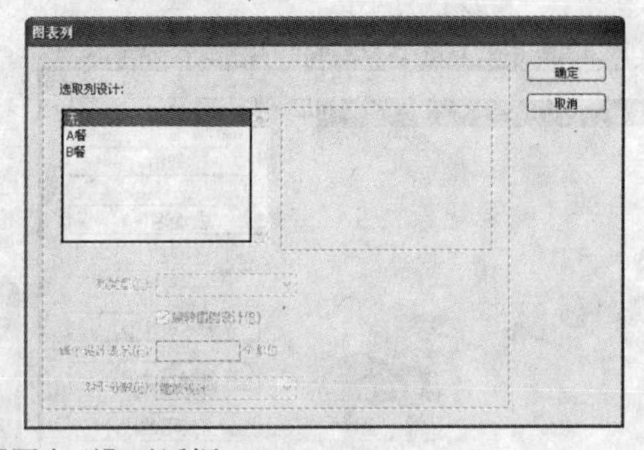

图 10-48　打开【图表列】对话框

(7) 在【选取列设计】列表框中选择刚定义的图案名称，在【列类型】下拉列表中选择【重复堆叠】，在【每个设计表示……个单位】数值框中输入 100，在【对于分数】下拉列表中选择【截断设计】选项，然后单击【确定】按钮，就会得到如图 10-49 所示的图表。

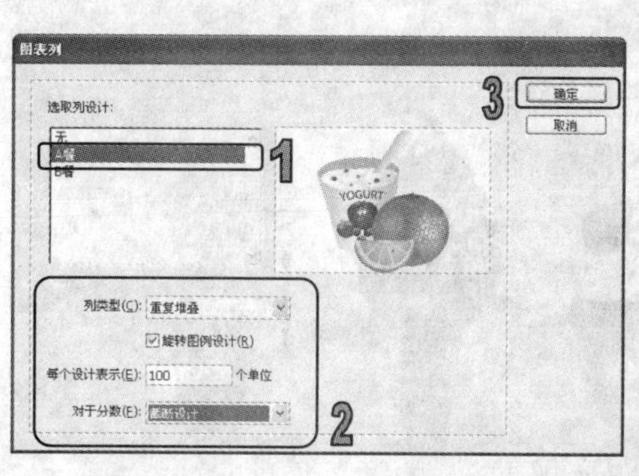

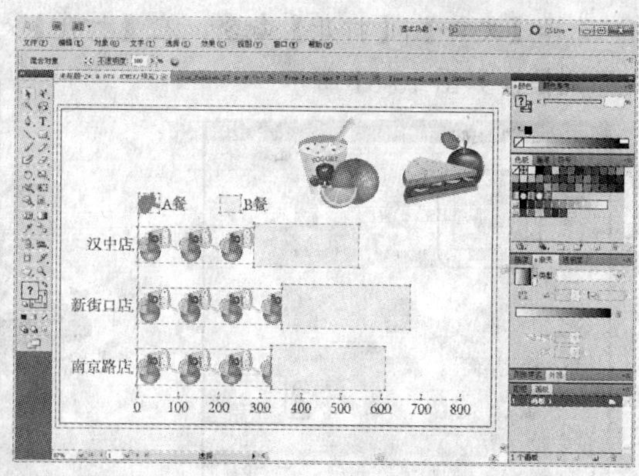

图 10-49　添加图形

- 垂直缩放:这种方式的图表是根据数据的大小对图表的自定义图案进行垂直方向的放大和缩小，而水平方向保持不变所得到的图表。
- 一致缩放:这种方式的图表是根据数据的大小对图表的自定义图案进行按比例的放大和缩小所得到的图表。
- 重复堆叠：选中此选项，【柱形图】对话框下面的两个选项被激活。【每个设计表示……个单位】中数值表示每一个图案代表数字轴上多少个单位。【对于分数】部分有两个选项，【截断设计】代表截取图案的一部分来表示数据的小数部分，【缩放设计】代表对图案进行比例缩放来表示小数部分。
- 局部缩放：局部缩放与垂直缩放比较类似，但其是将图案进行局部拉伸。

(8) 使用步骤(6)~步骤(7)的操作方法，为图表添加其他图形设计，如图 10-50 所示。

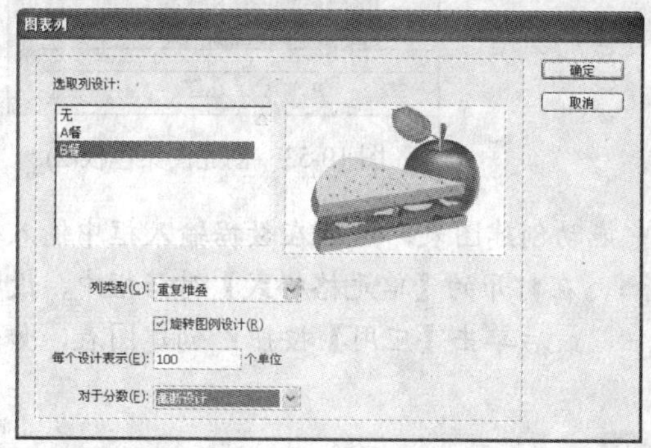

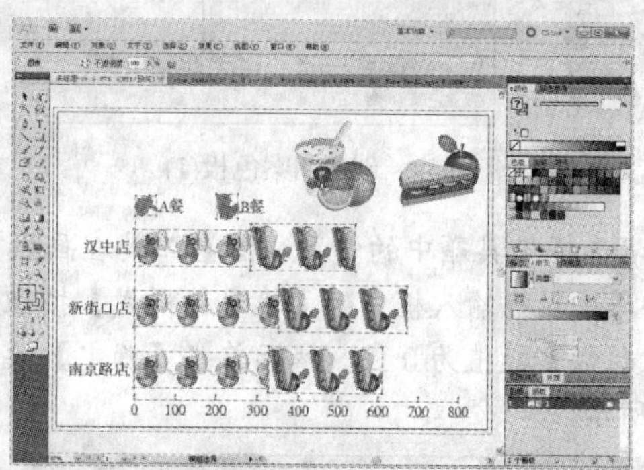

图 10-50　添加图形

10.5　上机练习

本章上机练习主要练习制作图表的显示效果，使用户更好地掌握图表的创建、编辑，以及添加图形的基本操作方法和技巧。

(1) 选择【文件】|【打开】命令，在【打开】对话框中选择图形文档，然后单击【打开】按钮打开文档，如图 10-51 所示。

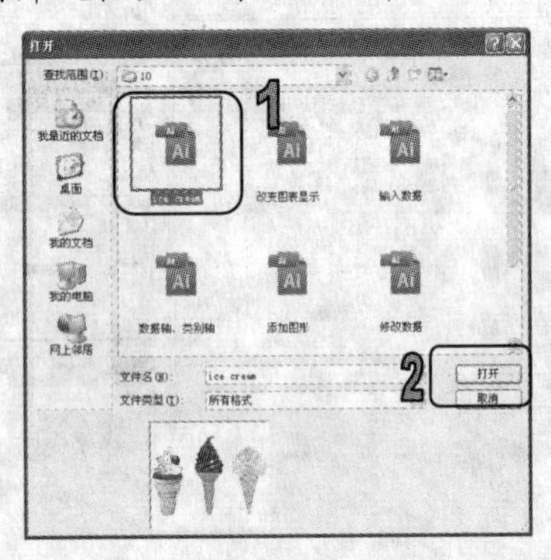

图 10-51　打开图形文档

(2) 使用工具箱中的【选择】工具选中最左边的图形，并将其拖动到【色板】面板中创建图案色板，如图 10-52 所示。

(3) 使用步骤(2)的方法，分别选中文件中另外两个冰激凌图形，并创建图案色板，如图 10-53 所示。

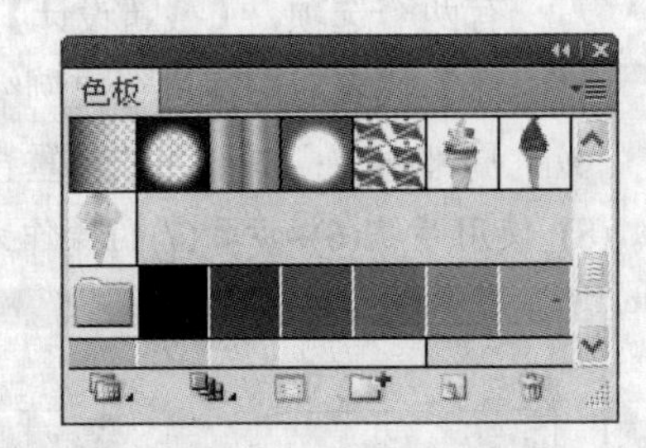

图 10-52　创建图案色板(1)　　　图 10-53　创建图案色板(2)

(4) 选择工具箱中的【面积图】工具在画板中拖动创建图表，然后在数据输入框中输入数值。再单击数据输入框中的【单元格样式】按钮，在打开的【单元格样式】对话框中，设置【小数位数】数值为 0 位，然后单击【确定】按钮，最后单击【应用】按钮✓创建图表，如图 10-54 所示。

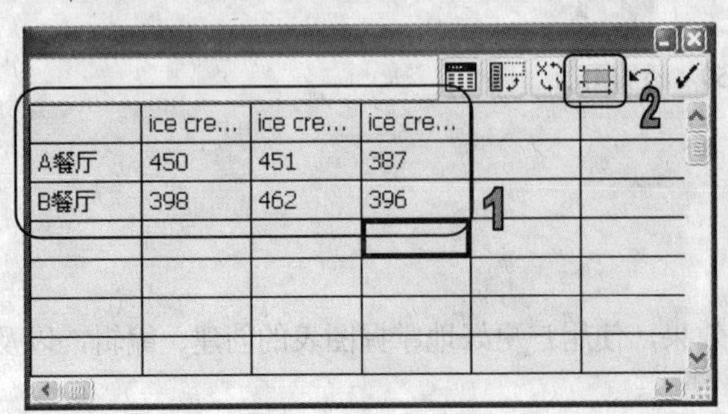

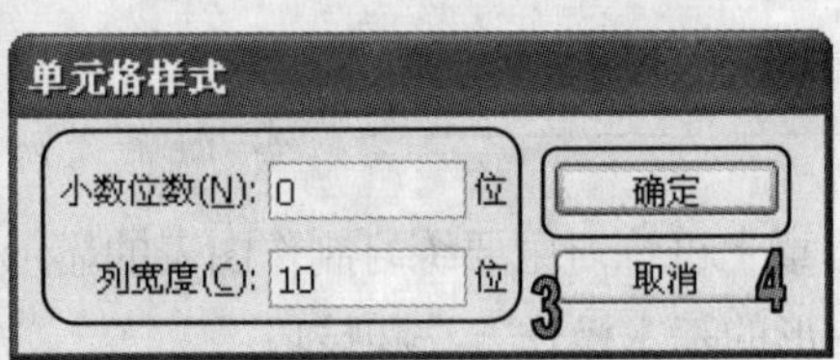

图 10-54　创建图表

(5) 使用【编组选择】工具单击一次以选择要更改文字的基线，再单击以选择同组数据文字，然后在控制面板中，更改文字颜色、字体样式与字体大小，如图 10-55 所示。

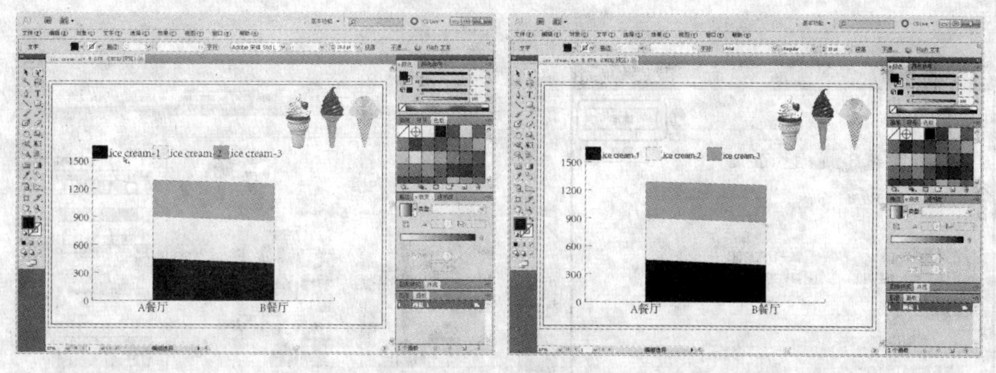

图 10-55　更改文字效果

(6) 选择工具箱中的【直接选择】工具，选择创建的图表中的一组数据图例，如图 10-56 所示。

(7) 在【色板】面板中单击选择冰激凌图案色板，为选中的数据图例填充图案图例，如图 10-57 所示。

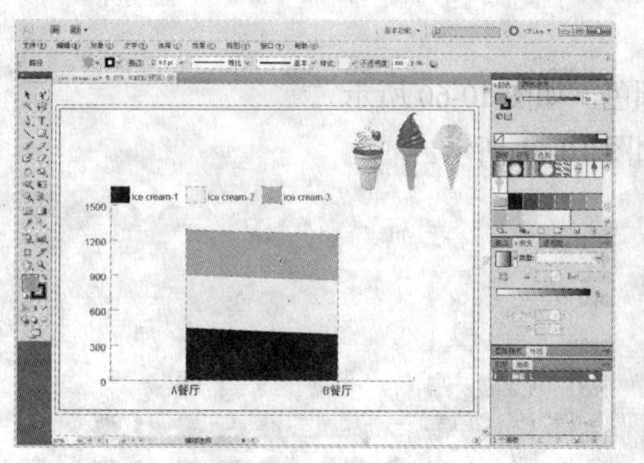

图 10-56　选择数据图例

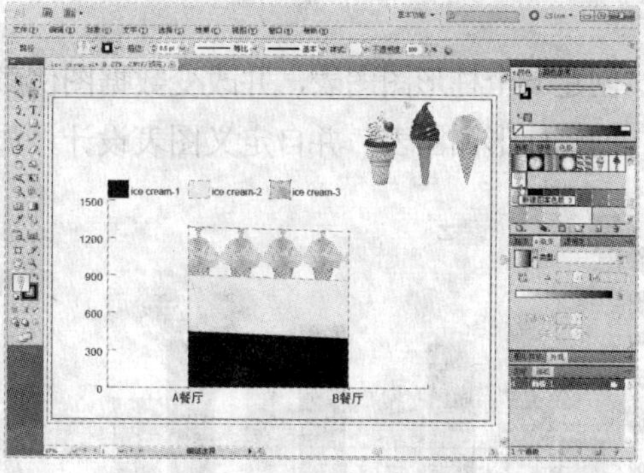

图 10-57　填充图案

(8) 使用步骤(6)~步骤(7)的操作方法，为另外两组数据填充相应的图例，如图 10-58 所示。

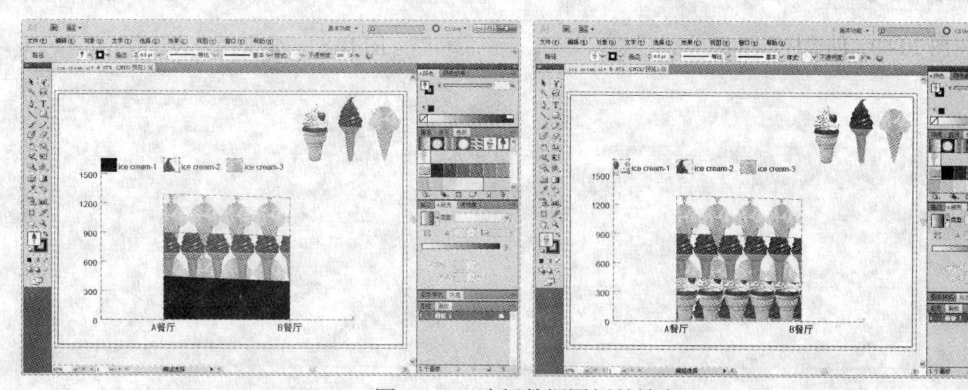

图 10-58　选择数据图例并填充

(9) 使用【选择】工具选中图表，选择【对象】|【图表】|【类型】命令，在打开的【图表类型】对话框中单击【柱形图】按钮，单击【确定】按钮，将图表类型更改为柱形图，如图 10-59 所示。

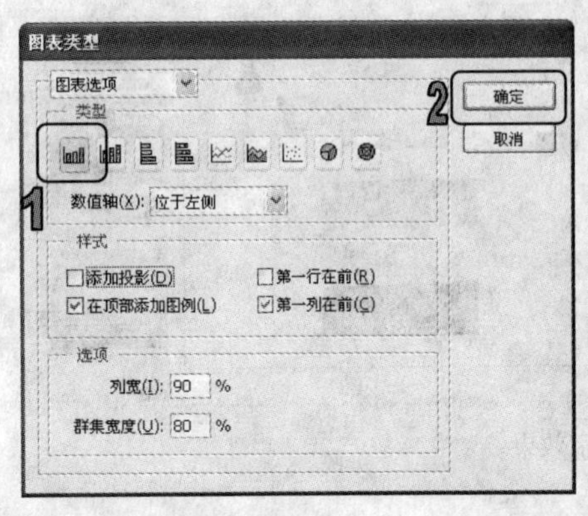

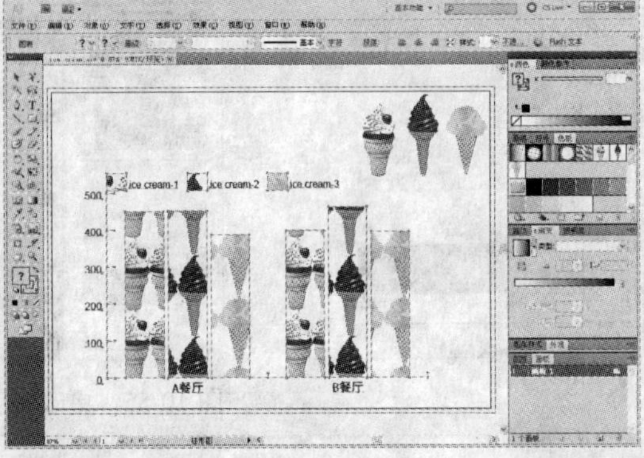

图 10-59　更改图表类型

10.6　习题

1. 创建一个柱形图图表，并改变数据图例颜色，如图 10-60 所示。
2. 创建柱形图图表，并自定义图表设计，如图 10-61 所示。

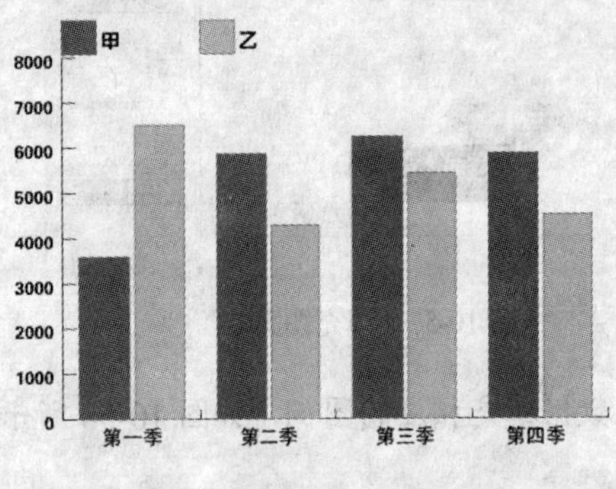

图 10-60　创建柱形图表

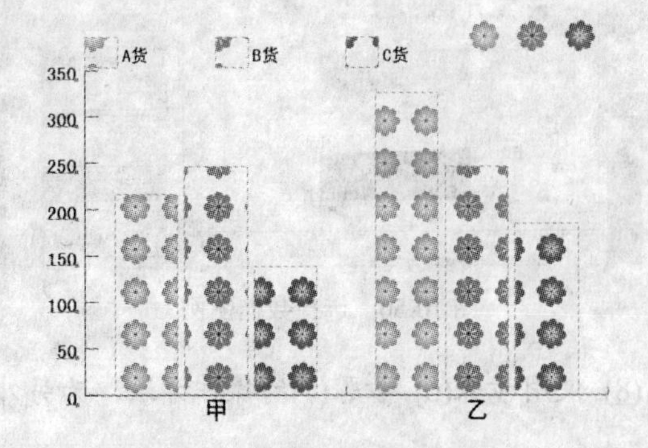

图 10-61　定义图表设计

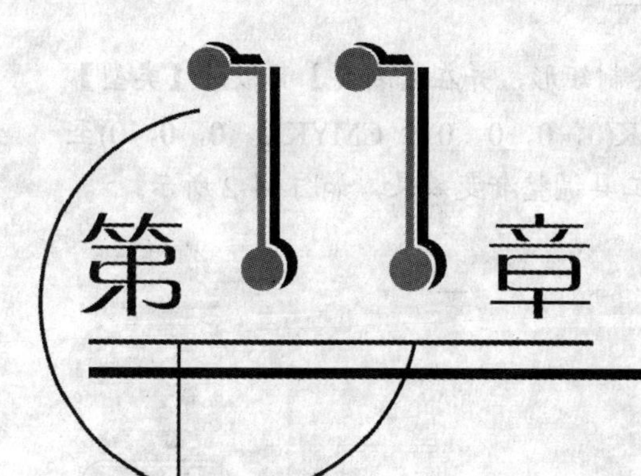

第11章 综合实例

学习目标

本章通过两个制作实例，综合地讲解使用 Illustrator CS5 进行平面设计的方法和技巧。通过对本章的学习，读者应对 Illustrator CS5 有更加深入的认识，并能够综合运用它的基本功能创建与编辑图形。

本章重点

- 立体包装
- 网页设计

11.1 立体包装

本节实例通过制作立体包装效果，帮助用户巩固和掌握图形绘制、编辑操作和应用技巧以及图形对象的填充、效果的运用方法。

(1) 启动 Illustrator，选择【文件】|【新建】命令，打开【新建文档】对话框。在对话框的【名称】文本框中输入“立体包装”，设置【宽度】数值为 210 mm，【高度】数值为 210 mm，然后单击【确定】按钮创建新文档，如图 11-1 所示。

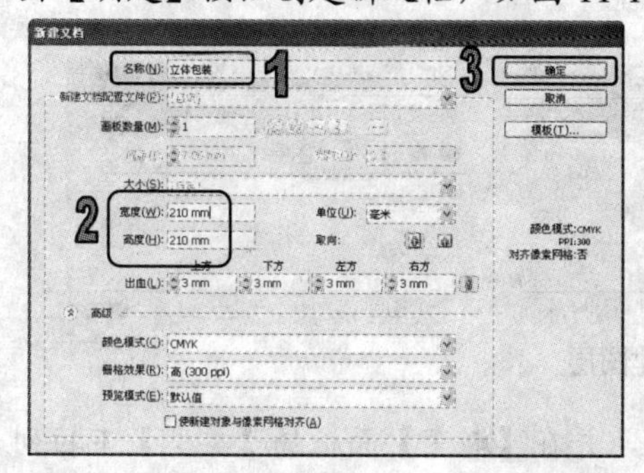

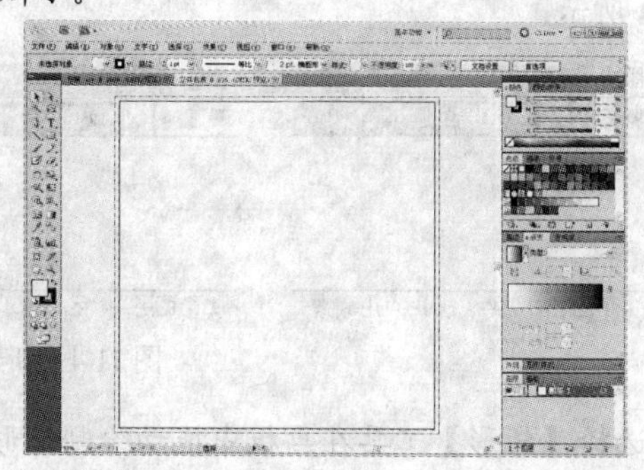

图 11-1　新建文档

(2) 选择工具箱中的【矩形】工具在画板中拖动绘制矩形，并在【渐变】面板的【类型】下拉列表中选择【径向】选项，设置渐变颜色为 CMYK(0，0，0，0)至 CMYK(0，0，0，0)至 CMYK(0，0，0，60)，然后选择工具箱中的【渐变】工具调整渐变效果，如图 11-2 所示。

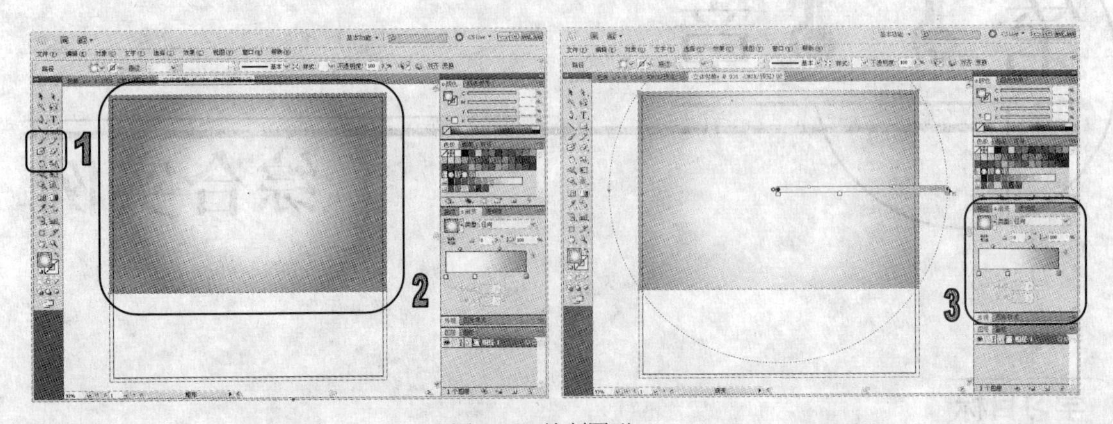

图 11-2　绘制图形(1)

(3) 选择工具箱中的【矩形】工具在画板中拖动绘制矩形，并在【渐变】面板的【类型】下拉列表中选择【线性】选项，设置渐变颜色为 CMYK(0，0，0，100)至 CMYK(0，0，0，0)，设置【角度】数值为-90°，然后选择【渐变】工具调整渐变效果，如图 11-3 所示。

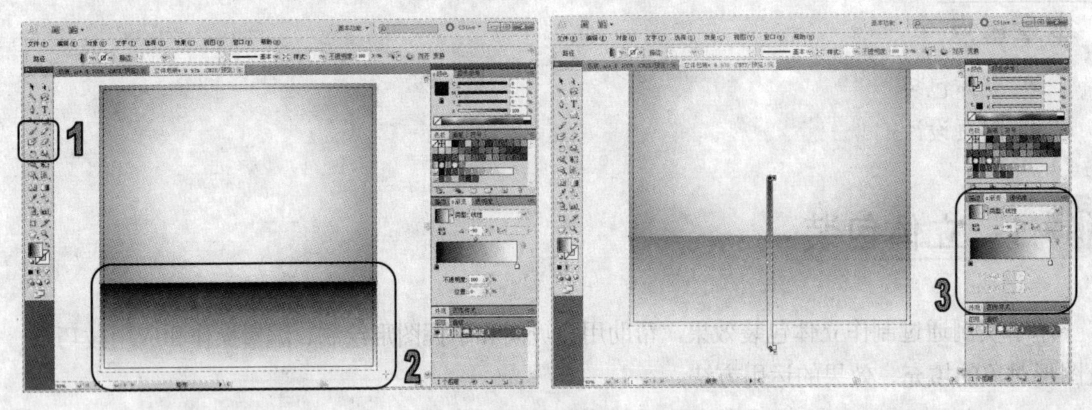

图 11-3　绘制图形(2)

(4) 在【图层】面板中，锁定【图层 1】，再单击【创建新图层】按钮，新建【图层 2】，如图 11-4 所示。

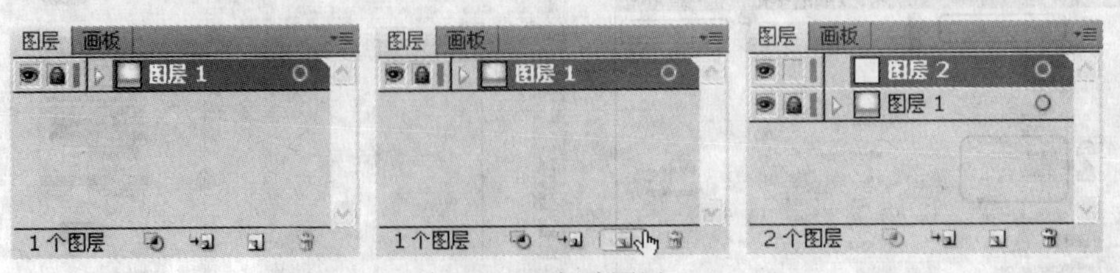

图 11-4　新建图层

(5) 选择【矩形】工具在画板中拖动绘制矩形，并在【渐变】面板的【类型】下拉列表中

选择【线性】选项，设置渐变颜色为 CMYK(45，36，33，0)至 CMYK(27，20，18，0)至 CMYK(0，0，0，0)至 CMYK(9，7，6，0)，设置【角度】数值为 100°，如图 11-5 所示。

(6) 选择【圆角矩形】工具在画板中拖动绘制圆角矩形，并在【渐变】面板中，设置渐变颜色为 CMYK(20，61，60，0.78)至 CMYK(0，61，61，0)至 CMYK(0，12，61，0)至 CMYK(61，0，61，0)至 CMYK(24，0，0，0)至 CMYK(60，48，0.78，0)，设置【角度】数值为 0.6°，然后选择【渐变】工具调整渐变效果，如图 11-6 所示。

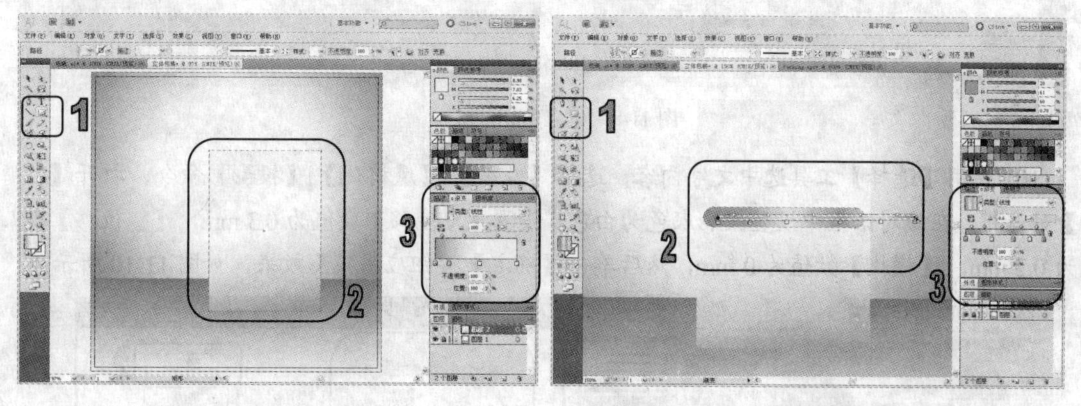

图 11-5　绘制图形(1)　　　　图 11-6　绘制图形(2)

(7) 继续使用步骤(6)的操作方法，使用【圆角矩形】工具绘制多个圆角矩形，并使用【选择】工具选中绘制的所有圆角矩形，然后在【透明度】面板中设置混合模式为【正片叠底】，如图 11-7 所示。

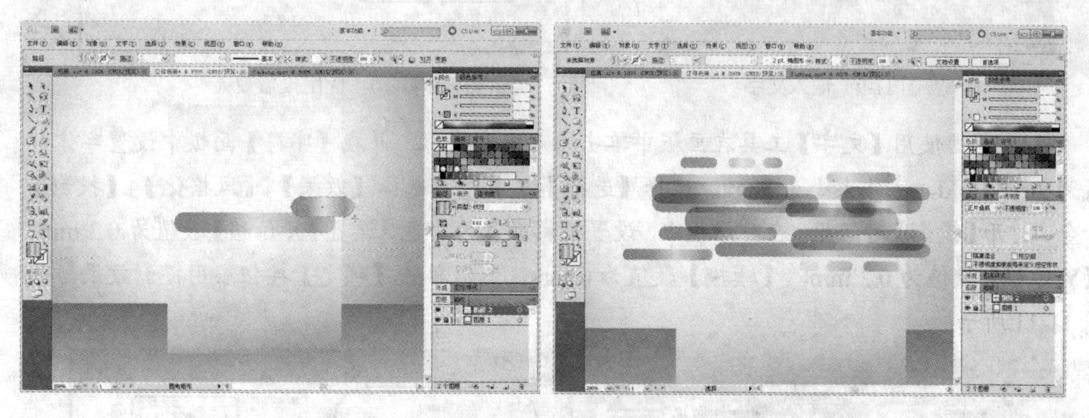

图 11-7　绘制图形(3)

(8) 选择【矩形】工具在画板中绘制个矩形，并使用【选择】工具按住 Shift 键选中刚绘制的矩形和圆角矩形，然后右击鼠标，在弹出的菜单中选择【建立剪切蒙版】命令建立剪切蒙版，如图 11-8 所示。

(9) 选择【文字】工具，在【颜色】面板中设置字体颜色为 CMYK(0，0，0，90)，在【字符】面板中设置字体为 Arial，字体大小为 12 pt，字符间距为-50，然后在画板中单击输入文字内容，如图 11-9 所示。

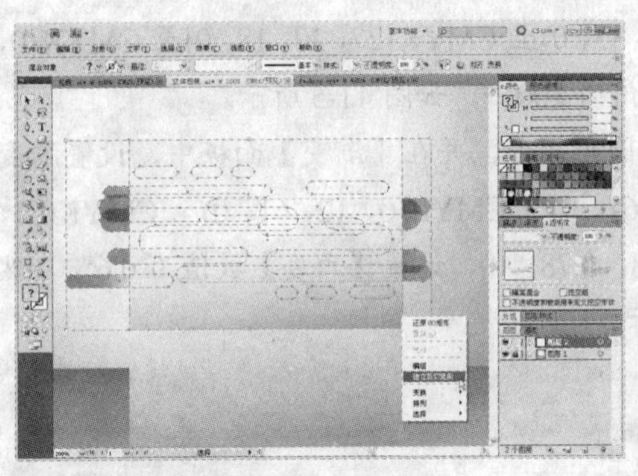

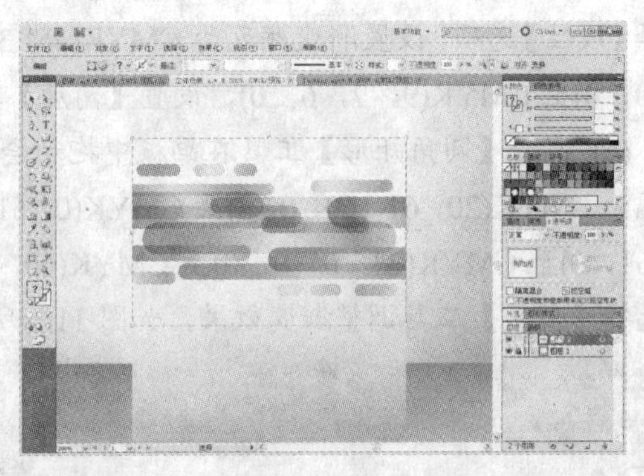

图 11-8　建立剪切蒙版

(10) 使用【选择】工具选中文字内容，选择【效果】|【风格化】|【投影】命令，打开【投影】对话框。在该对话框中设置投影颜色为白色，设置【X 位移】数值为 0.3 mm，【Y 位移】数值为 0.2 mm，【模糊】数值为 0 mm，然后单击【确定】按钮应用投影效果，如图 11-10 所示。

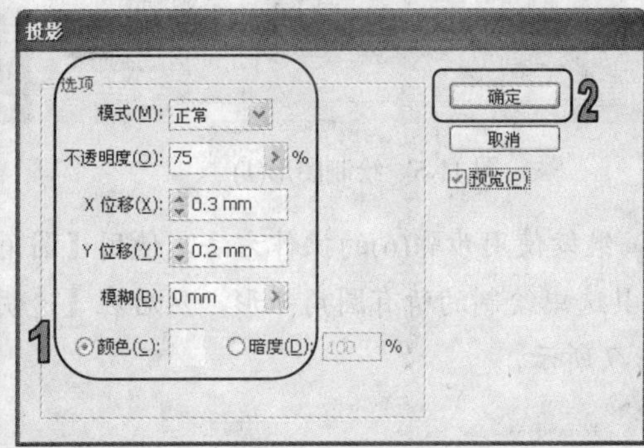

图 11-9　输入文字　　图 11-10　应用投影效果

(11) 继续使用【文字】工具在画板中单击输入文字内容，并在【字符】面板中设置字体样式为 Arial Bold，字体大小为 38 pt。选择【选择】工具，再选择【效果】|【风格化】|【投影】命令，打开【投影】对话框。在对话框中，设置投影颜色为白色，设置【X 位移】数值为 0.3 mm，【Y 位移】数值为 0.2 mm，【模糊】数值为 0 mm，然后单击【确定】按钮应用投影效果，如图 11-11 所示。

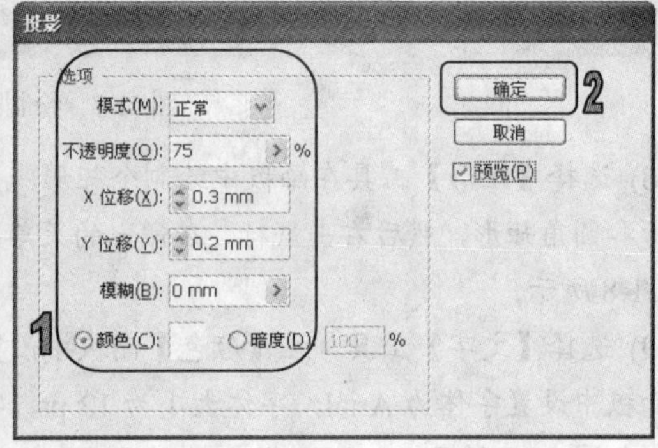

图 11-11　输入文字并应用投影效果

(12) 选择【文字】|【创建轮廓】命令将文字转换为图形，在【渐变】面板中，设置渐变颜色为 CMYK(0，0，0，90)至 CMYK(0，0，0，67)，设置【角度】数值为 90°，中心点【位置】数值为 75%，为文字图形填充渐变，如图 11-12 所示。

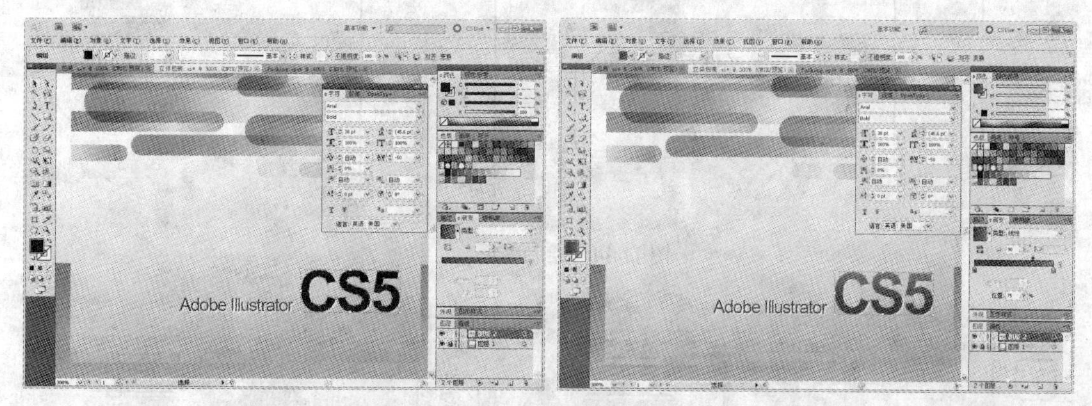

图 11-12　填充渐变

(13) 使用【钢笔】工具在画板中绘制形状，并在【渐变】面板中设置渐变 CMYK(18，13，13，0)至 CMYK(0，0，0，0)，设置【角度】数值为-136°。在【透明度】面板中设置混合模式为【正片叠底】。然后使用【选择】工具选中图形步骤(5)~步骤(13)中绘制的所有图形对象，按 Ctrl+G 键群组图形对象，如图 11-13 所示。

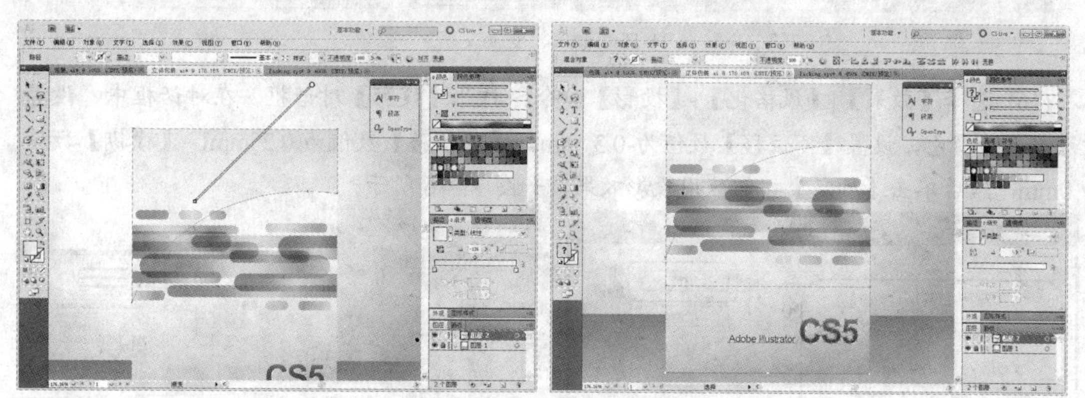

图 11-13　绘制并群组图形对象

(14) 选择【矩形】工具在画板中拖动绘制矩形，并在【渐变】面板的【类型】下拉列表中选择【线性】选项，设置渐变颜色为 CMYK(45，36，33，0)至 CMYK(27，20，18，0)至 CMYK(0，0，0，0)至 CMYK(9，7，6，0)，设置【角度】数值为 100°，然后选择【渐变】工具调整渐变效果，如图 11-14 所示。

(15) 使用【文字】工具在画板中单击并输入文字内容，在【字符】面板中设置字体样式为 Arial Bold，字体大小为 20 pt，字符间距为-100。然后选择【选择】工具将光标放置在控制框角点处，当光标变为弯曲的双向箭头时，按住 Shift 键旋转文字，如图 11-15 所示。

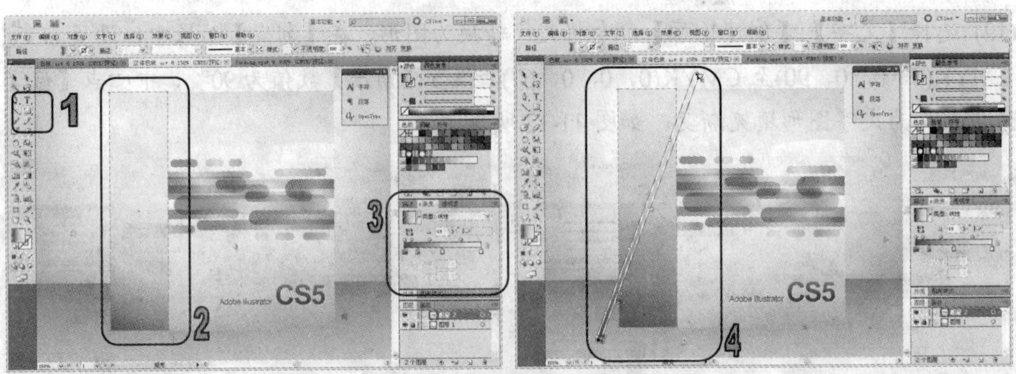

图 11-14　绘制图形

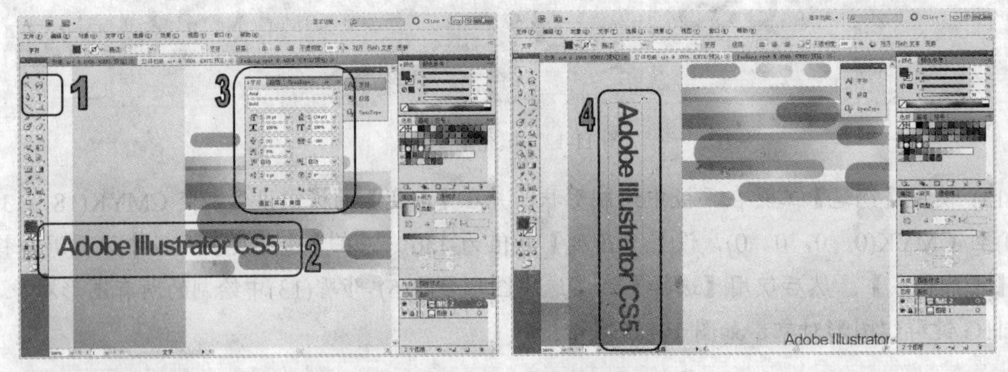

图 11-15　输入、变换文字

(16) 选择【效果】|【风格化】|【投影】命令，打开【投影】对话框。在对话框中，设置投影颜色为白色，设置【X 位移】数值为-0.3 mm，【Y 位移】数值为 0.2 mm，【模糊】数值为 0mm，然后单击【确定】按钮应用投影效果，如图 11-16 所示。

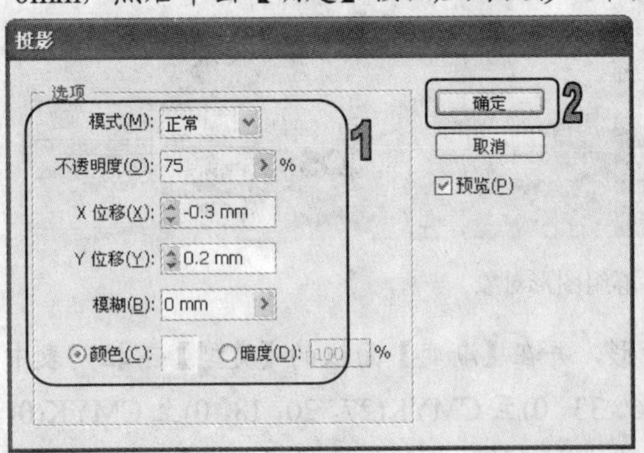

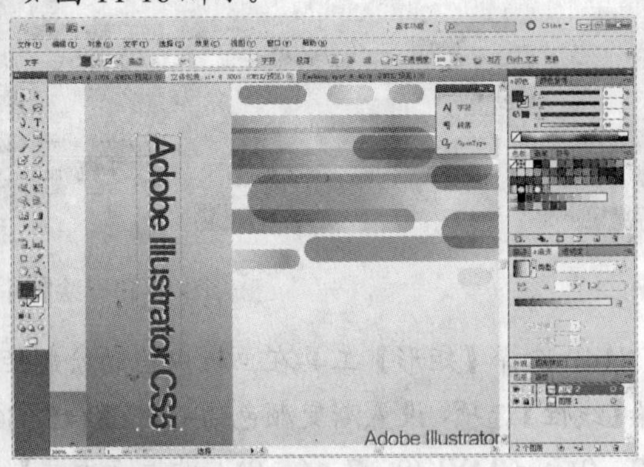

图 11-16　应用投影

(17) 使用【钢笔】工具绘制形状，并在【渐变】面板中设置渐变 CMYK(36，27，26，0)至 CMYK(18，13，13，0)，【角度】数值为-89°。在【透明度】面板中设置混合模式为【正片叠底】，如图 11-17 所示，然后使用【选择】工具选中步骤(13)~步骤(16)中所绘制的图形，按 Ctrl+G 键进行群组。

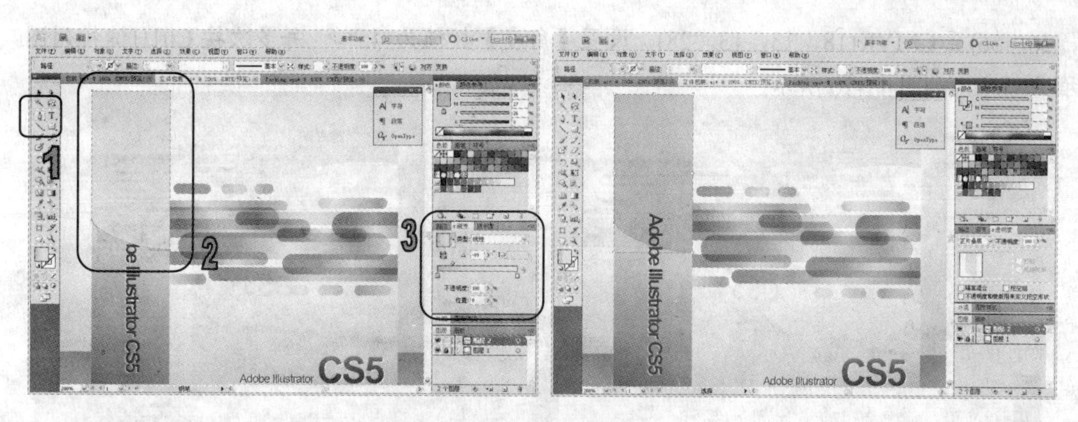

图 11-17　绘制图形

(18) 使用【选择】工具选中刚群组的图形对象组，然后选择【自由变换】工具拖动过程中，再按住 Ctrl+Alt+Shift 键改变图形对象组透视效果。使用相同方法改变步骤(13)中群组对象的透视效果，如图 11-18 所示。

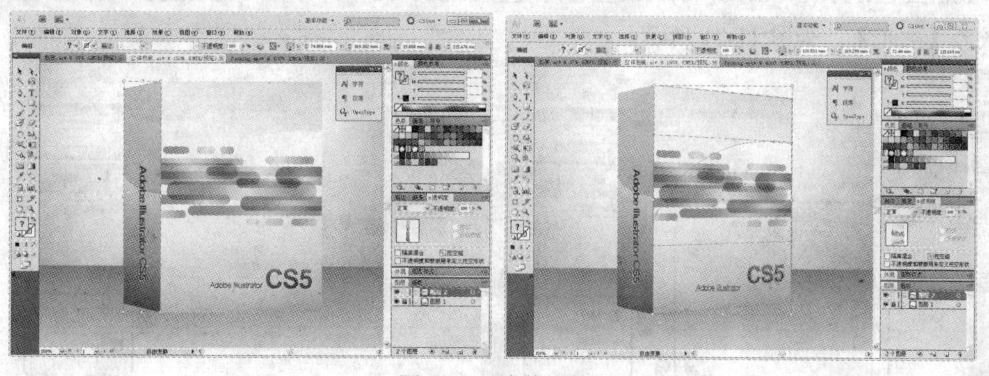

图 11-18　变换图形

(19) 使用【钢笔】工具在画板中绘制形状，并在【渐变】面板中设置渐变颜色为 CMYK(0，0，0，67)至 CMYK(54，45，41，0)，设置【角度】数值为 105°。在【透明度】面板中设置混合模式为【正片叠底】，并多次按 Ctrl+[键排列图形堆叠顺序，如图 11-19 所示。

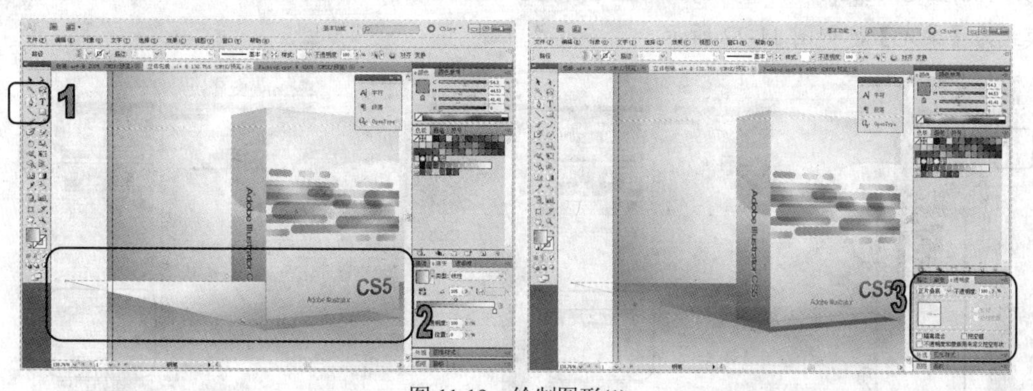

图 11-19　绘制图形(1)

(20) 使用【钢笔】工具在画板中绘制形状，并在【渐变】面板中设置渐变颜色为 CMYK(36，

27，26，56)至 CMYK(18，13，13，28)，设置【角度】数值为-45°，并多次按 Ctrl+[键排列图形堆叠顺序，如图 11-20 所示。

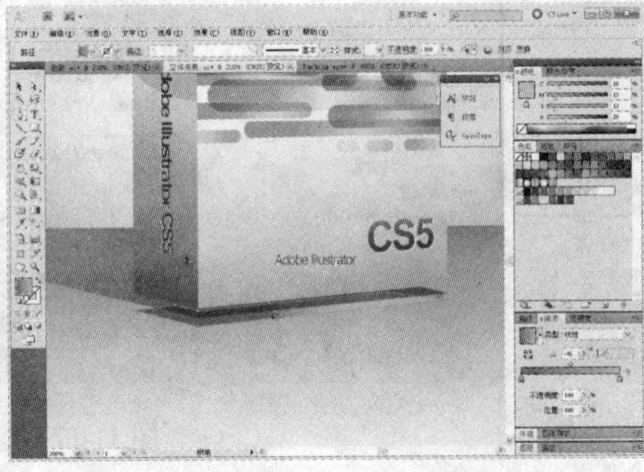

图 11-20　绘制图形(2)

(21) 使用【钢笔】工具在画板中绘制形状，并在【渐变】面板中设置渐变颜色为 CMYK(0，0，0，100)至 CMYK(0，0，0，0)，设置【角度】数值为-56°。并在【透明度】面板中设置混合模式为【柔光】，如图 11-21 所示。

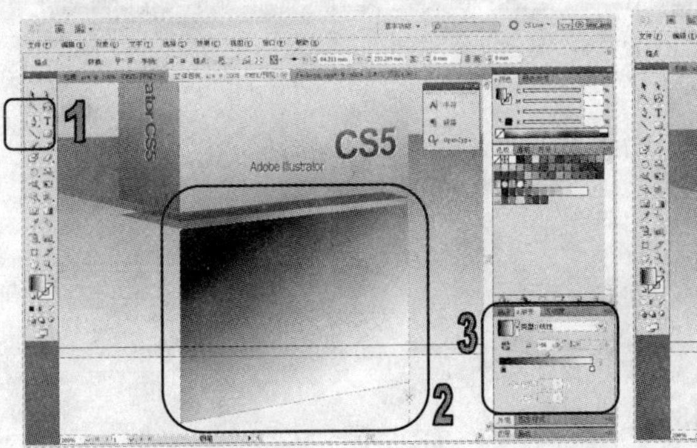

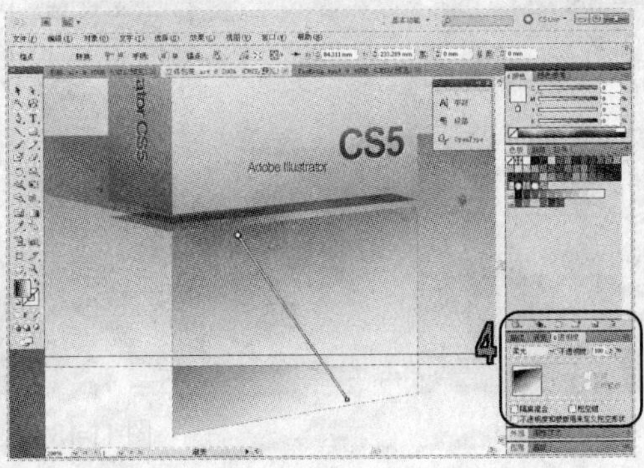

图 11-21　绘制图形(3)

(22) 使用【钢笔】工具在画板中绘制形状，并在【渐变】面板中设置渐变颜色为 CMYK(0，0，0，100)至 CMYK(0，0，0，0)，设置【角度】数值为-56°。并在【透明度】面板中设置混合模式为【柔光】，如图 11-22 所示。

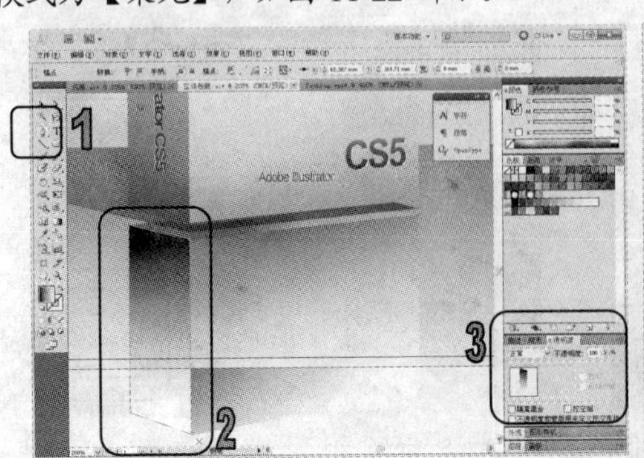

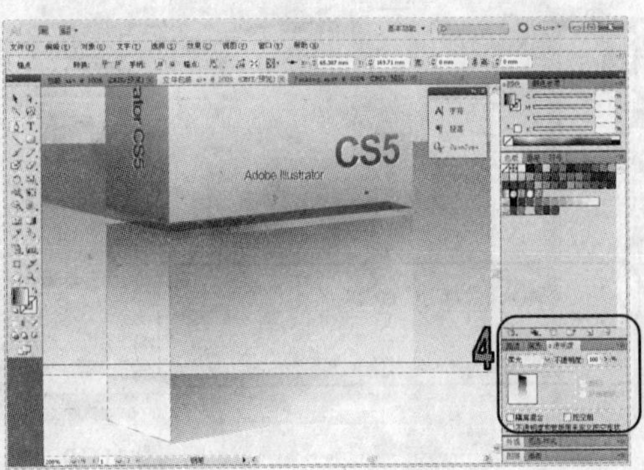

图 11-22　绘制图形(4)

(23) 使用【选择】工具按住 Shift 键选中绘制的立体包装图形，将光标放置在控制框的角点上，当光标变换双向箭头时按住鼠标拖动放大并调整位置，如图 11-23 所示。

(24) 选择【矩形】工具，在画板上绘制与画板同大的矩形，并在【颜色】面板中取消填充和描边色，如图 11-24 所示。

图 11-23　调整图形

图 11-24　绘制图形

(25) 按住 Shift 键使用【选择】工具选中投影图形，右击鼠标，在弹出的菜单中选择【建立剪切蒙版】命令，然后多次按 Ctrl+[键调整图形堆叠顺序，如图 11-25 所示。

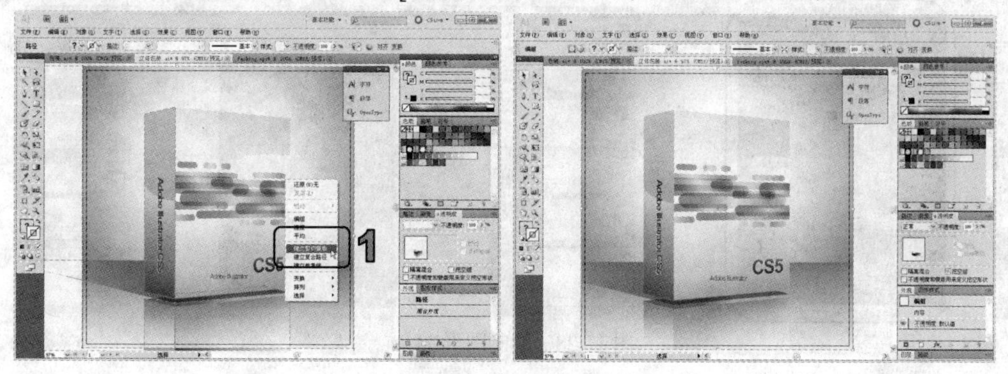

图 11-25　建立剪切蒙版

11.2　网页设计

本综合实例通过制作网页效果，帮助用户巩固和掌握图形绘制、编辑、排列的操作方法，以及文字的输入、编辑操作方法及技巧。

(1) 启动 Illustrator CS5，选择【文件】|【新建】命令，打开【新建文档】对话框。在对话框的【名称】文本框中输入“网页设计”，在【单位】下拉列表中选择【像素】选项，设置【宽度】数值为 768 px，【高度】数值为 1024 px，设置【出血】数值为 0 px，在【颜色模式】下拉列表中选择 RGB，【栅格效果】下拉列表中选择【屏幕(72ppi)】，然后单击【确定】按钮创建新文档，如图 11-26 所示。

(2) 选择工具箱中的【矩形】工具，在【颜色】面板中取消描边颜色，设置填充色为 RGB(4,

0，0)，然后使用【矩形】工具在画板上绘制如图 11-27 所示的矩形。

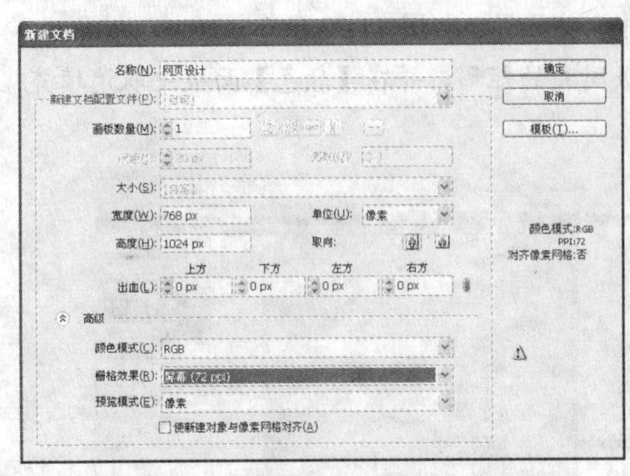

图 11-26　新建文档

图 11-27　绘制矩形

(3) 使用【矩形】工具在画板中绘制矩形，并在【渐变】面板中【类型】下拉列表中选择【径向】选项，设置渐变颜色为 RGB(162，211，225)至 RGB(30，143，192)至 RGB(0，75，140)，然后选择【渐变】工具调整渐变效果，如图 11-28 所示。

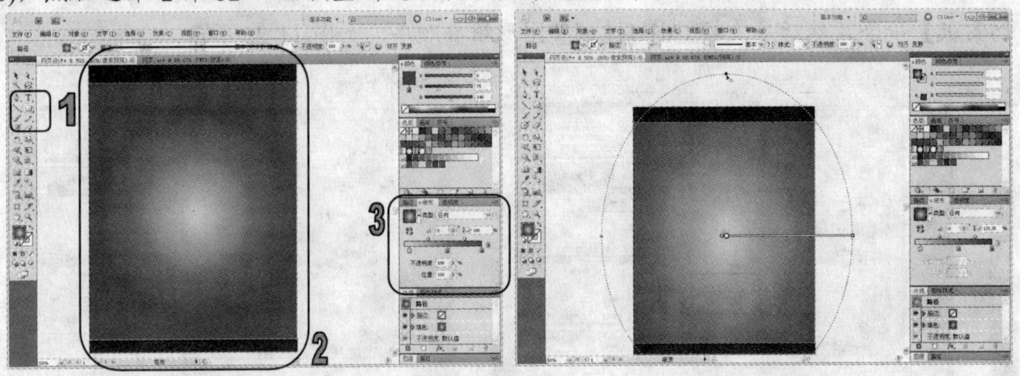

图 11-28　绘制图形(1)

(4) 使用【钢笔】工具在画板中绘制图形，并在【渐变】面板中【类型】下拉列表中选择【径向】选项，设置渐变颜色为 RGB(255，255，225)至 RGB(215，217，217)，然后选择【渐变】工具调整渐变效果，如图 11-29 所示。

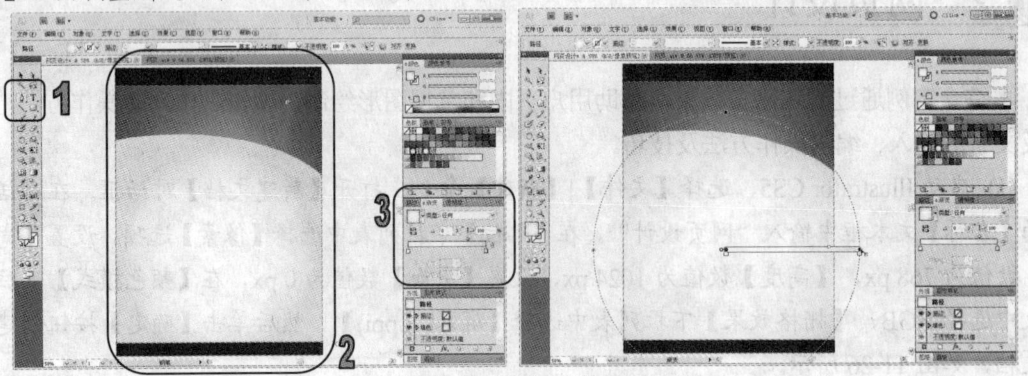

图 11-29　绘制图形(2)

(5) 使用【钢笔】工具在画板中绘制图形，并在【渐变】面板中【类型】下拉列表中选择【径向】选项，设置渐变颜色 RGB(153，201，70)至 RGB(33，167，61)，如图 11-30 所示。

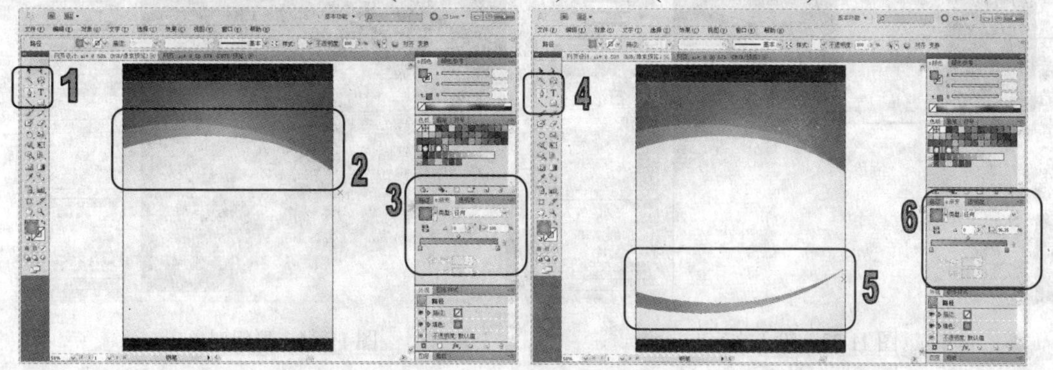

图 11-30　绘制图形(3)

(6) 选择【矩形】工具在画板中绘制矩形，在【颜色】面板中设置描边颜色为 RGB(111，112，114)，在【渐变】面板中设置渐变颜色为 RGB(215，217，217)至 RGB(153，155，157)，设置【角度】数值为-90°，并在【描边】面板中，单击【使描边外侧对齐】按钮，如图 11-31 所示。

(7) 继续使用【矩形】工具绘制矩形，并在【颜色】面板中取消描边颜色，设置填充颜色为 RGB(255，255，255)，然后在【透明度】面板中设置【不透明度】数值为 27%，如图 11-32 所示。

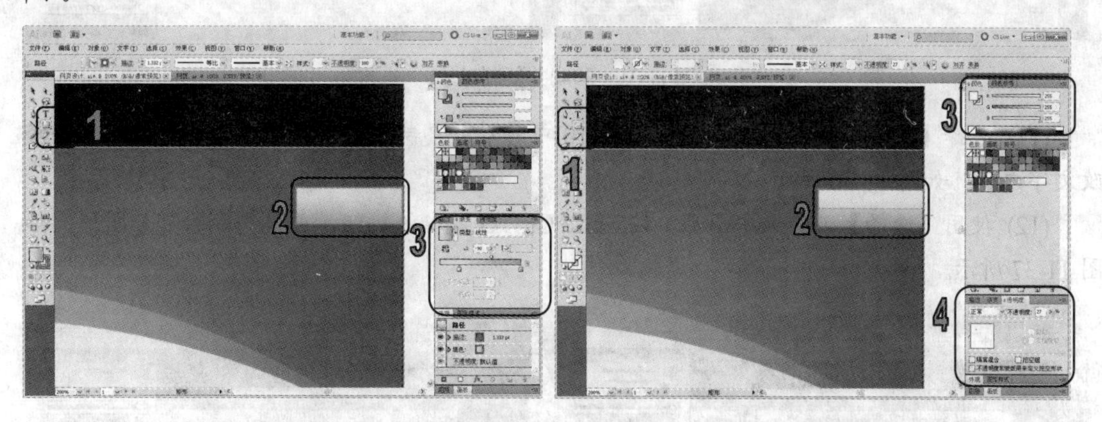

图 11-31　绘制图形(4)　　图 11-32　绘制图形(5)

(8) 选择【文字】工具，在【颜色】面板中设置字体颜色为 RGB(62，58，57)，在控制面板中单击【字符】面板链接，在弹出的【字符】面板中设置字体为 Berlin Sans FB，字体大小为 23 pt，然后输入文字内容，如图 11-33 所示。

(9) 使用【选择】工具选中步骤(6)~步骤(8)中绘制的矩形和文字，按 Ctrl+G 键群组选中的对象，如图 11-34 所示。

(10) 使用【选择】工具按住 Ctrl+Shift+Alt 键移动并复制步骤(9)中群组的图形对象，然后按 Ctrl+D 键 5 次重复移动并复制图形对象的操作，如图 11-35 所示。

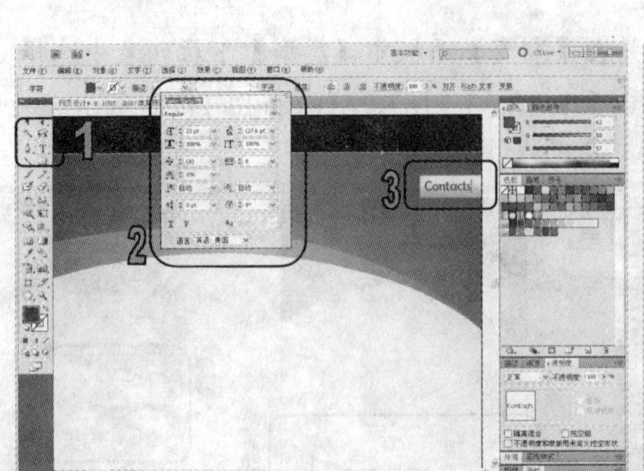

图 11-33　输入文字　　　　图 11-34　群组对象

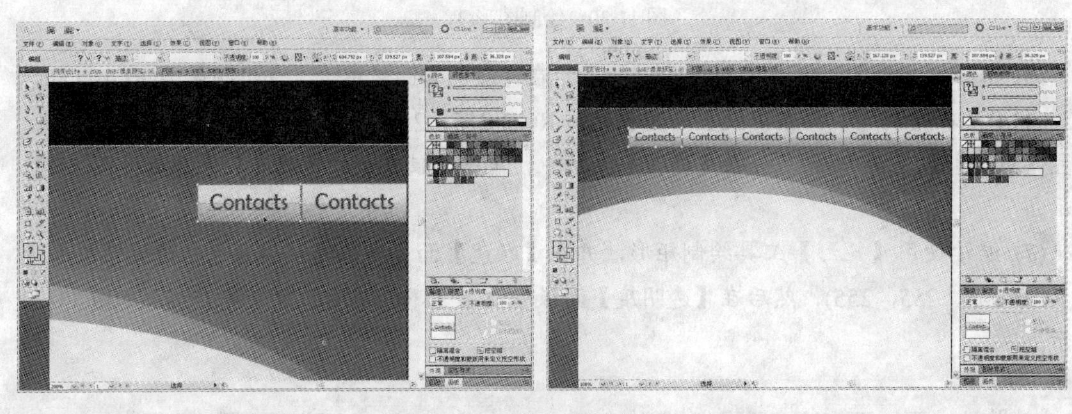

图 11-35　移动并复制对象

(11) 选择【文字】工具，分别选中步骤(10)中移动并复制的图形对象中的文字内容，并修改文字内容，如图 11-36 所示。

(12) 使用【选择】工具选中图形，按 Shift+Ctrl+G 键取消编组，并调整删除部分图形，如图 11-37 所示。

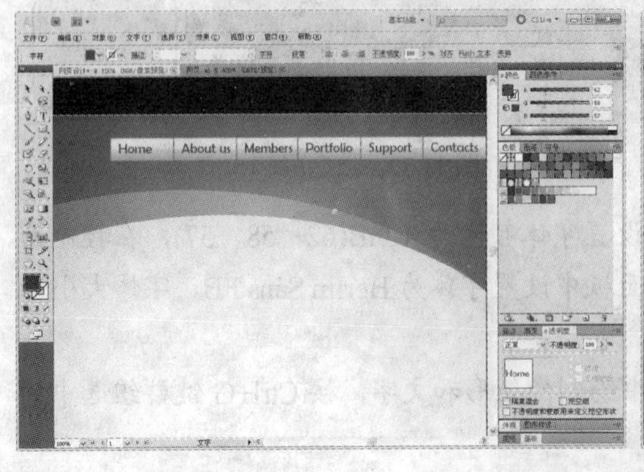

图 11-36　修改文字　　　　图 11-37　修改图形

(13) 选择【效果】|【转换为形状】|【圆角矩形】命令，在打开的【形状选项】对话框中，

设置【额外宽度】和【额外高度】数值均为 0 px，设置【圆角半径】数值为 9 px，然后单击【确定】按钮应用，并按 Ctrl+[键排列图形堆叠顺序，如图 11-38 所示。

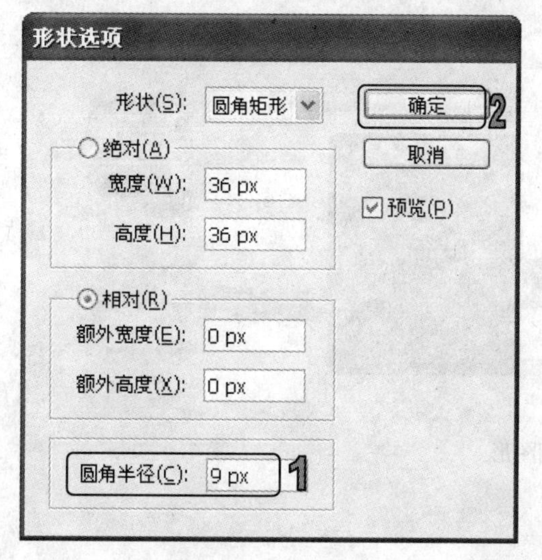

图 11-38　转换形状

(14) 在【渐变】面板中设置渐变颜色为 RGB(206，221，77)至 RGB(72，168，53)，并使用【选择】工具选中文字，在【颜色】面板中设置颜色为白色，然后使用【选择】工具调整文字位置，如图 11-39 所示。

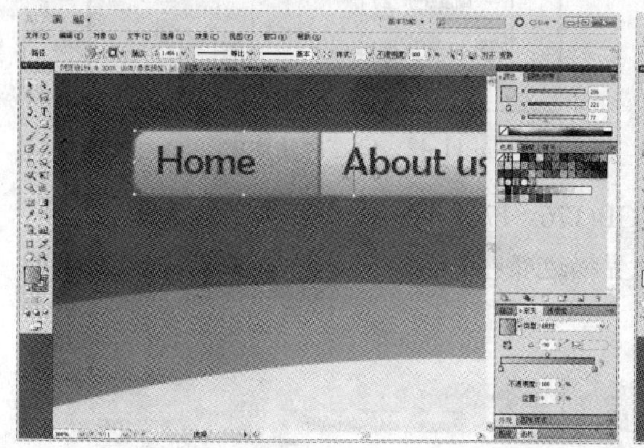

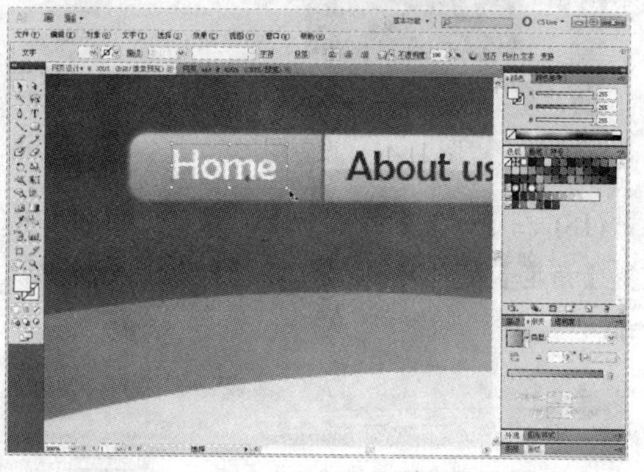

图 11-39　编辑图形、文字

(15) 选择【圆角矩形】工具在画板中单击，打开【圆角矩形】对话框。在对话框中，设置【宽度】数值为 200 px，【高度】数值为 245 px，【圆角半径】数值为 10 px，然后单击【确定】按钮，并在【渐变】面板中设置渐变颜色为 RGB(47，178，206)至 RGB(0，77，119)，【角度】为-90°，如图 11-40 所示。

(16) 在【颜色】面板中设置描边颜色为 RGB(197，198，200)，在【描边】面板中设置【粗细】数值为 2 pt，如图 11-41 所示。

(17) 选择【圆角矩形】工具在画板中单击，在打开的【圆角矩形】对话框中，设置【宽度】数值为 162 px，【高度】数值为 21 px，【圆角半径】数值为 6 px，然后单击【确定】按钮创建圆角矩形，如图 11-42 所示。

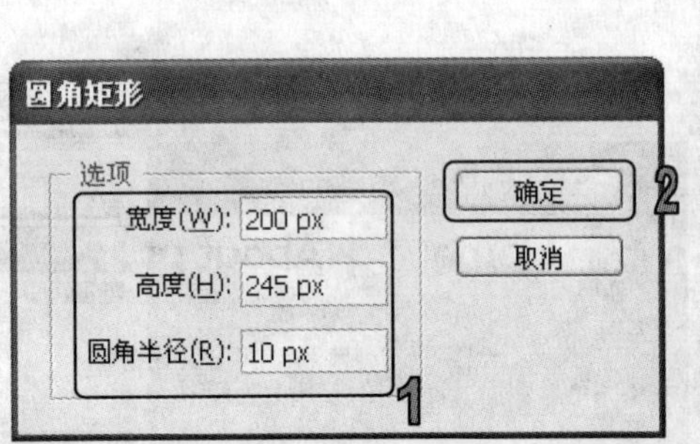

图 11-40　绘制图形

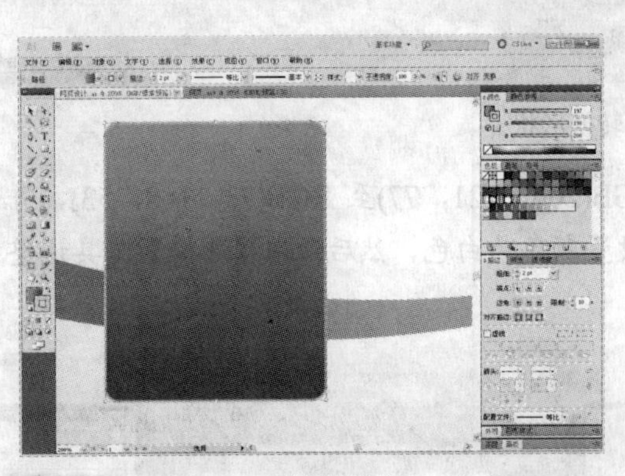

图 11-41　设置图形

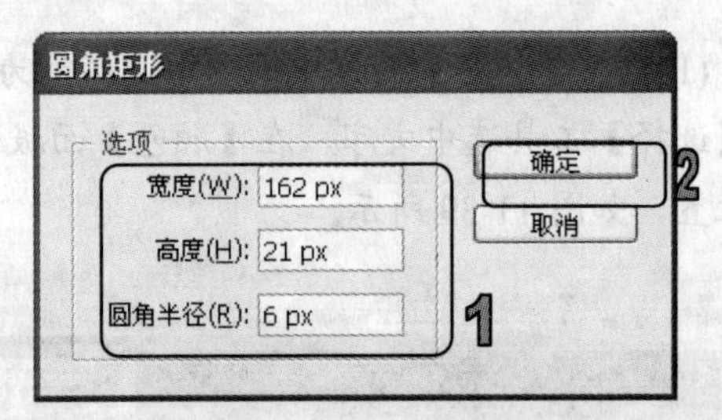

图 11-42　创建圆角矩形

(18) 在【渐变】面板中，设置渐变颜色为 RGB(176，178，179)至 RGB（255，255，255），设置【角度】数值为-90°，在【颜色】面板中设置描边颜色 RGB(155，156，158)，如图 11-43 所示。

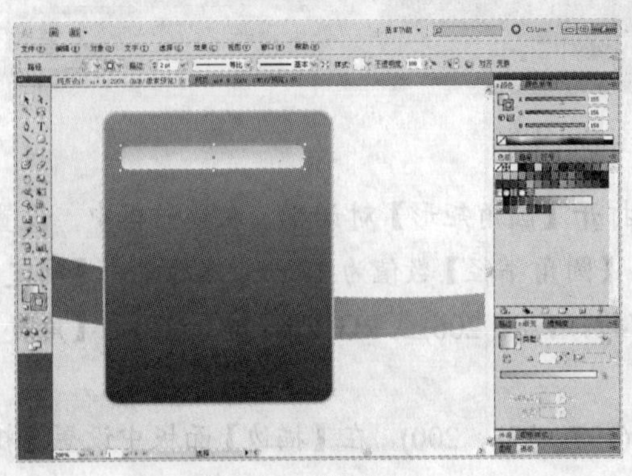

图 11-43　设置图形

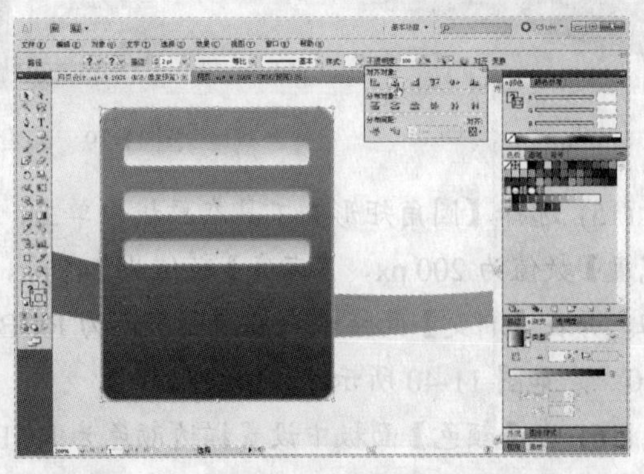

图 11-44　复制图形

(19) 使用【选择】工具按住 Ctrl+Shift+Alt 键移动并复制图形，并按 Ctrl+D 键重复移动并复制操作。然后选中步骤(15)~步骤(19)中创建的图形，单击控制面板中【对齐】面板链接，在

打开的【对齐】面板中单击【水平居中对齐】按钮对齐图形对象，如图 11-44 所示。

(20) 选择【圆角矩形】工具在画板中单击，在打开的【圆角矩形】对话框中，设置【宽度】数值为 16 px，【高度】数值为 16 px，【圆角半径】数值为 4 px，然后单击【确定】按钮，使用【选择】工具按住 Ctrl+Shift+Alt 键移动并复制图形，如图 11-45 所示。

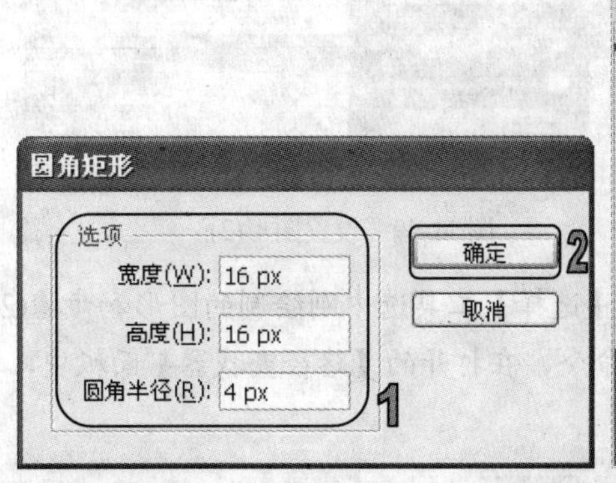

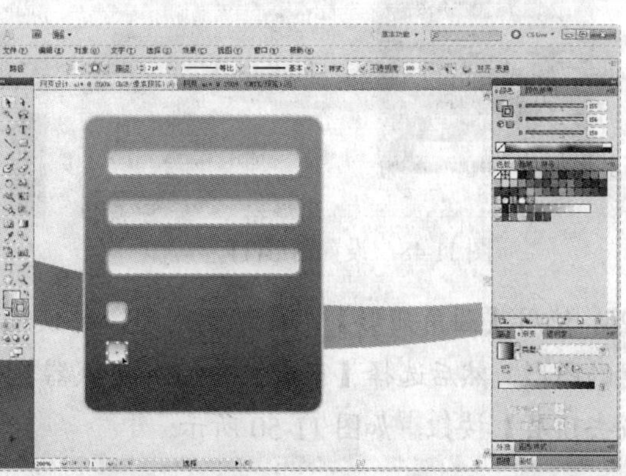

图 11-45　创建图形

(21) 选择【文字】工具，在【颜色】面板中设置字体颜色为 RGB(245，233，40)，单击【字符】面板链接，在弹出的【字符】面板中设置字体为 Berlin Sans FB，字体大小为 14pt，然后使用【文字】工具在画板中单击输入文字内容，如图 11-46 所示。

(22) 选择【圆角矩形】工具在画板中单击，在打开的【圆角矩形】对话框中，设置【宽度】数值为 133 px，【高度】数值为 17 px，【圆角半径】数值为 6 px，然后单击【确定】按钮创建圆角矩形，如图 11-47 所示。

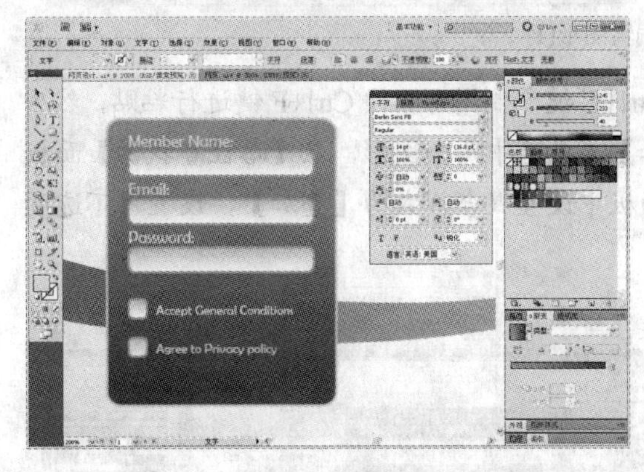

图 11-46　输入文字

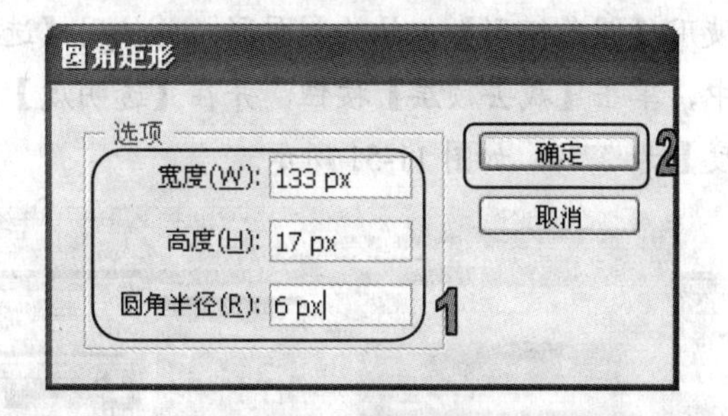

图 11-47　创建圆角矩形

(23) 取消刚创建的圆角矩形的描边颜色，在【渐变】面板中设置渐变颜色为 RGB(255，255，255)至 RGB(175，176，178)，【角度】数值为-90°，如图 11-48 所示。

(24) 按 Ctrl+C 键复制刚绘制的图形，再按 Ctrl+F 键粘贴，并在【渐变】面板中设置渐变颜色为 RGB(235，164，38)至 RGB(234，85，20)，【角度】数值为-90°，如图 11-49 所示。

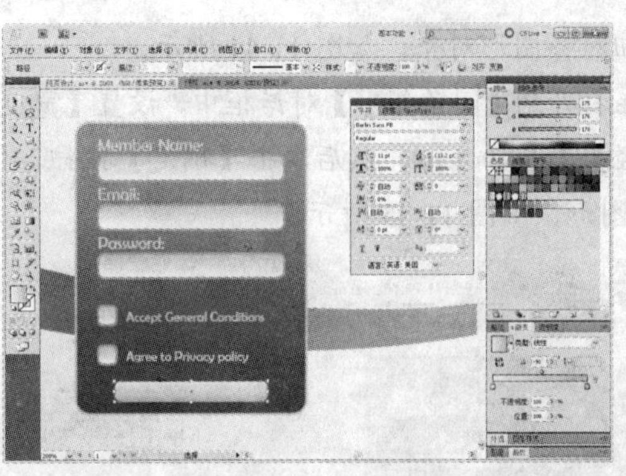

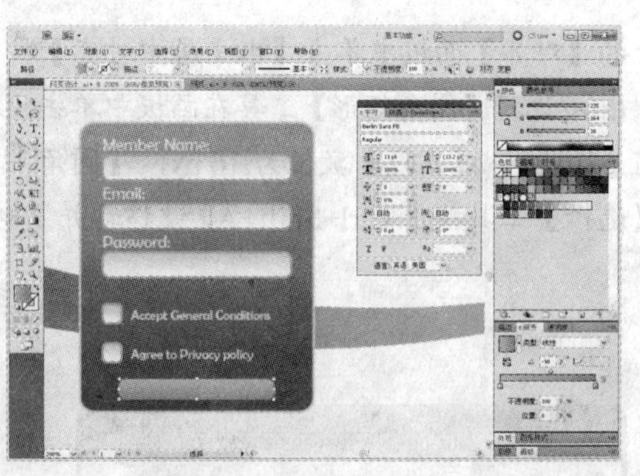

图 11-48　设置图形(1)　　　　图 11-49　设置图形(2)

(25) 使用【圆角矩形】工具绘制图形，并使用【选择】工具选中刚绘制的图形和步骤(24)中创建的图形，然后选择【窗口】|【路径查找器】命令，在打开的【路径查找器】面板中，单击【减去顶层】按钮，如图 11-50 所示。

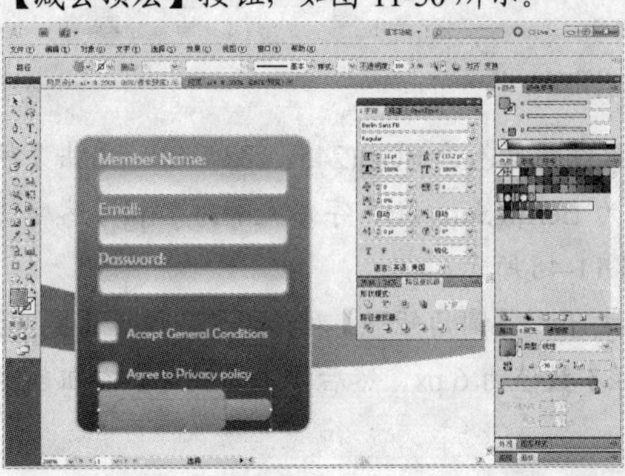

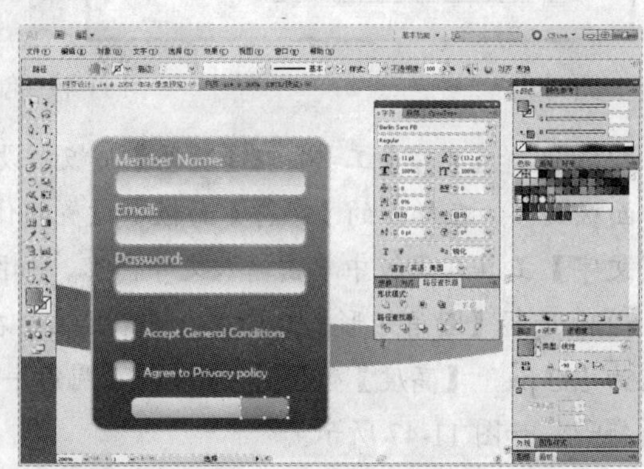

图 11-50　编辑图形(1)

(26) 选中步骤(23)中绘制的圆角矩形，按 Ctrl+C 键复制图形，按 Ctrl+F 键进行粘贴，然后使用【圆角矩形】工具绘制图形，并使用【选择】工具选中两个图形，在【路径查找器】面板中，单击【减去顶层】按钮，并在【透明度】面板中设置混合模式为【叠加】，设置【不透明度】为 27%，如图 11-51 所示。

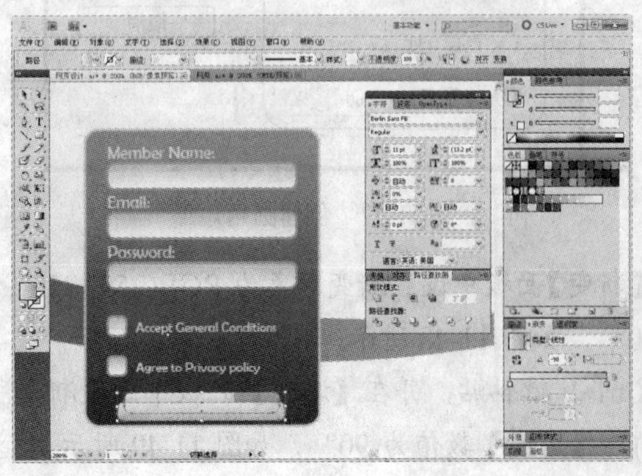

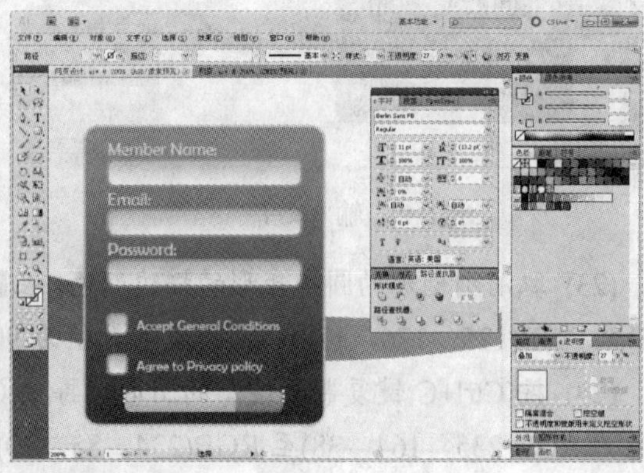

图 11-51　编辑图形(2)

(27) 选择【文字】工具，在【颜色】面板中设置字体颜色为RGB(245，233，40)，单击控制面板中的【字符】面板链接，在弹出的【字符】面板中设置字体为Berlin Sans FB，字体大小为11 pt，然后输入文字内容，如图11-52所示。

(28) 使用【选择】工具，按住 Shift 键选中步骤(17)~步骤(27)中绘制的图形和文字，并按住Shift+Ctrl+Alt键复制移动图形文字，如图11-53所示。

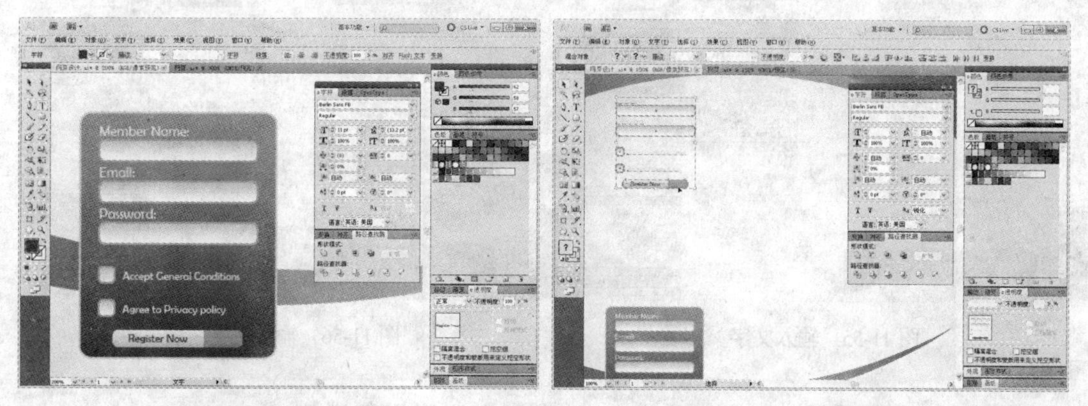

图11-52 输入文字　　　　图11-53 复制、移动对象

(29) 使用【选择】工具选中文字，然后在【颜色】面板中设置字体颜色RGB(27，138，204)。并使用【文字】工具修改文字内容，再使用【选择】工具调整文字位置，如图11-54所示。

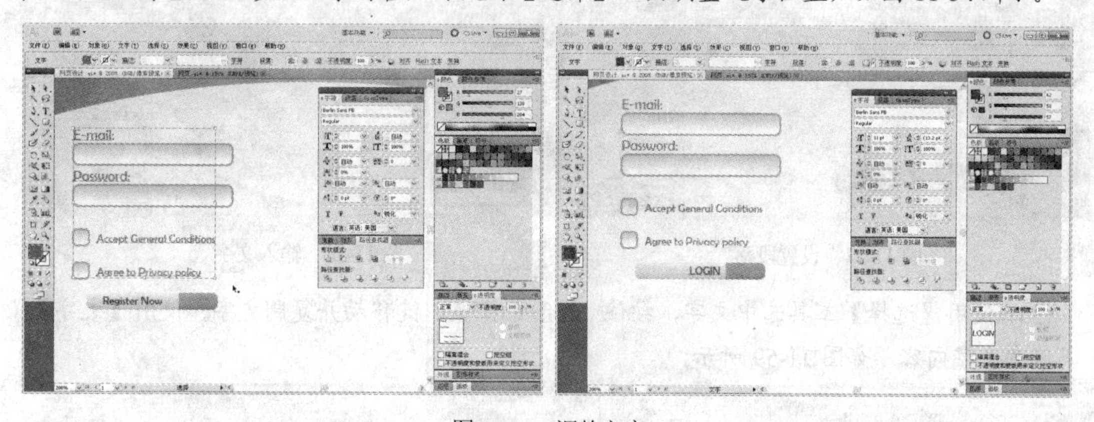

图11-54 调整文字

(30) 选择【文字】工具，在【颜色】面板中设置字体颜色为RGB(27，138，204)，单击控制面板中的【字符】面板链接，在弹出的【字符】面板中设置字体为Berlin Sans FB，字体大小为11 pt，然后在画板中单击输入文字内容，如图11-55所示。

(31) 使用【文字】工具在画板中拖动创建文本框，并在【颜色】面板中设置颜色为109、110、112，在【字符】面板中设置字体大小为11 pt，然后在文本框中输入文字内容，如图11-56所示。

(32) 使用【选择】工具选中段落文本，并打开【段落】面板。单击【段落】面板中的【两端对齐，末行左对齐】按钮，并设置【首行左缩进】数值为20 pt，如图11-57所示。

(33) 选择【文字】工具，在【颜色】面板中设置字体颜色为 RGB(150，199，70)，单击【字符】面板链接，在弹出的【字符】面板中设置字体为 Berlin Sans FB，字体大小为 21 pt，字符间距为-75，字符旋转为-3°，然后在画板中输入文字内容，如图 11-58 所示。

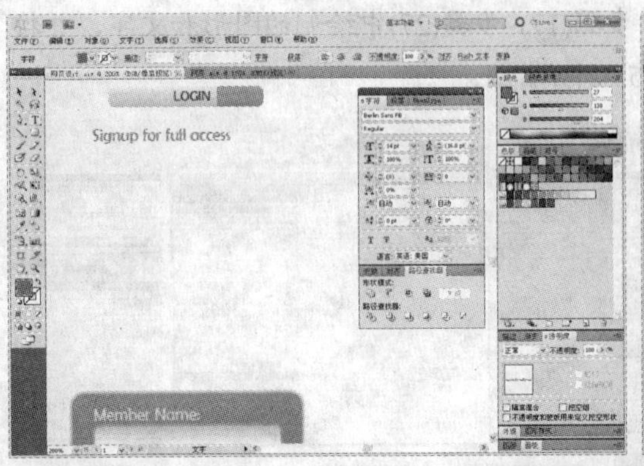

图 11-55　输入文字

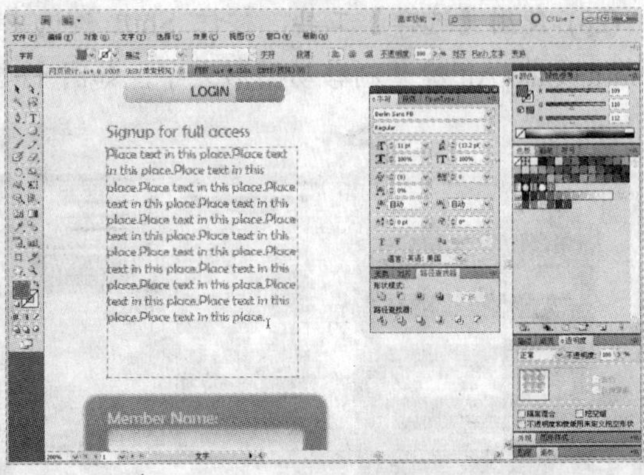

图 11-56　输入文字

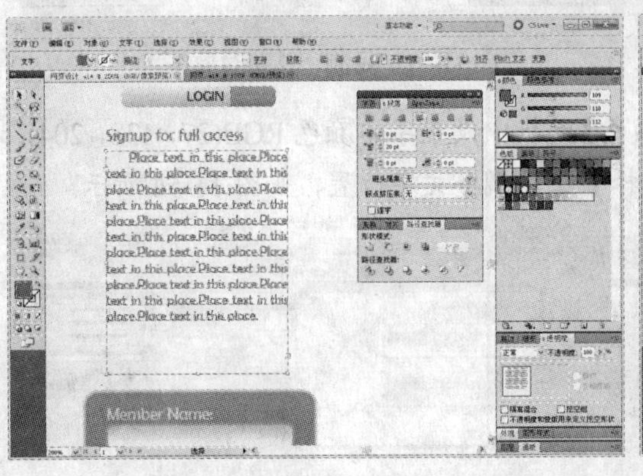

图 11-57　设置段落

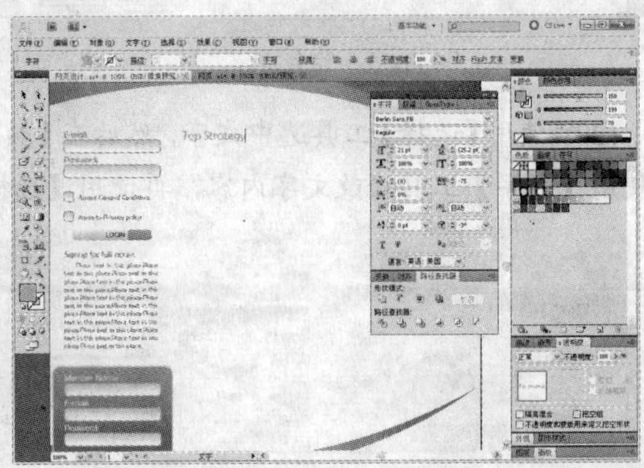

图 11-58　输入文字

(34) 使用【选择】工具选中文字，按住 Shift+Ctrl+Alt 键移动并复制文字。使用【文字】工具修改文字内容，如图 11-59 所示。

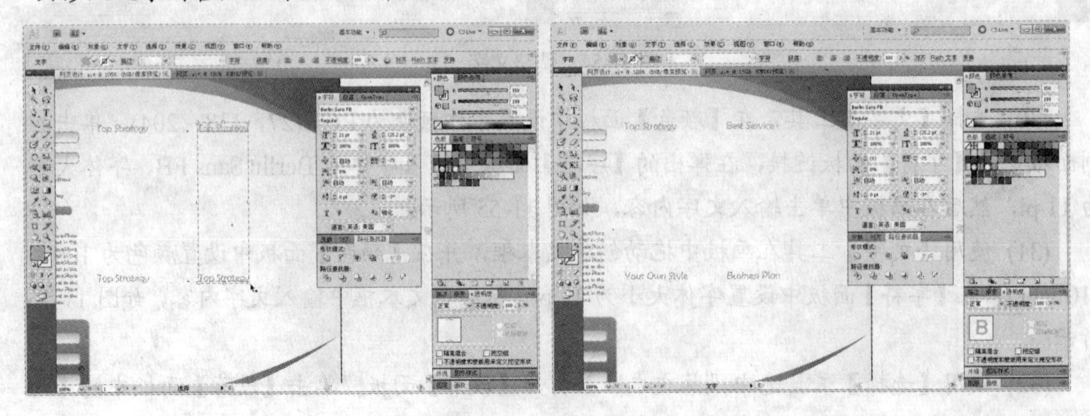

图 11-59　移动、复制文字

(35) 使用步骤(31)~步骤(32)的操作方法，创建区域文本。并按住 Shift+Ctrl+Alt 键移动并复制区域文本，如图 11-60 所示。

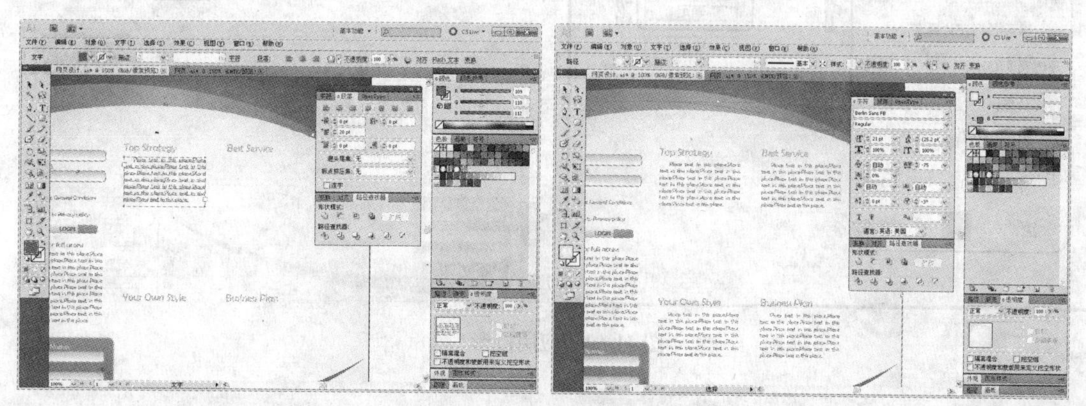

图 11-60　移动、复制区域文本

(36) 选择【文件】|【置入】命令，打开【置入】对话框。在对话框中，选中图像文件，并单击【置入】按钮置入图像文件。单击控制面板中的【嵌入】按钮，将置入的图像文件嵌入到图形文档中，并将光标放置在控制框角点上，当光标变为双向箭头时，按住鼠标拖动调整其大小，如图 11-61 所示。

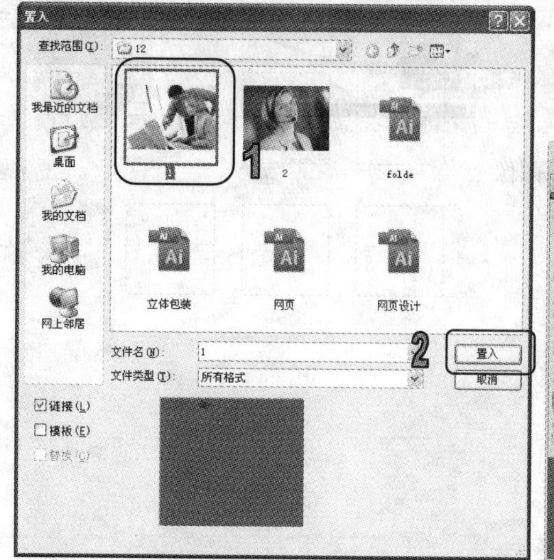

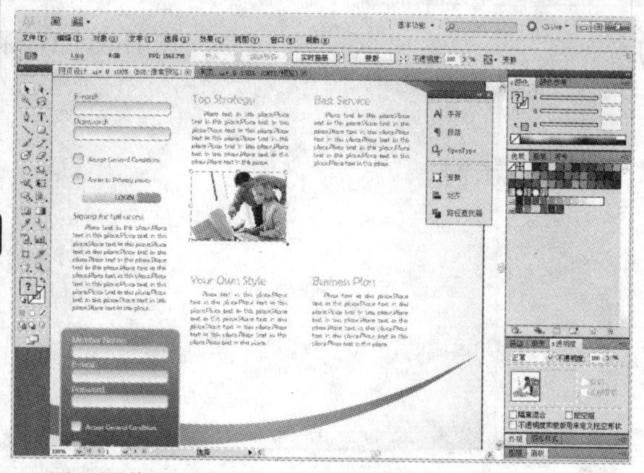

图 11-61　置入图像

(37) 选择【效果】|【风格化】|【投影】命令，打开【投影】对话框。在对话框中设置【模糊】为 0 px，【X 位移】和【Y 位移】数值均为 7 px，然后单击【确定】按钮应用投影效果，如图 11-62 所示。

(38) 使用步骤(36)~步骤(37)的操作方法，置入图形并应用投影效果完成网页设计效果，如图 11-63 所示。

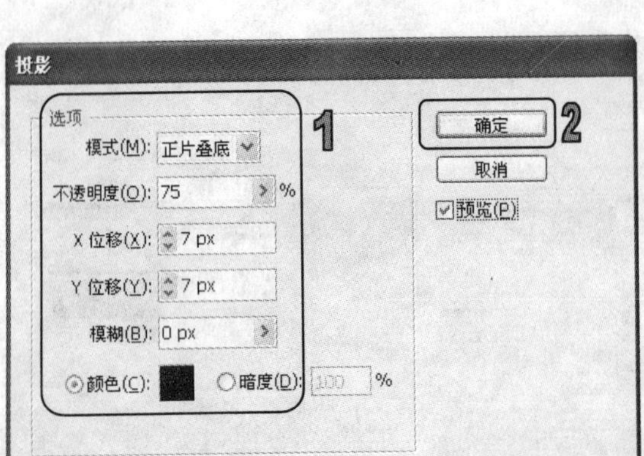

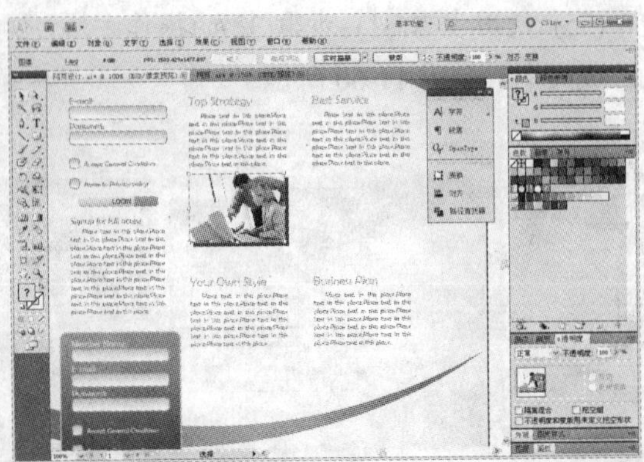

图 11-62　应用投影

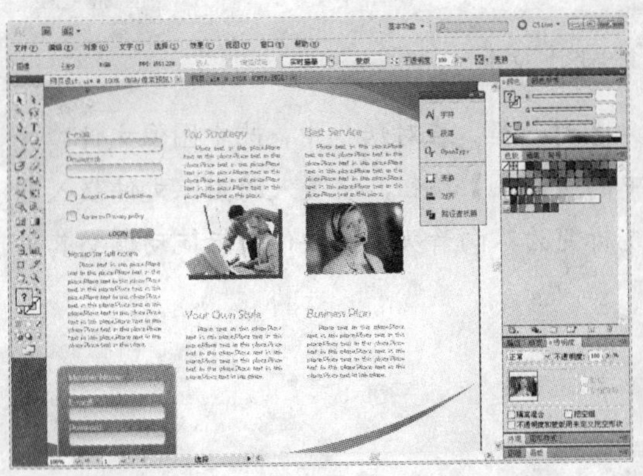
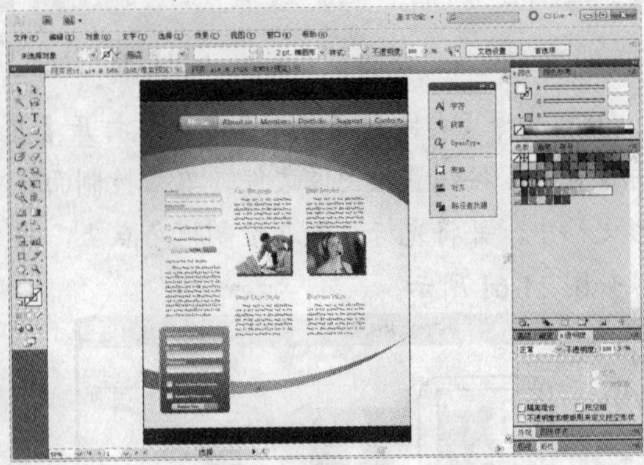

图 11-63　置入图像